国家自然科学基金资助项目（编号：51978147）

城市开放空间研究系列丛书 ｜ 徐宁 主编

效率与公平视角的城市公共空间格局及其评价

THE PATTERN AND THE EVALUATION OF URBAN PUBLIC SPACE
BASED ON EFFICIENCY AND EQUITY PERSPECTIVES

徐　宁　王建国　著

U0397293

东南大学出版社
·南京·

内 容 简 介

关于城市公共空间效率与公平是城市规划与城市设计的基础性研究问题，本书的学术贡献在于：第一，整合了城市设计本体研究与社会伦理的精神研究；第二，整合了描述性研究与解释性研究两者之间的关系；第三，建构了基于效率与公平的城市公共空间评价体系。

本书以城市公共空间格局为核心命题，通过城市结构形态、土地利用、交通组织、人口分布四个层面，深入研究了城市公共空间格局对城市发展的全局性影响，并提出了相应的协同互构、关联支配、竞争联合、差异并置等重要原则；采用量化技术手段，针对性地提出了相关发展策略与指标评估系统，并结合南京与苏黎世的案例展开实证研究，有效地拓展了城市公共空间建设与优化的科学途径。

本书可供城市设计、风景园林、城市规划、建筑学等相关专业方向的科研人员、高等院校师生阅读、参考。

图书在版编目(CIP)数据

效率与公平视角的城市公共空间格局及其评价 / 徐宁，王建国著. — 南京：东南大学出版社，2023.10
（城市开放空间研究系列丛书）
ISBN 978-7-5766-0404-7

Ⅰ. ①效… Ⅱ. ①徐… ②王… Ⅲ. ①城市空间—公共空间—空间规划—研究 Ⅳ. ①TU984.11

中国版本图书馆 CIP 数据核字(2022)第 226989 号

责任编辑：丁 丁 责任校对：子雪莲 封面设计：徐 宁 责任印制：周荣虎

效率与公平视角的城市公共空间格局及其评价

XIAOLÜ YU GONGPING SHIJIAO DE CHENGSHI GONGGONG KONGJIAN GEJU JIQI PINGJIA

著 者：徐 宁 王建国
出版发行：东南大学出版社
社 址：南京市四牌楼 2 号 邮编：210096 电话：025-83793330
出 版 人：白云飞
网 址：http://www.seupress.com
电子邮箱：press@ seupress.com
经 销：全国各地新华书店
印 刷：南京玉河印刷厂
开 本：787 mm×1092 mm 1/16
印 张：22.75
字 数：470 千字
版 次：2023 年 10 月第 1 版
印 次：2023 年 10 月第 1 次印刷
书 号：ISBN 978-7-5766-0404-7
定 价：198.00 元

本社图书若有印装质量问题，请直接与营销部调换。电话(传真)：025-83791830

丛书前言

在生态文明时代，城市发展面临的重要挑战是如何处理自然系统与人类活动的关系[①]，这主要体现在如何协调城市开放空间系统与不同城市功能分区之间的关系，从而实现城市高质量发展，创造高品质生活。尤其在当前我国城市从增量开发为主转向调整优化空间结构为主的存量更新阶段，城市开放空间系统建设对维系城市生态系统稳定性及其发挥生态效益、提升城市形象和环境品质、培育城市活力与市民认同感、承载当地居民的社会生活与文化意象具有关键作用。城市开放空间系统主要包括城市公共空间和城市开敞空间系统。城市公共空间蕴含公共与空间双重含义，指全体公众可达的开放场所，以硬质空间为主，是城市生活的重要载体；城市开敞空间是指城市内外以自然环境为主的场所，以软质空间为主，主要功能在于改善城市气候、调节城市的生态平衡、提供自然休憩环境。城市公共空间与城市开敞空间共同构成城市开放空间系统。

长期以来，物质层面的公共空间研究通常由城市设计和规划学者主导，兼有社会学者、政治哲学家等参与，研究对象是硬质的街道广场和其他为步行者设计的区域，这些空间主要分布在城市建成区，多为城市地段至片区的中微观尺度，公共性、公平、活力、可达性、使用者行为心理是城市公共空间研究的关键词[②]。城市开敞空间研究通常由风景园林学者和生态学者主导，研究对象是软质的绿色生态空间，这些空间更多分布在城区外围，覆盖从市域、区域直至国家层面的战略规划尺度，功能、结构、尺度、动态性、多样化是开敞空间研究的关键词[③]。鉴于以上学科背景、研究对象、空间区位、研究尺度与主题的差异，既往的城市公共空间与城市开敞空间系统的研究与实践工作往往泾渭分明，城市公共空间与城市开敞空间研究也较少同时进入同一批学者的视野。

---

① 王建国. "从自然中的城市"到"城市中的自然"：因地制宜、顺势而为的城市设计[J]. 城市规划,2021(2)：36-43.
② 徐宁. 多学科视角下的城市公共空间研究综述[J]. 风景园林,2021,28(4)：52-57.
③ 刘滨谊,王鹏. 绿地生态网络规划的发展历程与中国研究前沿[J]. 中国园林,2010(3)：1-5.

然而，城市公共空间与城市开敞空间并不是完全独立的两套系统，而是相互交叠、融会渗透的，两者间存在一些重合区域，如公园绿地、城市绿色空间等，空间结构与主导功能上也具有景观功能复合、协同发展的潜力。城市公共空间需要在承载市民公共生活的基础上寻求生态化发展，发挥景观生态效益；城市开敞空间则需要在保障城市生态安全、维护生物多样性的基础上发展生态游憩活动，发挥公共性价值。尤其是在城市高度建成区，两者的协同发展能够在集约用地的基础上增强城市绿色网络的生态连接性，提升公共服务系统的复合功能，形成涵盖自然与社会两套公共系统的景观全局性框架，主导城市社会人居环境的健康有序发展。景观在此成为瓦尔德海姆意义上的"理解和重塑当代城市的媒介"①。与之对应的是，当代风景园林面临的研究和实践对象正在从单一用地性质(绿地)拓展为多种用地性质(公共空间)，公共开放空间体系成为风景园林学科关注的焦点；在生态文明时代，城市设计的主体研究和实践对象也不再局限于硬质为主的公共空间系统，而是向更广泛的城市开放空间领域扩展。

　　但城市公共空间与城市开敞空间系统的研究迄今为止仍然是比较割裂的，这实际上对应着城市设计与风景园林之间的模糊关系。历史上，从中国传统城市建设的生态智慧到西方现代城市公园系统实践，从田园城市、生态城市、健康城市、低碳城市到景观都市主义和生态可持续城市设计，从早期哈佛大学、宾夕法尼亚大学风景园林专业创设与城市设计教育的深刻渊源到当今我国高校风景园林专业培养方案中对城市设计方向的关注，都表明风景园林与城市设计的关系应当非常密切。但事实上，至少在我国，虽然城市设计与建筑学科、城乡规划学科的紧密关系已在研究和实践的各个层面得到全面、深入的探索，但城市设计与风景园林的有效结合则相对不够。例如：城市系统与自然系统如何更具体地结合在一起？城市进程与生态过程的作用关系与作用机理是怎样的？这种关系如何落位在空间形态上？形成什么样的空间秩序？城市固然应当更重视开放空间体系的存在，但如何将城市所在的地理环境、公共空间与开敞空间作为景观结构与功能上的整合系统进行考虑？城市形态和过程如何科学纳入风景园林学的视野？风景园林又如何与城市设计真正走向协作及融合？

　　更重要的是，风景园林需要借鉴城市设计思维，突破囿于开放空间本体的局限，因为城市开放空间无法脱离特定的城市物质和社会特征而孤立存在，处在与城市语境作用关系中的开放空间系统研究更贴近真实的城市状态，也利于从空间本体与城市语境两方面提升开放空间规划建设的科学性，解决开放空间建设与城市形态及功能关联的内洽性不够等问题。同时，风景园林在生态规划设计层面的优势对城市设计的影响也是不可替代的，有潜力将城市设计从对空间形态层面的关注引向真正建立在生态科学基础上的生

---

① 瓦尔德海姆 C.景观都市主义[M].刘海龙,刘东云,孙璐,译.北京:中国建筑工业出版社,2011.

态与形态耦合的绿色城市设计①，更好地满足在城市设计中整合城市自然系统保护与修复、生态服务功能提升等需求。因此，风景园林与城市设计的关系是互补、互益的，两者的深度融合有利于有效推进生态优先、全域统筹、高效可达、公平优质的城市开放空间体系建设，进而支撑和统领城市空间可持续发展。

基于以上想法，编者组织编写了这套"城市开放空间研究系列丛书"，将部分城市公共空间与城市开敞空间方向的研究成果汇编在一起，这一方面源于编者从城市设计求学领域迈入风景园林职业领域的相关思考，另一方面也尝试为风景园林与城市设计领域的学者形成更多共识搭建桥梁，推动风景园林与城市设计的战略融合。编者坚信，开放空间体系建设将成为新时代城市绿色发展的有效手段。

本丛书的内容遴选和价值体系具有开放性。丛书第 1 册是《效率与公平视角的城市公共空间格局及其评价》，根据王建国院士指导、徐宁完成的博士学位论文改写而成，论文获评东南大学优秀博士学位论文。该书以城市公共空间格局为核心命题，通过城市结构形态、土地利用、交通组织、人口分布四个层面，研究了城市公共空间格局对城市发展的全局性影响，并提出了相应的协同互构、关联支配、竞争联合、差异并置等重要原则；采用量化技术手段，针对性地提出了相关发展策略与指标评估系统，并结合南京与苏黎世的案例展开了实证研究，拓展了城市公共空间建设与优化的科学途径。

丛书第 2 册《公共空间》译著是城市公共空间史上的经典之作，揭示了人们如何实际使用和评价公共空间，同时注重公共空间设计与管理的社会基础。作者包括一位建筑师兼环境设计师、一位景观设计师、一位环境心理学者和一位开放空间管理者，他们就如何整合公共空间与公共生活提供了一种巧妙的视角。该书作者认为，公共空间的设计和管理过程应以三项关键的人性维度为指导：使用者的基本需求、他们的空间权利以及他们所寻求的意义。为了论证和解释这三大维度，作者们归纳了公共生活与公共空间的历史，并结合自己的规划设计经验以及一系列原创的案例研究对其展开充分论述②。

丛书第 3 册《南京老城公共空间格局分析与优化：南京记忆 2020》侧重南京老城公共空间调研基础上的可达性评估与优化，在回顾南京老城公共空间十年变迁的基础上，应用社会网络分析法评估公交出行模式下的公园绿地可达性，引入贪心算法生成公园绿地的公交可达性优化方案以改善现有公共空间的使用状况；应用遗传算法生成权衡公平性与土地转换成本的公园绿地布局优化方案，旨在为城市公共空间格局研究提供新的思路和方法，同时为南京老城公共空间系统优化提供科学依据。

---

① 王建国. 中国绿色城市设计的概念缘起、策略建构和实践探索[J]. 城市规划学刊,2023(1)：11-19.
② Carr S, Francis M, Rivlin L G, et al. Public space[M]. New York：Cambridge University Press,1992.

编者计划围绕城市开放空间研究主题出版系列丛书，前 3 册只是该丛书的部分阶段性成果。随着研究的深入，丛书会不断增加相关主题的研究成果，也期待更多学者能够加入城市开放空间的研究、实践与本丛书的撰写工作中。鉴于编者水平有限，书中不当之处甚或错误在所难免，恳切欢迎读者给予意见反馈并及时指正。

徐　宁

2023 年 2 月于南京

前　言

　　城市公共空间是城市建成环境中不可或缺的空间类型。它对维系城市活力、承载公共生活、培育市民认同感及提升城市环境品质具有关键作用。城市公共空间格局研究主要关注公共空间的配置及其机理，反映空间要素之间及其与城市语境的关系，是把握城市物质空间形态构成及其演进规律的一项重要基础研究。长期以来，我国城市公共空间建设积累了较多问题，诸如缺乏整体规划、与城市形态关联的内洽性不够、重形象轻内涵等，空间格局效率与公平缺失的现象比较严重，公共空间未能发挥应有的社会人居环境的支撑作用。这是以往囿于公共空间本体的研究难以解决的，亟待以城市文脉为媒介开展针对性的研究补缺。

　　针对上述问题，本书从反映城市结构特征的空间格局角度搔入，以效率与公平作为基本立足点，通过把握公共空间格局与城市语境诸要素相互作用的机理和特征，寻找公共空间持续良性发展的动力，以期从效率与公平两方面引导城市公共空间建设健康、有序开展。

　　本书首先基于效率与公平视角建立城市公共空间格局研究的理论架构，将城市语境分解为城市结构形态、土地利用、交通组织和人口分布四大要素，从城市公共空间格局演变的机理中找到关键性关联因子，而公共空间格局的效率与公平状况就集中体现在与它们的相互作用关系中。进而从作用价值、本质属性、基本原理三个方面，以物质—社会—经济的综合维度构建基于城市语境的公共空间格局效率与公平的基础理论，初步归纳出良好城市公共空间格局所具有的结构适配、场所固结、层级连续和界面约束等基本原理。在此基础上，运用"在变量分析框架内的案例分析方法"，以苏黎世和南京老城为例，基于 ArcGIS 软件空间分析技术，集成相关学科的研究方法，探索公共空间格局发展的动力特征，发现公共空间在城市语境层面的持续发展动力来自空间本体与其关联因子间的良好互动关系，即与城市结构形态的协同互构关系、与城市土地利用的关联支配关系、与城市交通组织的竞争联合关系，以及与城市人口分布的差异并置关系。创新性地建构了基于效率与公平视角的城市公共空间格局的指标评估系统，旨在推进城市公共空间建设和优化的科学性，并在应用层面就具体改进措施提出对策建议。

需要说明的是，本书主体内容成稿于 2012 年，彼时南京城市公共空间建设客观上有较多不足，空间格局效率与公平缺失的现象广泛存在，因此本书的论证过程中出现了南京老城与苏黎世公共空间格局的比对中近乎一边倒的局面。十年来，以南京老城为代表的中国城市公共空间建设取得长足进步，公共空间对社会人居环境的支撑作用愈加显著，南京老城公共空间近十年的变迁详见本丛书第 3 册《南京老城公共空间格局分析与优化：南京记忆 2020》。

受作者学识和经验所限，本书中难免有许多纰漏和不足之处，敬请读者谅解并批评指正。

目 录

0 绪论 ……………………………………………………………………… 1

 0.1 背景及研究视角的确立 ………………………………………… 1

  0.1.1 我国城市公共空间的现实困境及其成因 ……………… 2

  0.1.2 城市公共空间格局效率与公平视角的确立 …………… 5

 0.2 研究意义 ………………………………………………………… 7

 0.3 研究内容与方法 ………………………………………………… 8

  0.3.1 研究内容 ………………………………………………… 8

  0.3.2 研究方法 ………………………………………………… 12

  0.3.3 技术路线 ………………………………………………… 13

1 国内外相关研究综述 …………………………………………………… 15

 1.1 公共空间的社会维度与空间正义理论 ………………………… 15

 1.2 公共空间的经济维度与公共物品供给理论 …………………… 18

 1.3 公共空间的地理维度与公共设施区位理论 …………………… 20

 1.4 公共空间的空间维度与空间自主理论 ………………………… 22

 1.5 研究述评 ………………………………………………………… 28

2 概念界定与基础理论 …………………………………………………… 33

 2.1 概念界定 ………………………………………………………… 33

  2.1.1 城市公共空间的概念与空间范围界定 ………………… 33

  2.1.2 城市公共空间格局之效率与公平 ……………………… 38

 2.2 基础理论 ………………………………………………………… 43

  2.2.1 作用价值：作为全局性控制要素的城市公共空间 …… 43

  2.2.2 本质属性：作为公共性载体的城市公共空间 ………… 46

　　　2.2.3　基本原理：作为建成环境的城市公共空间 ………………… 51

　2.3　本章小结 ……………………………………………………………… 57

3　协同互构：公共空间格局与城市结构形态 …………………………… 58

　3.1　制约/依存：公共空间格局与自然要素 …………………………… 59

　　　3.1.1　关系模式 …………………………………………………… 61

　　　3.1.2　关系模式的量化：区位熵法 ……………………………… 65

　3.2　关联/拓扑：公共空间格局与城市肌理 …………………………… 66

　　　3.2.1　公共与居住领域的公共空间格局 ………………………… 67

　　　3.2.2　公共空间格局与街区肌理 ………………………………… 68

　　　3.2.3　公共空间格局与建筑肌理 ………………………………… 72

　　　3.2.4　公共空间格局与城市界面 ………………………………… 74

　3.3　连接/叠合：公共空间格局与城市结构性特征 …………………… 77

　　　3.3.1　公共空间格局与城市结构性轴线 ………………………… 78

　　　3.3.2　结构性道路之公共空间属性的判断标准 ………………… 80

　　　3.3.3　公共空间格局与城市竖向构成 …………………………… 82

　3.4　向心/梯度：公共空间格局与城市圈层结构 ……………………… 84

　3.5　实证模式分析：苏黎世与南京老城 ……………………………… 85

　　　3.5.1　公共空间格局与自然要素 ………………………………… 85

　　　3.5.2　公共空间格局与城市肌理 ………………………………… 92

　　　3.5.3　公共空间格局与城市结构性特征 ………………………… 100

　　　3.5.4　公共空间格局与城市圈层结构 …………………………… 112

　3.6　发展对策建议 ………………………………………………………… 118

　3.7　本章小结 ……………………………………………………………… 121

4　关联支配：公共空间格局与城市土地利用 …………………………… 123

　4.1　吸引/排斥：公共空间格局与土地利用性质 ……………………… 124

　　　4.1.1　公共空间格局与城市用地大类标准 ……………………… 125

　　　4.1.2　公共空间格局与城市用地混合程度 ……………………… 127

　　　4.1.3　公共空间格局与沿线土地利用 …………………………… 132

　4.2　集聚/共生：公共空间格局与土地利用密度 ……………………… 133

　　　4.2.1　公共空间格局与建筑密度 ………………………………… 133

　　　4.2.2　公共空间格局与建设强度 ………………………………… 135

　　　4.2.3　公共空间率 ………………………………………………… 138

4.3　择优/补偿：公共空间格局与土地价格 ················ 139

4.4　实证模式分析：苏黎世与南京老城 ················ 142

　　4.4.1　公共空间格局与土地利用性质 ················ 142

　　4.4.2　公共空间格局与土地利用密度 ················ 156

　　4.4.3　基于地价分异的公共空间格局 ················ 165

4.5　发展对策建议 ················ 169

4.6　本章小结 ················ 171

5　竞争联合：公共空间格局与城市交通组织 ················ 173

5.1　隔离/并存：城市道路的公共空间属性 ················ 174

　　5.1.1　人车分离和共存的道路模式 ················ 174

　　5.1.2　道路分级与路网结构 ················ 178

　　5.1.3　机动车道路的公共空间属性 ················ 180

5.2　互构/互塑：公共空间格局与出行方式 ················ 184

5.3　连通/到达：公共空间格局与机动车交通 ················ 187

　　5.3.1　城市道路等级决定的公共空间可达性 ················ 187

　　5.3.2　城市路网密度决定的公共空间可达性 ················ 188

　　5.3.3　城市路网连接度决定的公共空间可达性 ················ 189

5.4　联动/耦合：公共空间格局与公共交通 ················ 189

　　5.4.1　公共空间格局与公共交通的联动 ················ 189

　　5.4.2　公共交通决定的公共空间可达性 ················ 190

5.5　依托/渗透：公共空间格局与慢行交通 ················ 191

　　5.5.1　自行车交通决定的公共空间可达性 ················ 191

　　5.5.2　步行交通决定的公共空间可达性 ················ 193

　　5.5.3　弱势群体的步行需要与公共空间可达性 ················ 197

5.6　实证模式分析：苏黎世与南京老城 ················ 198

　　5.6.1　城市道路的公共空间属性 ················ 198

　　5.6.2　公共空间格局与出行方式 ················ 206

　　5.6.3　公共空间格局与机动车交通 ················ 206

　　5.6.4　公共空间格局与公共交通 ················ 211

　　5.6.5　公共空间格局与慢行交通 ················ 217

5.7　发展对策建议 ················ 219

5.8　本章小结 ················ 221

6 差异并置：公共空间格局与城市人口分布 ………………………………… 223

  6.1 调节/适配：公共空间格局与城市总人口分布 ………… 224

    6.1.1 人口密度与人均公共空间 ……………………………… 224

    6.1.2 基于人口的公共空间可达性算法 …………………… 225

  6.2 均等/补偿：公共空间格局与人口空间分异 ………… 228

    6.2.1 不同类型居民的出行空间等级与需求指数 …………… 229

    6.2.2 公共空间个体与总体的可达公平性 ………………… 231

    6.2.3 居民需求与公共空间服务水平的拟合 …………… 233

  6.3 实证模式分析：苏黎世与南京老城 …………………… 234

    6.3.1 公共空间格局与城市总人口分布 ……………… 234

    6.3.2 公共空间格局与人口空间分异 …………………… 242

  6.4 发展对策建议 ………………………………………… 255

  6.5 本章小结 ……………………………………………… 256

7 基于效率与公平视角的城市公共空间格局评价体系及其应用 ……… 257

  7.1 指标体系构建及其计算方式 ………………………… 258

  7.2 权重确定与评价系统的建立 ………………………… 271

  7.3 苏黎世与南京老城公共空间格局评价 ……………… 276

  7.4 苏黎世公共空间格局的中观模式分析 ……………… 278

  7.5 南京老城公共空间格局的优化建议 ………………… 283

  7.6 本章小结 ……………………………………………… 290

8 结论与展望 …………………………………………………………… 291

  8.1 主要研究结论 ………………………………………… 291

    8.1.1 发展了基于效率与公平视角的城市公共空间格局的基础理论 …… 291

    8.1.2 探索了公共空间格局与城市结构形态的协同互构规律 ………… 291

    8.1.3 发现了公共空间格局与城市土地利用的关联支配规律 ………… 292

    8.1.4 提出了公共空间格局与城市交通组织的竞争联合规律 ………… 293

    8.1.5 论证了公共空间格局与城市人口分布的差异并置规律 ………… 293

    8.1.6 构建了基于效率与公平视角的城市公共空间格局的评价体系 …… 294

  8.2 主要创新点 …………………………………………… 294

    8.2.1 视角创新：开辟了城市公共空间格局研究的新视角 ………… 294

    8.2.2 理论创新：深化了对城市公共空间格局作用价值与基本原理的认识

    …………………………………………………………… 295

   8.2.3 方法创新：探索了在变量分析框架内的案例分析方法 ·············· 295

   8.2.4 成果创新：构建了基于效率与公平视角的城市公共空间格局的评

     价体系并加以应用 ·············· 295

  8.3 不足与展望 ·············· 296

   8.3.1 研究的本土性问题 ·············· 296

   8.3.2 量化研究过程的问题 ·············· 296

   8.3.3 更多的解释性工作和操作性问题 ·············· 297

参考文献 ·············· 298

附录 1 苏黎世与南京老城的公共空间格局 ·············· 309

附录 2 专家问卷调查表格 ·············· 340

0 绪论

0.1 背景及研究视角的确立

城市公共空间是城市建成环境不可或缺的组成部分，亦是社会组织模式在空间上的投影，承载着当地居民的社会生活与文化意象。城市公共空间格局研究主要关注公共空间的配置及其机理，反映空间要素之间及其与城市语境的关系，是物质公共空间构成的总体呈现。

近年来，随着我国社会、经济和文化领域变革的深化，地方政府在城市发展方面的自主权增加，公共空间的物质与社会形态随之发生深刻而多样的转变，城市广场、步行街、公园绿地等传统类型公共空间与各类新型空间不断涌现，表现出向市民化、开放性和包容性转变的大趋势。公共空间建设在数量、品质以及公共性方面都有显著提升，初步缓解了我国多年来城市公共活动场所匮乏的局面①。上述转变折射出中国城市和社会发展的日新月异，也从物质和精神领域切实改善了普通市民的生活。但从格局角度审视，公共空间建设出现缺乏整体规划、与城市形态关联的内洽性不够、重形象轻内涵等问题，空间格局效率与公平缺失的现象广泛存在，已严重影响到环境品质的提升和城市的可持续发展，亟须开展系统且深入的总结与反思。

---

① 以规模和数量衡量，全球化进程下的当代中国城市公共空间系统建设取得长足进展：1985 年底统计数据表明，全国 324 个设市城市共有公园 1 017 个，总面积约为 2.2 万 ha，其中 80% 为新中国成立后兴建；至 1998 年，设市城市的公园总量增至 3 990 个，面积增至约 7.3 万 ha。我国公共空间建设自 20 世纪 90 年代进入快速发展期，大连、上海、北京、天津、深圳、广州、西安、南京、哈尔滨、重庆等各大城市相继开展旧城更新和环境整治项目。至 2006 年，全国城市中大型公共步行街超过 3 000 条，其地面附属的建筑面积总和超过 15 亿 m²。仅以上海市为例，从新中国成立前 0.18 m² 的人均公共空间面积到 2005 年中心城 8 m² 的人均公共绿地面积，增长了 40 多倍。数据参见：
董鉴泓. 中国城市建设史[M]. 3 版. 北京：中国建筑工业出版社，2004.
周波. 城市公共空间的历史演变：以 20 世纪下半叶中国城市公共空间演变为研究重心[D]. 成都：四川大学，2005.
杨震，徐苗. 创造和谐的城市公共空间：现状、问题、实践价值观[C]//中国城市规划学会. 和谐城市规划：2007 中国城市规划年会论文集. 哈尔滨：黑龙江科学技术出版社，2007：1228-1235.

0.1.1 我国城市公共空间的现实困境及其成因

（1）建设过程中，过于关注量的积累而忽视总体格局

纵观过去几十年，我国城市公共空间建设相对较关注量的增长，相关规范条例①也强化对"量"的约束和限定。但总量只能反映公共空间的部分特征，无法全面呈现其区位选择、分布状况和服务水平。为符合指标要求，现行规划通常将无法开发建设的边角和零星用地划作公共绿地，而不切实考虑公众的使用需求。此举在影响效率发挥的同时也难以保障空间公平的实施，其实质是计划经济年代调控思想的延续。公共空间的"量"不等价于"质"，无论是对城市整体还是局部而言，城市中起决定性意义的是公共空间格局而非总量。

（2）使用过程中，公共空间被挤压、侵占现象严重

图 0-1 缺少人性公共空间的现代城市

资料来源：李雪梅. 谁来保佑我们的家园：风水复活的背后[J]. 中国国家地理，2006(1)：101.

作为公共物品，城市公共空间较难产生"直接""有形""速效"的经济效益，在缺乏严格规范制度的情况下易沦为经济增长的牺牲品。尤其是在城市中心区、滨水区等区位或环境优良的地段，受利益驱动，地方政府倾向于与资本市场结盟共同侵蚀公众利益，违规建设、变更用地性质的现象层出不穷，通过规划修编进一步压缩公共空间的行为亦非鲜见（图0-1）。此外，工业化发展使汽车逐渐取代行人成为城市道路的主宰，车行已成为新城空间的重要决定因素，连续的步行系统及其所联结的公共空间较易受忽视。在老城中，城市道路拓宽被简单视为应对机动车增量交通的高性价比措施，机动车通行空间的加宽侵占了步行公共空间，街道环境品质的下降导致步行空间的社会交往功能削弱，造成公共空间格局组织的低效。

（3）管理过程中，公共空间条块分割、缺乏统筹

现行城市规划依据相关法规划分地块，在此基础上确定相应的绿地、广场和停车等指标，地块间相互独立。城市公共空间常沦为建设之余对边角空间的利用，建筑各自为政，公共空间条块分割，相互间缺乏必要联系；更甚者是缺乏从城市整体角度的统筹，无法与城市结构相内洽。建筑与城市公共空间之间的关联度较弱，大量沿街建筑为非公

---

① 目前我国城市规划规范中没有关于城市公共空间的明确定义和配置规范。相关规范条例主要包括《城市绿化规划建设指标的规定》《城市绿地分类标准》《城市绿地系统规划编制纲要》和《国家园林城市标准》等。

共建筑，功能及土地状况亦呈非公共状态；部分公共机构则划地为营，以邻为壑，难以发挥组织城市公共空间与引导公共生活的作用。

（4）发展过程中，公共空间异化趋势加剧

我国城市公共空间的异化现象一方面表现为公共性的异化。空间正在成为社会控制的工具，公共空间的商品化引发富裕阶层和中产阶层空间上的集聚，引领了消费空间和生活方式的转变。城市娱乐消费、传媒文化、时尚休闲空间发展迅速，"半公共空间""伪公共空间""后公共空间"等商业化和室内化的"公共"空间大量涌现，而公益性的城市公园和街道广场日趋萎缩。这些被精英文化和消费主义理念渗透和异化了的"公共"空间，使公共生活日益单一，并形成潜在的社会隔离和排斥。社区门禁系统所采取的"有意识的硬化"态度加剧了这一不平等关系，致使城市社会空间格局分化趋势加重。

另一方面，城市公共空间的性能异化，侧重展示及规训价值而忽视日常生活职能。各地城市掀起建设巨型广场、超大草坪、百米宽景观大道的热潮，成为展示城建业绩、表现城市空间新的等级和次序观念的"形象工程"[①]；为居民日常生活服务的社区型公共空间建设则普遍较易受忽视。基于展示和规训机制的公共空间通过对街头摊贩的管制和对"不受欢迎的"使用者的驱逐而维持其礼仪性，导致专门规划设计的公共空间资源往往利用不足，街头巷尾等自发形成的活动空间反而颇具活力，公共空间资源配置总体上呈低效状态。

上述现象从不同侧面反映出我国当前城市建设中公共空间格局效率和公平缺失的严峻现实。造成这些困境的原因是多方面的，总体而言主要源于社会基础、资源调配机制以及学科建设层面因素的制约。

（1）社会基础层面：市民公共生活长期缺位

我国传统社会以礼制为核心，城市布局和建筑设计遵循礼制秩序。都城和地方城市均以行政职能部门作为城市结构的中枢，封闭性的宫城以及由外朝、祖、社构成的宫前区形成全城的中心，为少数特权阶层享有。市民阶层的力量比较薄弱，体现市民精神的大型公共场所缺少生存的土壤。广场的缺位造成我国传统城市公共空间规模有限，以内敛的线性街道为主体，大型节点和主导要素缺乏，公共空间的结构感较弱。

在传统社会中，真正的公共空间与公共生活发端于市井街头小而重要的节点及各种线性空间中，构成生动的日常生活画卷，同时孕育着强大的自下而上创造空间的力量[②]。但这些空间，以今天的标准衡量，多为邻里级而非城市级，是家族内部生活场所的补充，

[①] 城市公共空间的尺度失衡一段时期内在各大中小城市愈演愈烈，以至于建设部等部门不得不于 2004 年颁布《关于清理和控制城市建设中脱离实际的宽马路、大广场建设的通知》（建规〔2004〕29 号）。据建设部发布的统计数据，我国城市建设中超过 20% 的项目属于形象工程。http://gov.hebnews.cn/2011-05/06/content_1973588.htm.

[②] 北宋以前，即有这种传统存在，如后周世宗显德二年（公元 955 年）四月颁发改建城市的诏书曰："……其标志内，候官中擘划、定街巷、军营、仓场、诸司公廨院务了，即任百姓营造。"参见王溥. 五代会要：三十卷[M]. 上海：上海古籍出版社，1978.

无法培育出具有公共精神的市民。这样的文化特质导致市民公共意识淡薄，参与公共生活的意愿较弱。就中国古人的认识框架而言，城市并非公私对立的产物，而是"家国一体"的融合。

在计划经济年代，道路、广场、绿地均被视作城市发展的基础设施，分门别类地加以规划、设计和建设，而对整体大于局部之和的系统认识不深，公共空间体系不可或缺的社会联结作用未受重视。在高度组织化的社会中，丧失独立公共交往地位的个体常在单位社会内部寻求依附，"小社会"的存在使城市社会空间失去引力，成为缺乏城市性①的均质空间。

由于缺少独立的市民化发展进程，我国现代城市公共空间格局的剧变缘起于外来文化输入造成的异质性和结构性裂变。建立在历史传统断裂基础上的根基十分脆弱，缺乏公共精神的文化传统所形成的观念制约根深蒂固，以巨大的惯性力量影响着当代城市公共空间的发展路径。

（2）资源调配机制层面：政府意志与逐利动机的双重驱动

城市公共空间是各种社会关系角逐的结果。在我国，政府机构是城市发展的主导力量，城市开发商、投资商通过与其结盟奠定强势地位的基础，技术专家的"工具理性"成为被操纵的对象；公众被边缘化于利益联盟之外，力量薄弱。

政府机构有自身的利益诉求，无法代表完整意义上的全体公众利益，在长官意志和政绩考核的目标驱使下，催生了与民争利、与市场争利、牺牲空间公平性以凸显短期利益的寻租行为。作为行政权力能够直接干预和组织的竞争要素，城市公共空间的演变表现为政府意志与逐利动机双重驱动的结果，城市美化、改造的目标着重于资金获取指向。精英阶层对空间的需求改变了城市公共空间的生产，大批私有化、商业化空间和权贵部门占据城市优势区位，大规模城市开发改造项目肢解了原有的城市公共空间，与发轫于市民公共生活的社会需求相矛盾。由于建成的公共空间具有促使土地增值的外部正效应，会引发商业利益驱动的竞争和逐利，因缺乏相应的利益再分配机制，易造成周边建设失控，进而影响公共空间社会功能的发挥。

（3）学科建设层面：学科发展滞后于社会需求

现行城市规划以经济价值和土地利用的最大化为导向，公共空间规划通常作为其他规划专题研究的子课题，或是以局部地块设计导则的形式出现，缺乏对规模体系和空间格局的整体把握，尤其缺少必要的理论反思与前瞻②，指标控制、政策管理及引导亦相

---

① 沃斯(Wirth)指出，城市主义是一种生活方式，城市性的本质特征是多元、匿名和异质。参见 Wirth L. Urbanism as a way of life[J]. American Journal of Sociology, 1938, 44(1):1-24.

② 正如有些学者认识到的，"作为城市发展过程中文化传统、意识表征、环境形态、经济建设及重大历史事件反映的'硬件'——城市公共空间的发展与演变，却并未引起学术界的重视，甚至处于被忽略的尴尬局面，造成在实践过程中举步维艰"。参见阳建强，吴明伟. 现代城市更新[M]. 南京：东南大学出版社，1999.

对滞后。

以《城市用地分类与规划建设用地标准》（GB 50137—2011）为例，它是城市规划行业最重要的国家标准之一，是城乡规划编制管理的重要技术依据和技术标准体系确定的基础。它不仅规定了城乡用地类型的描述方法与具体类型，还影响着相关法规的制定。该标准在广场与绿地空间整合方面相比老标准向前推进了一步，并将绿化权利提升为全体居民有权获得的与居住、公共服务和交通同等重要的基本空间权利，但城市公共空间用地分属不同用地类别的割裂局面和矛盾并未得到有效解决①。可以肯定，按照这种标准建设和管理的城市也许能够在机能方面运转良好，却难以创造出适应社会需求、整体上富有吸引力的公共场所。因其颇有局限的功能性理念导致城市公共空间用地被分散在不同的大、中、小类用地中，不仅给公共空间用地的整合研究和实际运作带来困难，更重要的是预设了公共空间用地的"非正当性"——此类用地既无法在具有法律效力的行业标准中被有效识别，又缺乏通行的导则条例对它进行引导控制。

归根结底，**当前我国城市公共空间系统未能发挥应有的社会人居环境的支撑作用，其根源在于公共空间的发展缺乏有效动力。**如果城市建设的目标不仅是建造功能分区、运转高效的现代主义机能型城市，而是营造更好、更富活力和可持续的城市场所，那么就亟待公共空间从幕后配角成长为影响城市空间资源配置的主角，并通过作用机理的研究寻找公共空间持续发展的规律所在。

0.1.2 城市公共空间格局效率与公平视角的确立

（1）研究视角和目标

城市公共空间的发展需要动力，动力不足将导致发展受阻或不均衡，表现在空间上即是格局失当现象。动力来自事物内在的机理，当空间要素及其关联因子的关系符合固有规律时，公共空间将获得持续发展的动力。通过研究城市公共空间主体在发展过程中与其关键关联因子相互作用的机理，能够挖掘公共空间持续良性发展的主要动力所在，动力状态的优化将从根本上推动城市公共空间的发展。

效率与公平视角为城市公共空间格局的机理揭示及其评价提供了基本立足点。公共空间格局效率和公平旨在为社会成员参与公共生活创造良好条件，社会成员对公共生活的参与是社会存在和发展的必然要求。公共空间供给要考虑对社会成员，尤其是弱势群体的普遍覆盖，以利社会和谐稳定；同时公共产品的生产要消耗公共资源，本着对公共资源负责的态度，也要兼顾效率问题。

---

① 根据 GB 50137—2011 中的城市用地分类，有可能归属城市公共空间的用地有：部分城市道路用地（S1），如步行街和街道场所特征明显的城市道路；绿地与广场用地（G）中的公园绿地（G1）和广场用地（G3）；以及一部分非独立占地的公共空间，如各类公共管理与公共服务用地（A）和商业服务业设施用地（B）的室外部分。其中广场用地（G3）仅包括原标准中的游憩集会广场用地（S22），原交通广场用地（S21）被归入交通枢纽用地（S3）。

城市公共空间格局效率包括配置效率、供给效率和使用效率，城市公共空间结构性稀缺的现实使效率问题在空间格局研究中占有重要地位。公共空间的格局效率主要取决于有限的公共空间资源能否最大限度地服务于最多数人，即消费者所获得的福利和效用，可以用"单位用地面积的潜在服务人数最多"原则来衡量。

城市公共空间格局公平的目标包括可达性公平、使用公平和结果公平。空间公平是未来城市政策的重要战略方针，资源、服务和可达性的平等是一项基本权利①。城市公共空间分布直接影响到公共福利分配，要改变垄断性空间支配日常生活的局面，有赖于适宜空间的生产，所谓"适宜"就是空间生产过程正义且空间资源能够得到公平配置。实现公共空间资源和服务分配的公平是规划从业人员的基本职责，公共资源的补偿性分配能够在一定程度上缓解社会不公。空间公平应成为城市公共空间的价值核心，以免在社会经济格局的调整进程中，物质空间布局屈于强势群体的裹挟而加剧空间分配的不公。

本书的研究视角是：从反映城市结构特征的空间格局角度揳入，以效率与公平作为基本立足点，重点突出对公共空间格局与城市语境诸要素之作用关系规律的考量和评价。 本书的研究范畴有三个层次的限定：首先，主要关注城市公共空间配置及其机理等格局问题；其次，公共空间格局研究基于城市语境展开，在与分因子系统的互动关系中探索其作用规律；最后，引入效率与公平视角，将之作为一种切入手段，旨在增强公共空间格局分析与评价的科学性。

本书的研究目标是：基于效率与公平视角，在厘清城市公共空间的作用价值、本质属性和基本原理等理论问题的基础上，通过机理研究寻找公共空间持续良性发展的规律所在，并从方法论角度建构城市语境下公共空间格局配置效率与分配公平的度量标准及评价体系，推进城市公共空间建设和优化的科学性，进而在应用层面就具体改进措施提出对策建议。

（2）研究的本土性问题

城市公共空间孕育于西方的文化背景与社会制度，我国城市公共空间的模式选择与发展路径面临双重挑战：其一，城市公共空间格局是特定社会、文化形态与地理环境综合作用的结果，西方模式能够在多大程度上适应我国国情和本土文化？其二，从我国城市居民的个性特征和生活习俗出发，对城市公共空间是否有明确的物质和心理诉求？

我国现代建筑和规划体系源于西方，公共空间理论是西方城市规划设计领域研究的重点。当前我国城市领域面临的主要困境在于，缺乏对城市公共空间概念属性、形成机制、演变动因和管理手段的深入理解，导致在城市建设和管理中生搬硬套西方范式，因而亟待加强公共空间相关研究，为实现城市公共空间模式及理念的本土化奠定基础。

---

① Soja E W. Seeking spatial justice [M]. Minneapolis：The University of Minnesota Press, 2010.

本书提出将城市公共空间系统作为我国城市建设的全局性控制要素，立足点并非基于对西方范式的形态模仿，而是提供塑造城市空间关系本质的一种可行思路，旨在以公共空间为纲科学有效地组织城市。这种关系本质的设定参照了西方城市，但不意味着不能结合居民需求在具体形态和手段上进行创新；相反，正因为有了明确界定，反而更可能在预设的框架内催生各种创新成果。因此，"公共空间优先"的城市建设思路不会导致中西方城市的趋同，反而可以成为城市形态本土化的触媒。这要求我们建立并执行从公共空间格局入手的城市规划、建设和管理体制，将之落实为一贯的公共政策和行动，以实现空间效率与公平的目标。

0.2　研究意义

（1）回应公共空间科学发展的现实需求

城市公共空间对维系公共领域活力、承载公共生活、培育居民认同感及提升城市环境品质具有关键作用。近年来，我国城市公共空间建设在取得长足进步的同时，也积累了不少问题，公共空间量的增长并没有带来结构的同步提升，空间格局效率与公平缺失的现象不同程度存在，公共空间未能充分发挥应有职能。现阶段，伴随着城市化的二次转型过程，我国城市建设正由粗放走向集约，城市发展将不再仅以经济繁荣、技术进步和文化复兴为标志，良好的城市公共空间格局成为有效提升城市竞争力及促进其可持续发展的必需，因此现阶段是反思、整治、改造和重塑既有公共空间格局的最佳战略机遇期。与此同时，公众价值取向开始注重文化修养和精神丰裕，人们可支配闲暇时间的增加，人口年龄结构的日趋老龄化，户外活动和社会交往需求的增多，均对城市公共空间的建设和优化，尤其是如何以较少的量实现空间的高效和公平配置提出新的要求。基于对现实问题和主体需求的回应，本书从空间格局角度揳入，以效率与公平作为基本立足点，把握对公共空间格局与城市语境作用关系的考量，是从根本上纾解当前公共空间建设的困境、有效引导和调控未来城市公共空间科学发展的迫切需要。

（2）深化对城市物质空间形态构成及其演进规律的认识

城市公共空间无法脱离特定的城市物质和社会特征而孤立存在，处在与城市语境作用关系中的公共空间格局研究更贴近真实的城市状态，能够使问题的本质呈现得更具针对性，也利于从空间本体与城市语境两方面提升公共空间规划建设的科学性。因而本书突破既有研究囿于公共空间本体的局限，以城市文脉为媒介开展针对性的研究补缺。本书构建了基于城市语境的公共空间格局效率与公平的理论架构，重点突出了对公共空间格局与城市语境诸要素之作用机理和关系模式的考察，确立了空间要素及其关联因子形成良好互动关系的标准，是把握城市物质空间形态构成及其演进规律的一项重要基础研究。

（3）拓展公共空间格局研究的定量分析方法

本书围绕物质空间本体，以尽可能精确的形态表述方式揭示物质空间特征及其差异，通过量化过程整合描述性研究与解释性研究的优势。基于 ArcGIS 软件平台，探索量化公共空间格局与城市结构形态、土地利用、交通组织和人口分布之间相互关系的可能性，通过城市空间定量化研究呈现相关物质结构特征，拓展公共空间格局研究的定量分析方法，揭示公共空间格局与城市语境的关联及其模式规律。所形成的空间分析框架和技术可以为国内外其他城市的公共空间研究提供实践与方法层面的借鉴。

（4）提供公共空间优化的科学依据和准则

以公共空间格局的配置效率和分配公平为目标导向，本书建立了城市语境下公共空间格局的指标量化评价体系，使公平和效率的衡量有了相对明确的分析程序和评价标准。在规划建设层面，公共空间评价体系可以作为认识和评价公共空间存在问题、确立评判准则的参考，并为公共空间的调控优化提供科学依据，减少和避免决策的主观性和利益群体的寻租行为。在决策管理层面，它能为目标分析、风险分析与可行性研究提供依据，形成多层次的复合动态监控机制。

0.3 研究内容与方法

0.3.1 研究内容

（1）理论架构

城市公共空间格局须在公共空间与城市语境的互动关系中得以强化。本书提出的基于效率与公平视角的城市公共空间概念图式如图 0-2，将城市语境分解为城市结构形态、土地利用、交通组织和人口分布四大要素，从城市公共空间格局演变的机理中找到关键性关联因子，而公共空间的格局效率与公平就集中体现在与它们的相互作用关系中。要素选择的依据源自公共空间的物质与社会构成、理论与实践启示，以及对生活空间的长期观察和凝练。

首先是城市结构形态层面。公共空间格局是城市结构形态的重要组成部分，公共空间格局在该层面的效率与公平状态及其持续发展的动力来自两者间良好的协同互构关系。公共空间格局与城市结构形态层面的自然要素分布、城市肌理、结构性轴线和竖向构成，以及圈层

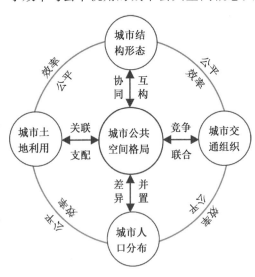

图 0-2 基于效率与公平视角的
城市公共空间概念图式

结构特征的关系,对公共空间格局之效率与公平状态及其发展前景影响显著。

其次是城市土地利用层面。城市公共空间由一定功能、密度、价格的地块及其建筑布局形塑而成,公共空间格局在城市土地利用层面的发展动力来自两者的关联支配关系。公共空间格局与城市土地利用层面的土地利用性质、土地利用密度和土地价格的关系,构成衡量公共空间格局之效率与公平程度的重要指标。

再次是城市交通组织层面。公共空间格局在城市交通组织层面的良性发展动力来自两者的竞争联合关系。城市交通组织决定了到达公共空间的便捷程度,是判断公共空间格局可达性和吸引力的重要因素。相关指标包括:公共空间格局与城市道路的公共空间属性、出行方式、机动车交通、公共交通及慢行交通的关系。

最后是城市人口分布层面。公共空间格局在城市人口分布层面的发展动力源自对彼此差异并置关系的支持。城市公共空间对居民的服务能力是衡量一个城市人地关系是否和谐的参照,也是考察公共空间格局效率与公平的最重要标准之一。指标包括:公共空间格局与城市总人口分布以及人口空间分异之间的关系。

上述四个层面的发展动力因素综合作用而形成合力,共同推动城市公共空间持续、健康发展。此架构提供了城市语境下公共空间格局之效率与公平分析的着眼点及其路径,以关键变量的空间性叙述将空间与社会联系在一起。从规划设计学科特点出发,以技术为坐标系,效率和公平在此坐标系中被诠释为如何转化成适于量化研究的形式,并达到一种量上的近似平衡。以数学上的量化过程来揭示公共空间的社会分配,体现为一种技术的效率观和公平观。

(2)章节安排

首先从现实问题出发,凝练出当前城市公共空间建设中的主要科学问题,即公共空间格局未能发挥应有的系统性支撑作用,其根源在于公共空间的发展缺乏有效动力,围绕问题展开论述(绪论)并对国内外相关研究成果进行分析综述(第1章)。在基本概念界定的基础上,从作用价值、本质属性、基本原理三个方面,以物质—社会—经济的综合维度构建基于城市语境的公共空间格局效率与公平的基础理论(第2章)。

第3—6章致力于探索公共空间格局与城市语境诸要素相互作用的机理和模式特征,寻找公共空间持续良性发展的动力所在,提炼能够反映公共空间格局与城市语境关系的主要指标,建立因子层级系统。以苏黎世和南京老城为例,对其公共空间格局与城市语境的关系模式展开深度观察和剖析,挖掘空间自身的形式特征及其成因,有针对性地提出我国城市公共空间格局的发展对策建议。

最后,以3—6章的作用机理及关系模式研究为基础,形成由4大类别层、14项类体系层、49项评估因子构成的城市公共空间格局指标评估体系。在实证论证基础上制定因子5分制等级分值评价区间,以专家问卷的群体决策模式建构各项指标的权重结构,运用层次分析法(AHP法)并借助专家决策分析(Expert Choice)软件求取各层面及其相关指标的相对权重值，建立以效率与公平原则为目标导向的城市公共空间格局的量化评价体系。分别对苏黎世和南京老城的城市公共空间格局现状进行综合评价，进而提出南京老城公共空间的优化建议(第7章)。

全书结构框架如图0-3所示。

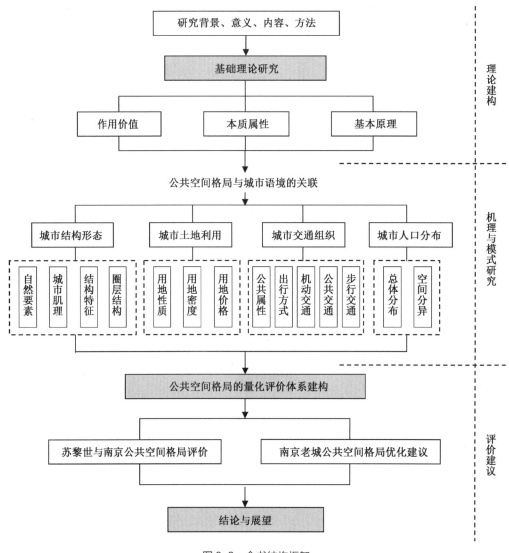

图0-3　全书结构框架

（3）实证研究对象选取及其可比性

任何一座城市的公共空间系统均具有一定的格局特征，也都表现出与城市结构形态、土地利用、交通组织、人口分布层面主要因素的大量相似的互动关系规律。为使研究更具针对意义，对这种关系的规律性考察不宜过于抽象泛化，而应基于整体观点以实证方式开展。

本书选取瑞士苏黎世和中国南京①两座城市作为具体的案例研究对象，开展量化层面的形态学分析，旨在增强研究的针对性和说服力的同时，为指标评估体系中各因子等级标准的制定提供依据。两市选定区域内历史悠久，社会文明程度较高，空间尺度类似，公共空间体系相对完整，存在较多可比性。在用地强度方面，南京老城强度较高，但平均而言属于中等强度，公共和居住领域的建筑平均层数分别为4.2层和4.6层，仅略高于苏黎世的4.0层和3.7层②。欧洲城市紧凑发展方式下的公共空间模式对以南京为代表的我国城市建设具有积极的参考价值。此外，笔者在南京生活学习多年、苏黎世留学1年的经历中，积累了一定的对城市公共空间共性问题的认识、实地体会与感受，也影响了案例的选择。

苏黎世涵盖了从市中心到郊区的完整范围，而南京老城只是南京市的中心片区，这似乎降低了两者的可比性。但当我们将视野扩大到都市区范围，苏黎世是从巴登(Baden)到温特图尔(Winterthur)展开的苏黎世都市区的中心，正如南京老城是南京都市发展区的中心，相应的公共空间系统成为对应都市区中心地带内的系统构成。由于腹地所限，苏黎世主要沿三条发展轴向外扩张：北部通往温特图尔、西部通向巴登、南部通往楚格(Zug)，这些市镇与苏黎世之间有着便捷的公路和铁路运输交通联系。与其相似，南京都市区也规划建成"一城三区"模式，即以主城为核心，形成通往东山、仙西和浦口三大新市区的城市发展轴，带动城市的南延、东进与北扩（图0-4）。两市的发展思

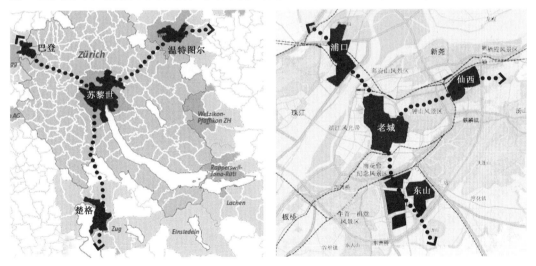

图 0-4　苏黎世和南京相似的城市发展格局

---

① 苏黎世范围以市域区界为限，辖12个片区；南京老城以外秦淮河、护城河对岸及玄武湖东北岸为界，包括鼓楼片区、玄武片区和秦淮片区。为完整起见，本书将外秦淮河、护城河、玄武湖和相关公共绿地纳入研究视野。但统计计算范围为扣除外围水域的区域，与《南京老城控制性详细规划》(2006)界限一致。苏黎世的生活品质世所公认，2000年以来屡居全球著名咨询机构美世(Mercer)评选的世界最佳宜居城市之首，其卓越的公共空间系统是它能够连续当选的最重要原因之一。南京城市环境品质近年得到大幅提升，绿地率、绿化覆盖率和人均公共空间面积位居我国城市前茅，获"国家卫生城市""国家环保模范城市""国家园林城市"等荣誉称号，2008年获"联合国人居特别荣誉奖"。苏黎世与南京老城的可比性及其公共空间格局详见附录1。
② 统计数据详见3.5.1节。

路都是通过建立核心城市与卫星城之间的紧密联系，充分发挥主城的廊道辐射带动作用；而疆域上通过自然山水屏障及干道等的隔离，避免城市无序蔓延，形成多中心、开敞式的大都市空间结构。

0.3.2 研究方法

（1）以物质空间为主体，多学科交叉研究

基于不同学科视野的城市公共空间研究具有不同特点和局限性，如社会学主要关心公共空间所表达的社会含义；地理学主要关心抽象结构层面的公共空间布局，不重视空间与实体的关系，也较易忽视感知层面的公共空间；规划设计学科侧重具体公共空间的描述、评判及优化策略；景观学注重公共空间或开敞空间本体属性的研究，常忽视空间所处的城市文脉，即与周边环境的相互作用关系。多学科交叉视角有利于研究的系统开展。本书立足于城市设计学科，以物质空间为主体，以学科整合为手段，突破单一学科框架，借助城市规划、建筑学、景观学、城市地理学、城市社会学等学科领域之间观点、方法和技术的交叉，将宏观抽象层面与中微观感知层面有机结合[1]，旨在拓展城市公共空间格局研究的广度和深度。

（2）通过实证分析实现整体理论建构，规范性与实证性研究相结合

本书遵循了从理论建构到分层展开论证的研究过程，但不限于此。在探索性工作中，理论往往是从实证研究中逐渐成形，而不是自始就成熟完善的。研究思路的实际发展过程不完全符合关于研究方法的常规观点，思路某种程度上源于对详细资料的挖掘和对生活整体过程的发现[2]。本研究记录还原了这一经验，在各章节内部，理论建构与实证分析紧密结合，互为补充，实证研究参与整体理论建构。同时，将规范表述（价值判断）与实证表述（事实）相结合，在尽可能科学呈现城市公共空间格局"是什么"的同时，也包含了明确的价值判断，直接面向"应该怎样"的议题。

（3）以一手资料为基础，"可视化"分析方法主导的案例实证研究

在研究思维创新的同时，笔者重点深入了苏黎世和南京老城的具体空间，开展大量实地调研工作，获取关于公共空间、土地利用、城市设计要素等一手资料，通过对研究对象事实素材的占有以发现问题，为理论研究奠定基础，并面向实践提出建议。研究中

---

① 当代后现代理论话语中出现了微妙的偏重微观视角的倾向,城市宏观图景被与现代主义联系在一起而受到广泛批判和反对,取而代之的是地方琐事、街道和日常生活等"来自下层的观点",这种启发性立场深刻地影响了建筑和城市领域。但这种宏观与微观的两极分化并非必须,"将它们彼此对立起来,只不过是限制了批判性的阐释"。正如索亚所观察的,"我们必须认识到,来自上层和下层的两种观点,都是有所限制也是有所启迪的,是具有欺骗性又是确定无疑的,是放任自流的又是深具洞察力的,是殊有必要的又是整体上有所不足的",所以需要将宏观与微观两个层面连接起来。参见 Soja E W. 第三空间:去往洛杉矶和其他真实和想象地方的旅程[M]. 陆扬,等译. 上海:上海教育出版社,2005.

② Whyte W H. The social life of small urban spaces[M]. Washington, D. C.: Conservation Foundation, 1980.

尤其注重分析性方法的运用，强调对客观事实呈现和还原的过程，以便准确认识和评判现存问题。这种分析性研究方法，强化了"从实践中来"的认知过程，弥补了传统的指导性研究仅关注"到实践中去"的单向性不足，有利于提高研究成果的科学性[1]。空间形态问题无法单纯通过文字准确描述，本书的分析性方法与"可视化"过程紧密结合，尽可能充分地映射现实以奠定重塑生活世界的基础。

（4）以量化分析技术为基本手段，定性与定量研究相结合

量化研究方法是科学研究的有效手段，真正的科学必须以坚实的定量分析方法为基础。城市规划中突破定性研究模式，大量运用数学模型和计算机技术、增强学科建设的科学性乃大势所趋。未来规划工作的实施效能主要取决于科学技术的支撑能力。

作为描述和呈现问题的基本手段，量化的目标是使问题简化，因此要应用能够为规划师和决策者广泛接受的基本数学原理和技术，事实上常规数学方法与精确的数学模型结果之间常具有"显著一致性"[2]。本书的城市公共空间研究在社会相关性与数学精确性之间架设沟通的桥梁，将能够理解物质结构的空间分析与能在变化的世界中解释人们生活状况的场所分析结合起来[3]，通过逐项量化对比研究探索分因子系统的量化分析技术，并适当结合定性方法展开讨论。

（5）以 ArcGIS 软件应用为技术平台，集成空间分析方法和技术

本书基于 ArcGIS（地理信息系统）技术平台，结合运用 SPSS 统计产品与服务解决方案、专家决策分析（Expert Choice）等技术软件，支撑对空间数据库的信息提取、空间数据分析和机理揭示等研究过程，形成基于空间分析的综合评价模型。

相对于复杂的"纸上"模型，ArcGIS 技术的优势在于：能够把空间数据与非空间属性联系起来；便于叠加不同信息；具有直观计算和比较结果的能力；信息以电子格式存在，使用者能与数据进行互动；能够模拟未来场景[4]。ArcGIS 集成数据、储存和操作空间实体的能力为本书城市公共空间格局分析中大规模实证研究及复杂几何表述奠定了基础，为格局优化和管理提供了技术支持。

0.3.3　技术路线

本书以 ArcGIS 空间分析技术为基础，在方法层面致力于探索基于效率与公平视角的公共空间格局与城市结构形态、土地利用、交通组织、人口分布的作用关系的计量和

---

① 梁江,孙晖.模式与动因:中国城市中心区的形态演变[M].北京:中国建筑工业出版社,2007.

② 这是 Koenig 在研究消费者剩余和行为效用时发现的现象。参见 Talen E. Visualizing fairness: equity maps for planners[J]. Journal of the American Planning Association, 1998, 64(1):22-38. 西方学界一度出现的对复杂数学公式的热衷,偏离了量化研究的价值所在。

③ Harvey D. Justice, nature, and the geography of difference[M]. Oxford: Blackwell Publishers, 1996.

④ Nicholls S. Measuring the accessibility and equity of public parks: a case study using GIS[J]. Managing Leisure, 2001,6 (4):201-219.

分析方法。在此过程中，将城市具体的社会和物质层面知识转化为适于量化研究的形式是关键步骤，可称之为**"在变量分析框架内的案例分析方法"**。具体技术路线如下：

① 通过多种文献和图纸资料的汇总、配准、校正和数据融合，结合大量现场踏勘和调研，对苏黎世和南京老城的基础资料进行矢量化加工，得到 CAD 数字底图，包括现状公共空间、土地利用、建筑和街区、私人和公共领域、自然山水要素、分等级道路、行政区划等分图层基本空间数据，以及地区人口和地价分布等相关属性信息。公共空间属性数据涵盖服务范围、类型特征、功能特征、公共性和使用效率等。通过标准编码联系图形信息和统计数据信息，建立地理数据库 GeoDatabase，对所有数据进行索引和管理。

② 通过 ArcMap 9.3 属性统计，结合区位熵法和空间插值分析，建构苏黎世与南京老城的公共空间区位熵等值线模型和三维模型，获取其公共空间分布的总体格局特征、类型梯度特征、规模首位度特征、步行可达范围的具体规律和差异（附录1）。

③ 基于空间分析技术，集成相关学科方法，主要以叠置分析法和区位熵法定量探究苏黎世和南京老城公共空间格局与城市结构形态层面的自然要素分布、城市肌理、结构性特征、圈层结构的相关关系。使用 SPSS 统计软件的分析工具，对数据集进行相关分析、回归分析、因子分析等运算，得出各因子间相互影响强度并生成回归函数，获得对空间关系和空间模式规律性的认识，对分析结果加以解释和综合（第3章）。

④ 运用属性统计和缓冲区分析法，结合信息熵函数，分析两座城市公共空间格局与城市土地利用层面的用地性质、用地密度和用地价格的相关关系，以 SPSS 分析软件生成相关函数并进行诠释（第4章）。

⑤ 运用属性统计和距离分析、缓冲区分析法，探究城市公共空间格局与城市交通组织层面的道路公共空间属性、出行方式、机动车交通、公共交通及慢行交通的相关关系并加以解释（第5章）。

⑥ 运用半径法、最小距离法和引力位法，分析城市公共空间格局与城市人口分布层面的城市总人口分布、人口空间分异之间的关系，对居民需求与公共空间服务水平进行拟合并解释（第6章）。

⑦ 依据3—6章内容确定体现公共空间格局与城市语境相互作用关系的多指标评价系统之各项评估因子，制定各因子的5分制等级分值评价区间，并以专家问卷的群体决策模式建构指标群评估系统各项指标的权重结构，运用层次分析法（AHP法）求取各层面相关指标的相对权重值，建立以效率与公平为目标导向的公共空间格局量化评价体系。

1 国内外相关研究综述

"公共空间"作为专有名词首先出现在社会学和政治哲学领域。20世纪60年代，"公共空间"被引入规划设计学科，至20世纪70年代中叶逐渐成为城市形态和城市生活研究的主题①。城市研究者引入"公共空间"是为了区别于其他城市空间，公共空间的社会意义使其不同于侧重强调物质实体和功能属性的开放空间、绿色空间、公园、广场等空间类别。

本章基于效率与公平视角，从社会、经济、地理和空间维度对城市公共空间相关研究进行综述和梳理，这将有助于理解城市公共空间的发展脉络、价值及意义，发现既有研究的特点、存在问题和理论前沿，为城市公共空间格局的探索提供理论及方法上的支持。

1.1 公共空间的社会维度与空间正义理论

社会人文学科主张从社会关系和制度关系的角度切入研究，关注空间的抽象类别特征和社会价值。公共空间成为社会的具体化呈现，它不再是被动地展示预先设定的社会行为的舞台，而是借以创造和建构特色的媒介，是社会关系的重要组成部分，同时反作用于社会经济进程。

（1）公共性与公共领域理论

西方城市公共空间的成长与资产阶级市民社会的兴起同步，是民主政治的起源。在哈贝马斯看来，介于私人世界与公共权力机构之间的公众领域是社会交往的场所，为市民社会所特有，既是商品交换场所，又是社会劳动领域，公共领域概念的价值规范体现

---

① 最初出现在芒福德（Lewis Mumford）的《开放空间的社会功能》（1961）及雅各布斯（Jane Jacobs）的《美国大城市的死与生》（1961）中，随后哈普林（Lawrence Halprin）、希玛耶夫（Serge Chermayeff）和格鲁恩（Victor Gruen）等学者纷纷用"公共空间"术语描述城市建成环境。参见 Nadal L. Discourses of urban public space, USA 1960—1995 a historical critique[D]. New York：Columbia University，2000.

为它对以批判与开放为特征的公共性的彰显①。阿伦特(Hannah Arendt)区分了两种类型的公共空间:古希腊城邦竞争的公共空间,强调道德的同质和政治的平等;现代社会的团体公共空间,偏重对人的自由和多样性的捍卫②。公共领域是人的一项基本权利,人的存在感依赖于公共领域的存在,而现代社会以同一性取代了多元性,使人成为马尔库塞所谓"单向度的人",现代公共空间几乎湮灭。

在公共与私人生活的权衡上,一些学者倾向于夸大私人的力量。对桑内特(Richard Sennet)来说,这源于 19 世纪和 20 世纪"私人的社会愿景"普遍上升,个体观念过度延伸到公共领域中,与社会多样性、大都市生活、差异和分离等现代形制不相协调③。米尔格兰姆(Stanley Milgram)指出,处于信息超负荷状态的现代都市人受到过多刺激,在适应的过程中转向对自我的关注,忽略在公共领域中与他人交往的机会,造就了匿名和没有面孔的城市④。哈维(David Harvey)描述了在狂热的消费主义、持续的闲暇活动和社交表现的价值观普遍退化的过程中真正的公共领域的闭塞⑤。

(2)空间正义视角的公共空间理论

空间正义原则是公共性的核心。以罗尔斯(John Rawls)的社会正义论⑥为基础,人们认识到日益分化的城市空间正在成为压迫的根源之一,就此展开空间抗争,寻求空间正义。

在空间正义研究中,地理学视角偏重物质层面的分配公平,即度量、描述和理解社会不正义的地理形态,如科茨(Bryan Ellis Coates)等的《地理与不公正》及戴维·史密斯(David Smith)的相关著作。社会学视角强调空间如何稳固并强化了不正义的分配过程,以及如何通过适当的制度安排实践空间正义。空间正义概念化的起点是"领地正义",哈维将之扩展为"领地再分配式的正义",即需要保障人们"平等获取公平分配"的权利⑦,强调空间生产过程正义且空间资源能够得到公平配置。

具体到公共空间领域,索金(Michael Sorkin)描述了在消费社会主导的世界秩序下,

① 哈贝马斯.公共领域的结构转型[M].曹卫东,王晓珏,宋伟杰,译.上海:学林出版社,2004.彼得·罗指出,这种建立在交易和交往基础上的"话语模式"的基本分析能力在于,它超越了多数主义政治与对个人基本权利和自由的保障之间的传统敌对关系.参见 Rowe P. Civic realism[M]. Cambridge, Mass. : MIT Press, 1997.

② Benhabib S. Models of public space: Hannah Arendt, the liberal traditon, and Jürgen Habermas[M]// Calhoun C. Habermas and the public sphere. Cambridge, Mass: MIT Press, 1992:77-81.

③ 桑内特.再会吧!公共人[M].万毓泽,译.台北:群学出版有限公司,2008.

④ Milgram S. The experience of living in cities[J]. Science,1970,167(3):1461-1468.

⑤ 哈维.后现代的状况:对文化变迁之缘起的探究[M].阎嘉,译.北京:商务印书馆,2004.

⑥ 美国政治哲学家约翰·罗尔斯围绕"公平的正义"之价值理念,提出两大正义原则。一是自由的平等原则,要求平等分配基本权利和义务。二是强调差别原则和机会平等,"社会的和经济的不平等应这样安排,使它们:(1)适合于最少受惠者的最大期望利益;(2)依系于在机会公平平等的条件下职务和地位向所有人开放"。他同时规定了两个原则的等级关系——"词典式的序列",序列中靠前的原则具有绝对的重要性。参见罗尔斯.正义论:修订版[M].何怀宏,何包钢,廖申白,译.北京:中国社会科学出版社,2009.

⑦ Harvey D. Social justice and the city[M]. London: Edward Arnold,1973.

从中心与边缘中解放出来的城市公共空间面临着千篇一律的困境，物质与文化地理的稳定关系消失殆尽①。利文森（Anne S. Lewinson）认为，任何特定的公共空间都具有内在的阶层含义，不同社会阶层的成员会有差别地使用那些空间②。米切尔（Mitchell）发现公共空间管理已被有效地私有化，公共空间权利不再总是处于激烈争夺中，城市空间被主导阶层占有，他们对"使城市成为差异共存的场所"并不感兴趣③。兹金（Sharon Zukin）分析了20世纪后期的美国城市文化，暗示迪士尼公司等团体不仅能够控制和支配公共空间，甚至有能力决定什么是公共和私人空间④。

空间正义视角的公共空间理论侧重突出使用人群阶层、性别和种族的平等，鼓励多种社会群体和用途的多样混合，本质上是自由主义思想的当代延伸。

（3）公共领域研究的空间化趋向

经典公共领域理论认为，社会生活场所为公众提供了讨论公共事务的论坛和交流平台，聚集在其中的人是公共领域的主体，公众以理性批判精神构成的领域是其本质，这种具有社会历史意义的公共性不完全依赖城市物质空间。但当代社会学者倾向于认为公共领域需要且能够根植于具体空间。Lofland 指出公共空间是关于物质世界的，公共领域则是各种强度的社会活动发生的场所，"它由那些城市区域建立起来，在那里共存的个体互不相识或只是大致了解"⑤，公共领域的存在使城市成为城市；这种公共领域是社会性的，不过以城市物质空间为载体。在 Hajer 和 Reijndorp 看来，公共领域是遇见他者以及与他者的行为、思想和偏好产生联系的地方，公共领域需要物质的碰面，这个要求只有公共空间能够满足⑥。公共空间要根据其生理和心理上的可进入性进行判定："作为公众，代表着一个包含全部个体的整体，其联结不仅仅靠共同关注的问题，同时也需要高度的能见度……只有当物质空间与文化或政治事件本身已经存在了某种能成像并传播的关联性时，网络、报纸和电视上表述的'公共领域'才更加有效。"⑦

当前，西方学界不再像20世纪后半叶盛行的那样悲悼公共领域的衰落，转而更加审慎地认为隐藏在看似明确的衰退进程下的真实形势要复杂得多。"公共领域"的政治

① Sorkin M. Variations on a theme park：the new American city and the end of public space[M]. New York：Hill and Wang，1992.

② Lewinson A S. Viewing postcolonial Dar es Salaam, Tanzania through civic spaces spaces：a question of class[J]. African Identities，2007,5(2)：199−215.

③ Don M. The right to the city：social justice and the fight for public space[M]. New York：The Guilford Press，2003.

④ Zukin S. The cultures of cities[M]. Oxford：Blackwell Publishers,1995.

⑤ Lofland L H. The public realm：exploring the city's quintessential social territory[M]. New York：Aldine De Gruyter，1998.

⑥ Hajer M A, Reijndorp A. Analysis and strategy[M]. Rotterdam：NAi Publishers,2001.

⑦ 托内拉. 城市公共空间社会学[J]. 黄春晓,陈烨,译. 国际城市规划,2009,24(4)：40−45.

意蕴已然降低①，公共空间体现出越来越明确的娱乐化和享乐化趋势。公共空间的转型是为了应对社会的发展，当代有些学者对生活方式转变过程中社会结构和公共领域产生的新形式持谨慎乐观态度。

彼得·罗（Peter G. Rowe）以"市民现实主义"理念深入挖掘了市民空间创造背后所隐含的复杂过程和态度，提出城市学科与政治哲学范畴公共空间的一致性基于三个层面——计划性、表达性和构成性。计划性是指城市建筑和功能方面的措施对公共和私人领域之间政治—文化分野的阻碍或增强作用；表达性是指以空间图解、象征或其他建筑表达方式描绘公共与私人领域的界限；构成性探讨如何使城市项目促成公共和私人领域的区分或细化，从而增强市民的生活体验②。

（4）国内研究

国内研究成果主要集中在两方面：其一出现在社会政治和人文地理学科，包括对中西方相关理论的引介、由海外汉学家开展的将西方公共领域理论应用于中国社会变迁的研究，以及围绕当代中国大城市应用西方理论的文化研究。其二出现在城市、规划与社会学科的交叉领域。夏铸九在《公共空间》中针对台湾地区公共空间重建模式可能性的本土研究，提供了解释公共空间与公共领域的真实空间、象征空间与空间论述间互动关系的理论架构③。于雷的《空间公共性研究》以哈贝马斯公共领域理论为线索，突出了空间的公共性建构与公共性的空间建构④。汪原主张从城市空间生产"过程"与个体经验"差异性"思想出发分析和透视城市空间⑤。这些论述在梳理西方理论模式的基础上，从不同角度构建了公共空间社会性与物质性两种属性之间空间研究经验的共享平台和理论架构。

1.2 公共空间的经济维度与公共物品供给理论

社会维度的公共空间理论主要围绕空间正义与权利展开，与城市公共空间格局公平具有深层联系；基于经济学原理的公共空间理论较关注公共资源的配置及其供给效率问题。立足点的不同使其理论观点分歧较大。经济学视野的城市公共空间理论旨在为公共空间格局研究提供解释工具，尤其是从产权角度提出的公共空间供给模式的具体分析思路和策略手段具有经济可行性，使空间公平有机会在效率与公平的权衡关系中得以落实。

---

① 当代社会学者在指代"公共领域"时，倾向于更多地使用"public realm"和"public domain"，而不再使用哈贝马斯常用的"public sphere"。这三个词以及"public space"都蕴涵着物质与人文属性，区别在于侧重哪个方面。四个词按照抽象程度降低、物质空间属性增加的顺序排列，依次为 public sphere、public realm、public domain 和 public space。

② Rowe P G. Civic realism[M]. Cambridge, Mass.：MIT Press, 1997.

③ 夏铸九. 公共空间[M]. 台北：艺术家出版社,1994.

④ 于雷. 空间公共性研究[M]. 南京：东南大学出版社,2005.

⑤ 汪原. 迈向过程与差异性：多维视野下的城市空间研究[D]. 南京：东南大学,2002.

（1）公共选择理论与政府供给

城市公共空间属于典型的公共物品。"公地悲剧"理论模型揭示，公共物品不具排他性与竞争性，资源公有易导致资源枯竭或恶化①。在公共物品、外部效应和不完全竞争等因素作用下，"市场失灵"会造成生产或消费缺乏效率，而政府供给则可以起到有效作用②。政府供给的空间生产费用来自强制性财政税收，最终成本要每个人分摊，可以避免搭便车的问题，保证了公共空间的非排他特性及由此获得的使用效率。

但在市场失灵的情况下，政府供给是否一定有效？公共选择理论集中揭示了政府供给公共物品的内在缺陷。公共物品的有效供给以对个人偏好的把握为基础，消费者不会真实表达自己的偏好，"公地悲剧"表明对于一些公共物品问题需要"公共选择"。但政府政策往往受到各种利益集团的支配和影响，关于城市公共空间的决策尤其如此。富有阶层与贫困阶层对城市公共空间的偏好不一致，如果公共选择的均衡由少数利益集团的偏好所决定，将导致最终决策与多数社会成员的实际偏好产生差距。

与传统理论假定的官僚作为中性代理人的身份不同，公共选择理论发现官僚不乏追求自我利益并使其效用最大化的动机，而他们在决定公共物品供给时有相当大的裁量权，影响到包括城市公共空间在内的公共物品的供给条件、预算结果和配置效率。科斯（Ronald H. Coase）的"经济学中的灯塔"和布坎南（James M. Buchanan）的"政府失灵"论证明，公共部门在提供公共物品时趋向于浪费以至滥用资源，政府干预下的设施配置并不总是那么高效③④。物质形态公共物品的空间分布不可能平等地惠及所有人；政府供给意味着强制部分人为另一部分人的消费付费。

（2）新制度经济学理论与市场化解决方案

当代公共空间文化的保持、延续和创造不可能在没有私人参与的情况下实现，市场供给有助于减轻政府财政负担、消除寻租行为、缓和公共空间拥挤的矛盾。新制度经济学家通过将外部性⑤与产权联系起来，为存在外部性的公共物品的有效配置提供了不同的分析思路和解决途径。

城市公共空间不属任何人所有，又可为任何人所用，所以易导致过度使用和供给不足。如果存在合理的制度安排，外部性不一定非要由政府纠正，可以由市场化方式解决。韦伯斯特（Chris Webster）基于制度经济学立场提出解决城市公共空间供需平衡问题的综合方案：通过空间共享和明晰产权来处理公共领域问题，不同等级的管理机构对应不同层次的共享空间。在他看来，把城市空间所有权划分为不同的价值和拥挤特性，是

---

① Hardin G. The tragedy of the commons[J]. Science,1968,162(3859):1243-1248.

② 萨缪尔森,诺德豪斯. 经济学[M]. 18版. 萧琛,主译. 北京:人民邮电出版社,2008.

③ Buchanan J M. The demand and supply of public goods[M]. Chicago:Rand McNally & Company,1968.

④ Coase R H. The lighthouse in economics[J]. The Journal of Law and Economics,1974,17(2):357-376.

⑤ 经济学用外部性来描述一项行为或物品无意间给当事人以外的其他人带来的福利影响，外部性程度可通过个人成本与社会成本的差值来表示。

实现优秀的城市物质空间和制度设计的第一步①。拥挤和产权的动态意味着城市空间趋向于从非排他和非竞争的纯公共物品最终演化为排他和竞争的纯私人物品，直到将公共领域土地的供给缩小到最低限度。

新制度经济学者对经济组织和制度结构中交易成本与产权关系的思考为城市公共空间格局研究提供了可供借鉴的思路。但其通过制度和物质空间设计将外部效应内部化的方式过于强调公共空间的供给效率，难免引发排他性带来的空间不公和低效问题。城市公共物品不同于私有产品的地方就在于公共物品的提供和生产不仅仅为追求利润，还具有广泛的社会目标②。

过去 20 年间，公共空间的供给形式不再完全由政府所有和管理，也不完全是私有化形式，而是公共空间管治中关于角色、权利和责任的复杂再分配，权利、准入、问责和管制问题在基于契约、法律协议和绩效管理机制的公共空间管治中得到检验③。在此过程中，社会效益即公共空间的可达性平等应成为公共物品供给目标追求中的重要组成部分。这种可达性平等可具体化为三层含义④：一是最低标准，即任何需要公共物品的人都能够至少获得最低量的公共物品；二是同等需要获得同等满足，即不同需求者获得不同满足；三是平等地获得满足，不论需要的定义是什么，都按照需求来分配公共物品。

（3）国内研究

我国学者对城市公共空间经济学关注较少。王佐较早将城市公共空间环境整治与经济背景联系起来，通过与西方案例的比较，提出了我国城市经济发展形势需要采取环境整治的城市改造方式⑤。王伟强等分析了城市公共空间作为公共物品的特性，提出有效配置公共空间的竞争性制度安排的原则⑥，经济学视角成为以"效率与公平"作为公共空间有效性衡量的依据。

1.3　公共空间的地理维度与公共设施区位理论

主要以供需曲线或统计数据展开的经济分析较少揭示社会福利现象的空间分布，对空间低效与不公现象区位的挖掘有赖于地理学视野的引入。公共设施区位理论基于 GIS

① 韦伯斯特.产权、公共空间和城市设计［J］.张播，李晶晶，译.国际城市规划，2008，23（6）：3-12.
② 史卓顿，奥查德.公共物品、公共企业和公共选择：对政府功能的批判与反批判的理论纷争［M］.费昭辉，等译.北京：经济科学出版社，2000：17.
③ De Magalhães C. Public space and the contracting-out of publicness：a framework for analysis ［J］. Journal of Urban Design，2010，15（4）：559-574.
④ 格兰德，普罗佩尔，罗宾逊.社会问题经济学［M］.苗正民，译.北京：商务印书馆，2006.
⑤ 王佐.城市公共空间环境整治与经济的相关性研究［J］.城市规划汇刊，2000（5）：63-68.
⑥ 王玲，王伟强.城市公共空间的公共经济学分析［J］.城市规划汇刊，2002（1）：40-44.

平台构建的可达性分析技术及其成果对城市公共空间格局研究具有重要借鉴价值。

（1）公共设施区位理论与可达性研究

泰茨（Michael B. Teitz）于1968年提出一种新的区位理论，即区分公共设施与私人设施的差异，权衡效率与公平的需要对城市公共设施进行最优化布局，并构建了标准化和数量化的理论框架①。他辨析了公共设施区位有别于传统区位理论的两个方面：其一，公共设施区位不以逐利为目的，主要由政府福利目标所驱动；其二，很大程度上受到政府资源配置和分配制度的制约。

Geoffrey DeVerteuil梳理了西方地理学界公共设施区位理论的发展脉络，认为自泰茨之后，经历了鼎盛于20世纪70年代的量化时代，政治经济理论质疑和反对数量分析的后量化时代，以及人文主义背景下对传统公共设施配置模式批判性继承的时代②。

20世纪70年代，在实证主义研究思想主导下，以行为主义、定量方法、模型建构和规范合理性为基础，地理学者在区位分析中通过距离、模式、可达性、作用力和外部性实现对公共物品分配之效率和公平的诠释。设施选址中效率与公平的博弈关系始终是这一时期的主题：一方面，效率导向的模型深受韦伯区位理论的影响，效率被等同于最优化，即在有限的预算下使服务的容量最大化，线性编程、最大覆盖范围算法和区位配置模型等日臻复杂的数学工具被用以解释和优化配置效率；另一方面，公平导向的模型受帕累托最优准则和福利经济学的影响，设施选址的公平被认为可以通过若干标准达成，这些标准通常依据用户到服务设施的平均距离确定。配置效率与分配公平常常是矛盾的，不存在客观的方式去评价公平与效率的相对重要性，但它们可以通过模拟公共设施的尺寸和间距从理论上接近，公平较效率更易受设施间距的影响，随设施间距增大公平性降低而效率增加③。Bigman和ReVelle综合了一系列指标，发展了判断区位选择的多重标准，公平不能仅限于距离，还应考虑用户的空间交互作用、公共需求和偏好，用户的出行距离最小未必意味着总福利最大，设施集中布局以利规模经济、同时跨数个片区以利公平选择可能更加可取④。尽管计算愈趋复杂，数量方法从理论角度考察其实比较简单，它简化了用户特征、可达性属性及设施聚集效应，在无摩擦的状态下探讨用户与公共设施的空间分布。

---

① 运用比较静力学方法,他设想了由5项因子构成的模型:设施数量(N)和尺寸(S),服从于固定预算(K)的整个服务系统的总成本(Ct),以及总消耗或需求(Q),则该体系的效率用总需求(Q)、设施尺寸(S)和数量(N)的函数来度量;总成本(Ct)为系统成本(Cs)与经营成本(Co)之和;既定数量和尺寸的设施的空间模式是,服从于固定预算(K)的Q最大化的模式;当满足$Ct=K,Q=Q(S,N)$最大时,得到最佳效率。参见Teitz M B. Toward a theory of urban public facility location[J]. Papers of the Regional Science Association,1968,21(1):35-51.

② DeVerteuil G. Reconsidering the legacy of urban public facility location theory in human geography[J]. Progress in Human Geography,2000,24(1):47-69.

③ McAllister D M. Equity and efficiency in public facility location [J]. Geographical Analysis,1976,8(1):47-63.

④ Bigman D, ReVelle C. An operational approach to welfare considerations in applied public-facility-location models [J]. Environment and Planning A: Economy and Space,1979,11(1): 83-95.

后量化时代，区位理论中的数量设想不再是无可争议的。在新马克思主义地理学者看来，空间模式反映的并非自主的空间规律，作为量化地理学分支学科的公共设施区位理论呈现的是中立的假象，与周围社会没有关联且缺乏现实性。但后量化时代的人文地理学者仍然关注区位模型建构范式中公平与效率的平衡，且由于GIS技术分析平台的支持使繁复的运算过程大大简化，在加强多种数据库的整合、管理和可视化方面较传统数学建模方法有显著进步，可达性分析被广泛应用于公园、购物中心、医疗、体育和教育设施等的布局研究。

地理学者对公共设施空间布局及可达性的定量分析，提供了审视效率与公平问题的实证和规范视角。后期研究中，公共设施的类型被区分为对场所有益的设施、有害的设施和中立设施，作为有益公共设施的重要组成部分，公园绿地地理维度的可达性公平成为研究热点。新的可达性研究以罗尔斯《正义论》中确立的差异平等原则为思想基础，引入了与使用者相关的社会经济维度，尤其注重弱势群体和地区利益的表达，突破了传统可达性分析以分配效率最大化、系统成本最小化的几何化目标，分配结果与使用者之间的利益差异备受重视。

（2）国内研究

我国学界关于公共设施区位理论与可达性的研究基本出现在2005年之后，成果主要基于两个层面：一是对西方公共设施与可达性理论的综述和对国内研究现状的述评，如江海燕等回顾了西方城市公共服务公平性研究的理论、方法及趋势[①]；方远平等通过梳理国外公共服务设施区位理论的发展以及近年来研究的新动向，提出对我国城市公共服务设施区位研究的展望[②]。二是基于GIS空间分析方法，针对各类公共设施如公园绿地、中小学、医院、大型公共交通设施、大型零售商业设施、消防设施的可达性进行实证研究。如刘常富等分析了公园可达性研究中的关键问题，探讨了未来城市公园可达性研究的重点[③]；俞孔坚等提出将景观可达性作为评价城市绿地系统服务水平的指标，并以中山市为例开展定量分析[④]；尹海伟以GIS和遥感技术手段定量探讨了上海、济南城市开敞空间格局变化的规律及其驱动力、城市开敞空间的可达性与公平性、开敞空间的宜人性等[⑤⑥]。

1.4　公共空间的空间维度与空间自主理论

城市公共空间的空间维度侧重对建成环境客观物理属性和物质特征的探讨，弱化人

① 江海燕,周春山,高军波.西方城市公共服务空间分布的公平性研究进展[J].城市规划,2011,35(7):72-77.

② 方远平,闫小培.西方城市公共服务设施区位研究进展[J].城市问题,2008(9):87-91.

③ 刘常富,李小马,韩东.城市公园可达性研究:方法与关键问题[J].生态学报,2010,30(19):5381-5390.

④ 俞孔坚,段铁武,李迪华,等.景观可达性作为衡量城市绿地系统功能指标的评价方法与案例[J].城市规划,1999,23(8):8-11,43.

⑤ 尹海伟.城市开敞空间:格局·可达性·宜人性[M].南京:东南大学出版社,2008.

⑥ 尹海伟,孔繁花.济南市城市绿地时空梯度分析[J].生态学报,2005,25(11):3010-3018.

和社会与空间形成的张力关系。与抽象维度不同，空间维度不仅致力于描述和解释公共空间现象，还直接干预和介入公共空间的布局和设计，因此被认为是应用取向的。

（1）公共空间中人的需求和权利

关于城市公共空间中人的行为、需求与权利的研究是物质空间视角的特殊分支，这类研究的目标是为引导和干预建成环境服务，塑造行为空间与物质空间相互作用及渗透、交往活动能够得到鼓励和支持的城市空间。

扬·盖尔（Jan Gehl）的行为理论提出必要性活动、自发性活动和社会性活动三种公共空间活动类型，自发性活动和大部分社会性活动特别依赖于公共空间品质，是一种受到激发而凝聚的过程[①]。有学者提出七大主导因素激发人们使用公共空间：享受环境、社交活动、逃离喧嚣、步行活动、被动或非正式的娱乐活动、主动娱乐活动，以及参与大事件，其中被动或非正式的娱乐活动是人们到访城市公共空间的主要原因[②]。史蒂芬·卡尔（Stephen Carr）等归纳了人们在公共空间中的五种基本需求：舒适、放松、被动地融入环境、主动地融入环境，以及探索发现[③]。城市公共空间格局建设和优化的出发点应顾及人的需求及服务这些需求的空间运作方式，将人文尺度运用在分析中制定工作标准，使空间能够适应变化并产生持久意义。评价人的需求的最重要的指标是前往公共空间的频率和逗留时间[④]。

公共空间权利的核心问题在于人们能否自由地获得所需的空间体验，使用公共空间的权利和身处其间的支配感。卡尔等在林奇（Kevin Lynch）五层次空间权利的基础上提出公共空间权利的五种表现形式，分别是可达性、行动自由、领域宣示、改变、所有权和支配权[⑤]。理解人们为什么被排除在外、什么条件下使用者取得控制权，是增强公共空间权利的首要步骤。公共空间的意义来自与此时、此地使用者的共鸣，对公共空间使

[①] 盖尔. 交往与空间[M]. 何人可，译. 北京：中国建筑工业出版社，1991.

[②] Swanwick C, Dunnett N, Woolley H. Nature, role and value of green space in towns and cities: an overview[J]. Built environment, 2003, 29(2): 94-106.

[③] 舒适包括身体与社交心理的舒适；放松指身体和精神处于更深的释放状态，自然要素形成的缓冲氛围能够带来放松感；被动融入指在环境中间接相遇的需要，通过观看而不是交谈或其他主动行为进行；主动融入指与场所中的人发生直接互动和交流；探索精神的唤醒需要空间和环境设计多样化，以启发式的设计和管理来丰富体验。Carr S, Francis M, Rivlin L, et al. Public space[M]. New York: Cambridge University Press, 1992.

[④] Lee C, Moudon A V. The 3Ds+R: quantifying land use and urban form correlates of walking[J]. Transportation Research Part D: Transport and Environment, 2006, 11(3): 204-215.

[⑤] 可达性包括物质、视觉和象征上的可达。公共空间物质上可达意味着与交通路径紧密相连，同时不设准入障碍。视觉可达影响对空间安全的评判，街道层面的清晰可视性增强了人们进入公共空间的意愿。象征可达暗示着谁在空间中受到和不受欢迎，小商铺和摊贩的存在标志着空间的公共性，而纽曼（Oscar Newman）的可防卫空间意味着监控和不鼓励外来者。行动自由要求人们最大限度自由使用公共空间的同时秉持共享空间的意识，相应法规的存在及公共空间的具体布局对此非常重要。领域宣示，即某种程度的空间控制，包括满足"匿名"和"亲密"的私密性要求，或是根据时间段掌控特定地盘。改变中加入的成分可以是暂时的或长期的，场所的可变度和可逆性十分重要。法律上的所有权包括出售、开发权、各种使用权等一系列权利，所有权与变化联系紧密，当场地不能满足需求时所有者有权做出改变。支配权是最大程度的所有权，代表根本上的控制。参见 Carr S, Francis M, Rivlin L, et al. Public space[M]. New York: Cambridge University Press, 1992.

用者需求与权利的关注是实现公共空间市民化、空间正义原则具体化的有效手段。

（2）当代物质公共空间研究的两大阵营

尽管都是通过批判和挑战现代主义城市规划确立观点，但是根据对社会属性关注度的不同，在建筑学领域当代物质公共空间理论主要存在两大阵营：一是主张空间自主性研究，视空间为不涉及人的中立容器和物质实体，如克里尔兄弟和柯林·罗（Collin Rowe）；二是在将物质空间研究放在首位的同时，兼顾社会背景和人的维度，以雅各布斯、亚历山大（Christopher Alexander）、卡伦（Gordon Cullen）、林奇、希利尔（Bill Hillier）为代表。

空间自主性研究派别中，罗布·克里尔（Rob Krier）秉持比较激进的反人文主义观点，强调城市空间的几何构形和美学效果，认为几何是一切人工构筑物的基础，空间美蕴涵在建筑的平、立、剖面中[①]。他从未表达对物质空间中人性维度的关心，以至于卡斯特（Manuel Castells）讽刺他的类型学"虽然挺有吸引力，却约减至最终毫无意义"。里昂·克里尔（Leon Krier）认为现代主义的分区制既是城市构成的基础，又是分解城市的利刃[②]。他将城市形态学作为反对分区制的武器，强调理性主义的核心是类型和形态范畴，以此重新复兴公共领域。与之相应的是始于20世纪中叶的城市空间理论思潮，视城市空间为容纳活动的空白画布和中立容器，能够直接观察的欧几里得式客观事物，而非形塑社会生活的积极角色。

柯林·罗和弗瑞德·科特（Fred Koetter）对城市空间构成的态度比较宽容，他们相信城市世界中每种设计学说都有自己的一席之地。他们注重文脉传承的"拼贴城市"理念中存在着明确的人文主义倾向，但人性维度只间接存在于设计范式中，并没有被纳入城市空间规划设计的核心[③]。与克里尔兄弟不同，在罗和科特的理论中，形式主义倾向下蕴含着深厚的政治和文化根基，不过他们试图通过城市建筑的自主性研究来实践这种政治和文化理想，表现出一种克制的、自觉的空间自主研究意识。

在第二派阵营内，雅各布斯探讨的城市活力和安全性问题确实体现在物质空间中，但同时也是人的行为的结果[④]。亚历山大提出城市类型-形态学空间模式语言理论，目标指向是空间及其特征，其中多数模式与人相关[⑤]。卡伦对社会-空间的态度与亚历山大类似，社会维度从来不是他的重点，但他的序列视景设计中总是会考虑人的因素[⑥]。林奇的著作中充满人文关怀，他认为"城市设计的关键在于如何从空间安排上保证城市

---

① Krier R. Urban space[M]. London：Academy Editions，1979.

② Porphyrios D. Leon Krier：houses，palaces and cities[J]. Architectural Design，1984，54（7/8）：32-35.

③ 罗，科特. 拼贴城市[M]. 童明，译. 北京：中国建筑工业出版社，2003.

④ 雅各布斯. 美国大城市的死与生[M]. 金衡山，译. 南京：译林出版社，2005.

⑤ 亚历山大，伊希卡娃，西尔佛斯坦，等. 建筑模式语言：城镇·建筑·构造[M]. 王昕度，周序鸿，译. 北京：知识产权出版社，2002.

⑥ Cullen G. Townscape[M]. London：Architectural Press，1961.

各种活动的交织"，强调对城市结构的主观感知①。

希利尔于20世纪80年代提出评价公共空间社会功能的量化方法——"空间句法"理论，将社会与空间维度联系在一起。他批判了当代城市和建筑理论中"社会被去空间化的同时空间也被去社会化"的现象②，并以建筑—社会的二元关系为核心，运用经验主义的数学原理构建了度量空间中人的动态的量化工具。但这种建立在数学原理基础上的理论与人的基本直觉和学术洞察相去略远，且方法框架过于严整，以至于难以找到全盘接受或放弃之外的第三种可能。

阿尔多·罗西（Aldo Rossi）是物质空间研究谱系中比较复杂的一位。他视城市建筑学为一门独立科学，与社会学等外部学科无关，但又同时强调社会因素在"都市人为事实"中的主宰性，这种双重性使他难以被纳入上述任一阵营③。

罗西在三个方面的观点给本书以重要启示。其一，他视城市为代表着永恒性和集体记忆的场所，是经历功能转变后能够持续的存在，人们须从价值和意义的角度关注城市。公共空间系统作为构成城市经久记忆的因素之一，是城市平面持续性的启动和支撑力量。因而本书提出将之作为与交通系统同等重要的城市基础性组织及全局性控制要素。城市交通系统在功能层面划分和联系了城市，公共空间格局则在形态结构层面组织和凝聚着城市。其二，罗西对城市的观念深受结构主义思想影响，认为城市不能简化成其局部，城市中"局部"问题的解决需要秉持整体性观点。这是本书选择基于整体视角、以具体实证方式深入公共空间格局研究的重要原因。其三，罗西笔下的城市建筑有着深刻的人文内涵，但不妨碍他以科学的视角看待城市，这种以理性思维分析感性层面问题的基本立场，证实了采取科学视角研究城市公共空间这一社会价值属性突出的课题的可行性。

城市空间形态是社会、经济、文化因素综合作用的产物，但这不意味着空间自主性研究不能脱离意识形态而存在，空间形态及其发展有其自身的规律性和科学性。空间自主性视野在20世纪90年代受到社会理论的严苛批判后，近年来归于沉寂，当代城市公共空间研究中对此鲜少涉及。然而城市是复杂而多元的，城市理论应当允许且需要多种理论的共存，空间自主性研究的主线不应因各种新兴理论的冲击而断裂。本书试图重新适度回归这一主线，将城市语境下的公共空间格局效率与公平研究作为目标，通过空间性叙述联系空间与社会。

---

① 林奇.城市形态［M］.林庆怡，陈朝晖，邓华，译.北京：华夏出版社，2001.

② Hillier B，Hanson J. The social logic of space［M］. London：Cambridge University Press，1984.

③ 他在《城市建筑》开篇中声明"我相信都市科学具有其本身的自律性"，并针对环境如何影响个人和集体发问，令他感兴趣的是城市建筑研究本身的需要，而不是出于回应或改善社会现状的缘故。但他同时认为："政治看起来好像与我们所讨论的城市不相干，甚至格格不入，到后来却变成最重要的角色；政治的介入有自己的独特方式，而且只要城市一开始建设马上就会出现。"参见罗西.城市建筑［M］.施植明，译.台北：田园城市出版有限公司，2000.

（3）城市公共空间形态定量分析

希利尔的空间句法理论关注公共空间构形的量化，证实城市建筑结构反作用于社会行为，几何空间形态对于城市环境中的步行活动和使用有重要影响，结构中场所的位置较场所本身的特征重要得多；为准确评价城市构形及其对人群分布的影响和互动方式提供了便于应用的量化工具。

Anne Vernez Moudon 注重城市设计学科中形态学方法的运用，他验证了超过 900 种城市形态的常规度量方法，强调将简单的几何方法如街区尺寸、人行道长度和空间密度作为创造城市可步行性的手段[①]。阿兰·雅各布斯(Allan B. Jacobs)通过形态学研究方法比较了 97 个城市的 1 mile^2(2.59 km^2)区域，归纳了街道与城市模式的异同，类似的有詹金斯(Eric J. Jenkins)对 100 个城市广场的同比例分析[②]。马歇尔(Stephen Marshall)认为交通与城市设计之间最紧迫的问题并非现代交通基础设施对城市肌理的破坏，而是组织城市设计环境中街道和街道布局的形塑作用。他通过对车流、空间组织和内在结构等问题的把握，从类型学出发探索了路线、街道和网络布局的交通设计如何能够促成更好的城市设计[③]。

鉴于许多规划学者怀疑量化方法的有效性，这就要求以更好的方式呈现城市的各个层面。关于"公共领域"的论述总是局限在理论和社会学层面，但公共空间物质构成的基础性问题必须得到量化，如公共空间是否可达、位于哪里、周边有些什么、能够服务多少人、要进入空间需要哪些穿越等[④]。

景观设计师 Alexander Ståhle 区分了两种不同的开放空间形态测度方法：面积法(area measurement)和地点法(location measurement)[⑤]。面积法基于行政区、街区、产权地块等地理空间，通常用技术指标或经济指标(如建筑密度、公共空间造价)来衡量，有时也用社会指标(如影响社会服务需求的居民数量和构成)来测度，如 1876 年鲍梅斯特(Richard Baumeister)提出的人均开放空间面积和 20 世纪 20 年代德国学者赫尼希(Anton Hoenig)提出的开放空间率(open space ratio)指标。地点法直接与使用者相关，是一种基于距离的"可达法"，视城市环境为日常生活发生的场所，描述的是环境品质、吸引力和可达性(表 1-1)，如 1952 年斯德哥尔摩总体规划中引入的 300 m 覆盖范围的运动场

① Lee C, Moudon A V. The 3Ds+R: Quantifying land use and urban form correlates of walking [J]. Transportation Research Part D: Transport and Environment, 2006, 11(3): 204-215.
　 Moudon A V, Lee C, Cheadle A D, et al. Operational definitions of walkable neighborhood: theoretical and empirical insights [J]. Journal of Physical Activity and Health, 2006, 3(S1): 99-117.

② 雅各布斯. 伟大的街道[M]. 王又佳, 金秋野, 译. 北京: 中国建筑工业出版社, 2009.
　 詹金斯. 广场尺度: 100 个城市广场[M]. 李哲, 等译. 天津: 天津大学出版社, 2009.

③ 马歇尔. 街道与形态[M]. 苑思楠, 译. 北京: 中国建筑工业出版社, 2011.

④ Talen E. Measuring urbanism: issues in smart growth research[J]. Journal of Urban Design, 2003, 8(3): 195-215.

⑤ Ståhle A. Compact sprawl: exploring public open space and contradictions in urban density[D]. Stockholm: Royal Institute of Technology, 2008.

可达性标准。历经 20 世纪 60—70 年代各类综合方法的发展，这两项基本指标——"人均开放空间面积"和"开放空间可达性"——直到目前仍在广泛应用。

表 1-1　两种不同的空间形态测度方法

方法	说明	尺度	空间	视角	世界	观点	价值
面积法	地理的，类型形态的	面积（表面，体积）	抽象（构想）空间	官方的（开发者，管理者）	系统世界	自上而下	交换价值
地点法	空间的，结构形态的	可达性（半径，距离）	使用（生活或感知）空间	使用者的（居民，事务）	生活世界	自下而上	使用价值

资料来源：Ståhle A. Compact sprawl：exploring public open space and contradictions in urban density[D]. Stockholm：Royal Institute of Technology，2008.

公共空间使用价值的度量也有两种方式：多样性（使用价值的数量），或是重要性（价值）。后者理论上等同于交换价值或货币价值，可以用环境经济学方法检验，如估算"愿付价格"。前者针对的是使用者如何占有和使用空间的问题，Ståhle 发展了一种对应于生态学"生境"（biotope）概念的"社会境地图"（sociotope map），用于通过功能数量衡量公共空间的使用价值[①]。

上述量化指标的最大问题在于相对抽象泛化，难以反映城市的具体状况及本质特征。

（4）国内研究

在我国，陈竹和叶珉系统回顾了西方城市及相关学科领域的公共空间理论文献，归纳了公共空间公共性价值判定的主要因素，形成了比较完整的公共空间理论分析框架[②]。周进讨论了如何通过对城市公共空间的建设实施规划控制和引导，提高公共空间品质，并建立了公共空间品质的评价指标体系框架[③]。蔡永洁通过对国外不同时期的 40 个城市广场的分析比较，将挖掘社会机制与空间形态的量化研究结合起来，建构了广场分析框架[④]。哈森普鲁格等基于比较视野揭示了中国当代的社会演变与城市公共空间的内在联系[⑤]。夏威夷大学的缪朴教授指出当前我国公共空间开发、设计和管理中存在三大问题：橱窗化、私有化和贵族化，并提出"保守主义"的公共空间对策[⑥]。张杰等反思了我国大尺度城市设计实践对日常生活的忽视及其存在的普遍问题，归纳了以"日常

[①] 例如同一场所的"生境"是森林，对应的"社会境"可能是游乐场所。参见 Ståhle A. Compact sprawl：exploring public open space and contradictions in urban density[D]. Stockholm：Royal Institute of Technology，2008.

[②] 陈竹，叶珉. 西方城市公共空间理论：探索全面的公共空间理念[J]. 城市规划，2009，33（6）：59-65.

[③] 周进. 城市公共空间建设的规划控制与引导：塑造高品质城市公共空间的研究[M]. 北京：中国建筑工业出版社，2005.

[④] 蔡永洁. 城市广场：历史脉络・发展动力・空间品质[M]. 南京：东南大学出版社，2006.

[⑤] 哈森普鲁格，蔡永洁，张伶伶，等. 走向开放的中国城市空间[M]. 上海：同济大学出版社，2005.

[⑥] 缪朴. 谁的城市？图说新城市空间三病[J]. 时代建筑，2007（1）：4-13.

生活空间"为核心的七条城市设计原则①。孙施文分析了上海浦东陆家嘴地区及"新天地"的城市建设成败,运用西方理论视角透视和反思了中国公共空间建设现状②③。徐苗和杨震关注西方视角的中国城市公共空间研究的同时,对我国城市公共空间建设实践中面临的实际问题进行考察,提出"渗透性"和"连续性"两项公共空间评判指标④。徐宁等基于形态学和环境行为学实证研究,提出单纯靠扩大公共空间的数量规模并不能再现和重塑多样性的城市生活,还需要增加类型,为城市日常生活提供更多选择⑤。邱书杰探讨了街道的公共生活品质,以及城市街坊结构、形态、尺度及其变迁特征,指出城市街道空间的规划策略⑥。李云等则提出将人均公共开放空间面积和步行可达范围覆盖率作为表述开放空间服务能力的量化标准,并具体评述了深圳特区公共开放空间系统⑦。

1.5　研究述评

综上所述,基于效率与公平视角的西方城市公共空间相关研究谱系可归纳为表1-2。四种学科视角间的界线并非泾渭分明,而是复杂地联系和交织在一起。这些代表性文献共同界定了基于效率与公平视角的西方城市公共空间格局研究的大致框架。

表1-2　基于效率与公平视角的西方城市公共空间相关研究谱系

	社会哲学维度	经济学维度	地理学维度	规划设计维度
1950—1959	Madge 私人和公共空间 Arendt 人的条件	—	—	—
1960—1969	Habermas 公共领域的结构转型 Lefebvre 城市的权利	Hardin 公地悲剧 Buchanan 公共物品的需求和供应	Teitz 走向城市公共设施区位理论	Mumford 开放空间的社会功能 Jacobs 美国大城市的生与死 Gruen 城市之心

---

① 张杰,吕杰.从大尺度城市设计到"日常生活空间"[J].城市规划,2003,27(9):40-45.
② 孙施文.城市中心与城市公共空间:上海浦东陆家嘴地区建设的规划评论[J].城市规划,2006,30(8):66-74.
③ 孙施文.公共空间的嵌入与空间模式的翻转:上海"新天地"的规划评论[J].城市规划,2007,31(8):80-87.
④ 杨震,徐苗.西方视角的中国城市公共空间研究[J].国际城市规划,2008,23(4):35-40.
　杨震,徐苗.创造和谐的城市公共空间:现状、问题、实践价值观[C]//中国城市规划学会.和谐城市规划:2007中国城市规划年会论文集.哈尔滨:黑龙江科学技术出版社.2007:1228-1235.
⑤ 徐宁,王建国.基于日常生活维度的城市公共空间研究:以南京老城三个公共空间为例[J].建筑学报,2008(8):45-48.
⑥ 邱书杰.作为城市公共空间的城市街道空间规划策略[J].建筑学报,2007(3):9-14.
⑦ 李云,杨晓春.对公共开放空间量化评价体系的实证探索:基于深圳特区公共开放空间系统的建立[J].现代城市研究,2007(2):15-22.

	社会哲学维度	经济学维度	地理学维度	规划设计维度
1970—1979	Rawls 正义论 Lofland 陌生人的世界 Soja 空间的政治组织 Harvey 社会正义与城市 Lefebvre 空间的生产 Foucault 规训与惩罚 Sennett 再会吧，公共人	Aaron 公共物品和收益分配 Bergstrom 公共物品的私人需求 Coase 经济学中的灯塔 Groves 公共物品的最优分配	McAllister 公共设施区位中的公平与效率 Bigman 应用公共设施区位模型中的福利因素操作方法 Pirie 可达性之度量	Bacon 城市设计 Kent 创建"公共空间计划" Brambilla 只为步行者 Rowe 拼贴城市 Anderson 在街道上
1980—1989	Smith 城市和社会理论 Castells 城市和草根 de Certeau 日常生活的实践 Foucault 论其他空间 Goodsell 市民空间的社会意义 Downing 可供选择的公共领域 Harvey 后现代的状况	Bergstrom 公共物品理论中配置效率与分配的独立 Isaac 实验性环境中的公共物品供应 Cornes 外部性，公共物品和俱乐部物品理论 Bergstrom 论公共物品的私人供应	Lucy 公平和地方设施的规划 Yang 城市空间结构和开放空间 Burgess 人，公园和城市绿地 More 城市公园评价 Gregory 真实的差异和后现代人文地理	Appleyard 宜居街道 Carr 开放空间：自由和管制 Meisenheimer 公共空间的毁灭和重建 Krier 住宅，宫殿，城市 Trancik 找寻失落的空间 Berman 返回街道 Glazer 建筑的公共面貌 Altman 公共场所和空间 Koolhaas 走向当代城市
1990—1999	Davis 水晶之城 Young 公正和差异政治 Sorkin 主题公园的变迁 Sennett 肉体与石头 Mitchell 公共空间的终结？ Zukin 城市的文化 Urry 场所消费中的时间和空间 Nagel 个体权利和公共空间 Castells 网络社会的崛起 Simmel 空间的社会学 Lofland 公共领域	Mitchell 以调研评价公共物品 Stretton 公共物品、公共企业和公共选择 Ledyard 公共物品 Allen 公共物品和私人社区 Barzel 产权的经济学分析 Frank 公共物品参考框架	Gregory 地理学和展示世界 Handy 可达性之度量 Erkip 城市公共设施分布 Talen 公平的可视化 Levinson 可达性和通勤行程 Goheen 公共空间和现代城市地理 Tarrant 环境公正和户外娱乐场所空间分布	Moughtin 街道和广场 Siegel 光复我们的公共空间 Carr 公共空间 Jacobs 伟大的街道 Phillips 当前矛盾：公共空间的本质 Delaney 公共空间还是公共性？ Unger 公共空间：从公共到社会空间 Krieger 再造公共空间 Crawford 公共领域的博弈 Rowe 市民现实主义 Blakely 堡垒美国
2000以后	Hertzberger 公共领域 Harvey 希望的空间 Manley 创造可达的公共领域 Giroux 公共空间，私人生活	Fehr 公共物品实验的合作和惩戒 Webster 明日的门禁城市 Webster 产权和公共领域	Talen 公共领域之度量 DeVerteuil 人文地理学城市公共设施区位理论遗产之再考察	Nadal 城市公共空间文本，美国 1960—1995 年的历史批判 Banerjee 公共空间的未来 Carmona 公共场所—城市空间

	社会哲学维度	经济学维度	地理学维度	规划设计维度
	Mitchell 城市的权利 LeGates 城市读本 Clarke 解散公共领域? Smith 公共空间政治 Low 公共领域与公共空间的销蚀 Soja 寻求空间正义	Cuthbert 城市形态：城市设计的政治经济学 Shuffield 建构剩余空间理论 Alchian 产权范式 Webster 产权、公共空间和城市设计	Nicholls 地方公园系统可达性和公平度量 Atkinson 卡布齐诺的驯化还是城市空间的光复? Giles-Corti 增加步行 Talen 公园空间逻辑	Madanipour 城市的公共和私人空间 CABE Space 公共空间的价值 Marshall 街道与形态 Moudon 可步行邻里的操作定义 Thompson 开放空间：人性空间 Jenkins 广场尺度

（1）当前研究的特点、存在问题和理论前沿

① **公共空间的重要性日益凸显。**公共空间的重要性无论怎样强调都不过分正在成为共识，中国知网显示，我国学界对"城市公共空间"的学术关注度基本呈逐年上升之势，2002 年以前我国"城市公共空间"方向的年均相关文献量不足 40 篇，2009 年起突破 200 篇/年，2016 年起突破 400 篇/年，2019 年中文相关文献量达到 525 篇（图 1-1）[①]。2010、2012、2014、2017 年城市学科国际权威杂志《城市设计学刊》（*Journal of Urban Design*）连续刊登公共空间专辑，从公共性框架到实践项目，再到规划师和城市领导者在创造和管理公共空间中的角色均有广泛探讨。

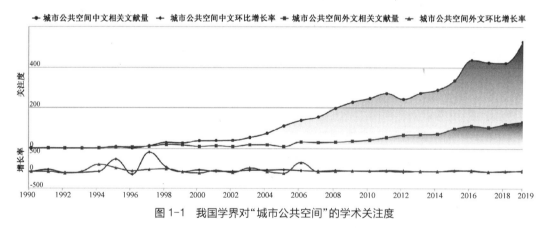

图 1-1　我国学界对"城市公共空间"的学术关注度

资料来源：http://trend.cnki.net.

② **物质公共空间本体研究不足。**既往研究强调公共空间的社会、经济和文化特性，对物质公共空间格局本体关注不足。20 世纪 70 年代后，在社会人文学科"空间转向"

[①] 中国知网对中文与外文文献的收录渠道和统计口径存在差异，这里的中文与外文的相关文献量不具可比性。其中文文献收录情况较准确，因此只讨论中文文献的变化趋势。

与空间学科"文化转向"的双重影响下，物质空间影响社会行为方面的能动性受到忽视。出于对理性现代主义的反思，后现代语境关注具体的使用空间，对使用空间进行抽象形态描述的有效性持怀疑态度，当代城市设计理论中空间形态领域并不太受欢迎。

③ **城市语境的缺失**。现有研究多侧重于公共空间的自身属性，忽视其所处的城市语境。这虽然便于简化和把握主要问题，但公共空间系统并不是城市中的孤立存在，单独考察的公共空间特征及规律在城市环境下可能出现不同程度的变形，影响对结果的判断。因此应当在公共空间与城市语境的互动关系中审视公共空间系统。城市语境在社会和物质两方面都别具意义，脱离城市语境容易导致研究结论缺乏必要的科学性。

④ **空间效率与公平视角未能落实在形态层面**。公共空间正义平等原则的理论论述相对充分，但对城市学者而言，关键要将抽象叙述落实到空间形态层面，具体考察公共空间配置，并在方法论及应用层面进行探索，以免理论在现实城市建设问题面前显得空洞无力。然而国内外现有成果中基于效率与公平视角考察公共空间分布格局的形态研究基本空白。虽然自20世纪末开始，地理学界出现了一系列公园绿地空间分布公平的文献，调查开放空间布点与居民分布形态的关系，但点状公园开放空间与连续公共空间系统在抽象形态特征上存在诸多差异，两者在标准制定和形态度量方法上无法简单互换、套用。

⑤ **现行指标控制及评价系统不够健全**。西方国家传统上采用人均开放空间面积和开放空间可达性指标粗略衡量开放空间的服务水平，近期纳入更多评价空间分布的指标，主要考察社会公平视野下所有市民能否方便平等地享用城市开放空间福利，以及使用后评价——从使用者角度评价公共空间的实际使用状况。但从格局角度针对城市公共空间分布形态的指标评价系统相当缺乏。公共空间格局评估的关键问题是寻找那些与其格局相关联的城市背景因素及关联程度，并将其转化为适于量化研究的形式。

除以上共性问题外，当前我国城市公共空间研究还存在如下突出矛盾：① 多限于述评和对西方理论的应用式探索，原创性略显不足；② 或重现象揭示，或重理论叙述及解释，描述性研究与解释性研究之间、不同学科视野之间整合不够；③ 真正深入的实证研究较少，缺乏积累；④ 对公共空间的理解集中在定性描述领域，没有进入比较细致的定量研究阶段；⑤ 现行指标控制系统存在缺陷，量化评价标准缺失①；⑥ 缺乏

---

① 《城市绿化规划建设指标的规定》中制定的绿地规划三大指标为：人均公园绿地面积、城市绿化覆盖率和城市绿地率。相关研究通常用人均公共绿地面积和绿率指标反映城市综合环境质量，用公共绿地等级确定服务半径的方法考察空间布局的合理性，公共绿地空间布局均等化与服务范围全覆盖的观念比较深入人心，但地理空间的公平毕竟不同于基于不同使用者群体的分配公平。针对城市公共空间的规划控制标准过于笼统，多用舒适、宜人、安全等定性词语表达，这种模糊性和词义理解上的多种可能性致使规划控制和引导往往依赖于责任个体的自由裁量，缺乏科学严谨性，影响公共空间的决策、设计、建设、管理等多个层面，也制约了公共空间体系的研究。要克服这种主观随意性，城市公共空间的控制标准和评价体系就要加强系统性和科学性，制定适于贯彻的稳定性标准，以便比较精确地控制和引导公共空间建设。

对与相关规范和城市规划编制衔接办法的探索，公共空间管控无法有效纳入规划程序。

（2）本书研究在理论体系中的定位

社会、经济、地理和规划设计维度的公共空间理论在观点、方法、目标和议程上表现出显著差异。各种学科视野就像透过不同"棱镜"观察城市公共空间，尽管公共空间作为客观存在是唯一的，但基于不同专业背景和立场得到的结论不尽相同。因为有些"棱镜"是平镜，旨在真实再现生活空间；有些是天文镜，省略细枝末节以求把握整体结构；有些是显微镜，呈现公共空间不为人注意的细微面；有些是透视镜，透过表象寻找深层规律。这些不同学科维度的公共空间理论都在尽可能清晰地呈现和解释事物的一个方面，所以理论产生于观察问题的视角。正如"广角"与"微距"不可兼得，没有哪种理论视野能够完全揭示公共空间这一复杂客体的所有层面。

本章回溯了四种向度的公共空间理论，目的不是列出一份公共空间研究的清单，而是要发现当前研究的特点、问题和潜力所在，为城市公共空间格局问题的探索提供理论及方法上的支持。在社会—经济—物质维度构成的公共空间论述的三元关系中，本书的定位偏于物质空间视角，即以物质空间为本体、以城市空间的自主性研究为核心，同时在认识论和方法论上紧扣效率与公平主线，探索整合上述各维度公共空间理论的可能。

本书的空间格局研究不囿于公共空间本体，而是围绕公共空间格局与城市语境的关系进行探讨，并从其关系模式角度揭示和评价公共空间格局的配置效率与分配公平。以城市为媒介，公共空间的社会经济与物质属性得以紧密联系，社会背景下的物质空间得以在城市语境的拓展中找到新的定位。

2 概念界定与基础理论

本章首先界定了城市公共空间的概念与基本范畴，并从空间格局角度具体考量了效率与公平的含义、特点及其关系，进而从作用价值、本质属性、基本原理三个方面，以物质—社会—经济的综合维度构建了基于效率与公平视角的城市公共空间格局的基础理论，为城市公共空间的建设和优化辨明了方向。

2.1 概念界定

2.1.1 城市公共空间的概念与空间范围界定

（1）基于不同国家体系的城市公共空间

尽管"公共空间"（public space）术语在学术文献中出现已有几十年，但其语义至今仍存在诸多不确定性。公共空间常被宽泛地理解为人们聚集、互动、形成群体和培育认同感的基础，但它并不是一个超越时空的概念，而是经由历史建构和竞争抉择形成、由文化和思想体系决定的思想范畴。即便单就物质环境意义而言，不同国家对公共空间的理解也不尽相同。

英国：公共空间（public space）**＝开放空间**（open space）**－绿色空间**（green space）

英国城市公共空间的概念较狭义，基本等同于市民空间（civic space），仅指硬质、非绿色空间，城市公园等绿色空间被排除在外。"城市工作专题组"（Urban Task Force，简称 UTF）指出，开放空间"包括公共空间（或市民空间）和绿色空间，其中公共空间主要指'硬质'空间如广场、临街面和铺砌区域"[①]，苏格兰开放空间规划沿用了这一概念[②]。《规划和导则注释 17》（简称 PPG17）中，公共空间被定义为市民广场、市场和其

[①] http://www.urbantaskforce.com.au.

[②] http://www.scotland.gov.uk/Publications/2008/05/30100623/18.

他为步行者设计的硬质表面区域①。2002 年的英国开放空间优化计划视城市由建筑环境自身及其外环境构成，外环境包括绿色空间和灰色空间，灰色空间细分为功能空间和市民空间，市民空间与绿色空间组成开放空间②。基于 PPG17 和"城市绿色空间专题组"（Urban Green Spaces Task Force）的专题报告《绿色空间，更好的场所》，英国学者贝尔（Simon Bella）等完善了公共空间与绿色空间的类型框架（表 2-1）。

表 2-1　公共空间与绿色空间类型

初级分类	公园和花园	自然和半自然空间	绿色廊道	户外运动设施	设施型绿色空间	儿童和青少年活动区域	副业生产地、社区花园和城市农场	公墓、废弃的教堂墓地和其他公墓	公共空间
次级分类	城市公园和花园、私人花园、郊野公园	水体和湿地森林、闲置空地和城市绿带、绿楔、后工业用地	树带和林地线性绿色空间、运河与河岸、废弃铁路	学校运动场、其他运动场和球场、其他运动项目	居住绿地、非正式娱乐区、其他设施型绿色空间	儿童游戏场、特定活动区如滑板区、青少年活动区	副业生产地、社区花园、城市农场、城市农业	墓地、废弃的教堂墓地、其他公墓	街道、居住区道路、市民广场、滨水区和散步场所、市场、购物空间、公共和历史建筑的环境、其他硬质表面空间

资料来源：Bella S, Montarzino A, Travlou P. Mapping research priorities for green and public urban space in the UK [J]. Urban forestry & urban greening, 2007(6)：103-115.

美国：公共空间（public space）= 城市开放空间（urban open space）

美国城市公共空间的概念较英国宽泛得多，城市公园和运动场等都涵盖在内，范围上与开放空间基本重叠，只是更侧重空间的城市特征。《公共空间》一书认为，公共空间是指开放的、人们可进行团体或个人活动的公众可达之地，包括广场、商业街（购物中心）和游乐场（运动场）等③。在"公共空间计划"机构的网站中，公园、街道、市场、商业区、市中心、混合用途社区、校园、广场和滨水区都属于公共空间范畴。彼得·罗指出，公共空间是城市中免费向公众开放，旨在进行社会互动、休闲或通行的部分。这些空间可以是室内的或室外的，包括人行道、公园和其他开放地区、园景广场或公共广场、建筑物大厅，以及其他各种人们可以小坐、聚集或通过的地方。

---

① Planning Policy Guidance 17：planning for open space, sport and recreation［EB/OL］. http://www. communities. gov. uk/publications/planningandbuilding/planningpolicyguidance17.

② Dunnett N, Swanwick C, Woolley H. Improving urban parks, play areas and open spaces［EB/OL］. http://www. ocs. polito. it/biblioteca/verde/improving_full. pdf.

③ Carr S, Francis M, Rivlin L, et al. Public space［M］. New York：Cambridge University Press,1992.

北欧：公共空间（public space）＝开放空间（open space）

北欧地区如挪威、瑞典和芬兰的公共空间概念比美国更宽泛，所有的自然区域都被视为公共空间范畴，这是由于"公共准入权利"法规（Allemansrätten，即 freedom to roam，或 everyone's-right）[①]的存在。出于法律的约束，私人所有的自然区必须对公众开放，成为公共空间的组成部分。忽略公共空间的社会属性，从空间范围和物理属性上看，北欧的公共空间与开放空间基本重合。

瑞士：公共空间（public space）＝城市开放空间（urban open space）－保护区（freihaltezone）－特定意图的开放空间（zweckgebundene Freiräume）

根据苏黎世公共空间规划和管理部门——土木工程和废物处理部（Tiefbau- und Entsorgungs Departement）的观点，公共空间包括人行道、广场、桥梁、铁路、街道、自行车道、湖畔、森林、河堤、公园、运动场和公墓[②]。从范畴看接近北欧城市对公共空间的认知，不同的是更强调线性公共空间如铁路、街道、自行车道、湖畔、河堤的联系作用。但在 2006 年完成的《苏黎世城市总体规划》的"城市公共空间分项规划"中，基于步行交通的考虑，铁路、森林、运动场和公墓并未被纳入公共空间系统，其中森林作为与公共空间并列的层级单独列出，森林周边的公墓从属于"保护区"，城市中的重要公墓区和运动场从属于"特定意图的开放空间"。由此推论，瑞士公共空间比较严格的范畴为：城市开放空间扣除保护区和特定意图的开放空间。

中国：公共空间概念尚未达成共识

专业教材《城市规划原理》对城市公共空间的定义如下："城市公共空间狭义的概念是指那些供城市居民日常生活和社会活动公共使用的室外空间。它包括街道、广场、居住区户外场地、公园、体育场地等。根据居民的生活需求，在城市公共空间可以进行交通、商业交易、表演、展览、体育竞赛、运动健身、休闲、观光游览、节日集会及人际交往等各类活动。公共空间又分开放空间和专用空间。开放空间有街道、广场、停车场、居住区绿地、街道绿地及公园等，专用公共空间有运动场等。城市公共空间的广义概念可以扩大到公共设施用地的空间，例如城市中心区、商业区、城市绿地等。"[③] 此狭义定义接近美国的公共空间概念，但概念上存在交叉和模糊。首先，将开放空间和专用空间作为公共空间的子集与一般理解不符，空间范围上，公共空间应从属于开放空间。其次，开放空间所指并非或不仅是街道广场这类人工要素较强的空间，而是更偏重大型景观绿地系统，被排除在狭义定义之外的"城市绿地"是其重要组成部分。此外，

---

① "公共准入权利"从"一般做法"到成为普遍认可的权利在北欧已有 100 多年历史。而私有制的欧洲大陆其他地方伴随着"共有权利"（commoners' rights）的消失，逐渐被附加了许多私人用途。美国则是除了海滨和其他政府机构和业主能够协商的、具有稀缺价值的地役权利，土地产权人控制私有土地的准入权。参见 http://en.wikipedia.org/wiki/Allemansr%C3%A4tten.

② http://www.stadt-zuerich.ch/ted/de/index/oeffentlicher_raum.html.

③ 李德华.城市规划原理[M].3 版.北京:中国建筑工业出版社,2001.

停车空间不应纳入公共空间范畴，作为城市静态交通的载体，停车用地的功能性质与公共空间差异很大，对真正公共空间的影响往往是负面的。

其他几种代表性观点诸如，"城市公共空间是城市中面向公众开放使用并进行各种活动的空间，主要包括山林、水系等自然环境，还包括街道、广场、公园、绿地等人工环境，以及建筑内部的公共空间类型"[①]。概念的广度与北欧城市公共空间的所指类似，但无论公共空间是否涵盖自然环境，其内在社会属性决定了街道广场等人工环境而非自然环境才是研究的主要范畴。另如，城市公共空间是人工因素占主导地位的城市开放空间[②③]，公共空间与开敞空间构成城市开放空间，这是基于英国公共空间概念体系的理解，范畴较前一种观点显著缩小。在其他大量关于城市公共空间的直接和间接文献中，对公共空间的界定从基于英国体系、美国体系到北欧体系均不鲜见，概念上的含混、重叠和语义不清现象比较严重，缺乏统一认识。

（2）本书对城市公共空间概念与研究范畴的界定

城市公共空间是指城市建设用地内以人工要素为主导、空间属性具有公共性的开放空间体。这个定义对城市公共空间做出了四个层次的限定。第一，城市公共空间是一种开放空间体，它与开放空间在空间的开放性形态特征方面是一致的，且均受共同协议或法律控制而不做开发用途；第二，城市公共空间必然位于城市建设用地内，水域和包括园地、林地、牧草地等在内的农林用地及其他非建设用地旨在调节城市的生态平衡、提供自然休憩环境，不属于公共空间范畴；第三，与 UTF 以"硬质表面""软质表面"区分公共空间和绿色空间不同，强调公共空间中人工因素的主导地位，从而将人工开发的绿色空间（如城市公园）纳入公共空间研究范畴；第四，在空间权属上，公共空间可以是公共所有或私人所有，但与排他性的政治空间不同，必须全体公众能够平等进入，仅仅视觉可及，或诸多行为被约束限制的空间不属于公共空间，公共性是公共空间的本质属性。

本书的研究对象为基于步行和非机动车交通、构成城市结构性要素、肩负塑造和维系公共交往任务的室外公共空间。室内公共空间、半室内的灰空间、运动空间、供特定人群使用的狭义上的"俱乐部空间"、校园、公共墓地、城市零散空间等不在考察范围之列。设定购票或凭证等低准入门槛的城市空间对需要或意图进入的公众不会严格限制，属于公共空间范畴。个体公共空间的规模不设下限，因为它们同样构成整体网络的一部分。

基于对公共空间基本属性与我国《城市用地分类与规划建设用地标准》（GB 50137—

① 王鹏. 城市公共空间的系统化建设 [M]. 南京：东南大学出版社，2002.
② 赵蔚. 城市公共空间的分层规划控制 [J]. 现代城市研究，2001，16（5）：8-10，22.
③ 周进. 城市公共空间建设的规划控制与引导：塑造高品质城市公共空间的研究 [M]. 北京：中国建筑工业出版社，2005.

2011)的综合考量,结合苏黎世与南京老城的现场调研成果,明确城市公共空间的研究范畴包括:街道、广场、公共绿地、滨水空间和复合街区五大类。

① **街道**。街道是城市公共空间最重要的组成部分。街道设计中的有效因素是使用者密度、用地配置、行人与车辆之间的相互作用、结构及秩序[1]。与道路相比,街道的封闭性和慢速交通特征突出,倾向于承载复合功能,应具有一系列相互关联的场所供人驻留和交往。区分街道和道路的重要依据是道路交通流特性、道路两侧用地性质和主要服务对象。本书通过大量实证调研确定了以下四项街道的认知特征:

第一,主要分布在城市功能片区内,单侧或双侧由建筑物界定,断面高宽比一般不小于1:2(1:2是空间封闭感的下限),机动车道不超过4车道;

第二,以步行和人的活动为主,机动车平均行驶速度宜在30 km/h以下(根据宁静交通理论,机动车速度在30 km/h以下对步行人群的干扰显著降低);

第三,建筑界面闭口率在60%以上;

第四,除居住街道外,公共设施用地的沿街面长度不小于街道总长度的30%(至少道路一侧)。

② **广场**。广场是城市中由建筑物、道路或绿化地带围绕而成的开敞空间,是城市公众社会生活的中心,又是集中反映城市历史文化和艺术风貌的建筑空间[2]。广场空间构成的基本条件是边界清晰、空间领域明确、具有良好围合感且周边建筑协调。城市广场的空间范围通常较易识别。

③ **公共绿地**。西方学术界在城市绿地研究中较少强调公共绿地与私人及其他类型绿地的分野,需要侧重"公共"概念时常以公共空间或公共开放空间术语出现。公共空间分类中不存在公共绿地子类型,取而代之的是更细分的公园、社区开放空间、林荫路等。"公共绿地"类别主要基于我国用地分类习惯所设[3]。关于铺装场地较多的公共绿地与绿化较多的广场的区分,以《城市绿地分类标准》中65%的绿化率为界,高出该比例归类为公共绿地,否则归类为广场用地。

④ **滨水空间**。滨水空间指城市中毗邻江、河、湖、海等水体的公共空间,性质与普通公共空间不同,故单列一类。滨水空间有时体现为广场或公共绿地的形式,本书规定所有滨水地区的公共空间优先归属滨水空间,其他非滨水区公共空间按广场、公共绿

---

① Schumacher T. Buildings and streets: notes on configuration and use[C]//Anderson S. On streets. Cambridge, Mass.: MIT Press,1978:133.

② http://zh. wikipedia. org.

③ 《城市规划基本术语标准》(GB/T 50280—98)中规定,公共绿地是指市中向公众开放的绿化用地,包括其范围内的水域。《城市绿化规划建设指标的规定》的说明中指出,公共绿地是指向公众开放的市级、区级、居住区级公园,小游园、街道广场绿地,以及植物园、动物园、特种公园等。城市绿地中的居住区绿地、单位附属绿地、防护绿地、生产绿地等不属于公共绿地范畴。依据1990版《城市用地分类与规划建设用地标准》,公共绿地(G1)包括公园(G11)和街头绿地(G12)两类。2011版城市用地标准中,"公共绿地"名称被调整为与《城市绿地分类标准》一致的"公园绿地",是"向公众开放,以游憩为主要功能,兼具生态、美化、防灾等作用的绿地",公共属性不变。

地等类别划分。

⑤ **复合街区**。街道、广场、公共绿地和滨水空间已涵盖户外公共空间的基本类型。但笔者调研中发现，有些街道与广场空间融合得相当好，难以明确区分；或是街道广场以一种毛细血管式的细密方式组织在一起；还有一些特殊公共空间较难归类，如苏黎世高架拱下的插建空间。这些情况下将局部地段的公共空间子系统作为一个复合街区参与分类，如苏黎世老城部分街区、南京夫子庙、颐和路、1912 地区的公共空间均属复合街区类型。

（3）城市公共空间格局

城市公共空间格局研究主要关注公共空间的配置及其机理，反映空间要素之间及其与城市语境的关系，是物质公共空间构成的总体呈现。各类不同功能梯度的公共空间之间并非没有差异，它们不能够相互替代，多种形式和功能层面的多用途使用及空间体验是其总体目标。但本书侧重探讨空间格局、模式和结构问题，除非包括街道、广场、公共绿地、滨水空间、复合街区在内的空间类型分布影响到系统与城市语境的相互关系，否则将各公共空间视为不必刻意拆分的整体，其外在形态表现为街道、广场或公园并不重要，关键在于它是容纳人们日常生活的场所。

2.1.2　城市公共空间格局之效率与公平

（1）城市公共空间格局效率

效率最基本的含义是指资源的不浪费，即现有资源物尽其用。同等条件下投入减少或不变而产出增加，或投入小幅增加而产出增幅大，则称之为有效率，因此可以用投入与产出之间的比例关系衡量资源配置的有效程度。

城市公共空间格局效率的理论基础在于，承认公共空间稀缺性的现实存在，并在城市语境下研究公共空间系统如何组织与建构，以便更加有效地利用资源，这与稀缺性使效率成为经济理论的核心相符；但在度量标准、供应主体和优化手段方面两者具有显著差异。

从度量标准看，经济学的效率标准围绕物的产出，关心物所创造的总体福利，忽略总体结构中的具体分配，资源的分配状态与总体福利无关；而公共空间格局效率不仅考虑物质空间本身，即相同投入条件下尽可能提高空间产出，更要计入人的因素，因为空间的意义通过被使用而确立。公共空间的格局效率主要取决于有限的公共空间资源能否最大限度地服务于最多数人，即消费者所获得的福利和效用，这是由公共空间的空间性特征所决定的。

从供应主体看，以帕累托效率①为基础的效率理论认为，最优资源配置能够经由自

---

① 经济学中的帕累托效率认为，如果对一种资源无论怎样进行重新配置，都不可能使一个人的状况改善而不使其他任何人的状况恶化，这种资源配置即为最优。

由市场的竞争性均衡生成；但公共空间作为一种公共物品，若由市场自发调节则难以达到帕累托有效状态。因为帕累托最优并未考虑垄断、外部性和公共物品等情况，"市场失灵"使政府参与公共物品供应成为必需，这是由公共空间的公共性特征所决定的。

从优化手段看，任何一种有利于多数人而损害少数人利益的结构变革方式都被帕累托原则所否定，因此广义效率的提高只有通过将"蛋糕"做大，将分配置于长远的自足状态；这对寸土寸金的城市用地不太现实，部分人群的公共空间可达性提高而不使另一些人的可达性降低较难实现。因而，对公共空间格局之帕累托改进机会的挖掘须承认：分配方式只要使受益者获得的利益补偿受损者失去的利益而有所剩余，就是有效率的。

城市公共空间格局效率包括配置效率、供给效率和使用效率。公共空间格局既是配置效率的剖析对象，又是其结果呈现。在成本与效益的对比关系中，配置效率的考量需要有长远的社会发展眼光，可以用"单位用地面积的潜在服务人数最多"原则来衡量。在确定了公共空间的选址布局后，供给效率主要由成本决定。城市公共空间的供给成本包括筹资成本和生产成本，要提高公共空间的供给效率既需要政府提高办事效率，又需要选择恰当的空间生产方式。在使用效率方面，公共空间的免费供给是有效率的，排他是对效率的损失。当然，如果公共空间服务人数超过拥挤的临界值，因过度使用增加附加成本，那么就产生使用层面的低效率。在效率观念中人被视为无差别的抽象个体。

（2）城市公共空间格局公平

公平是一种价值判断，指制度、权利、机会和结果等方面的平等和公正。社会公平包括经济生活、政治权益、文化权益和空间权益的公平，公共空间格局公平研究的是空间权益的平等。与公平（equity）相近的概念有均等（equality）、公正或正义（justice）、公道（fairness）。"equality"强调算术意义上的等同；"equity""justice"和"fairness"的语义重叠较多，均不侧重绝对份额的相等，公共资源分配公平与否的判断通常适用前者，后两者更多用于法理或社会层面。

公平的概念是历史的、相对的，公平的标准随历史发展而变化[①]。目前学界主要存在三类公平理论。曾经最根深蒂固的是功利主义公平观，视公平为达到社会全体成员满足总量的最大净余额（哈奇逊，1725；西季威克，1907），或是实现个体期望的百分比加权和的最大化（哈桑伊，1953；布兰特，1967）。该理论将善（good）独立于正当（right），将适用于个人的合理选择原则推及社会整体，因此满足总量在不同个体之间的分配并不

① 一些西方学者认为，"公平"并不需要一个完全统一的界定，多元化的概念更适于描述一般公平问题在特定文脉中的呈现。参见 Hay A. Concepts of equity, fairness and justice in geographical studies[J]. Transactions of the Institute of British Geographers, 1995, 20(4): 500-508. 恩格斯批判过蒲鲁东主义的"永恒的公平"，指出公平不是先验的，公平的标准随经济关系的变化而变化；马克思批判过拉萨尔主义的"公平的分配"和"平等的权利"，马克思主义的公平观认为，不能从抽象的公平和平等出发研究分配问题。

重要，相对于多数人的较大利益而言使少数人蒙受损失也并不失公平①。第二类是自由主义公平，即市场主导的公平观，认为公平的本质是法律平等和机会均等，尽可能发挥市场的力量就有可能实现公平。第三类是罗尔斯主义公平观，从正义是社会制度的首要价值观念出发，认为良序社会中公平的正义是使正当优先于善，最公平的配置是赋予人们平等的自由和机会，并尽量使境况最糟的人的效用最大化。

以此为基础，从规划角度产生了四种对设施分布公平的不同理解：

① 公平即均等，居民无论社会经济状况、支付意愿或支付能力，以及需要程度，都享受同等待遇；

② 公平分配即按要求分配，使用者较多或争取公共空间较积极的地区获益较大；

③ 公平由市场规则决定，将服务成本作为主导因素，按照用户的支付意愿分配公共空间；

④ 按需分配，即补偿性公平，为老人、儿童、残障人士、低收入人群、有色人种等弱势群体提供更多的权利和机会。

20世纪末，在罗尔斯《正义论》差异平等原则的影响下，按需分配视角成为主流。Emily Talen 的《可视化公平：规划者的公平地图》是开山之作，后续研究基本是在其框架内展开的。

按照表现形式，公平有起点公平（条件公平）、机会公平（规则、过程或程序公平）与结果公平（实质公平）之分。起点公平是机会公平的前提；机会公平指公民获得公共服务的程序公正，所有个体有权拥有同等机会；结果公平指按同样的分配尺度公平地对待所有个体。有学者指出城市规划中程序公平和结果公平应兼顾，竞争性资源按照程序公平原则配置，保障性资源按照结果公平原则配置。但城市公共空间的复杂特征决定了其既可能是竞争性的，又可能是保障性的。

城市公共空间格局公平应尽可能以正义的方式实现公正的地理分配，既重视公众的全过程参与，又能够实现决策结果的公平。两者之间通常相辅相成：如果机会公平不流于形式，真正的机会公平导向空间格局的结果公平，结果公平可作为机会公平的检验标准和目标；结果公平的实现有赖于公平的程序和规则设计，机会公平是结果公平的基本前提和保障。若机会公平与结果公平产生矛盾而背离，鉴于结果公平是实质性的且在应用层面较易落实，在空间格局公平研究中应处于优先地位。对公共空间格局实质公平的强调也是对不公平程序的一种纠正。

空间公平的目标包括可达性公平、使用公平和结果公平。所谓公平分配，指的是城市公共空间格局应保障使用者个体之间公共空间福利的均等；根本上的格局公平是能够更多满足弱势群体需求的补偿性公平。空间公平要与平均主义严格区分开来，结果公平

---

① 罗尔斯. 正义论：修订版[M]. 何怀宏,何包钢,廖申白,译. 北京：中国社会科学出版社,2009.

并不意味着每个人获得相同的城市公共空间使用量，空间公平的基本前提是强调使用主体的差异性。

（3）城市公共空间格局之效率与公平的特点及其关系

效率与公平作为社会的两大价值目标，两者间的关系是理论界争论的焦点。主要观点包括：效率优先、公平优先与两者并重论[①]。与社会经济领域相比，城市公共空间格局之效率与公平研究的特点在于：

分配主体同一。在社会经济领域，资源配置效率与分配公平分别发生在生产和分配两个不同范畴，分配公平与否与市场效率无直接内在联系。但对公共空间格局而言，配置效率和分配公平考察的都是公共空间在个体公民之间的分配（只是价值标准不同），主体是同一的，时间序列上也无先后。城市公共空间的格局效率与公平是一体两面的统一问题。

对象目标一致。公共空间高效配置与空间公平之间存在一些矛盾，但没有经济领域那么尖锐。社会经济领域内部，关于效率和公平关系的争论至今未决，经济发展与社会发展的目标经常相互背离。而增进公共空间格局效率与公平的目标高度一致，都是为了实现城市物质空间的优化、提高环境宜居度和生活品质，增进社会和谐与融合。从这个意义上说，公共空间用地与其他功能用地的争夺竞争是首位矛盾，格局效率与公平则属于可调和的"内部矛盾"。

配置与评价的不确定性程度高。社会经济领域的效率通过市场经济激发，用利润率衡量；公平的实现由政府干预进行调控，用基尼系数[②]确定，这是得到公认的。但城市公共空间格局问题的复杂性决定了难以形成通用的配置标准和明确的硬性评价指标，需要基于具体的城市经验，理解和呈现其格局结构，并纳入城市的共有原则，在对范畴界定、作用机理、实现途径等深入分析的基础上制定相关标准体系。

城市公共空间格局的效率与公平主要体现为两组博弈关系：一是供给效率与权益公平的关系，与公共空间的社会公共属性相关；二是配置效率与分配公平的关系，与公共空间的物质空间属性密切相关。本书侧重对后者的研究，必要时将可达性分析视角作为第一种语境空间化转换的桥梁。城市公共空间格局的配置效率与分配公平的关系如下：

第一，城市公共空间格局的配置效率与分配公平不可分割且辩证统一。空间格局效

---

① 效率优先论是经济自由理论的延伸，将经济效率作为优先政策目标，强调市场经济自由竞争机制的作用，反对政府干预再分配，大多数经济学家是这一理论的拥趸。公平优先论认为，平等才是衡量是否公平的最终标准，市场并非万能，通过国家干预、制度手段调节分配是必需的，庇古、罗尔斯和德沃金（Ronald Dworkin）等学者支持这种论点。效率与公平并重论认为，两者之间没有绝对的优先权，需要兼顾，如果发生冲突，一者的牺牲要以另一者得到更多补偿为前提，持此观点的代表人物有萨缪尔森（Paul A. Samuelson）、奥肯（Arthur Okun）、布坎南等。

② 基尼系数是意大利学者基尼（Corrado Gini）根据劳伦茨曲线所定义的判断收入分配公平程度的指标，取值在 0 至 1 之间。收入分配越是趋向平等，基尼系数越小，反之，收入分配越是趋向不平等，基尼系数越大。参见 http://zh. wikipedia. org/wiki/%E5%9F%BA%E5%B0%BC%E7%B3%BB%E6%95%B0.

率与公平的分配主体同一、对象目标一致，针对的均是现状和未来公共空间的分配；若缺乏必要的社会物质基础，则持久的格局效率及公平均无从实现。在统一体中，公共空间公平是城市公平的子系统，效率是公平运转的保障，在理论指导与政策措施层面需要将两者统一起来。效率与公平概念本身是独立、自足的，同时又在相互作用关系中获得自身的内在规定性与生命性。

城市公共空间的选址布局中，配置效率与分配公平的矛盾体现在以下方面：效率原则要求公共空间的总量最小化并服务于最多的使用者，大型公共空间在重要区位的集中布置更具效率优势；而公平原则考虑最大限度满足使用者需求，要求到访公共空间的总距离较短，大量小规模、分散式的公共空间格局系统更具公平优势。基于效率原则的公共空间模式不利于远距离用户，由于"距离衰减效应"，居民日常出行一般采取就近方式；基于公平原则的布局能够方便居民日常使用，但既有公共空间可能会日常利用不足，特殊时刻又满足不了特定的功能需求。因而城市公共空间格局需要研究如何科学地将空间效率与公平有机统筹在一起。

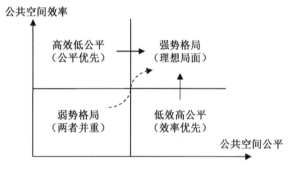

图 2-1　四种类型的城市公共空间格局情景

第二，城市公共空间格局配置效率与分配公平的关系是具体的、动态发展的。在不同历史阶段及不同地区，城市面临问题的重要性和紧迫性不同，空间公平与效率呈现一定的交替特征，脱离现实语境抽象探讨效率和公平没有意义。依据服务水平的差异，城市公共空间格局呈现出四种类型的格局情景：低效、低度公平；高效、低度公平；低效、高度公平；以及高效、高度公平（图2-1），需要制定不同的空间发展对策。第一和第三种情景常见于政府力量主导发展的城市，其中第一种情景空间效率与公平度"双低"，须两者并重、共同发展以扭转弱势局面；第三种情景宜适当提倡空间效率优先、兼顾公平。第二种情景多出现在以市场力量为主导的城市中，发展策略应考虑空间公平优先、兼顾效率。第四种情景空间效率与公平"双高"，是城市公共空间格局的理想图景。公共空间的高效和公平无法一蹴而就，需要立足于此时此地，确立长效公共政策和持续行动的同时，积极干涉并适时调整空间发展战略。

从城市发展阶段看，经济后发城市财力有限，若公共空间系统基础薄弱，则集中财力物力从格局效率角度入手提升环境品质较易见效；经济发达地区有条件考虑更多空间公平的问题，不过格局效率也不容忽视。当经济后发城市逐渐成长为较发达城市，公共空间格局效率已得到一定程度改善，空间公平就成为新的需优先解决的问题。

第三，城市公共空间格局的配置效率与分配公平需要优化组合。 公共空间格局的最佳效率意味着资源处于最优配置状态，从而使需要得到最大满足或福利得到最大增进。最佳效率并非只有一种可能，罗尔斯指出资源在个体间的分配可以有很多最优效率点。同理，公共空间格局的最佳公平方案也并不唯一，应综合选取尽可能兼顾效率与公平的布局方式，实现两者的优化组合。

在影响城市公共空间格局之效率与公平的众多因素中，部分因素对空间效率与公平的作用正反同向，随着作用因素的变化，空间效率与公平程度此长彼长、此消彼消，两者呈同向发展的正相关关系（图2-2中Ⅰ区间）；另一部分因素的作用是反向的，表现为空间效率与公平度在定额范围内此消彼长，呈负相关（图2-2中Ⅱ区间）。Ⅰ区间内，只要相应制约因素持续改善，公共空间的格局效率与公平就能够同时得到有效提高，提升潜力大而且能够实现双赢，是公共空间格局优化的主要范围。Ⅱ区间内的空间效率与公平互相制约、交替发展，可用于调节两者关系的均衡，尽量以较小代价获取弱势方的最大补偿。城市公共空间格局之效率与公平的优化组合应以Ⅰ区间指标提升为本，适当整合Ⅱ区间指标。

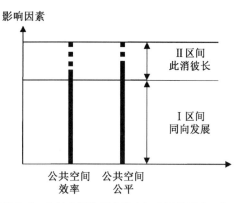

图2-2 公共空间格局之效率与公平的影响因素

2.2 基础理论

基础性理论的建构对实践具有重要指导意义，主要包括作用价值、本质属性和基本原理三方面内容。其中，作用价值旨在认识城市公共空间系统的根本价值，确立其在城市建设中的作用地位；本质属性试图厘清公共空间的社会价值属性，并引入社会经济维度公共空间理论向城市语境转化的方法；在此基础上，基本原理归纳了良好的城市公共空间格局所遵循的规律性特征，用以作为指导公共空间建设的指南。三者均以效率与公平为主线，效率与公平视角既是以科学态度理解既有空间格局的切入手段，又构成城市空间发展的价值核心与目标取向。

2.2.1 作用价值：作为全局性控制要素的城市公共空间

城市公共空间是与城市结构形态、居民生活方式及其意象密切相关的全局性要素，赋予城市生命和永恒意义。历史表明，公共空间系统对城市的统领性作用体现着空间运转中重要的价值规律：以公共空间有效组织的城市能够长期良序运行，并显示出随时间进程逐步更迭调整的适应性，这种效用是以其他方式组织的城市——如以机动交通路网和功能分区原则为主导——所无法比拟的。将结构化的城市公共空间系统作为社会人居环境持续性的启动和支撑因素，这便是城市空间组织中效率与公平的核心含义，亦超越了形象美化、公共生活和社会整合功能等成为城市公共空间的根本价值所在。

无论是古希腊的 Agora、古罗马的 Forum、中世纪和文艺复兴时期的意大利广场、巴洛克轴线，还是现代城市中各种意象鲜明的外部场所，公共空间及其周边建筑群体，以及发生在其间的事件构成的整体基本上能够代表一个城市，且公共空间本身的重要性超越形成界面的单体建筑，承载着丰厚的历史积淀与人类创造。按照罗西的观点："我们不能将文艺复兴时期的意大利广场归诸机能或认为那些广场的缘起是出于偶然的；事实上这些广场都是城市成型的工具。不过正如我们所言，看起来应该是工具却变成为目的；这些广场现在已经是城市了。因此城市本身有自己的目的；除了能透过表现在城市里的艺术作品之外，对城市便无法作任何的解释。这表示城市存在着某种意图，而且会继续保持下去。"[①] 城市的恒久魅力源自公共空间产生的力量，公共空间格局一旦成为全局性控制要素而纳入复杂的城市系统，城市将获得基于公共向度的公共性精神，以及自主和持续发展的动力，与用地机械划分、建筑物各自为营的常规规划手段相比，这是组织城市空间更有效和公平的方式。

通过城市公共空间建设整合城市资源不仅会改变城市面貌，更重要的是能够形成推动城市发展的巨大驱动力，这些经由公共空间特性介入的改造很大程度上改变了城市的发展进程。教皇西斯塔五世时期的罗马改建通过完整的街道系统建立纪念性建筑与神圣场所之间的路径和视线联系，奠定了今日罗马市中心的形态基础。19 世纪奥斯曼的巴黎改建通过修建、拓宽和规整林荫大道系统大幅调整城市空间结构，打破了中世纪的致密肌理，成功实现古代城市向现代城市的转化。百年前的公共空间整治工程形成的壮丽秩序和空间体系渗透到城市精神的塑造中，直至今日仍主导着人们对罗马和巴黎的认知，城市由此获得的永恒意义超越了物质空间本身。从经济学角度衡量，公共空间建设的投入固然巨大，有形和无形产出却不可估量，具有其他组织方式无法替代的价值，用产出投入比衡量的资源配置效率极佳，证明了新城建设和旧城更新中以公共空间建设为引擎的高效性。当然，激进的系统化改造方式往往导致破旧建筑和贫民住房的大量拆除、市中心原住民的外迁，乃至传统历史文化及生活方式的毁坏，以牺牲部分城市弱势群体的利益为代价，是不够公平的。

比较温和的公共空间改建发生在哥本哈根和巴塞罗那。哥本哈根在过去四五十年间由汽车主导转变为以人为本的历史记载在扬·盖尔的《公共空间·公共生活》中，通过打造连续的公共空间系统增强传统市中心吸引力的努力在实践中被证明卓有成效，空间品质与城市生活的特色相互关联。巴塞罗那采用"针灸法"整合城市公共空间，策略包括将社区空地和停车场改建为广场和公园，缩减机动车道以留出宽裕的景观步行空

---

① 罗西.城市建筑[M].施植明,译.台北:田园城市出版有限公司,2000.

间，引入著名艺术家的作品等，巴塞罗那由此塑造了"公共艺术之都"的形象。此外，借助 1992 年的奥运会，将城市建设扩展至海滨地区。经过短短二三十年，城市就从佛朗哥时代的破败萧条走向全面复兴。这些循序渐进、持之以恒的公共空间重建手段温和，却几乎引发城市面貌脱胎换骨；经由公共空间的经营，城市步入健康持续发展的良性轨道。公共空间的多样性进而丰富了公共生活的选择，城市居民不知不觉中以更积极、平等的姿态使用公共空间资源，差异个体在同一空间中共处和接触，空间权益公平得到保障。

反之，若对城市公共空间的统领性作用没有清晰的认识，仅将之作为单体建筑间剩余空间的再利用，零散的户外空间之间没有任何关联度，城市建筑以内向方式孤立存在，就不可能产生多样化的地区活力和友好的社会性公共活动氛围，上海浦东陆家嘴地区的城市建设即是一例。这里集结了整个上海的财力物力，是城市中心商务区的核心组成，办公楼高度集聚，商业娱乐服务配套设施齐全，滨江绿带和大型中心绿地颇具规模，人流量巨大，政府还定期或不定期地举办嘉年华和房车赛等公共娱乐活动，然而这里并没有形成类似其他世界城市中心区那样的富有吸引力的场所环境，人们对其也缺乏必要的认同。究其原因，孙施文认为："陆家嘴地区缺少城市中心必要的公共空间和相应的设施……缺少从整个地区尤其缺少从城市公共空间角度出发对建筑和用地进行组织的考虑，既然缺少了从城市中心的角度去组织这一地区的空间环境，那么形成现在这样的空间状况也就不足为怪了。"[①] 陆家嘴的教训表明，忽视公共空间营造的城市地区要培育真正的活力和吸引力基本是徒劳无功的。公共空间作为全局性启动和控制要素的地区与仅将之作为功能性构成要素的地区有本质区别，后者虽然在空间要素构成上并不缺少什么，但却很难获得城市发展所必需的凝聚力，如同缺少水泥黏结的散沙始终无法聚合成为混凝土。

城市是具有物质与精神双重本质的场所，伟大的城市必然由某种精神与价值层面的因素所主导，而不会是各种纯功用性元素的简单叠加。除现代主义功能分区理念盛行的几十年外，鉴于深厚的公共空间文化与公共生活传统，西方学者对公共空间在组织城市方面的巨大潜力有着深刻认识，公共空间相关研究占据城市规划思想史的主流。我国则在相当长一段历史时期内缺乏形成独立自治型公共空间的土壤，市民公共意识和公共生活能力薄弱；现阶段公共空间通常以广场或公共绿地的形式参与城市空间构成，偏重形象展示机能，公共空间系统缺乏对整个城市结构的全局掌控和统筹。当前我国学界对城市公共空间概念及其重要性的理解仍比较模糊，且在地块划分管理和建设管制上缺乏有效手段，因而特别需要强调以公共空间为纲领的城市规划建设思路。这种思路的必要性及合理性在于：就目前的规划手段而言，很难有什么方式能够比从公共空间格局角度入

---

① 孙施文.城市中心与城市公共空间：上海浦东陆家嘴地区建设的规划评论[J].城市规划,2006,30(8):66-74.

手组织城市更加有效和公平，更能创造具有吸引力的城市场所。关于主导城市的关系本质，我们不可能回归传统城市的"礼制"秩序，也不适宜继续沿用已被实践证实存在诸多问题的功能分区思想，将公共空间作为全局性要素组织和整合城市应是理想选择。

这种创新性价值认知具有操作上的可行性，有利于提高公共空间在开发控制和城市持续发展进程中的作用，从根本上解决我国城市公共空间缺乏整体规划、与城市形态关联的内洽性不够等现状问题。

2.2.2 本质属性：作为公共性载体的城市公共空间

公共性是城市公共空间与公共生活的本质属性[①]，与空间公平紧密相关。从公共性立场出发，城市公共空间中的"公共"是基于价值及意义层面而非物质权属、服务对象、用途或义务等的存在，它能够帮助人们认识周围环境，认识与其他人类成员相处并共同存在的意义。城市公共空间之所以对社会成员而言不可或缺，根源就在于公共性的存在，物质场所在对社会生活的干预中表现出公共属性。

（1）以公平为核心的公共性向度

公共性的核心价值是什么？在古希腊思想家们看来，希腊城邦中由成年男子构成的政治共同体所追求的"至善"，也即正义原则，就是公共性的核心所在。正义需要通过公共生活来达到，公共活动的最终目的是促进公民的德性。从这个意义上说，人类社会发展中存在着以公平和正义为核心的公共性向度，空间公平是公共性得以实现的基础，也理应成为城市公共空间的价值核心。

空间公平意味着符合伦理精神的空间形态与空间关系，也就是全体市民拥有平等的公共空间可达权、可进入权以及合法使用公共空间资源的权利，所有与城市相连的公民都能通过在公共领域的出现而参与到城市社会中，匿名的个体能够无差别地融入人群，与志趣相投的个体建立联系，彰显不同空间的多样文化。作为基本的社会善，这种自由权必须人人能够享有，具体落实在城市公共空间的每个角落，这是依据罗尔斯第一原则做出的首位要求。以强势主流文化否定和同化"差异空间"，拒绝和排斥"不受欢迎的"使用者，制造空间歧视甚至将之合法化违反这一正义准则。任何以社会公共利益的名义，剥夺和牺牲一部分人的权利（这部分人总是社会上的相对弱势群体）都是不正义的，处于有利地位的群体应当以促进他人利益的方式从社会合作体系中获利。作为社会空间再生产的机制之一，公共空间的合理布局是实现空间公平与增进公共性的有效途径。

---

① 公共性概念在西方文化传统中渊源深厚，具有丰富的人文内涵，与人类的社会型生存方式紧密关联。据桑内特考证，英文中"公共"（public）最初的含义是社会的共善（common good），几十年后多了一层意思，意指明白清楚且可接受一般人的观察。至17世纪末期，"公共"与"私人"语义间的对立开始接近于现代用法："当'公共'这个词取得现代的意义时，它指的不只是家庭与亲密朋友之外的社会生活空间，同时也意谓，这个由熟人和陌生人所组成的公共领域，包含了相对来说极为多样化的人群。"参见桑内特.再会吧！公共人[M].万毓泽,译.台北:群学出版有限公司,2008.

关于公共空间权益公平的尺度把握仍有争议。一些学者对多数中产阶级是否想要在公共空间中与"他者"互动提出疑问,认为基于安全和舒适的考虑,公共空间的使用须严格受限,因为某些行为会危害公共空间作为共享资源的基本功能。例如无家可归者占用公园长凳等行为应当制止,乞丐应当自公共空间中消失,否则会导致其他群体放弃使用这些空间。他们认可公共空间蕴涵的民主潜力,但同时认为这种潜力只能在管制下实现。然而,公共空间的真正价值就在于允许各种不同团体,尤其是边缘人群自由进入公共领域,完整地享有作为一名社会成员的尊严,过多的管制将使这项功能丧失。将"他者"排除在外的管控措施削弱了空间的公共性,也将动摇空间公平的根基。

(2)城市公共空间的公共物品属性

公共性问题进入经济学领域就转换为公共物品问题。公共物品是指任何一个人对该物品的消费都不会导致其他人对该物品消费减少的物品[①],消费的非竞争性和受益的非排他性是其基本特征[②]。

城市公共空间可以同时被许多人同等消费,只要消费水平在拥挤的临界值以下,个体对城市公共空间的使用不会影响和减少其他人对同一空间的使用,任一个体的利益只与公共空间的可得性相联系,与其他人所获得的利益无关。进入公共空间还可以成为一种参与性或关系性消费,自我消费与他人消费存在互补性。因而城市公共空间属于典型的公共物品,但它未必是纯公共物品。纯公共物品每增加一人消费的边际成本应当为零,即边际分配成本为零;而城市公共空间是物质空间的存在,其消费与实物相联系,空间拥挤效应导致用户不能无限增加,使用者的增加会部分减少其他个体对该空间的消费或是降低他人消费的品质,实际上存在某种竞争性。因此,公共空间,如公共绿地,属于竞争、非排他的公共资源类物品。公共空间也可能成为非竞争、排他的"俱乐部物品"[③],城市中越来越多的公共空间正沦为排他性较强的私人领地。因而,城市公共空间作为公共资源、俱乐部物品和纯公共物品皆有可能(表2-2),这是由公共空间的复杂性与公共物品的不纯粹性决定的。

---

① 私人物品在消费上是竞争的,不支付其市场价格就不能消费这种物品。私人物品 $(X_1, X_2, \cdots, X_n)$ 在不同个体 $(1, 2, \cdots, i, \cdots, s)$ 间的分配关系式为 $X_j = \sum_{j=1}^{s} X_j^i$,意即物品总量等于每个消费者对该物品的消费量之和,私人物品在个体之间是可分的。相比之下,对纯公共物品 $(X_{n+1}, X_{n+2}, \cdots, X_{n+m})$ 而言,任何消费者消费的都是整个公共物品,公共物品在个人间不可分,不可能只消费公共物品的一部分,所以个人消费等于全体消费,关系式为 $X_{n+j} = X_{n+j}^i$。参见 Samuelson P A. The pure theory of public expenditure [J]. The Review of Economics and Statistics, 1954, 36(4): 387-389.

② 也有学者认为公共物品的基本特征还包括效用的不可分割性。奥斯特罗姆(Elinor Ostrom)将非排他性和消费的共同性作为公共物品的分类标准。弗尔德瓦里(Fred E. Foldvary)认为拥挤和排他与否是公共物品的两大特征。

③ "俱乐部物品"是布坎南1965年提出的,指的是"一个群体自愿共享或共担以下一种或多种因素以取得共同利益:生产成本、成员特点或具有排他利益的产品"。转引自布朗,杰克逊.公共部门经济学[M].4版.张馨,主译.北京:中国人民大学出版社,2000.

表 2-2　城市绿色空间属性分类

	排他	部分排他	非排他
竞争	私人物品		开放式的城市绿色空间
拥挤	高尔夫场地 收费公园	**地方公共物品** 公园 花园 广场 城市森林 运动场 湖滨 河畔	**开放式的城市绿色空间** 行道树 交通环
非竞争	住宅花园	**地方公共物品** 公墓 社区运动场 工业/商业场地	**纯公共物品** 城市绿色空间提供的风景 闲置地 城市绿色空间提供的生物多样性

资料来源：Choumert J, Salanié J. Provision of urban green spaces: some insights from economics [J]. Landscape Research, 2008, 33(3): 331-345.

　　纯公共物品并不意味着公共性程度高，作为"纯"公共物品的城市公共空间与其他竞争性或排他性公共空间相比，未必更具效率和公平优势。公共空间的竞争性或排他性特征通过人的生产和消费活动赋予，布局不当或因没有足够吸引力而无法集聚人群的公共空间也许是非竞争和非排他的，但它不会比格局适宜、具有魅力从而表现出拥挤或排他特征的空间更具价值。所以在 Choumert 等的分类表中，公园、广场、湖畔等典型的城市公共空间都属于地方公共物品，只有这些空间内的风景、生物多样性和闲置地才是真正的纯公共物品。公共领域包括了从竞争到非竞争、排他到非排他的一系列连续变化过程，生活中大量存在的是介于纯私人物品与纯公共物品之间的各种中间状态的公共空间。不同竞争性和排他性程度的公共空间子集构成城市公共空间集合体，其多元组合丰富了人们对公共空间的特定选择。

（3）城市公共空间供给的优选条件

　　萨缪尔森提出，由于公共物品在消费中的非竞争性，其供给的帕累托最优为 $\sum MRS^i = MRT$（MRS 和 MRT 分别为一定数量物品的边际价值和边际成本），即消费者对公共物品与私人物品的边际替代率之和等于其生产的边际转换率。如果我们有条件知悉社会所有个体的公共空间需求，忽略制度因素影响，那么就有可能实现城市公共空间最有效率的供应。

　　但公共物品的特性容易产生"搭便车"以规避成本的行为。一方面，自利的消费者倾向于隐瞒对城市公共空间的个人偏好，以便不支付或支付低价的生产成本，导致对公共空间的需求量估计不足，且集体偏好要在不同的个人偏好之间形成也十分困难。另一方面，正外部性的存在可能造成城市公共空间供给不足，这是因为生产者获得的收益是全部社会收益中的一部分，但却要承担全部成本。城市公共空间的正外部性越大，非竞争和非排他程度越高，生产者获得的收益份额越小。若任何人都可以不用付费就从中获得福利，则物品内部的收益与成本的市场均衡不复存在，私人也就没有提供公共空间的驱动力。因而，城市公共空间的供给与需求之间较难平衡，公益性越强、产权越不明晰的公共空间越容易出现供给不足现象。城市公共空间供给的最优条件只存在于理想状态。

从效率与公平角度考察城市公共空间的公共物品特性，竞争性引发的拥挤基本是公共空间作为稀缺性公共产品难以避免的，往往与公共空间的公共性和吸引力程度成正比。竞争本身未必消极，它虽然受到拥挤约束，但同时引发的地块利益潜在冲突有利于明确产权归属，促使土地集约利用，更好地发挥空间效益。城市公共空间通常不会像常规公共资源那样因竞争而导致"公地悲剧"和极度拥挤，超过场所既定容量的表现是现有活动人群抑制了潜在使用者的空间行为，构成另一种意义上的排他。即便如此，作为各方合力的体现，公共空间的(非)竞争性不可人为制约和规定，有效降低竞争引起排他的举措是提高同级别公共空间的竞争力，实现公共生活的分流。

城市公共空间的非排他特性源于公共物品的外部效应。从制度经济学角度，公共空间外部性问题的解决有赖于建立排他产权，通过排他确立消费者对场所的使用权益，减少外部性不经济的发生。通过将外部性因素内部化，城市公共空间从非排他和非竞争的公共物品转变为排他和非竞争的俱乐部物品，更易实现供给上的高效和持续。但排他同时带来公共性削弱的问题，通过价格、法规、"协议"或"自愿交换"原则分配权利之后，相对弱势群体被合法地排除在外，导致空间非正义滋生。

城市公共空间排他与否实质上关系公共空间的供给效率与权益公平如何平衡和取舍的问题：需要考虑的并不只是基于成本收益分析的经济可行，还有社会伦理判断因素。非排他是正义理论存在的根基和前提，公共空间不应该也不能够排他，否则空间公平和正义无从谈起。针对稀缺性引发的对资源使用的排他性需求，城市设计师是否有权通过物质环境和制度设计促成公共空间的产权交易从而顺利实现排他值得质疑。由各种精心构筑的俱乐部空间集合成的城市公共领域最终会是谁的城市？谁的公共空间？

因而，供给效率是空间正义实现的基础和手段，而不是城市空间追求的终极目标；基于空间效率的"可持续"是短视的，只会使公共领域病入膏肓，与城市空间真正的健康、可持续发展背道而驰。

城市公共空间供给的优选条件是：将空间公平作为城市公共空间的价值核心，公平正义原则优先于效率和最大限度提高利益总量的福利原则。为了达至空间格局与使用权益的公平，建成环境物质空间供给效率的局部损耗有时是必要的。在此前提下，公共空间的供给主体、分配方式和融资渠道鼓励多元化发展(表2-3)，打破由政府直接生产、通过公共预算分配和强制性的税收收入筹资的公共空间单一供给模式，增强公共空间的吸引力和可持续性。

表 2-3　公共物品提供的制度安排

生产者	安排者	
	公共部门	私人部门
公共部门	政府服务 政府间协议	政府出售
私人部门	合同承包 特许经营 补助	自由市场 志愿服务 自我服务 凭单制

资料来源：萨瓦斯. 民营化与公私部门的伙伴关系[M]. 周志忍，等译. 北京：中国人民大学出版社，2002.

（4）可达性作为桥梁：语境的转换

社会经济语境下的公共空间与城市物质空间之间的鸿沟始终较难逾越。夏铸九基于亨利·列斐伏尔的空间辩证法提出"公共空间之社会生产"理论框架，该理论框架由双重三元关系构成：社会—历史—空间的辩证关系，以及由"真实的公共空间""公共领域"与"公共空间"构成的空间性三元关系①。"真实的公共空间"是居民和使用者的空间，与专业者从事的抽象空间相比，日常使用的空间是具体的、主观的、情境的，"具有潜意识的神秘性和有限的可知性，它彻底开放并且充满了想象"②，学界对这种空间能否再现持深刻怀疑态度。这就导致再现中的场所建构与日常体验层面的关键联系难以得到承认和论证，社会与物质维度公共空间之间难以形成积极对话。

本书引入可达性视角构建语境转换的桥梁。最广泛意义上的"可达性"成为城市公共空间社会、经济与物质属性之间寻求对话的关键，公共性和公共物品问题很大程度上可借由地理空间的可达性及其分异予以表达。开放而不受限制的交往空间是形成公共领域的前提，"可达"与"公共""民主"之间具有深层联系。作为城市学者对公共空间的一种界定，可达性意味着所有与城市相连的公民能够在物质、视觉和象征上方便地进入公共空间，拥有合法使用公共空间的权利。可达性研究有条件将与使用者相关的社会经济维度和几何化目标联系起来，以反映不同个体和群体对特定社会空间的占有程

---

① 他解释道："公共空间的表征（representation of public space）、表征的公共空间（representational public space, public space of representation）与真实的公共空间（real public space）的三重关系，将空间性（spatiality）的概念在想象空间（imagined space）、生活空间（lived space）与真实空间（real space）三个向度上展开。这就是公共空间的社会生产（the social production of public space）的分析架构。""representation"大陆通常译作"再现"，台湾地区译为"表征"，只是译法上的区别。参见夏铸九. 公共空间[M]. 台北：艺术家出版社，1994. 除了将既定权力关系下的"空间再现"引申为"公共领域"，整个论述与列氏完全如出一辙，印证了政治经济学视野的空间研究在公共空间话语中的普适性。
② Soja E W. 第三空间：去往洛杉矶和其他真实和想象地方的旅程[M]. 陆扬，等译. 上海：上海教育出版社，2005.

度。不同社会背景人群的公共空间可达性越平等，表明环境开放和物品共有的程度越高，排他性越低，越容易形成多样化和差异性氛围，增强公共空间的社会归属感和多元包容的公共性表达。更强的公共性特征将促使人们与场所、公共生活和更广泛的世界建立起强有力的联系。借由对计入人的社会属性的公共空间可达性公平的考察，社会经济维度的公共性及公共物品理论观点得以落实在围绕"可达性"这一关键词的实践方法和技术运用上，在促进环境正义和生活空间再现中扮演关键角色。

2.2.3 基本原理：作为建成环境的城市公共空间

从效率与公平视角出发，公共空间对于一个城市整体而言最关键的是其格局，这是创造更好生活环境的决定性因素，对公共生活的目标极具价值。总量或人均水平固然也是重要的参考标准，但公共空间的服务水平主要不是由量决定，甚至未必像人们通常认为的那样越多越好。西方城市史的各个历史阶段，如古希腊、罗马帝国、中世纪、文艺复兴或巴洛克时期形成的城市公共空间格局迥异，是基于特定社会文化形态与地理环境的适宜选择，用量的多少衡量不同背景的城市公共空间的优劣不具意义。事实上，公共空间布局合理、张弛有度的城市即便其绝对总量不多，也往往能散发出独特魅力，使生活在其中的人获得丰富体验；而那些吸引力不够、城市空间失落的地区很可能未必是公共空间的数量缺乏而是格局不当引起的。极端情形下，过多的公共空间还会影响城市的紧凑度、降低城市整体可达性，尤其是当大型团块状公共空间而非线性网络状空间形态占据支配地位时。

以苏黎世为例，自 2000 年以来居世界最佳宜居城市之首，其享誉世界的生活品质很大程度上源于这座城市拥有环境优雅、市民愿意驻足的公共空间系统。走在苏黎世街头，不经意间就会被街巷转角的迷人空间所吸引。然而，根据下文基于 ArcGIS 软件平台的数据分析结果，该市的公共空间用地占城市建设用地的比例为 10.8%，仅略超我国《城市用地分类与规划建设用地标准》（GB 50137—2011）中绿地用地规定比例 10%—15%的下限[①]，可见苏黎世城市公共空间系统的成功与绝对总量的关系不大，最重要的也并不是单个空间的视觉品质，而主要取决于空间格局所形成的总体张力。再如中国香港，人均公共空间面积只有 1.5 m²，仅为南京老城人均值的 1/3，但城市步行体验并不会感到公共空间匮乏，在高密度的生活环境下展现了充满活力的城市公共空间图景。这与香港特区政府坚持"以少做多"政策、避免大而无当的空间浪费、以立体化策略营造优良的公共空间格局是分不开的[②]。

[①] 统计口径略有不同。《城市用地分类与规划建设用地标准》中绿地（G）包括公园绿地（G1）、防护绿地（G2）和广场用地（G3）。公共空间用地统计应扣除 G2 中类用地，纳入部分街道场所特征明显的城市道路及非独立占地的室外公共空间用地，经估算增加与扣除的用地面积可大致相抵。

[②] 徐宁，徐小东. 香港城市公共空间解读[J]. 现代城市研究，2012,27(2):36-39,66.

综观国内外较为成功的城市公共空间格局，主要表现为结构适配、场所固结、层级连续和界面约束等基本原理：好的城市公共空间格局总是与城市结构相适配；有若干独特地点从整个连续系统中凸显出来；形成层级连续系统；并具有明确的限定约束界面。

（1）结构适配原理

良好的公共空间格局应与城市结构相适配，通常具有向心性和梯度分布的双重特征：市中心区的公共空间作为整个城市的菁华，不仅总量充裕，而且类型与活动多样、可达性高，能够吸引和容纳各种社会性公共活动；其他地区的公共空间按层级规律组织，以满足居民日常需求为主，地区中心的公共空间适当得到强调，考虑满足节庆礼仪、举办大型活动等要求。

结构适配强调系统中关键要素的适配，是将公共空间作为全局性控制要素的城市必然存在的状态，也是推动城市健康发展不可或缺的动力。结构适配是城市公共空间格局应遵循的首要原则，否则公共空间格局不可能呈现出与城市结构协调一致的稳定状态，并影响系统的进一步发展。

这一原理可以从城市起源的角度进行解释。史麦勒斯（A. Smailes）指出城市是"依照都市成型之前的核心逐渐扩张的建筑物"而产生的[①]，城市化的过程从这个核心开始，并在扩张的过程中形成城市及其价值。在城市中心与中心地区公共空间相互形塑和强化的历史进程中，城市中最活跃和最具吸引力的地区得以形成，地区意象和居民认同感由此确立。丰富的公共空间支持了更加多样的公共生活，对中心感的建立具有突出作用，从结构角度而言是一种高效的布局模式。从功能角度，市中心的公共空间效益最显著，服务对象为全体市民，且在可达性与平均出行费用方面更具优势，遵循区位规律布局充裕的公共空间既符合效率原则，亦不失公平之道。

传统城市的中心往往如此，一个集中布局、与单中心城市结构相契合的大型广场决定了城市的中心特征，市民通过在广场中露面和集聚融入公共生活，公共生活反之又促进了广场空间的演化和发展。中心广场由建筑界定，交通便捷，建筑群体的类型与功能业态混合，最大限度地满足人们一次出行完成多种目的性行为的需求。当时大众运输工具的缺乏和私人交通工具的不普及致使城市规模有限，通过对向心性的强调，空间格局的效率得以最大化。

产业革命和大规模工业生产导致城市迅猛扩张，城市结构越趋复杂，不断成长为多中心和有着多层次地区中心的城市。在此进程中，公共空间与城市结构表现出适配特征的地区在城市活力塑造上总是比较成功，如巴黎的拉德芳斯、伦敦东部码头区商务中

---

① 转引自罗西.城市建筑[M].施植明，译.台北:田园城市出版有限公司,2000.

心、美国一些边缘城市的中心区等①，这些地区实际上都有意识地运用以公共空间组织城市布局的方式，且公共空间的丰富度与地区的重要性成正比。通过将传统中心与中心区公共空间关系模式进行系统化和层级化关联，城市公共空间格局继承并发扬了遵循城市结构布局的总体逻辑，有利于空间格局效率的更好发挥。

当我们将城市公共空间视为一种"实在"，也就能够理解为何市场经济体制下的西方城市在地价最高的市中心分布着充裕的人们无法从中获取任何直接经济收益的公共空间，这是因为公共空间的价值无可替代，城市公共空间不仅在功能组织上发挥作用，更重要的是赋予城市中心以生命和灵魂。

（2）场所固结原理

好的城市公共空间格局总会有若干场所从整个连续系统中凸显出来，以其自身的经久性和独特性成为动态城市中的固结点。这些固结点既蕴含着城市丰厚的历史，同时也反映了城市本身构成的理念，从而使城市别具特色。固结点具有明确的定位和标识功能，在空间形态上表现出集中特性，能够对周边环境产生强烈的作用。决定其地点和方位的两个必不可少的要素是：它们在特定环境中所处的位置，以及场所中发生的事件。固结点往往既是权力空间和信仰空间，亦是日常生活空间，特定事件赋予的伟大与市民生活的琐碎交织在一起，在国家与市民之间寻求微妙的平衡。

此类独特地点以广场空间为代表，通常位于城市中心或港埠。规模尺度不是最重要的，但早在维特鲁威时期就已认识到广场设计"应该与居民数量成比例，以便它不至于空间太小而无法使用，也不要像一个没有人烟的荒芜之地"②。锡耶纳的坎波广场就是如此，约 140 m×100 m 的近似半圆广场在 13 世纪时足以容纳锡耶纳的全部城市人口，它在当时的各种用途包括用作政治论坛、供牧师布道的户外大厅和教堂、定期集市、各种行业市民的会面场所、旅游者的休息和野餐地，以及赛马运动等在内的节日和公共庆典的地点③。时至今日，这里仍然是一处反复上演着日常生活、偶发事件和非凡庆典等的魅力场所。坎波广场印证了整个城市的历史荣辱变迁，与城市命运相交织的不可复制性和凝聚力超越了时空。再如罗马广场，它"与城市的源起息息相关，在各时代中以不

---

① 这种中心区公共空间形成的城市空地，在罗兰·巴尔特（Roland Barthes）的眼里是"满满的：一个显眼的地方，文明社会的价值观念在这里聚合和凝聚：精神性（教堂），力量（官署），金钱（银行），商品（百货商店），语言（古希腊式的大集市：咖啡厅和供人散步的场地）；去闹市区或是到市中心，就是去邂逅社会的'真理'，就是投身到'现实'的那种令人自豪的丰富性中"。参见巴尔特. 符号帝国[M]. 孙乃修，译. 北京：商务印书馆，1994. 而中国传统式由封闭围墙围合而成的宫城和官署机构居中的城市布局，虽然形态上由实体的建筑群构成，在巴尔特看来却是"空无"的，"不过是一个空洞的概念而已"。他对"实在"和"虚空"的理解与老子如出一辙，这里虚实概念的所指不是物质形体，而是基于使用活动和精神价值层面，涉及城市的认同感与凝聚力。

② 转引自芒福汀. 街道与广场[M]. 2 版. 张永刚，陆卫东，译. 北京：中国建筑工业出版社，2004.

③ 著名的赛马运动是锡耶纳城市复兴的仪式和市民传统的印证。此外，坎波广场还充当过饥荒和受围攻时期的地下粮食贮藏库、中世纪时的"军事演习"场所，以及斗牛和赛牛场。参见 Rowe P. Civic realism[M]. Cambridge, Mass. : MIT Press, 1997.

可思议的方式产生转变，然而所处的地点并未改变而且随着罗马的扩大方场也跟着加大，因此罗马的历史以及各种传说（如 Lapis Niger 和 Dioscuri）都刻在方场的石头上，罗马方场直到今天仍承载着鲜明而壮丽的各种符号……方场概述了罗马同时也是罗马的一部分：代表了周遭纪念性建筑的总合，不过方场本身的个体性却比其周遭的各各单独的纪念性建筑还要强烈得多"①。这样一处历史与创造结合的产物因其持续性、个体性以及所承担的活动在城市演变中扮演着举足轻重的角色。

独特地点也可以是差异性的局部地段，表现为某种不存在统率性公共空间的格局模式，以层级清晰、连贯的公共空间系统形成整体印象。如苏黎世老城尽管不乏 Weinplatz、Bahnhofplatz、Paradeplatz、Werdmühleplatz 等历史上和今天最具魅力的广场，但规模基本在 5 000 m² 以下，巧妙地融入老城公共空间系统。班霍夫大街与利马特河沿岸的公共空间将它们串联在一起，形成老城中的集合型场所固结点。

城市设计能够有效增强独特地点的场所感。罗马的卡比多广场中世纪时虽然有元老院、保守党宫等重要行政建筑，但却一直缺乏鲜明形象。米开朗琪罗（Michelangelo）设计兴建了一座与保守党宫对称布置的新宫，将两面围合的广场改为三面限定，并以统一的柱式母题改造三栋建筑立面，辅以完形感的放射图案铺地，形成具有整体感的空间，成功打造了罗马的世俗生活中心。克里尔在巴黎拉维莱特地区城市设计竞赛方案中，将运河确定的线性绿色空间作为基地长轴方向的基准线，将基地秩序融入城市形态秩序法则；与长轴方向相垂直确立第二支基准线，组织主要的公共建筑，公共轴与绿轴的十字结构形成与城市原有"轴群结构"呼应的主导力线，赋予周边环境新的平衡。因而城市设计扮演着触媒的角色，触发重点区位的单一空间向更有价值的独特性场所积极转换。

从属于城市公共空间系统的独特地点并非孤立存在，独特地点之间、它们与公共空间系统之间密切关联。其一，独特地点之间具有潜在的张力关系，形成超越物理距离制约的无形力场，任一独特地点的变动都将影响到整体结构系统。在功能结构复杂的城市中，不同独特地点间存在不均衡性，依重要程度构成梯度层级关系。其二，作为城市公共空间系统的主要结构点，独特地点对形塑公共空间总体结构具有支配作用。独特地点间的路径联系受其引导并相互限定。

高效而公平的城市公共空间格局不是均布的，而是有主次、重点的综合系统。作为城市中的固结点，差异性独特地点及其所包含的时空关系经历了一系列转变过程的考验，体现着城市最重要的价值及更深层的本土意义，它们的活力对促进城市机体健康有序发展颇具影响，需要持之以恒地给予重点控制和引导，以有效带动整个系统的发展。

---

① 台湾地区将"罗马广场"译为"罗马方场"，只是译法上的区别。罗西.城市建筑［M］.施植明,译.台北:田园城市出版有限公司,2000.

（3）层级连续原理

好的城市公共空间格局必然形成层级连续系统。无论是从格局效率还是从格局公平的角度衡量，层级与连续特征对城市公共空间而言都至关重要。层级是复杂系统的主要标志，系统内同一结构水平的诸要素构成一个层级，相互嵌套的层级形成总体结构，明确的层级关系是结构清晰的基础。层级明确的城市公共空间在地位作用、服务范围和组织结构上表现出等级秩序性，能够吸引和支持不同层次的行为活动，减少不必要的内耗和摩擦，以错位协同关系形成高效、均衡的格局模式。连续性则有效强化了这一空间特征。

层级组织系统的优越性来自"稳定的中间形式"结构①，即由子系统内部元素之间相互作用形成的低层级"中间形式"相对紧密和牢固：一方面可以在大系统受到破坏时表现出较强的抗干扰能力，迅速重新组合成新的系统，这是因为其子系统结构不会完全解体，不像非层级结构那样会直接分解为基本要素；另一方面，层级式系统的发展途径呈几何倍增式，组织要素的能力远强于非层级途径，利于系统的规模发展。因而通过层级关系组织的城市公共空间系统的有序性及有效性得到保障，绩效较非层级组织途径要高得多。城市规模越大、空间结构越复杂，越需要以层级思路组织公共空间格局，形成相互包容和联系的有机整体。公共空间的层级系统同时组织了社会秩序，正是在此意义上，空间成为福柯所言的公共生活形式的基础。

连续性特征直接关系人们对城市公共空间的认知、体验和使用，与层级性共同构成公共空间系统化的主要标志。作为物质空间，公共空间的连续与否决定着层级结构的力量能否释放，决定着它是以碎片还是系统形式参与到城市空间中，而后者所能发挥的作用比前者大得多，因此增强连续性是提升城市公共空间格局效率及公平的重要途径。

从公共空间本体而言，连续性的建立有赖于联系路径，街道而非道路的有效存在对于形成连续性格局非常关键。网络状公共空间总体形态与分散团块状分布形态的区别主要就在于街道系统，网络状空间与其他城市功能的接触面大、对城市可达性的贡献较多，两者间的对比反映了城市公共空间作为全局性控制要素或功能性构成要素的差异。后文分析数据显示，以南京老城为代表的我国当代城市中，缺失的主要是线性街道空间，造成公共空间的不连续。从城市语境分析，街区尺度是公共空间连续性的重要影响因素，小型街区系统为组织连续的公共空间系统缔造了相对有利的条件。

层级与连续是城市公共空间系统性特质的两项主要表征。系统性本身就是一种效率的反映，同时又能够为空间分配公平的实现奠定基础并提供实践动力。基于效率与公平视角审视城市公共空间建设，层级化和连续化意识是提升空间格局效率及公平的有效手段。

---

① 戴德胜.基于绿色交通的城市空间层级系统与发展模式研究［D］.南京：东南大学,2012.

(4) 界面约束原理

好的城市公共空间格局有明确的限定约束界面。限定的重要性在现代主义空间和实体作为结构要素的"实体的城市"之后，其意义和价值得到新的认识。在限定良好的城市中，作为实体负形的公共空间相对完整和积极，成为与实体具有等同分量的差异的①空间，不仅发挥联系作用还具有场所职能，将各种社会活动结合为整体，利于社会交往的发生。而在缺乏限定的现代城市里，实体建筑成为用地上与道路分离的独立个体，公共空间系统成为无差异的，公共空间与建筑系统的分离使原本能够容纳和鼓励不同使用活动发生的公共空间减少了类型、规模和功能上的多种可能。教训表明：边界清晰、空间领域明确对形塑完整的城市公共空间格局及其效率与公平的发挥具有不可替代的作用。

肌理的城市与实体的城市这两种城市设计方法或结果的对比反映了公共空间在城市范围内的不同分布和联结状态，分别对应于空间作为结构要素和实体作为结构要素的城市总体格局，柯林·罗、罗伯特·文丘里（Robert Venturi）和威廉·埃利斯（William C. Ellis）都曾对其进行过区分。在实体作为结构要素的城市格局中，车行道、人行道与建筑界面相互独立，街道被平面化而缺乏体积感，沦为交通性道路；建筑物之间的空间成为城市空间连续体的一部分，限定空间让位于流动空间，而它最终不得不依赖于景观系统细分公共空间连续体的做法使之失去了结构意义上的界定，成为一种表面化的处理。城市公共空间不再能被建筑围合、界定或形塑出来，差异空间蜕变为抽象空间。

肌理城市与实体城市的抉择反映了不同的社会特征，因为"将建筑作为雕塑式实体的观念忽视了正面与背面的社会性区别，这一区别对于建立私密条件以及公共与私密的关系是至关重要的。……对建筑应具有明确不同的正面和背面的观念的改变已经因'正立面'在建筑界的贬低而大大强调"②。肌理城市中的社会空间创造了互动交流的机会，面向它的开发倾向于表现出社会积极性，而面向实体城市交通性空间的开发通常伴随着社会消极性立面。随着环绕式空间的增加，公共空间更多地由非活动性空白边缘所界定，建筑与邻接公共空间之间的接触面趋于消极。

实践表明，城市公共空间格局应尽可能以连续的垂直界面进行界定，有无明确的限定约束界面是一处未建空地能否成为积极的公共空间用地的决定因素之一。公共空间的体积感对公共领域的塑造及其间的社会活动具有重要价值，也是提升空间格局效率及公平的关键因素之一。

---

① 差异的（differentiated）是指传统建筑有正面与背面的区分：正面与正面相邻限定了城市中的公共空间系统，背面与背面相接限定了内院。而现代建筑中不再有前后之分，公共空间与内院的界限消失，产生无差异的空间。

② Carmona M，Heath T，Taner O,et al. 城市设计的维度：公共场所：城市空间［M］. 冯江，等译. 南京：江苏科学技术出版社，2005.

2.3　本章小结

城市公共空间是指城市建设用地内以人工要素为主导、空间属性具有公共性的开放空间体，涵盖街道、广场、公共绿地、滨水空间和复合街区五类空间范畴。

城市公共空间格局效率包括配置效率、供给效率和使用效率。公共空间稀缺性的现实存在使效率问题在空间格局研究中具有重要价值，并在度量标准、供应主体和优化手段三个方面体现出与经济效率不同的特征。城市公共空间格局公平的目标包括可达性公平、使用公平和结果公平。采用基于结果公平视野的公平分配含义，公共空间格局应保障使用者个体之间公共空间福利的均等；根本上的格局公平是能够更多满足弱势群体需求的补偿性公平。

城市公共空间格局之效率与公平研究表现出分配主体同一、对象目标一致，以及配置与评价的不确定性程度高等主要特点。在公共空间格局效率与公平的两组博弈关系中，本书侧重对空间维度的配置效率与分配公平的研究，必要时以可达性视角对社会维度的供给效率与权益公平问题进行空间化转换。城市公共空间格局的配置效率与分配公平具有不可分割的辩证统一关系，随时空变化而动态发展，应针对不同指标影响因素进行优化组合。

效率与公平视角为城市公共空间格局研究提供了基本立足点，既是以科学态度理解既有空间格局的切入手段，又构成城市空间发展的价值核心与目标取向。

① 作用价值层面，将结构化的城市公共空间系统作为社会人居环境持续性的启动和支撑因素，是城市空间组织中效率与公平的核心含义，亦是塑造城市空间关系本质的可行思路。

② 本质属性层面，空间公平是城市公共空间的价值核心，公共空间的合理布局是实现空间公平与增进公共性的有效途径。为了达至空间格局与使用权益的公平，建成环境物质空间供给效率的局部损耗有时是必要的。在此前提下，公共空间的供给主体、分配方式和融资渠道鼓励多元化发展。借由对计入人的社会属性的公共空间可达性公平的考察，社会经济语境下的公共性及公共物品理论观点得以落实在围绕"可达性"关键词的实践方法和技术运用上，在促进环境正义和生活空间再现中扮演关键角色。

③ 基本原理层面，基于效率与公平视角的良好城市公共空间格局主要表现为结构适配、场所固结、层级连续和界面约束等原理：好的城市公共空间格局总是与城市结构相适配；有若干独特地点从整个连续系统中凸显出来；形成层级连续系统；并有明确的限定约束界面。

3 协同互构：公共空间格局与城市结构形态

城市结构指"构成城市经济、社会、环境发展的主要要素，在一定时间形成的相互关联、相互影响与相互制约的关系"；城市形态指"城市整体和内部各组成部分在空间地域的分布状态"①。城市结构形态与它们的历史起源、地理特点和发展方式相关联，既受到自然环境的制约，又反映了城市在社会文化与历史发展进程方面的差异和特点，体现为城市原始形态与后继发展过程的叠加结果和混合形式。

公共空间格局无法脱离城市结构形态独立存在，它们高度协同与互构。协同是指公共空间格局与城市结构形态表现出相互竞争、协调以及合作的联合作用关系。互构指的是两者间在"空间共点力系"②作用下相互形塑和构象。协同互构是公共空间格局与城市结构形态整体性及关联性的外在表现，支配着系统整体的演进和跃迁。

无论是规划形成的还是自发形成的城市，公共空间都在与城市空间格局协同互构的过程中演进与发展。在自发生成的城市里，公共生活集聚的地方自然形成具有生命力的公共空间。这种自下而上塑造的公共空间通常出现在人群密集、交通便捷、利于使用、最需要活动空间的场所，配置效率较高。当城市发展使得公共空间容量无法满足新的需求，或是城市中心迁移变化时，公共空间的兴衰常与城市发展同步，在合力的作用下表现出较强的适应性。在规划的城市中，公共空间格局由规划设计人员"理性"决策，未必能够符合市民需求，而且并不总是高效的。同时，规划空间往往烙印着城市管理层与技术精英的价值判断和主观偏好，公平性也常得不到保障。现实中的城市大多表现为上述自上而下的设计过程与自下而上创造空间的力量双向交替作用的结果，公共空间格局就在与城市结构形态的竞争与协作关系中不断演化。

公共空间格局变化亦会对城市结构形态产生反作用，进而影响城市的土地利用、交通组织和人口分布。有学者模拟了三种类型的公共空间——公园、城市绿带和绿化隔离

---

① 国家质量技术监督局，中华人民共和国建设部. 城市规划基本术语标准：GB/T 50280—98［S］. 北京：中国建筑工业出版社，2006.
② "空间共点力系"是指城市社会中，由社会结构、经济力量、自然条件和文化传统等动力因素综合作用构成的合力。参见王建国. 现代城市设计理论和方法［M］. 2版. 南京：东南大学出版社，2001.

带，检验公共空间的拥挤效应，结论是公共空间能够在扩展城市、提高建筑平均密度、重塑城市格局方面发挥积极作用①。尽管公共空间建设使一些原有设施面临拆除，但它同时会激发更多的土地开发：想要尽可能邻公共空间而居的意愿显示，公共空间格局影响城市建设选址和密度分布等形态特征。查阅相关迁居行为的文献可以发现，公共空间分布对迁移决策有积极影响②。住宅的价格享乐模型揭示了房屋价格与其距城市宜人设施距离之间的反向作用关系③。既有研究表明，计入公共空间因素，基于效率的竞标地租未必如传统区位模型所示，是距市中心距离的单调函数，公共空间常能导致城市建设的蛙跳式发展。

城市公共空间格局评价首先要基于城市总体结构形态视野，考察公共空间与城市空间协同互构过程中表现出的规律性特征。通过对这种相互作用机理的综合考量，公共空间格局在城市总体结构形态层面的效率和公平状况及其发展动力特征得以呈现。

公共空间格局与城市结构形态的协同互构规律体现在四个层面：首先是与自然要素的制约/依存关系，城市公共空间系统与它所依附的自然地理条件直接相关，两者间的张力是构成判定公共空间格局效率与公平的要素之一；其次是与城市肌理的关联/拓扑关系，城市公共和居住领域肌理的对比在公共空间领域中有着丰富表达，街区适宜尺度、建筑肌理及城市界面连续性均影响对公共空间格局效率及公平的评价；再次是与城市结构性特征的连接/叠合关系，公共空间通过与积极结构要素（轴线+竖向）的紧密结合能够便捷地为最多数人使用，通过重新联系被分隔的城市地区，能够修补和优化不利结构因素；最后是与城市圈层结构的向心/梯度关系，圈层模式反映了城市土地利用的客观规律，公共空间及其层级系统遵循城市圈层结构与否是衡量公共空间格局效率的重要标准之一。

3.1 制约/依存：公共空间格局与自然要素

城市中的自然要素主要包括城市的地形地貌及山水元素等。对"自然"的理解，一是指与"人工"相对，二是侧重"绿色"内涵，本书所指为后者。在人作用于自然的行为过程和自然反作用于城市的反馈过程中，作为城市空间格局结构性组成部分的自然环境的变化通常不大，与此同时，公共空间系统一旦形成后也会相当牢固，因而公共空间与自然要素的关系在既定城市中比较稳定。

---

① Wu J J, Plantinga A. The influence of public open space on urban spatial structure[J]. Journal of Environmental Economics and Management,2003,46(2):288-309.

② Mueser P, Graves P. Examining the role of economic opportunity and amenities in explaining population redistribution[J]. Joural of Urban Economics,1995,37(2):176-200.

③ Acharya G, Bennett L L. Valuing open space and land-use patterns in urban watersheds[J]. The Journal of Real Estate Finance and Economics,2001,22(2-3):221-237.

Palmquist R. Valuing localized externalities[J]. Journal of Urban Economics,1992,31(1):59-68.

城市公共空间格局与自然要素存在着既相互制约又相互依存的辩证关系。城市扩张过程受到自然要素的约束，城市形态及其公共空间系统的生成与它所依附的自然地理条件直接相关；反之，自然进程也同样依附于并受到既有公共空间格局的制约。农耕时代城市的选址和建设基本受制于自然山水形态；在人为力量能够与自然相抗衡的工业化时期，经济发展推动城市扩张，自然要素不再是城市形态构成的决定因素，城市建设反作用于自然条件；至二十世纪六七十年代，环境意识觉醒，建立公共空间与自然、人与自然的和谐关系成为人们的主动诉求。

城市公共空间与自然要素的制约依存关系首先基于城市地形。尽管不乏芝加哥和旧金山式的与自然相对立、将网格强加在不规则地貌上，不考虑河流、树林和道路起伏而一味扩张的案例；多数现有城市的布局方式是顺应或小幅改造自然，将公共空间组织建立在对地形地貌的尊重之上。从建设角度考虑，平原地区对于公共空间的建设最为便利，也最具提升公共空间格局效率与公平的潜力，丘陵和山地则要考虑建设的适宜性，需要更多地与地形结合。从这个角度讲，南京建设公共空间系统的先天条件优于苏黎世。苏黎世州地形分为高原地区（Oberland）、平原地区（Unterland）和苏黎世湖区（Zürichsee）三部分，市区地形高差达 477 m[①]。城市公共空间在邻近山体和丘陵地带时数量明显减少，且以线性形态为主（表 3-1、图 3-1）。

表 3-1　苏黎世山体 300 m 和 500 m 步行范围内的公共空间构成与市区比较

地区范围	广场 面积/ha	街道 面积/ha	公共绿地 面积/ha	滨水空间 面积/ha	复合街区 面积/ha	公共空间 总面积/ha	公共空间占 总用地的比例
山体 300 m 步行范围	4.2	23.1	7.4	3.8	0.0	38.4	4.0%
山体 500 m 步行范围	9.5	41.6	19.2	4.4	0.0	74.8	4.2%
苏黎世	66.4	297.0	126.7	62.7	24.3	577.1	10.8%

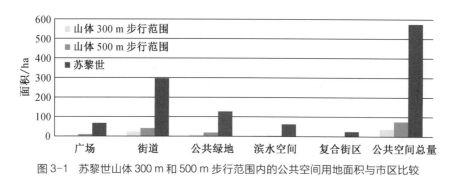

图 3-1　苏黎世山体 300 m 和 500 m 步行范围内的公共空间用地面积与市区比较

---

① 从最低海拔 392 m 的奥伯伦施特灵恩（Oberengstringen）到最高海拔 869 m 的于特利贝格（Uetliberg），参见 http://en.wikipedia.org/wiki/Z%C3%BCrich#Topography，http://www.swissinfo.ch/chi/detail/content.html？cid=697650.

3.1.1　关系模式

依据空间逻辑，城市公共空间格局与自然要素的关系模式可分为重叠模式、分离模式和边缘结合模式三种，各关系模式中均包含着制约与依存的交互作用。但不同模式表现出不同的主导作用关系，重叠模式以公共空间格局与自然要素的依存关系为主导，分离模式以制约关系为主导，边缘结合模式则表现为依存与制约关系的相互制衡。

（1）重叠模式

城市建成区及其公共空间系统与自然要素所能建立的最紧密的依存关系，莫过于直接建设一座"山城"或"水城"，如佩鲁贾（Perugia）、马丘比丘（Machu Picchu）、威尼斯（Venice），或是街道网络与运河系统平行间隔布置的南宋平江府城。但大多数城市选址不具备这种先天条件，于是人们通过人工绿化去实现"把城市建设得如同公园一样"的理想。在西方，这种理想至少可以上溯至18世纪中叶的英国，当时人们热衷于在城镇近邻的居民区开发新的景观花园，主要用来辅助和美化周边房屋。倡导风景如画的园林学派则以浪漫的乡村风景为蓝本，设计出有着蜿蜒道路、各式水体、宽阔草坪和起伏地形的公园。此后的田园城市、柯布西耶式现代城市及其变体城市中都寄托着这类理想。他们努力将城市与绿色空间结合起来，但这种做法抹杀了公共、半公共与私密空间的差别，降低了城市肌理的密度，导致城市细密肌理的破坏和有平衡能力的公共空间的消亡。现代大城市的发展和产业经济集聚的需要也越发使之成为乌托邦式的理想。

另一种公共空间与自然空间的交叠以较小规模为基础，但对城市空间结构的潜在影响可能是巨大的。公共绿地是自然要素与公共空间叠合的典例，大型公共绿地对城市生活、景观和生态的价值在纽约曼哈顿的中央公园中得到很好体现[①]。连接了城市建筑、重要节点和绿化景观的林荫大道系统也是同时作为公共空间和自然空间出现并发挥作用的。一项关于公园、城市绿带和绿化隔离带三类绿色空间效用的模型研究表明（图3-2），公园会将城市中心和一侧的某些开发吸引到公园另一侧；外围绿带的存在不会改变市中心的高密度，不过若绿带的服务设施水平足够高，绿带附近的开发密度可能会达到最大；绿化隔离带增加了到市中心的通勤成本，隔离带宽度增加时尤其如此，因而隔离带外侧地区的开发潜力较小。在既定距离内，面状集中式公共空间（大型公园）较线性分散的空间（城市绿带和绿化隔离带）能够提供更多的服务设施，导致更高的开发密度，

---

① 设计者奥姆斯特德认为，中央公园作为位于城市中心的理想化的田园景观，其作用是"一种直接的治疗手段，帮助人们更好地抵御城市生活的有害影响，并弥补人们为城市生活而付出的牺牲"。参见科斯托夫. 城市的形成：历史进程中的城市模式和城市意义[M]. 单皓，译. 北京：中国建筑工业出版社，2005. 中央公园的存在成为人们热爱纽约的第三大原因，参见 http://matrix.millersamuel.com.

即公共空间形态影响可达性与拥挤之间的权衡。所以当存在拥挤的外部性因素时，分散形态的公共空间可优先考虑。

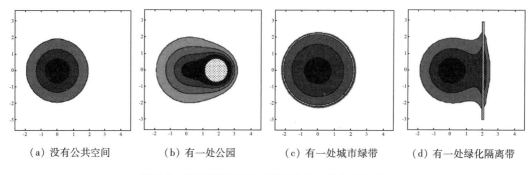

（a）没有公共空间　　　（b）有一处公园　　　（c）有一处城市绿带　　　（d）有一处绿化隔离带

图3-2　公共空间对城市空间结构和开发密度的影响

三种形态的公共空间面积相同：公园毗邻城市一侧，城市绿带为环绕CBD外围的圆环，绿化隔离带为穿越城市的地带。

资料来源：Wu J J，Plantinga A. The influence of public open space on urban spatial structure[J]. Journal of Environmental Economics and Management，2003，46(2)：288-309.

（2）分离模式

城市公共空间与自然要素的第二种关系模式是两者间相互制约并相对独立，这在苏黎世公共空间与自然山体的关系中有所体现。自1987年世界环境与发展委员会（WCED）发表《我们共同的未来》以来，可持续发展思想深入人心，自然环境应具有优先权利达成普遍共识。瑞士将环境保护条款写入联邦《宪法》第24条："联邦规定保护全体人民以及自然环境，反对一切破坏性的发展及其对环境造成的压力。"保护自然环境和景观环境位列瑞士国家空间规划方面的四大策略之一①。因此，即便结合自然要素布局公共空间的原则已颇深入人心，苏黎世却"反其道而行之"：作为城市重要生态空间的自然山体在该市拥有极高的优先权，山体周围基本被"保护区"环绕，这些保护区一般用作牧场、公墓、家庭花园、运动场地、草地等非城市建设用地，成为山体与城市建设用地之间的缓冲地带。公共空间更多地被布局在城市建设用地内远离自然空间的区域里，使得无法在短时间内到达自然空间的人们获得较多的公共空间补偿（图3-3）。公共空间与自然山体要素的关系经由刻意的"不相关"而建立。

重叠模式和分离模式一方面代表着中国与西方传统上认知自然的文化差异。我国古代以农为本，尊自然万物的运作机制为"天道"，秉持顺应自然、天人合一的世界观，正所谓"道法自然"。城市和建筑鲜有与自然相对峙的意图，公共空间与自然要素相互

---

① 其他三大策略分别为：通过引导和协调，使城市空间有序发展；加强对城市郊区空间的管理，以更好地应对逆城市化问题；顺应国际化的目标，注重与整个欧洲融为一体，整体考虑有关问题。参见高中岗.瑞士的空间规划管理制度及其对我国的启示[J].国际城市规划，2009，24(2)：84-92.

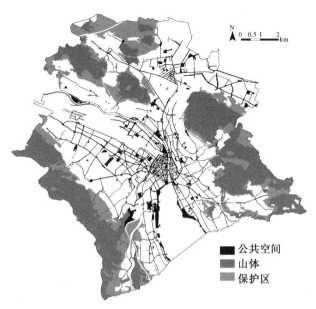

图 3-3　苏黎世公共空间格局与山体及保护区的关系

依存①。而西方的固有传统是超越自然，表现为外向型的探索、驾驭和统治自然。作为人工构筑物的城市排斥自然，公共空间与自然要素长期处于相互制约和隔绝的状态，自然要素成为与城市对立的乡村景观的象征②。

　　另一方面，重叠模式和分离模式的对比也反映了自然环境主义与城市主义观点的对峙。自现代城市规划诞生始，城市领域长期面临"密集"还是"绿色"的两难抉择，体现着"城市权利"与"自然权利"的矛盾。集约与分散——这两种主导规划理念的重要差异就体现在公共空间格局与自然要素的制约及依存关系上。在城市主义拥趸看来，比如里昂·克里尔，城市活力来源于高密度的集聚，并非所有街区都需要与自然系统整合，公园理念根本上是反城市的。紧缩城市理论中的一派分支倡导城市更加集中化或中心化的布局，伴随城市紧缩带来的空间密度增加产生的通常是城市自然空间的减少。紧缩城市的折中派建议在提高城市密度的同时建设一些带有绿地的城郊区域，但在

---

① 唐长安重视道路和坊内街道绿化，广植槐树、柳树和榆树等，皇家园林、衙门庭院、寺庙院落、官府私宅处绿树成荫、花团似锦，"园林树木无闲地""春城无处不飞花"。参见李志红. 唐长安城市景观研究［D］. 郑州:郑州大学，2006. 北宋东京城内街道两侧遍植树木，"城里牙道，各植榆柳成阴"，有名可举的园林苑囿 80 余处，少量园林对百姓开放。集中绿地以园林为主，苏州的城市园林南宋年间已颇具规模，明清时期达到新高峰。参见李合群. 北宋东京布局研究［D］. 郑州:郑州大学，2005.

② 庭院植物要经过人工化修剪，城市临水是为了贸易和航运的职能需要;城市公共空间中绿化极少，借由精美的地面铺筑和建筑立面营造城市"客厅"。在 17 世纪之前的西方城市中，"树木和植物充其量只是公共建筑的附属品，花园代表的是纪念性的轴线和石砌殿堂之外的另一个天堂般的世界"，城市街道和宗教苑囿内没有正式的绿化布置，"城市"与"自然"相互独立。直至 20 世纪初，美国和英国城市中心的街道和广场上也没有树木，行道树属于居住区所特有。参见科斯托夫. 城市的形成:历史进程中的城市模式和城市意义［M］. 单皓，译. 北京:中国建筑工业出版社，2005.

区域内部，他们主张街道空间优先于生态空间。新城市主义者杜阿尼（Andres Duany）认为，都市景观与自然生态景观的结合有损城市的城市性，高层建筑散布在花园中的现代主义规划模式以及田园城市般的自然浪漫主义风格破坏了城市的结构之美①。与之相对，环境生态学者强调绿色空间与城市品质的绝对关系，主要基于两个层面展开：国家政策层面，如美国的赛拉俱乐部（Sierra Club）等非政府组织和英国的 GOs Like English Nature，以及地方行动团体层面，如"不要在我家后院"小组（Not-In-My-Backyard Groups，简称 NIMBY）。

（3）边缘结合模式

公共空间格局与自然要素的第三种关系模式介于前两者之间，既相互制约又相互依存，即积极结合自然空间的边缘地带。这种折中关系尤以滨水地区公共空间建设为代表，如苏黎世利马特河和苏黎世湖滨水空间、伦敦泰晤士河岸、芝加哥滨水区、悉尼达令港、上海外滩滨水空间及杭州西湖沿岸等；或是存在于一些丘陵和山体周边，如苏黎世 Uetliberg 山脚下的公共绿地，南京的北极阁广场等。

此种公共空间布局模式的效率毋庸置疑：它借助于自然资源的景观塑造和生态美学价值，自然空间的存在为其提供了必要的活动支持；城市中的自然山水体系也同时得到维护和强化，利于形成城市特色。大型公共空间与自然要素的结合能够有效地干预城市结构，如波士顿的"翡翠项链"公园系统，经由沼泽地、池塘、林荫道、广场、公园和公共绿地等的连接，对城市生活起到积极作用。邻近自然空间的公共场所开发还具有强大的带动作用，有助于周边土地升值，推动地区经济发展。不过大型自然资源通常位于城市周边，区位造成的可达性弱项需要尽可能警惕和避免。

由于对住宅开发以及某些类型办公和商业活动的磁力作用，依托自然环境的公共空间周边往往被富裕和中产阶层占据，公共空间自身则成为进入权和使用权争夺及冲突的地区。出于税收利益的驱动，底特律允许中产阶级住房圈占部分临水区域，导致公共空间私有化。纽约炮台公园城用地的30%被作为公共绿地和广场，19%作为街道用地，公园、滨水散步带、街道和公共艺术整合在一体，凸显了公共空间的重要性②。但与豪华开发相联系的实质上是"私有的"公共空间，无论设计如何精妙，都无法真正做到对所有人开放。因此对是否允许在哈德逊河滨水区建设更多的同类私人开发项目，以空间的公平性为代价换取更多"公众可达的公共空间"尚存争议。反之，芝加哥通过严格立法，限定密歇根湖滨 32 km 长、1 km 宽的地带为公共绿地，只能建设公共建筑如体育场、美术馆、水族馆等，从 1909 年贯彻至今③。波士顿通过优惠税率鼓励开发商提供城市公共空间，通过"关连城市开发措施"平衡城市商业职能强化和居住环境改善的需

---

① 任春洋.美国公共交通导向发展模式（TOD）的理论发展脉络分析[J].国际城市规划,2010,25（4）:92-99.

② www.batteryparkcity.org.

③ 宋伟轩,朱喜钢,吴启焰.城市滨水空间生产的效益与公平:以南京为例[J].国际城市规划,2009,24（6）:66-71.

要收效显著[①]。费城和旧金山的滨水空间建设也较好地满足了城市税收与空间公平的需要，证明在城市公共空间公平性、环境舒适度及经济可行性之间能够取得平衡。

以上三种公共空间与自然要素的关系模式往往以复合形式出现在城市中。以苏黎世为例，居住领域以独立住宅构成的低密度结构为主，大量花园、公园分布其间，公共空间与自然空间的关系体现为相互依存的重叠模式；城市建设用地的公共空间系统与自然山体之间有作为缓冲地带的保护区，两者关系体现为相互制约的分离模式；滨水地区则体现为依存与制约并存的边缘结合模式。

山川河湖等开放领域代表了城市中自然要素的主要类型。在其他因素等同的条件下，仅就公共空间格局与自然要素分布的关系而言，公共空间与城市山水格局的依存程度越高，即重叠模式和边缘结合模式下，更利于激发公共空间中行为活动发生的潜在可能，对促进公共空间格局效率具有正向作用。但公共空间与山水布局的高相关度同时意味着所在区域集中了山水自然和公共空间两项优势资源，相对既无自然资源又面临公共空间匮乏的地区有失公平。反之，若公共空间与山水布局的相关度低至负相关，表现为制约关系，则表明公共空间分布与山水要素的离散程度高，从使用角度看不利于公共空间效率发挥，但较利于格局公平。

作用机理 I‑1：重叠模式与边缘结合关系模式，即公共空间格局与山体和水域布局的正相关度对公共空间格局效率的发挥具有积极作用，对格局公平的效用则与之相反。分离模式，即公共空间与山水格局的负相关度，利于公平而不利效率。

3.1.2　关系模式的量化：区位熵法

关系模式理论有助于理解公共空间格局与自然要素的空间关系，但我们无法据此获得关于这种空间关系的精确印象，也就不能够在此关系中判断公共空间的格局效率和公平程度。确定结论的得出有赖于定量方法，可以引入区位熵指标进行描述。区位熵又称专门化率，它由哈盖特（Haggett）率先提出并运用于区位分析中。区位熵可用于衡量某一区域要素的空间分布状况与平均水平的比较，从而得到该要素在高层次区域的地位和作用，其值越大则该要素在相应区域的聚集程度越高。区位熵的计算公式为[②]：

$$Q = \left[\frac{d_i}{\sum\limits_{i=1}^{n} d_i}\right] \Big/ \left[\frac{D_i}{\sum\limits_{i=1}^{n} D_i}\right] \tag{3-1}$$

① 波士顿的优惠税率政策是，符合条件的开发项目经城市重建局审查批复后，最高可获得15年免税优惠，以此激励开发商提供更多的城市公共空间。"关连城市开发措施"规定，城区内兴建的总建筑面积超过约9 290 m² 商业或办公用房，每1 ft² 建筑面积征收5美元，用作中低收入居住社区的发展基金；另征收1美元作为就业训练的基金。参见张庭伟，冯晖，彭治权. 城市滨水区设计与开发［M］. 上海：同济大学出版社，2002.

② 崔功豪，魏清泉，陈宗兴. 区域分析与规划［M］. 北京：高等教育出版社，1999.

式中：Q 为某区域内 i 要素相对于高层次区域的区位熵；

d_i 为表征某区域内 i 要素的指标（如用地面积、人口等指标）；

D_i 为高层次区域内 i 要素的相应指标；

n 为要素的类别数量。

由公式可知区位熵为非负值。$Q>1$，则表明某区域内 i 要素的地位或作用超出平均水平。

量化计算的基本思路是：首先依据设定的圈层和行政区单元，以苏黎世和南京老城为样本，分别统计两市各分析单元内山体、水域区位熵和公共空间区位熵值，得到三者在同一区域内各自的地位和作用水平；然后借助 SPSS 软件分析公共空间与山体、公共空间与水域区位熵值的相关和回归关系，归纳相应分布规律；最后结合作用机理 I-1，得到两市公共空间格局与自然要素的关系分布模式 I-1，详见 3.5.1 节。

3.2 关联/拓扑：公共空间格局与城市肌理

城市肌理由街道体系、地块模式和建筑布局三种相互关联的要素构成[①]。针对时间进程中城市肌理的物质变迁，以断代描述最常见，但城市物质形态并不总是与时代对应[②]。第二种方式是按照政治或经济秩序进行归类，或是按照国家或地域进行划分。更清晰的手段是直接切入城市形态自身的主题[③]。

问题在于，公共空间格局的分布规律并不总是由特定的城市形态体系所规定。格网系统中，步行空间与作为格网秩序依据的车行空间可能是一体的或分离的，格网成为连接或是隔离不同元素的工具。格网城市的公共空间形态可能是有机的，有机城市的公共空间格局可能是规则的。公共空间在城市中所形成的系统可能是均质的，也可能是有层级的。同样的城市形态模式隐含的公平性内涵可能不同甚至相悖："有机"模式在古代和中世纪曾作为各个阶层融合的综合结构而存在，在现代西方国家中却成为表征社会地位的排他性私密空间。可见，以城市形态的分类法则探讨公共空间与城市肌理的关系行不通，对公共空间格局效率与公平的判断不应基于某种城市结构形态，而要在更普遍的层面考察公共空间如何被使用。

---

① 来自康臣学派（Conzen school）的观点。参见科斯托夫.城市的形成：历史进程中的城市模式和城市意义[M].单皓,译.北京：中国建筑工业出版社,2005.以及 Carmona M, Heath T, Taner O, et al.城市设计的维度：公共场所：城市空间[M].冯江,等译.南京：江苏科学技术出版社,2005.

② 例如,巴洛克美学并非仅发生在欧洲的 16—18 世纪,它对近代城市规划和建设的影响巨大,当代的城市广场和街道形态中也可能蕴含着对巴洛克的回归。格网形态跨越多个不同的文化时期和地域而存在。同样,同一历史时期的不同地域,甚或同一地域内可能生成不同的形态模式。

③ 这种表述方式的潜力已在一些论著中得到验证,如科斯托夫对城市模式的概括："有机"模式、网格、图形式和壮丽风格城市；盖德桑纳斯（Mario Grandelsonas）总结的 7 幕西方城市场景：文艺复兴城市、巴洛克城市、大陆格网、摩天城市、现代城市、郊区城市和 X-城市；梁江、孙晖对中国城市中心区形态的阐释：封建传统模式、近代殖民模式、计划经济模式和现代新区模式都是通过对城市形态本体情景式的并置,更清晰地呈现了城市物质形态特质。

公共与私人领域的分野，也就是罗西所谓"主要元素"和"居住区"的分异，提供了上述可能。文化差异导致各国对"公""私"界限的理解和重视程度明显不同。传统欧洲城市中，公共与私人领域的区分是城市形成的主要特征要素[①]。面向主要街道和广场的是以教堂、宫殿和市政厅为代表的公共建筑，公共领域由沿道路边界建设的建筑实体界定出来，公共空间成为戏剧性的公共生活的论坛和舞台[②]，宗教力量、政治力量、城市财富、凝聚力和市民荣誉感由此得到表达，广场成为城市生活的核心，私人领域退居幕后。英国的街道广场公共空间由人为画境式的公园绿地所补充。现代美国城市以交通轴线的沿线开发为主要特征，建筑布局优先考虑机动车行驶，无限蔓延的网格并不致力于创造具有向心性的城市肌体。在中国和日本等传统的东方文化城市中，街道与建筑之间常设封闭围墙，内向发展的街区并不强调与街道和公共空间的对话关系；一般没有大型集中的公共空间，而是线性街道网络加局部放大节点的从属系统，封闭型的宫殿空间作为中心统率整个城市结构。中国古代家国一体的文化观念使得公私分界趋于模糊，这种影响延续至今，但公私平衡也会受到政治经济制度和文化交流的影响而转变。尽管未必十分清晰，居住和公共领域的分野客观存在于我国当代城市中，因此可以在公共与私人生活的动态平衡中剖析公共空间格局与城市肌理所呈现的关系。

城市公共空间格局与城市肌理的关联拓扑关系体现在：街区肌理层面，街区尺度和开放度某种意义上决定着公共空间系统的渗透性和连续性，同时也影响了前往公共空间的方便度和可达性；建筑肌理层面，建筑群体的组织方式与其所界定的公共空间之间视结合紧密程度的差异形成从弱关联到强拓扑的系列关系。此外，城市界面的连续性、围合感与公共性也直接关系城市公共空间格局的塑造。

3.2.1　公共与居住领域的公共空间格局

城市由公共领域和居住领域两种结构类型构成。居住领域是城市中的均质地域，构成城市肌理的基底。公共领域中的公共建筑和地标使城市肌理发生变化，并赋予其公共性寓意，形成积极的结构张力，是城市中的结节地域。公共和居住领域肌理的对比既部分地取决于公共空间格局，同时又在公共空间领域中有着丰富表达。历史上，集权政府常以公共空间的设置突出公共场所中宫殿和庙宇等宗教权力机构的地位，而民主城市强调的则是市政厅、文化宫、剧院、世俗化的庙宇等更具市民气质的公共设施。它们都与

---

① 巴尔特的观点颇具代表性："我们的论点如下:城市是一个体系,所有生活在其中都表现出或为公共或属私密的两极倾向。公和私密领域在一种密切但却保持两极的关系中发展,而那些既非'公共'又非私密的生活也就失去了意义。从社会学的观点来看,这种两极关系越明显,它们之间的互换关系就越严密,城市的集聚生活就更有城市味。反之,集聚就会使城市特征处于较低的层次上。"参见罗西.城市建筑[M].施植明,译.台北:田园城市出版有限公司,2000.

② 戏剧性与私密性之间有种特殊的、敌对的关系,与强而有力的公共生活之间,则有种同样特殊的、友善的关系。参见桑内特.再会吧! 公共人[M].万毓泽,译.台北:群学出版有限公司,2008.

私人居住空间形成鲜明对比。

公共与居住领域的公共空间格局模式分析及评价可以通过城市公共领域、居住领域的公共空间用地比例及其类型构成来衡量。由于城市公共空间供给的边际成本接近于零，无法在短期内转化为直接的经济收益，与可盈利项目相比明显处于劣势地位，因而公共空间总是处于相对供不应求状态，不可能达到或超过人口所需上限。在此前提下，**公共与居住领域内公共空间用地所占比例越大，越有余地和潜力建设良序运行的公共空间系统，实现公共空间格局的效率与公平(作用机理Ⅰ‐2)。**

3.2.2　公共空间格局与街区肌理

(1) 街区尺度

街区是城市的基本单元，它与城市公共空间格局效率和公平的关联主要基于街区尺度与开放度两方面。从步行到马车再到机动车交通方式的变革，基本街区尺度的扩大成为世界范围内的事实。工业化时代以前，西方城市的街区尺度普遍较小，基本控制在百米见方以内。工业革命后，巴黎、柏林、维也纳和佛罗伦萨的新建城区内出现了边长200 m甚至更大的街区，这一方面是为了适应马车交通的需要，另一方面也受到大跨建筑技术的有力推动。

20世纪以来，随着汽车的普及，过小的街坊和过密的道路网络表现出不适应性。在现代主义者看来，高密度街区剥夺了居民本应享有的充分日照和新鲜空气的权利，于是柯布西耶在巴黎的"伏瓦生规划"中将历史街区全部抹平，以400 m×400 m的超大街区单元重新组织空间。1951年，第一个从零开始的现代主义城市昌迪加尔(Chandigarh)建立了，由城市干道网界定的矩形街区尺度达到1 200 m×800 m，已经是一个传统城市的规模。随着更多的大街区陆续建成使用，人们发现，伴随着更多绿色空间和机动车交通隔离区域产生的，并非传统街区模式的救赎，而是公共生活的缺失和街道的消亡。

我国古代城市以什伍之制和田制进行居民编组及管制，形成了早期的"闾里"和唐以后的"坊里"。西周时期王城形制规整，闾里约合320 m见方，地方采邑尺度略小[①]。唐长安典型坊里尺度达1 000 m×500 m以上，用地面积在28—91 ha之间[②]。北宋东京城街坊尺度约为500 m×500 m，街区有600 m×100 m、700 m×120 m、150 m×130 m三种规格[③]。元大都由胡同界定的街区，其短边长度大约为70 m，对应三进四合院的一般进深[④]。计划经济年代，"单位大院""居住小区"盛行，街区尺度重新被严重放大，影响至今。目前我国城市主干路间距多为500—1 500 m，街区短边长度在次干路的二次

① 贺业钜.中国古代城市规划史[M].北京:中国建筑工业出版社,1996.
② 孙晖,梁江.唐长安坊里内部形态解析[J].城市规划,2003,27(10):66-71.
③ 街坊与街区尺度似有矛盾.参见张驭寰.中国城池史[M].天津:百花文艺出版社,2003.
④ 梁江,孙晖.唐长安城市布局与坊里形态的新解[J].城市规划,2003,27(1):77-82.

划分下通常在200—500 m之间①。

现代城市街区尺度的扩大不乏从机动车交通适应性和开发成本角度考虑的合理性，但实践表明，当街区尺度突破上限，将会对城市社会组织和经济效益等复合系统产生负面影响。中西方城市历经大、小街区乃至超级街区的发展后，学界逐渐认识到小街区模式具有更好的渗透性和可达性，有利于增加公共空间的多样性和活力，"小就是美""步行社区""步行城市"等人文主义价值观得到复兴。条件允许时，城市街区应尽量小，尽可能界定出明确的街道和广场系统②。小尺度街区一方面"代表着一种在相对来说比较小的区域内产生最大数量的街道和临街面的开发形式，这样的街区结构能使商业利益最大化"③；另一方面，小街区模式能够激发从起点到终点整个行走过程中潜在的可选择行为，而这种行为构成城市文化特征的关键要素④。当然，也有批评者基于交通安全和效率原则尖锐地指出，小尺度街区只是对传统的回归和乡愁怀旧情绪的抒发，会提高市政建设和维护的成本、降低车速、增加交通安全隐患，以及影响城市生活环境。上述观念的分歧反映了以人为本还是以车为本的基本价值导向的差异。小型街区内生的渗透性、连续性、可步行性和社会性品质毋庸置喙。

关于街区的适宜尺度，芒福汀(Cliff Moughtin)倾向于从70 m×70 m到100 m×100 m⑤；卢埃林(Llewelyn-Davies)认为90 m×90 m的中心空间能较好地容纳开放空间并与其他用途取得平衡；Arnis Siksna提出边长80—110 m的街坊比较适宜，零售商业区可调整为边长50—70 m；边长200 m以内为小街区的界限，边长300 m以上为大型街区⑥。巴顿(Hugh Barton)等针对大小街区之构成提出，1 ha用地容纳50个居住单元为小街区，16 ha用地容纳800个居住单元为大街区⑦。在我国，兼顾用地单元建设的需要，街区边长150—200 m比较适宜，纯步行街区可缩小至传统历史街区尺度⑧。

（2）大院模式、公共性与公共空间

"大院"是我国城市一种典型的用地组织形态，包括单位大院和门禁社区两类，均以物

---

① 根据《城市居住区规划设计规范》(GB 50180—93)的规定,我国居住组团规模为2—6 ha,居住小区级规模为25—38 ha,居住区级规模为105—175 ha。居住小区构成当前城市居住领域街区的主要尺度,导致地块最大短边长度为500—600 m。虽然2018年实施的《城市居住区规划设计标准》(GB 50180—2018)中,以"生活圈"的概念取代了"居住区、居住小区、居住组团"的分级,以居住街坊为基本生活单元,限定居住街坊的尺度为2—4 ha范围,这实际上对应了"小街区、密路网"的城市形态,但短期内不会改变现有城市建成区的尺度。

② Demetri Porphyrios eds. Leon Krier: houses, palaces and cities[J]. Architectural design,1984,54(7/8):43.

③ 芒福汀.绿色尺度[M].陈贞,高文艳,译.北京:中国建筑工业出版社,2004.

④ Carmona M, Heath T, Taner O, et al. 城市设计的维度:公共场所:城市空间[M].冯江,等译.南京:江苏科学技术出版社,2005.

⑤ 同③.

⑥ 邱书杰.作为城市公共空间的城市街道空间规划策略[J].建筑学报,2007(3):9-14.

⑦ Barton H, Grant M, Guise R. Shaping neighbourhoods: for local health and global sustainability[M]. 3rd ed. London: Spon Press,2021.

⑧ 王建国工作室.常州城市空间景观规划研究[Z].南京:东南大学建筑学院,2006.

质上的严格界定与城市分隔，在城市中形成大量公众无法进入的空间。其中，单位大院是在苏联"社会聚合体"规划模式影响下形成的有中国特色的用地组织方式；门禁社区以私有产权为基础，住区内公共空间彻底私有化，其内在的不民主性被认为会破坏社会参与和社会融合的广泛进程①。近年来，我国城市先后实施"破墙透绿"工程，将实心围墙改造成镂空栅栏或绿篱，增加了城市环境的开放度，但形成的空间虽然视觉可达但实际上却无法进入。

例如南京老城，"大院"空间涵盖居住用地、行政办公用地、教育科研用地、工业仓储用地和特殊用地②，公众无权自由进出的空间高达老城总用地面积的59%，城市表现出较强的封闭特征（图3-4）。其他理论上本应随意出入的空间，如公园、文物古迹等多设收费门槛，市民活动的自由度显著降低，局限在非常有限的公共领地内。这种封闭程度其实不亚于戴维斯（Mike Davis）所称的"堡垒化的洛杉矶"，而且技术控制准入手段更加直白。当然，我国的阶层分化矛盾不像晚期资本主义社会那样不可调和，城市也正不断走向开放和可持续发展。苏黎世为我们提供了好范本，除了私人住宅，所有城市用地公众可以自由出入，不可进入的空间仅占市区面积的8%③。

图3-4　南京老城和苏黎世公众无法自由进入的空间

左:南京老城；右:苏黎世

注:图中黑色部分公众无权进入。

---

① Bowers B S, Manzi T. Private security and public space: new approaches to the theory and practice of gated communities[J]. European Journal of Spatial Development, 2006, 22(11): 1-17.

② 用地分类和南京老城用地现状详见4.1.1和4.4.1节。

③ 统计结果略有夸张，因为南京的居住和办公科研等用地有些也向城市开放，而苏黎世一些私人住宅院落和特殊公共机构也不排除封闭的情况，但不是主流。据统计，1991—2000年间，上海建设的居住区中有83%是封闭小区。参见韦伯斯特.产权、公共空间和城市设计[J].张播，李晶晶，译.国际城市规划，2008，23(6):3-12.而2000年后，包括拆迁安置房在内的中国城市新建小区几乎没有不封闭的了。

"大院"在我国城市和建筑中有着根深蒂固的传统，"墙+院"的城市空间组织形式可上溯至西周的"闾里"，皇城官府、商人宅邸是传统大院文化的代表。大院模式并非没有优点，"单位大院"曾在新中国成立初期生产力极度低下的条件下建立了比较完整的功能体，减少了通勤交通出行，形成独特的空间组织形态和功能混合模式。西方有学者辩称，封闭住区能使居民接受不同社会群体相对密集地在城市中聚居，从而避免通过郊区化寻求空间距离、扭转城市蔓延的趋势；住区产生的边际效应可能带动周边社区的更新①。然而，大院模式对城市公共空间的破坏相当严峻，主要体现在四个方面：第一，大片不可自由出入的空间大大压缩了城市中真正开放的公共空间，森严的壁垒影响城市公共空间的连续性，公共空间只能残存在分散的广场、绿地和少量公共建筑中；第二，相当一部分城市公共生活被内化到大院内部，导致街道丧失生机，城市活力削弱；第三，透过"网格腐蚀"作用，街区尺度放大，减少了步行的可能性，同时降低了公共空间的整体可达性；第四，单位大院结构使社会主义城市的城市性缺失，公民个体丧失独立的公共交往地位，行为受到空间的规训；封闭住区的阶层和收入分化导致了社会群体的分隔，不利于社会融合，单位大院与封闭住区共同导致城市公共空间的私有化。

　　人们往往想当然地认为"大院"能够带来安全感，这是大院模式在中国城市中持续受欢迎的主要原因，也是后大都市中封闭空间形态产生的根源。但威廉·怀特(William Whyte)在研究纽约社会交往问题时发现，恐惧感能自我验证。"社会感知到了威胁，这本身就起到了保安动员的作用，无须等着真切的犯罪率来刺激大家"，所以恐惧和威胁其实被刻意放大了②。封闭的空间环境很可能反而增加了恐惧感，因为它加剧了人们相互之间的不信任。它避世的姿态既不乐意直面"糟糕的"现状，又不情愿参与未来，给公共和私人生活的所有层面笼罩上阴影③。

　　大院模式制造了经济学意义上的俱乐部空间。图3-5的1.5 km网格地图反映出，南京和苏黎世在街区尺度、视觉与空间的复杂性、路径选择的可能性、公共空间潜力方面存在巨大差异。截取的南京城市片段内(中图)，仅有24个道路交叉口和21个街区，一处超过100 ha的军事大院居于主体位置。街区最初并没有那么大，民国时期由6个不均等的较小街区构成(左图)，演变为一个独立的大院后，城市道路被侵吞为街区内部道路，超大尺度的内向大院使环境的渗透性降至最低。大院西侧、南侧和西北侧紧邻城市干道，东北方向仅有约7 m宽的曲折窄巷通行。各个街区用地被军事、教育科研、居住、工业等各种"大院"填满。街区内部不存在城市公共空间；街区之间的城市干道要容纳进出和穿越交通，支路网细窄，交通问题尚且难以解决，公共空间更无处容身。苏黎世同比则有419

① 徐苗,杨震.超级街区+门禁社区:城市公共空间的死亡[J].建筑学报,2010(3):12-15.
② 戴维斯.水晶之城:窥探洛杉矶的未来[M].林鹤,译.上海:上海人民出版社,2010.
③ Ellin N. Postmodern urbanism[M]. Cambridge: Blackwell,1996.

个道路交叉口和 271 个街区①（右图），街区面积基本在 1 ha 以内。城市道路宽 12—24 m，以及少量 6 m 左右的窄巷，道路等级级差小、密度高，提高了地区的整体可达性。更重要的是，街区间的路网不仅用于交通，还形成完整生动的公共空间网络，且有些街区本身也被用于公共绿地和广场空间，公共空间用地面积高达总建设用地的 46%。

因此，图 3-5 中留白的含义是不同的：在南京街区图中，留白等同于道路，除了几小块零星散布的街头绿地，该区没有任何公共空间；而在苏黎世街区图中，留白基本等同于城市公共空间，公共空间在清晰的界定中有着丰富的表达，表现出很强的开放性特征。

图 3-5　1.5 km 网格地图——南京老城与苏黎世的街区尺度比较

左:南京民国街区;中:南京现状街区;右:苏黎世老城街区

作用机理 I-3：街区尺度对公共空间格局效率与公平的作用机理明确：街区尺度越小，公共空间的渗透性和连续性越好，越利于格局效率和公平的发挥。街区尺度与公共空间格局的效率及公平状态均呈稳定的负相关关系。

3.2.3　公共空间格局与建筑肌理

公共空间格局与建筑肌理的关系主要基于建筑群体的组织方式。城市公共空间结构构成与变化的规律取决于建筑群体空间组织的逻辑，缺乏围合、分隔和结构划分的空间难以被体验。建筑群体布局与城市公共空间的关联主要存在于街廓之间、与城市发生作用关系的地方。差异很大的建筑群体之间会产生形式和功能上的张力，这种张力可能使之成为城市基本结构的补充，从而发挥积极作用；或是破坏了结构本身，产生消极作用。西方城市建设的调控手段是规定沿街建筑的边界、红线、高度和大致风格，使建筑物成为街道网络之间的有机填充体，地块和组团内的区域根据需要各自确定，从而在公共秩序与个体对地块的支配间保持平衡。这种结构逻辑对根本性变化有很强的抵抗性，

---

① 统计数据表明，西方城市 1 mile²（2.59 km²）区域中的道路交叉口数量基本为 300—500 个，街区数量为 200—400 个，威尼斯 1 mile²（2.59 km²）区域中的道路交叉口和街区数量甚至高达 1 725 个和 987 个；1 mile²（2.59 km²）内道路交叉口低于 100 个、街区数量少于 50 个的城市区域在西方非常罕见。参见雅各布斯.伟大的街道[M].王又佳，金秋野，译.北京:中国建筑工业出版社,2009.

有利于通过小规模更新适应社会经济进程的要求，塑造出稳定的公共空间系统。根据界面约束原理，当"周边式街区"成为建筑布局原则时，建筑肌理与城市街道空间形成拓扑关系，建筑实体构成的"图"的弱化使作为"底"的空间得到清晰表现，公共空间格局是高效的。当建筑肌理脱离了街道空间，城市元素间的协调分裂为各种尺度和形态的无序拼凑，两者的关联不再紧密，公共空间的边界不再清晰，成为"失落了的"，格局效率亦随之大幅下降。

我国城市建筑较少以周边式街区形式组织布局。这与城市公共空间不受重视、产权地块用地边界不规整、人们对采光朝向的物质及心理需求、建筑师倾向于以不同体量组合和外观特征对应不同功能的建筑等诸多因素相关。而欧洲的街区式建筑广泛用于办公、旅馆、居住或其他公共职能，或是在必要时发生功能置换，不同功能的街区建筑之间具有同样的空间组合方式，有着近似甚或相同的外观形式，并未对其所容纳的功能产生不利影响①。中国传统建筑也是如此，从皇宫、官署、寺庙到私人住宅都可以通过自相似的院落组织来实现其空间布局需求。历史表明，以特定形式对应特定功能的设计是没有依据的。当自外而内的建筑设计成为共识，建筑物将在获得类型特征的同时嵌入城市文脉，与公共空间形成良好的拓扑关系，城市性将得到更好的表达。

建筑群体组织方式对城市公共空间格局影响显著，但要从城市整体层面对其进行量化相当困难。本书提出"建筑粒度"和"建筑密度"两项指标简化和近似表征公共空间格局与建筑肌理的总体关系。

"建筑粒度"衡量的是建筑尺度关系，借鉴自景观生态学中"空间粒度"②的概念，数值上等于每栋独立建筑的平均基底面积。建筑粒度能够直观反映建筑肌理的"粗""细"程度，建筑粒度数值小，则肌理越细密。肌理细密的城市不仅在功能、网络组织和混合使用方面具备优势，还有利于公共空间的可达性、多样性及活力建设，促进空间格局效率及公平的发挥。

建筑密度指单位面积土地上的建筑基底面积之和，反映区域内建筑实体与外部空间的相对关系。良好的空间结构应当使建筑占地面积与外部空间维持一定的比例关系，公共空间塑造需要适当的建筑密度产生界定和围合，积极的公共空间网络要在建筑实体与虚空的韵律对比及和谐并置中形成。伴随过低的建筑密度产生的不是更多积极的公共空间，而是缺乏界定和围合的"失落的空间"。现代城市面临的建筑密度问题往往不是过高而是偏低，密度指标与公共空间格局的效率及公平呈正相关。

作用机理Ⅰ-4：可以用"建筑粒度"和"建筑密度"两项指标表征城市公共空间格局与建筑肌理的总体关系。建筑粒度值越小，反映公共空间格局的效率和公平度越

---

① 只有纪念性特征或功能性要求更强的建筑才会从肌理基底中析出，如教堂、歌剧院、博物馆、体育场馆等。

② 景观生态学中，空间粒度指空间中最小的可辨识单元所代表的特征长度、面积或体积。参见申卫军，邬建国，林永标，等.空间粒度变化对景观格局分析的影响[J].生态学报，2003，23(12):2506-2519.

高，但这种负向关系不绝对，因为粒度指标本身无法完全体现建筑群体的组织方式。建筑密度指标某种程度上可以作为对它的矫正和补充。

3.2.4　公共空间格局与城市界面

建筑及其附加物界定了城市外部空间的垂直界面。城市外部空间集中或分散、整合或分离、吸引或排斥、开放或封闭的具体特质很大程度上取决于界面。城市界面需要得到特别强调，因为它与步行及社会交往活动关系密切，界面的连续性、公共性和细部设计品质决定了某一寻常的户外空间能否成为城市公共生活发生的场所。

（1）城市界面水平和垂直方向的连续性

现代主义城市空间的失落表明，界面的连续性对于塑造完整的城市外部空间十分重要。在西方城市中，建筑边线紧贴街区边线建设的传统根深蒂固，不乏为确保城市公共空间完整统一而设立的控制条例[①]。20 世纪 60 年代后的西方现代城市设计也十分重视街道界面连续性的塑造。

我国城市比较缺乏连续界面的传统。自坊制破除后，"侵街"现象[②]屡禁不止，自下而上的"侵街"与统治阶层的"清街"之间经历着长期、反复的博弈，街道界面参差不齐，由侵街引起的城市街巷界面溶蚀现象突出。

当前我国对建筑与道路距离的管控法规严格，在方案设计要点中属于控制性要求，方案设计和审查过程中退让间距的审查也必不可少。"侵街"终于得到有效控制，但新的关于建筑退让道路间距不一的问题随之产生。以南京为例，《南京市城市规划条例实施细则》对建筑退让道路红线间距有明确规定。根据该细则，不同高度建筑需退让不同距离，且只规定退让下限，对上限没有要求[③]，导致街道界面在水平和垂直两个方向均不可能保持齐平。南京的道路退让间距政策自 1928 年至今经历过若干次变革，仅该细则就有 1995 年、1998 年、2004 年和 2007 年四个版本，每个版本针对建筑物退让道路红线距离的规定均稍有不同，这使得南京的道路界面犬牙交错(图 3-6)[④]。

---

① 如锡耶纳，1346 年的城市议会特别强调："为了锡耶纳的市容和几乎全体城市民众的利益，任何沿公共街道建造的新建筑物……都必须与已有建筑取得一致，不得前后错落，它们必须整齐地布置，以实现城市之美。"彭威廉（William Penn）在制定费城规划时，特别注意使建筑沿统一的道路边线布置，并控制沿街建筑的相互间距，"要尽可能使建筑物排列成行，或遵守同一条边线。如果业主同意，就将建筑全部定位在地块宽度的中央"。18 世纪，各地的巴洛克城市普遍强调沿街建筑紧贴地块边线建造，以形成平直的界面，甚至对建筑立面也有统一要求。参见科斯托夫. 城市的形成：历史进程中的城市模式和城市意义[M]. 单皓，译. 北京：中国建筑工业出版社，2005.

② "侵街"现象源于城市商业增长和人口膨胀，人们沿街越界开店、筑屋，使原先宽阔的街道逐渐变窄，早在隋代汴州就已出现。

③ 退让规定一度是为了解决交通问题、满足建筑临时停车和活动场地的需要。不同高度的建筑退让不同距离有安全方面的考虑。参见南京大学建筑学院，南京市规划局城市空间形态及其塑造控制研究小组. 南京城市空间形态及其塑造控制研究[Z]. 南京：南京大学建筑学院，2007.

④ 2012 年批准的《南京市城乡规划条例》第六十二条决定，废止 2007 年南京市人民政府颁布的《南京市城市规划条例实施细则》。

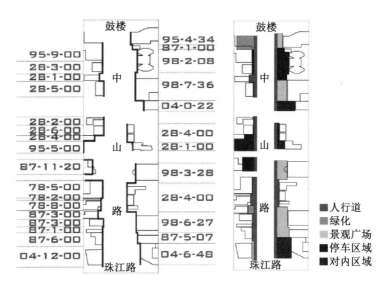

图 3-6　南京老城典型道路界面分析

左:中山路鼓楼至珠江路段道路界面。符号含义:以 95-4-34 举例,95 表示根据建筑物年代推算应该遵守 1995 年的街道退让政策,1928—1977 年由于建筑物不退让街道,故统一按 1928 年算。-4-34 分别表示裙房高 4 层,主楼高 34 层。右:退让区使用性质分类

资料来源:南京大学建筑学院,南京市规划局城市空间形态及其塑造控制研究小组.南京城市空间形态及其塑造控制研究[Z].南京:南京大学建筑学院,2007.

影响人们对城市界面感知的不是规划图纸上的道路红线,而是沿街建筑的外墙面。建筑与街道的关系、建筑在地块中的位置决定了人们对城市秩序的体验。凹凸不一的界面造成外部空间的破碎,这种影响不仅是形象上的,还会抑制步行和公共交往行为的发生,不利于公共空间格局建设。我国城市界面不连续问题的根源不是退让规定本身,而是相邻建筑随意退让道路红线不同距离。建筑后退距离内的用地包括开发地块和城市道路两种产权属性,涉及公共和私人空间的关系。不退让策略简化了这一问题,益于创造对步行者友善的城市界面。

城市界面垂直方向的连续性,尤其是沿街裙房建筑檐口高度的控制,亦是营造统一形象的关键。平面排列整齐的建筑群体可能因为高度变化造成混乱结果。欧洲传统城市主要街道的建筑高度有相对一致的标准,如巴黎、柏林、巴塞罗那的建筑檐口高度控制在 21—22 m。美国城市建筑通过"区划法"制定不同高度的不同后退标准,形成比较统一的阶梯式后退的高层建筑形象。就公共空间格局而言,界面垂直方向连续程度的影响没有水平方向强烈。

(2) 城市界面围合与公共性

界面围合能够增加公共空间的存在感。围合感的强弱由建筑间距、行道树间距以及

围墙、栅栏或绿篱的通透程度等共同决定，对步行空间体验影响较大。

城市界面的公共性可以用临街面的活跃等级表示，对公共空间格局效率有突出作用。扬·盖尔在哥本哈根的观察实验表明，两段同样长度的沿街立面，有大量门窗、视线通透、临街面活跃的街段较实墙为主的单调界面能够吸引更多的行人减缓步速和停留，对相邻公共场所的活力影响显著。卢埃林建立了一套评判临街面活跃程度的标准，根据 100 m 长的街道内的地块数、门窗数、用地功能范围、实墙比例、表面雕刻比例和材料细部精致度分为 5 个等级[①]。

A=街区长度　　建筑边线

B=建筑平行道路边线长度值

—— 周边关系线
—— 建筑边线

图 3-7　"街区相关线"与"建筑相关度"的算法图示

资料来源:南京大学建筑学院,南京市规划局城市空间形态及其塑造控制研究小组.南京城市空间形态及其塑造控制研究[Z].南京:南京大学建筑学院,2007.

（3）城市界面的量化方法

城市界面的复杂性使量化工作难以在城市整体层面实现，界面的定量化表述适宜作为中微观层面公共空间评估系统的指标构成，或是选取城市代表性轴线参与整体评价。

平面形态方面，指标主要分为三类，分别描述城市界面的连续性、围合程度和公共性。

界面连续性指标方面，《南京城市空间形态及其塑造控制研究》课题中提出"街区相关线"的概念(把建筑外轮廓线进行分解，去除与街区几何边线无关的线条即为街区相关线)，以街区相关线与道路边线的比值作为判断街区完整度的依据。以"建筑相关度"，即建筑轮廓线与红线或建筑边线的相关程度，反映建筑轮廓线与周边环境的相关程度(图 3-7)[②]。建筑退让道路红线和地块界线的问题，可用建筑"贴线率"衡量，即建筑贴规定边界建设的沿街比例。

界面围合程度可以采用建筑"闭口率"或"通透率"指标，即建筑沿道路界面的长度与道路总长的比值，计算界面后退与围合的关系(图 3-8)。

① Carmona M, Heath T, Taner O, et al. 城市设计的维度:公共场所:城市空间[M].冯江,等译.南京:江苏科学技术出版社,2005.
② 南京大学建筑学院,南京市规划局城市空间形态及其塑造控制研究小组.南京城市空间形态及其塑造控制研究[Z].南京:南京大学建筑学院,2007.

界面公共性指标可采纳卢埃林的临街面活跃等级划分，或是根据需要依据出入口位置和数量、沿街面底层建筑职能、道路两侧用地开口、夜间环境等制定量化标准。

立面形态方面，建筑立面玻璃率，即一定范围内玻璃与外墙面的面积比，可作为界面虚实关系的引导。本书设想用"波动指数"量化城市界面垂直方向的连续程度。计算方法是：在街道立面图上，以一根连续折线将建筑群体的外轮廓提取出来，其数值与道路长度的比值即为界面波动指数。比值越大，反映波动强度越大，界面在垂直方向越不连续。

图3-8 城市界面围合程度的算法图示

注：黑色线段表示围合，灰色线段表示没有围合。

资料来源：Talen E. Measuring urbanism: issues in smart growth research [J]. Journal of Urban Design,2003,8(3):195-215.

3.3 连接/叠合：公共空间格局与城市结构性特征

城市结构性特征主要由道路脉络形态、街区形式及其他对城市空间起重要限制作用的元素如山体、河流、铁路线等共同形成。作为城市中最富生命力的元素，结构性特征决定了与其相关的外在形式，这种结构整体关系的把握对于城市的理解至关重要。尤其是在快速城市化进程中，牢固的结构要素意义更大，因为它能成为城市持久性的认知载体，使人们获得稳定的时空感受。针对城市结构性特征，林奇从主体认知角度提出城市空间五要素——路径、边界、区域、节点和标志，舒尔茨则以场所、路径和领域界定了空间知觉三要素。

构成城市结构性特征的要素对公共空间格局的作用主要有积极和消极两种。积极要素主要包括自然山水、容纳公共生活的街道和连续性软质景观系统等；消极元素诸如铁路线、快速交通道路及其他分隔城市空间的结构要素。

在机动车交通不发达的年代，城市结构要素常与主要公共空间相叠合，街道和广场作为统一城市的结构，由街区至城市形成供市民沟通交往的有秩序的层级体系。广场是城市的中心内核，街道的重要性随着距中心广场距离的增加而降低。自工业化时代以来，铁路和机动车交通系统的重要性日益增加，城市内外道路的关系被反转，城镇之间的国家级道路网络成为最高等级的通道，城市内部的结构性要素与公共空间的紧密关系面临解体(图3-9)。

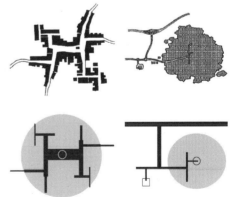

图3-9 欧洲城市历史性结构与现代结构的对比

资料来源：马歇尔.街道与形态[M].苑思楠,译.北京:中国建筑工业出版社,2011.

城市结构要素的积极或消极属性可以逆转。城墙最初作为城市边界而存在，对于形成空间领域感和归属感起到重要作用，在城市扩张时却又成为分隔内外空间的障碍。当围绕城墙设立了连续的公共空间系统时，它又可能重新成为统领城市特征的积极要素。因而，公共空间的有效存在对于判断城市结构要素的贡献十分重要，公共空间格局与城市结构性特征是否具有积极的连接/叠合关系是评判空间格局效率与公平的重要依据。

城市公共空间格局与城市结构性特征的连接关系包括：其一，公共空间通过毗邻积极结构要素或布局在其步行可达范围内，建立连接关系；其二，以公共空间的跨越连通布局修补和优化不利结构因素；其三，公共空间格局与城市建筑竖向构成的集中趋势紧密结合。城市公共空间格局与城市结构性特征的叠合关系可通过城市结构性道路是否具有公共空间属性加以判断。

3.3.1　公共空间格局与城市结构性轴线

（1）关系模式的量化：叠合度、相邻度和相近度

城市公共空间与城市结构性轴线的积极关联主要表现为四种关系模式：

① 结构性轴线本身属于公共空间；

② 公共空间与积极的结构性轴线毗邻；

③ 公共空间布局在积极的结构性轴线的步行可达范围内；

④ 在消极的结构性轴线的边缘增设公共空间、抵消消极因素，或是通过公共空间的连通布局建立地区联系。

本书建立三项指标对前三种关系形态进行量化计算——分别命名为"叠合度""相邻度"和"相近度"。叠合度计算的是结构要素与公共空间的包含关系，公式为线性结构要素中属于公共空间的长度除以线性结构要素总长度，单位为长度百分比。相邻度体现公共空间与结构要素的毗邻关系，用与单位长度的线性结构要素相邻的公共空间数量描述。相近度衡量结构要素近邻 100 m 范围内的公共空间分布，用公共空间面积和数量百分比表示。叠合度数值越大，表明越多比重的线性结构要素具备公共空间属性；相邻度数值越大，表明公共空间沿主要线性道路的展示面越充裕；相近度数值与全市均值的比值越大，表明公共空间分布向城市结构性道路集中的态势越显著。三项指标均与城市公共空间的格局效率及公平呈正相关。

（2）不利结构因素的修补和优化

城市结构性特征中的不利因素应尽可能积极修补和优化。以苏黎世为例，铁路交通是苏黎世纳入欧洲城市体系的重要手段，但市中心的铁路轨道及火车站场割裂了城市空间。为此，苏黎世在利马特河南岸约 5 km 长的范围内，修建了三座高架、一条地下通道联系被火车站场和轨道分隔的两部分区域。三座高架主要服务于机动车穿越交通；而在居住生活区内的历史性轴线朗大街（Langstrasse）中，非机动车和步行空间得到特别强

调(图 3-10),相互隔离的两部分公共空间被重新联系在一起。在苏黎世新近的公共空间规划中,两条新的步行联系系统被加入公共空间组织架构中①,以缓解站场两侧步行公共空间脱节的问题。

图 3-10　作为苏黎世下穿通道的朗大街

图片来源:http://ditu. google. cn.

图 3-11　苏黎世 19 世纪建成的高架铁路

图片来源:Eisinger A,Reuther I,Eberhard F,et al. Building Zurich[M]. Basel:Birkhäuser,2007.

苏黎世对铁路轨道更具创造性的利用体现在 2010 年完工的"高架拱"(Viaduct Arches)项目中。这座大型弧形高架铁路建于 1894 年(图 3-11),其强烈的纪念性和存在感至今仍十分鲜明,名列城市建筑最值得保存的目录之列②。但高架铁路的涵洞下形成诸多无用的废弃空间。2004 年,高架铁路所有者瑞士国家铁路公司(SBB)会同苏黎世市建筑工程部门,决定对高架下的连续拱形空间进行利用,建设公共步行和非机动车联系路径及生态廊道,并插建新建筑以提供活动支持。竞赛胜出的是建筑师事务所 EM2N Architekten 和景观设计事务所 Zulauf Seippel Schweingruber 的联合设计方案,他们沿高架拱创造了新的城市公共空间,加强了街区网络系统的连续性,使之成为辐射周边地区和开放空间的突出场所(图 3-12、3-13)。类似地,纽约的"高线公园"(The High Line)项目将横跨曼哈顿西部 22 个街区、约 2. 3 km 长的废弃的高架铁路改造为后工业时代的休闲场所,为人们提供以慢速、分散化和俗世价值为特征的新型公共空间体验。

图 3-12　高架拱下的插建空间作为商业用途

图片来源:作者拍摄

① 参见 Zürich S. Stadträume 2010:strategie für die Gestaltung von Zürichs öffentlichem Raum[Z]. Druckerei Kyburz, Dielsdorf, 2006.

② Eisinger A,Reuther I,Eberhard F,et al. Building Zurich[M]. Basel:Birkhäuser,2007.

图 3-13 高架拱旁增设的步行和自行车通道

图片来源：Eisinger A，Reuther I，Eberhard F，et al. Building Zurich[M]. Basel：Birkhäuser，2007.

图 3-14 Schwamendingen 区规划的空中隔声系统

图片来源：Eisinger A，Reuther I，Eberhard F，et al. Building Zurich[M]. Basel：Birkhäuser，2007.

在苏黎世，20 世纪 40 年代至 60 年代遵循功能分区原则建设的 Schwamendingen 居住区也正面临改造。该区位于 Schöneichtunnel 与 Aubrugg 之间的高速公路日均车流量达 11 万次，将原本联系紧密的邻里分割为两部分，给 5 000 名居民和工作者的生活造成不利影响①。新规划提出架桥、设架空隔音屏障和地下通道三种解决方式，政府部门、专家、开发商和居民代表共同选定了设架空隔音屏障方案。根据规划，到 2012 年，900 m 长的空中隔声系统将被打造为富有活力的公共空间，将分隔的地区重新联结在一起，形成独特的城市景观(图 3-14)。此外，堪称苏黎世空间品质最差的过境道路 Rosengarten-strasse 正在改造中，计划建造高架下的公园。

公共空间与城市结构性要素紧密结合，不仅能够强化城市特征，延续原有公共空间系统，还能通过对不利结构因素的修正和优化，将原本消极的空间转化为积极的城市空间。

作用机理 I-5：公共空间的格局效率及公平与它同城市结构要素联系的紧密程度呈正相关。对于积极要素，公共空间与其关联度越高，越能够便捷地被最多数人使用。城市消极结构要素可以通过公共空间重新联系被分隔的城市地区，在获得城市空间连续性的同时，公共空间的格局效率和公平也得到保障。

3.3.2 结构性道路之公共空间属性的判断标准

叠合度指标需要判断城市结构性道路的公共空间属性。2.1.1 节提出将道路断面比例、机动车道数量、建筑界面闭口率、沿街公共设施用地比例等几项指标作为城市街道与道路(即公共空间和非公共空间)的判定标准。

具体而言，比例尺度对线性结构要素的公共空间属性判断是最基本的。轴线道路与周边建筑物的良好比例关系营造出的空间围合感有助于增强领域性，鼓励公共活动发

---

① Eisinger A，Reuther I，Eberhard F，et al. Building Zurich[M]. Basel：Birkhäuser，2007.

生。西特、芒福汀、扬·盖尔、芦原义信等都曾探讨过界定城市空间的建筑高度(H)跟水平向间距(D)的比值与空间围合程度的关系。D/H 在 1—2 之间是公认的比例均衡、紧凑、围合感好的空间。随着 D/H 比值减小，空间逐渐感觉紧迫。反之，随 D/H 增大，空间围合感削弱，$D/H > 4$ 时失去空间的容积感（表 3-2、表 3-3、图 3-15）。我国城市沿街高层建筑多为多层裙房与后退主楼的组合体，此时裙房高度与道路宽度的比例关系就成为决定空间围合感的关键。

表 3-2　城市空间与周边建筑的关系

D/H	人的感受
< 1	有紧迫感，建筑间互相干涉过强
1 — 2	空间比例较匀称、平衡，是最为紧凑的尺寸
> 2	有远离感，广场的封闭性减弱
> 4	建筑间相互影响薄弱

D：空间两侧建筑的间距；H：周边建筑高度
资料来源：根据西特、芒福汀、扬·盖尔、芦原义信给出的数据整理得到。

表 3-3　城市公共空间的围合

d/h	α	围合程度
1	45°	围合感好
2	27°	可看清建筑整体和部分天空，是观察一幢建筑物的最佳观赏距离，封闭感的下限
3	18°	可看清建筑群整体与背景的关系，空间比较离散
4	14°	物体失去在视野中的优势，无空间的容积感

d：人与界面的距离；h：建筑从人眼视点以上高度；α：人在垂直方向的观察视角
资料来源：同上。

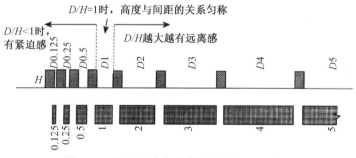

图 3-15　随 D/H 变化形成的空间的不同尺度感

资料来源：芦原义信. 外部空间设计［M］. 尹培桐, 译. 北京：中国建筑工业出版社, 1985.

　　道路宽度的绝对尺寸、机动车道数量及步行空间占比是评价城市结构道路之公共空间属性的重要标准。以 1：2 的道路高宽比为下限，24 m 的建筑高度（我国国家规范将 24 m 作为多层与高层建筑高度的分界）对应路宽为 48 m，超过这一宽度的道路要营造良好的公共空间环境会比较困难。同时，根据经验，机动车道在4车道以上的道路，除非步行空间与车行道之间有良好的绿化隔离、消音等措施，否则难以成为人们乐意驻足的场所。步行空间不仅指人行道，还包括可进入或不可进入的绿化带、人车混行的辅路等构成的整个慢速区，占比越大则道路的社会生活属性越强。**步行性和社会性价值是街道作为城市公共空间的属性所在。**一些著名的林荫大道，如巴黎的香榭丽舍大道（Avenue de la Grand Armee）、蒙田大道（Avenue Montaigne）、巴塞罗那的格拉西亚大道（Paseo de Gracia）、艾克斯的米拉博林荫大道（Cours Mirabeau）、旧金山的日落大道（Sunset Boulevard）等，慢速步行区的宽度达到道路总宽的60%—70%。据笔者对瑞士、意大利、西

图3-16　苏黎世一条普通的宁静交通街道
资料来源：作者拍摄

班牙、法国、德国及中国多个城市的调研考证，道路单侧的步行区域宽度小于道路总宽度的1/6、双侧步行区宽度之和小于总宽的1/3时，道路基本只能够承担单一的交通职能，社会交往氛围难以形成。

沿道路方向的建筑界面闭口率，即界面的围合程度对空间领域感的形成亦很重要。当闭口率大约在60%以上时，空间边界以建筑实体限定为主，领域感较强，能够增加公共生活发生的可能。边界清晰、公共设施用地集中的结构路网更易成为供人驻留和交往的场所。

机动车平均行驶速度也影响城市道路与街道的区分。宁静交通理论提出，机动车速度在30 km/h以下对步行人群的干扰显著降低，因此欧洲城市许多居住区街道限速30 km/h（图3-16），我国城市暂无此类规定。

3.3.3　公共空间格局与城市竖向构成

城市物质结构不止于平面，竖向构成是影响乃至主宰城市结构性特征的重要因素。现代主义塔楼解决了社会对集中和密度的需求问题，但也引发人们的复杂情绪，支持者自豪于它带来的崭新空间体验和所象征的繁荣蓬勃，传统派因城市公共性的古典象征——表现信仰与统治权的天际线——被吞噬而悲悼。历经一个多世纪的发展后，人们不再把摩天楼文化与经济和生活品质的进步等同起来，并主张对其选址、容量及形象进行合理规划调控。

现代城市高层建筑物布局主要有四种战略选择：① 整个市区采用基本一致的建筑高度和用地密度；② 高层建筑物布置在城市边缘，强调城乡分界；③ 高层建筑布置在市中心，强调向心力的同时提供生活便利；④ 高层建筑用来强调某些分散地点的重要

性，创造地点的可识别性①。

第一种模式下，高层塔楼全面受限，城市维持相对平整的轮廓，匀质的竖向构成对城市公共空间格局影响不大。第二种模式的高层分布远离公共生活集中的市中心，多为居住建筑沿交通干线的松散组合，对内城轮廓影响较小，但同时也不可能为公共空间格局和城市生活做出太多积极贡献。第三种模式最符合经济规律也最普及，塔楼成群密布在中心区形成现代中央商务区。这种集中布局形态与城市公共生活的张力方向一致，较利于公共空间格局效率发挥。第四种模式与第三种相反，高层建筑是散布的。20 世纪早期有观点认为，摩天楼应当分散在整体城市中，而不是被限定在市中心的几个拥挤街区内。纽约规划中曾出现过几例这种类型的方案，如雷蒙德·胡德(Raymond Hood)建议在主要地铁站点布置摩天楼，休·费里斯(Hugh Ferriss)构想了以曼哈顿格网为基础、高层塔楼稀疏均布的都市形态。莫斯科提出建设"高层地标性建筑系统"，以天际线为定位手段确立城市的可识别性，统一组织天际线②。高层公共建筑结合重要地点打造标志性意象的布局模式给整体城市带来更多、更均等的公共生活机会和潜力，有利于公共空间格局公平的提升。

微观层面，高层建筑与公共空间的关系反映在建筑本身或作为雕塑式的独立体量，或融入街道空间，成为空间界定要素。前者为自身形象而存在，取消了围合特征，孤立于城市，对公共空间使用的负面影响较大。后者寻求某种程度的规范性，通过街道界面形成秩序，关注从城市内部体验的近景和中景效果，从而有益于公共空间格局。从塑造城市公共空间的角度，将高层设计与城市整体联系起来，在保持沿街面统一的裙房上组合个性塔楼元素的高层建筑群效用较高。

关系模式的量化方案，建议采用公共空间近邻缓冲区内的建筑比例与缓冲区面积份额的数值关系衡量。分别统计城市建设用地和公共空间 100 m 缓冲区内 6 层(24 m)及以下、7—15 层(24—50 m)、16 层(50 m)及以上建筑③的栋数，得到公共空间缓冲区内建筑数量占城市建设用地的比例。再与缓冲区的面积占比相比对，高出则表明公共空间附近聚集了高出平均水平的建筑数量，持平或低于则反映公共空间附近的建筑量未达到建设用地的平均水准。容易判断的是，**城市公共空间近邻范围内集中的建筑相对总量越多，越有利于城市公共空间的使用，公共空间的格局效率和公平度越高；反之则趋于不利(作用机理 I - 6)。**

① 梁鹤年.城市土地使用规划的几个战略性选择[J].城市规划,1999,23(9):21-24,63.

② 科斯托夫.城市的形成:历史进程中的城市模式和城市意义[M].单皓,译.北京:中国建筑工业出版社,2005.

③ 24 m 和 50 m 是我国建筑行业通行的建筑高度分界值,参见相关建筑设计规范。欧洲同样将 7 层或 8 层作为高层与多层建筑的分界,代尔夫特理工大学在荷兰城市密度的研究中也是这样区分建筑高度的。参见 Pont M B, Haupt P. Spacemate: the spacial logic of urban density[M]. Delft:Delft University Press,2006.

3.4 向心/梯度：公共空间格局与城市圈层结构

多数城市的集聚和扩张呈圈层式发展结构。城市空间圈层布局思想的雏形出现于19世纪，当时德国学者屠能建立了农业土地利用模型"屠能圈"，指出城郊的农业布局围绕城市呈圈层式分布。1925年，芝加哥学派的伯吉斯（Burgess）指出，城市功能区的理想布局模式是按照同心圆法则有序分布，空间结构自中心向外分别是中心商业区、过渡区、工人住宅区、中产阶层住宅区以及高级或通勤人士住宅区。其后，狄更生（Dickens）和木内信藏分别提出城市地域分异的三地带学说，认为城市圈层由从市中心向外有序排列的中心地域、周边地域和市郊外缘腹地构成。圈层结构模式既反映了城市土地利用的规律，又体现了社会经济活动的规则性分化，同时具有向心性和梯度分异的双重特征。

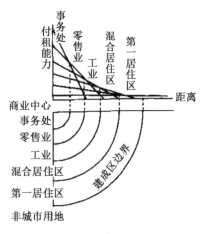

图 3-17 不同竞标租金条件下的城市圈层结构

图片来源：陆大道.区域发展及其空间结构[M].北京：科学出版社,1995.

现代城市发展的圈层式结构能够用位置级差地租理论解释。美国学者阿隆索（William Alonso）1964年在竞租理论中提出，各种土地使用形态的区位取决于该活动支付地租的能力，通过地租的调节决定了各种活动的最佳区位。因此在市场经济条件下，距离单一中心远近形成的土地利用竞争决定了城市圈层布局的形态（图3-17）。随着与市中心距离的增加，相对于中心的可达性降低，运输费用增加，城市的吸引力和辐射强度减小，这种距离衰减律的制约使空间圈层的势能递减，圈层状空间分布结构由此形成。

根据结构适配原理，公共空间若要尽可能发挥最大效用并服务于最大多数人，就应当使公共空间的分布符合城市圈层结构的向心和梯度特征，在内圈层形成更多样丰富的系统，同时依圈层关系形成梯度模式。此种空间组织十分复杂，并不完全体现在公共空间的数量规模上，但一定的量是公共空间良序运行的基本保障。矛盾在于，内圈层的土地价格和土地使用成本也是最高的，市场经济条件下不做开发用途，也无法直接从中获取经济利益的公共空间不可能与其他物业形态竞争。如果没有严格的法规控制，公共空间必然会不断地被蚕食而缩小。所以，至少在城市中心，决定公共空间区位的主要因素不是付租能力或市场机制，而是通过社会对市民的关怀来确定其存在。

作用机理 I-7：公共空间分布符合城市圈层结构规律，在内圈层形成更丰富多样

的系统时，公共空间格局效率较高。公共空间格局公平与圈层结构没有必然关系。

此外，城市的构成离不开有组织的公共空间系统形成的连续空间网络，而成熟的公共空间系统总是有等级的，在遵循圈层结构发展的城市中尤其如此。不同层级的公共空间区分了城市公共空间的重要程度，它们之间互为补充，无法替代，等级的差异丰富了市民的选择。从市中心向外，等级最高的公共空间往往位于城市的内圈层，外围圈层的公共空间等级较低。这种分布规律符合公共空间格局效率最大原则，是稳态平衡的。反之，若公共空间层级与圈层布局的关系未遵循这一逻辑，高等级的公共空间与内圈层分离，则不利于空间效率发挥。

作用机理 I-8：高等级公共空间更多分布在城市内圈层的模式符合公共空间格局效率最大的原则。

3.5 实证模式分析：苏黎世与南京老城

本章1—4节分别探讨了城市公共空间格局与自然要素的制约/依存关系、与城市肌理的关联/拓扑关系、与城市结构性特征的连接/叠合关系，以及与城市圈层结构的向心/梯度关系模式的作用机理、特征及其量化方法。本节在上述研究的基础上，突破"总体"和"总量"的界限，深入地区层面展开针对性的实证研究。

3.5.1 公共空间格局与自然要素

（1）城市结构形态概况

苏黎世的城市空间格局首先体现为山、水、城的有机交融：利马特河和希利河穿城而过，苏黎世湖自南向北揳入城市，周边山峰环绕，地形的制约使城市腹地的指状发展成为必然。其次表现为多重城市肌理的交叠并置，包括城市中部紧凑的中世纪街巷、中西部严整的巴洛克街区、外围行列式的现代主义住宅和松散的郊区，以及火车站场沿线和厄利孔周边大尺度面状的工业及后工业区，各个时期的建筑风格和空间形态差异显著，呈现出多元的文化氛围和空间景观特征。老城核心区与厄利孔新中心风格、尺度、形制迥异，形成既对峙又互补的两大生长极。肌理的多样性并未引发形态上的混乱无序，很大程度被建筑高度的相似所调和：苏黎世是一座多层建筑之城，公共领域建筑平均层数为4.0层，居住领域平均层数为3.7层，建筑多为坡屋顶；相邻建筑高度既非整齐划一保持同一水平线，又不会过分突兀显得参差不齐，而是在微妙的范围内波动，与山地地形协调，至2010年16层（50 m）及以上的高层建筑仅22栋[1]（图3-18）。

南京同样"有山、有水、有平原"：有流经老城的秦淮河，占地面积为502 ha的玄武

---

① 数据来自笔者的现场调研和ArcGIS统计，详见3.5.3节。

湖，腹地广阔，建设用地地形高差变化不大。城市肌理表现为面状不规则分布的大型公建区、大量行列式住区、空间舒缓的单位大院和小尺度致密传统街区的叠加。老城中高楼林立，尽管自20世纪90年代就对高层建筑建设进行管控，高层建筑仍越来越多、越来越高（图3-19）。至2003年，南京老城16层及以上的高层建筑有191栋，但同时1—2层的低层建筑也为数不少，因此公共和居住领域的建筑平均层数只比苏黎世略高（分别为4.2层和4.6层）[①]。明代遗存的基本完整的城墙与民国时期修筑的林荫道共同构成积极的城市意象。

图3-18　苏黎世鸟瞰图

资料来源：https://www.openwaterpedia.com/wiki/Lake_Zurich.

图3-19　南京老城鸟瞰

资料来源：http://nj.fzg360.com/news/view/id/34910.html.

（2）近山滨水公共空间建设

苏黎世利马特河、希利河与苏黎世湖沿岸为公众提供了多样而富于魅力的公共生活体验。沿着连续的利马特河岸线，不同时代的景观序列依次展开：老城内建筑群和高耸的教堂塔尖林立，两岸的影剧院、咖啡馆和商业店铺活跃了城市氛围，河岸道路Limmatquai穿越交通的减少及岸线的再设计，加强了场所作为城市游览中心的特征；途经幽美的Platzspitz公园到达前工业区后，建筑尺度明显变大，这里目前是城市再开发的重点地段，河对岸是由阶梯休息平台、小型绿地、散步道、沙滩排球场、滑板场等构成的活动空间；继续向西，Werdinsel岛附近有着迤逦的自然风光。希利河则把乡野景观氛围引入城市，将市中心的富丽建筑群、街道网络与新的商业和文化设施串联在一起。护城河Schanzengraben成为联系希利河与苏黎世湖的绿色通道，主要用于步行和休闲娱乐，密布的植被为老城提供了绿色生态资源。

苏黎世湖岸空间是具有国际影响力的公共空间。19世纪末，工程师Arnold Bürkli在班霍夫大街南部尽端设计了以阿尔卑斯山脉为壮观远景的滨水公园Bürkli Park，从此确

---

① 笔者拿到的南京CAD地形图是2003年的，在此基础上将重要的高层建筑地块加入，如紫峰大厦、珠江路1号、长江路9号等。下文除非特别说明，所有数据均是基于2003年地形图修正后进行统计和计算的。2003年来南京城市建设如火如荼，因此数据存在低估。

立了城市与湖景、山景的紧密联系(图3-20),成为当时标志性的资产阶级公众的散步场所。逐渐地,其他滨湖岸线也被建设为亲水的公共领域。在世界各地公共空间普遍面临私有化危机的今天,当局对苏黎世湖岸空间的目标定位十分明确:它要保留19世纪时的公共特征,同时允许对城市社会做出新的释义,以更好的可达性、更大的吸引力、更强的公共性契合公众多元的城市生活需求①。2002—2003年,苏黎世城市化办公室会同三支受邀团队探讨了滨湖空间的长期发展议题。提案将湖岸划分为三部分,自北向南依次是"市中心边缘区""公园区"及南部的"市郊地带",通过一系列重点项目的打造实现从硬质城市边缘到密集植被区的转换,同时保有湖岸地区的整体性。今日的苏黎世湖畔业已成为公共生活的焦点(图3-21)②。

图3-20 1885年的Bürkli Park

资料来源:Eisinger A,Reuther I,Eberhard F,et al. Building Zurich[M]. Basel:Birkhäuser,2007.

图3-21 苏黎世2005年8月的某次节日游行

资料来源:Eisinger A,Reuther I,Eberhard F,et al. Building Zurich[M]. Basel:Birkhäuser,2007.

该市近山公共空间不多,公共生活主要集中在滨水。城中唯一的大型近山公共空间是Uetliberg山脚下的一块7.5 ha的公共绿地,供市民休闲和运动,新的公共空间规划中将它向南部拓展了22 ha③。

苏黎世的山水公共空间会定期或不定期地发生一些临时性的公共活动。如水道空间利用,利马特河每年6—7月有龙舟赛,护城河Schanzengraben有水球场,6月始利用水

① Eisinger A,Reuther I,Eberhard F,et al. Building Zurich[M]. Basel:Birkhäuser,2007.
② 尤其是在夏季,人们在此观光、休憩、晒太阳、散步、野餐、聊天、读书、听音乐、摄影、喂天鹅、钓鱼、街头表演、慢跑、游泳,或站或走、或坐或躺、或跑或跳、或唱或奏,街头生活的活力和惬意就此展开。瑞士与许多北半球高纬度国家一样,夏季气候宜人,白昼一直持续到晚9点之后,活跃的公共生活主要发生在夏季。遇有大型公共事件,如送冬节、烟火晚会或各种节日游行,湖边必然人头攒动,各种不同年龄、肤色、种族的公众高度参与和融入城市生活。
③ 参见Zürich S. Stadträume 2010:strategie für die Gestaltung von Zürichs öffentlichem Raum[Z]. Druckerei Kyburz,Dielsdorf,2006.

图 3-22　水道空间的利用——里米尼

资料来源：作者拍摄

上栈台开设"里米尼"（Rimini）①露天酒吧，提供水边的娱乐消遣（图 3-22）。苏黎世湖西岸 Mythenquai 区夏季有不定期的魔术表演、嘉年华等。Uetliberg 山脚下夏季举办大型嘉年华活动，相邻的 Uetlibergstrasse 实行交通管制，形成临时性的步行商业街，贩卖特色产品、小吃，进行街头表演等。

南京老城的水网密度高于苏黎世，滨水空间总面积和总数量分别是苏黎世的 2.0 倍和 2.4 倍。水系周边通常集聚了历史文化积淀丰厚的场所，秦淮河地区尤为明显②。2002 年始，南京市政府正式启动秦淮河环境综合整治工程，建设工作卓有成效，2008 年荣获联合国人类住区规划署颁发的联合国人居最高奖——联合国人居奖特别荣誉奖，但秦淮沿线公共空间除夫子庙、中华门、水西门节点外，均以服务片区和邻里为主，城市及区域影响力不足③。其他城市水系如玄武湖、护城河、明故宫周边、珍珠河、金川河等滨水空间均不同程度存在公共性及可达性弱、可进入性差等问题④，滨水空间在城市生活中的重要程度不及苏黎世。

南京老城"龙蟠虎踞"的山川形胜尤在⑤，不过经历了一些建设性破坏，太平门地段紫金山体余脉被割裂、五台山东北侧山体被高层搋入、城北绵延的小山丘被夷为平地，自然山体要素未得到彰显。近山公共空间以北极阁广场和鼓楼广场为代表，成功连

---

① "里米尼"在苏黎世有深厚的传统，可上溯至 1864 年。这里白天只对男士开放，夜晚则无限制。周一变身为集市，有时贩卖二手物品，有时销售苏黎世的本土产品。被评为"Top 99 local favorite Europe summer bars and terraces"。参见 www. spottedbylocals. com/blog/europe-summer-bars。类似地，利马特河上有 Frauenbadi 露天餐饮休闲场所。

② 秦淮河自东向西与长江相连，经六朝、南唐、明清等历代发展，至晚清达到极盛，两岸形成以传统工商业和娱乐为主、具有浓郁地方特色的风貌，是市井生活的中心地。直到民国初年，商业依旧繁盛，但随着城市商业中心北移至新街口，这里日渐衰落。

③ 从东水关至西水关（水西门），十里秦淮的主要地标有东水关遗址公园、白鹭洲公园、夫子庙旅游区、中华门广场及水西门广场，绿化景观集中在河道两岸，引导了沿岸居民及游客的休闲路线。但内秦淮河甘露桥后五里仍较清冷，外秦淮则更加游人寥寥。

④ 从 Google 地图上看，南京老城水体沿岸绿化基本实现满覆盖，与 2002 年航片对比有很大进步；滨水空间绿化覆盖率高于苏黎世。但从空间体验角度，诸多滨水空间是不可进入的纯绿化空间，"可远观而不可亵玩"；抑或街头绿地和小游园边角料空间，只服务附近居民，公众实际的参与程度很低。此外还存在管理维护的问题，如珍珠河沿岸空间，以木质栈板营造亲水氛围，建成初期反响甚好，但数年后就因未及时维护而破败，不得不设门挂牌禁止公众入内，以免发生危险。

⑤ 老城内的山主要有两支：一支是钟山余脉延揽入城，包括富贵山、九华山、鸡笼山、鼓楼岗、五台山，被作"龙蟠线"；另一支是盘踞在外秦淮边的清凉山、菠萝山等，被称作"虎踞线"。此外还有鼓楼至下关的古林山岗、八字山、华彦岗、四明山等城北小山丘，共 13 座山。参见 https://news. sina. com. cn/c/2006-04-24/09008776667s. shtml。

通了紫金山—九华山—北极阁—鼓楼的自然生态体系和景观视觉通廊。对于山体本身，南京倾向于人工化改造，变山体自然要素为"公园"公共空间，如"九华山公园""清凉山公园""古林公园""阅江楼公园"等。这是出于对地少人密、公共活动空间缺乏等现实条件的回应。

后工业时代的工业区置换提升了水滨的价值，滨水公共空间成为苏黎世的主要绿色娱乐区，苏黎世的水滨空间、水面游泳场、近山公共空间均免费向所有公众开放，当局还在致力于营造更加公共的氛围。相形之下，南京的滨水近山公共空间，包括山体水域本身的公共性还可加强。

（3）关系模式的量化

① 指标计算。将苏黎世与南京老城各圈层和行政区单元[①]的山体、水域、公共空间面积数据代入公式 3-1，得到区位熵值如下（表 3-4）。

表 3-4　苏黎世与南京老城按圈层和行政区分布的山体、水域和公共空间区位熵

结构	区位熵值（苏黎世）				区位熵值（南京）			
	名称	山体	水域	公共空间	名称	山体	水域	公共空间
圈层式	核心圈层	0.000	1.555	3.357	核心圈层	0.000	0.000	1.140
	中心圈层	0.005	0.530	1.315	中心圈层	0.901	0.586	0.797
	外围圈层	1.167	1.059	0.817	外围圈层	1.164	1.330	1.129
	均值	0.391	1.048	1.829	均值	0.688	0.639	1.022
	标准差	0.549	0.418	1.099	标准差	0.498	0.544	0.159
	变异系数	1.404	0.399	0.601	变异系数	0.724	0.851	0.156
行政区单元	11	0.000	13.481	3.342	饮虹园	0.000	0.638	1.490
	12	0.000	8.985	3.983	钓鱼台	0.000	0.692	0.828
	13	0.000	0.000	4.365	夫子庙	0.000	1.805	4.060
	14	0.000	8.297	5.066	建康路	0.000	2.374	0.802
	21	0.589	1.564	1.097	双塘	0.000	1.483	0.578
	23	1.871	0.000	0.279	大光路	0.000	1.591	0.821
	24	0.000	2.122	2.163	安品街	0.000	1.988	0.482
	31	0.066	0.000	0.531	洪武路	0.000	0.000	0.454
	33	2.122	0.000	0.836	瑞金路	0.000	2.550	1.139
	34	0.000	0.000	1.476	五老村	0.000	0.080	0.632
	41	0.000	1.091	2.723	淮海路	0.000	0.000	1.222

[①] 关于圈层的具体划分方式和范围详见 3.5.4 节。苏黎世市行政区划分根据片区数据 http://www.stadt-zuerich.ch/prd/de/index/statistik/publikationsdatenbank/Quartierspiegel.html 矢量化得到；南京老城根据 2000 年人口普查数据中的街道划分图矢量化得到。

结构	区位熵值（苏黎世）			区位熵值（南京）			
	名称	山体	水域	公共空间	名称	山体	水域	公共空间

结构	名称	山体	水域	公共空间	名称	山体	水域	公共空间
	42	0.000	1.329	2.104	朝天宫	0.000	0.000	0.796
	44	0.000	0.000	1.200	止马营	0.000	0.837	1.083
	51	0.000	6.642	1.995	梅园	0.000	2.252	0.703
	52	0.000	4.117	0.808	新街口	0.000	0.511	1.016
	61	0.000	0.833	1.462	华侨路	0.000	0.000	0.236
	63	1.564	0.847	1.147	丹凤街	0.000	0.590	0.862
	71	1.024	0.787	0.866	五台山	5.956	0.000	1.263
	72	2.217	0.441	0.767	后宰门	0.000	1.609	0.439
	73	2.332	0.528	0.612	兰园	2.797	0.255	0.894
	74	1.391	0.097	0.190	宁海路	0.277	0.000	0.198
	81	0.000	0.098	2.655	鼓楼	0.000	0.000	0.406
	82	0.000	0.131	0.373	湖南路	0.000	0.359	1.454
	83	0.380	0.592	0.456	水佐岗	0.096	0.131	1.733
	91	1.752	0.000	0.637	三牌楼	0.000	1.923	0.497
	92	0.873	1.280	0.868	中央门	0.000	0.528	0.542
	101	1.331	1.418	0.424	玄武门	1.426	2.193	2.524
	102	1.034	1.218	0.684	挹江门	4.127	0.735	0.836
	111	0.596	1.856	0.370	车站	9.161	3.302	1.495
	115	0.038	0.000	0.817				
	119	0.335	0.000	0.625				
	121	0.046	0.382	0.518				
	122	1.577	0.298	0.677				
	123	1.177	1.858	0.892				
	均值	0.657	1.773	1.383	均值	0.822	0.980	1.017
	标准差	0.779	3.022	1.224	标准差	2.091	0.956	0.756
	变异系数	1.186	1.704	0.885	变异系数	2.544	0.976	0.743

　　② 计算结果分析。以圈层统计的平均区位熵值表明，两市公共空间分布差异显著，苏黎世自内圈层向外递减趋势明显，南京老城则三个圈层较平均，中心圈层的公共空间份额最少。结合变异系数[①]与图 3-23 可证，南京老城公共空间圈层式分布的离散程度

---

① 变异系数又称"标准差率"，是一个没有单位的相对值。计算公式为：变异系数=标准差/均值。变异系数能够消除不同水平的变量数列之间数值高低的影响，从而比较不同数列的变异程度。变异系数越大，反映数据离散程度越高。

低，趋于均布；苏黎世公共空间的圈层分布趋势显著。

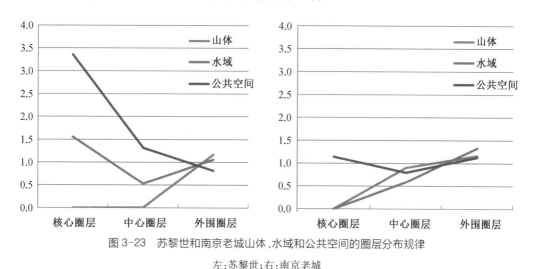

图 3-23　苏黎世和南京老城山体、水域和公共空间的圈层分布规律

左：苏黎世；右：南京老城

　　根据行政区数据分析，苏黎世公共空间格局与山体呈负相关。用 SPSS 软件进行曲线拟合（图 3-24、图 3-25），对数曲线拟合效果最好，决定系数 $R^2 = 0.613$，回归分析 $F = 26.511$，显著度为 0.000，回归方程有效。将系数代入，得到苏黎世公共空间与山体布局的回归方程：

$$PQ = -0.188 \ln MQ + 0.660$$

式中：PQ 为公共空间区位熵，MQ 为山体区位熵。

Logarithmic

Model Summary

R	R Square	Adjusted R Square	Std. Error of the Estimate
.783	.613	.436	.933

The independent variable is 山体区位熵.

ANOVA

	Sum of Squares	df	Mean Square	F	Sig.
Regression	23.069	1	23.069	26.511	.000
Residual	27.845	32	.870		
Total	50.914	33			

The independent variable is 山体区位熵.

Coefficients

	Unstandardized Coefficients		Standardized Coefficients		
	B	Std. Error	Beta	t	Sig.
ln(山体区位熵)	-.188	.037	-.673	-5.149	.000
(Constant)	.660	.213		3.104	.004

图 3-24　苏黎世公共空间与山体区位熵的对数曲线回归结果

　　规律揭示，苏黎世公共空间分布随山体在相应地区重要性的增加而减少，不过减少的趋势随山体集聚度的增加而趋于稳定。首先，片区内有无山体对公共空间分布的影响

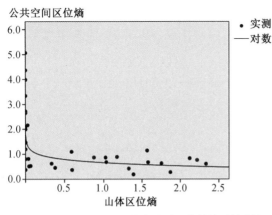

公共空间区位熵

图 3-25　苏黎世公共空间与山体区位熵的对数曲线

很大，公共空间高集聚区（区位熵值在 2 以上）全部位于无山地区。无山区的公共空间面积份额普遍高于均值，而有山区除了含大型交通节点的 63 区、滨水的 21 区外，公共空间面积份额全都低于平均水准。其次，在山体用地面积比例低于均值的区间，即山体区位熵值在 0—1 之间时，随山体份额增加，公共空间份额迅速减少；而当山体用地面积比例高于均值，即山体区位熵大于 1 时，山体区位熵增加同一数量级，相应公共空间的分布减少很慢，曲线趋于平缓。

南京老城内的山体主要分布在车站、五台山、挹江门、兰园、玄武门 5 个街道范围，对应公共空间区位熵值均在 0.8 以上，这表明公共空间与山体布局存在某种正相关关系，但相关关系不甚明确。无山片区的公共空间区位熵值波动较大，公共空间格局与山体分布总体上关系不大。

苏黎世公共空间与水体布局的相关系数为 0.617，即公共空间与水体分布呈正相关，利于格局效率发挥。但方程曲线拟合效果不好，说明水域对公共空间总体分布的影响有一定随意性。南京老城公共空间与水体分布的相关系数为 0.260，相关度很弱。

关系模式 I-1：苏黎世山体主要分布在城市外围，公共空间与山体布局的关系为对数负相关。依据作用机理理论，就单一因素影响而言，较有利于公共空间格局公平而不利于效率。水系穿越城市中心，滨水公共空间成为该市的公共生活焦点，与水体关系表现为正相关，两项优势资源的整合有利于空间格局效率而不利于公平。南京老城公共空间格局与山体、水域分布存在微弱的正相关关系，规律性不强。

3.5.2　公共空间格局与城市肌理

（1）公共与居住领域的公共空间格局

分别绘制同一比例下苏黎世与南京老城公共和居住领域的公共空间格局如图 3-26。居住领域由居住用地、住宅混合用地、服务道路及公共空间系统构成，公共领域范围为城市建设用地扣除居住领域[①]。苏黎世的公共领域向市中心老城、厄利孔副中心、利马

---

① 根据 2012 版《南京市城市用地分类和代码标准》，住宅混合用地指以住宅为主混合商业办公的用地，计入居住用地。工业用地类型特殊，但苏黎世工业用地中近 60% 为工业贸易混合和工业办公混合用地，且工业用地总量占城市建设用地的比例在 7% 以内；南京老城工业用地总量比例在 6% 以内，因此公共领域中不再区分工业用地和其他公共用地。

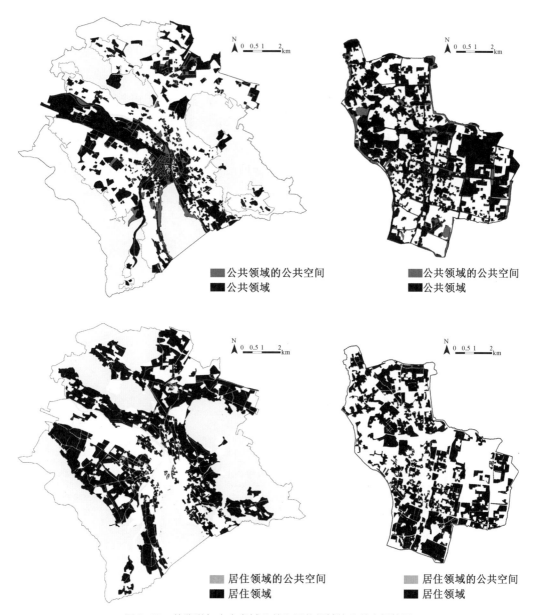

图 3-26 苏黎世与南京老城公共和居住领域的公共空间格局

左上：苏黎世公共领域的公共空间；右上：南京老城公共领域的公共空间；左下：苏黎世居住领域的公共空
间；右下：南京老城居住领域的公共空间

特河与铁路线之间的腹地集中，居住领域分布在公共领域与城市非建设用地之间，形成
连续地带。公共和居住领域内的公共空间分布相对均衡。南京老城中，公共和居住领域
间隔分布，较不连续。居住系统内部的大片用地面临城市公共空间缺失的困境。

由 ArcGIS 属性统计得到，苏黎世公共领域面积为 22. 21 km²，其中公共空间面积为
3. 68 km²，占比 16. 6%；南京老城公共领域面积为 24. 69 km²，公共空间面积为 2. 76 km²，
占比 11. 2%。苏黎世居住领域面积为 31. 03 km²，公共空间面积为 2. 09 km²，占比

6.7%；南京老城居住领域面积为 18.35 km²，公共空间面积为 0.55 km²，占比 3.0%。

两市公共领域的公共空间份额均显著高于居住领域，公共性更强的公共领域中布置较多的公共空间符合效率原则。与苏黎世相比，南京老城公共和居住领域的公共空间比例均较低。从需要出发，住区中心附近，苏黎世常形成一些服务于社区居民的广场、绿地。南京老城居住领域内则基本没有集中的城市公共空间，门禁社区将作为俱乐部空间的活动场所封闭在住区内部，大中型公共空间主要位于公共领域内用于形象展示。

从类型构成看（表3-5、图3-27），公共领域的公共空间中，苏黎世街道比例最大，接近南京的4倍；南京滨水空间用地面积比例最高。南京老城公共领域的公共空间主要由软质空间（滨水空间+公共绿地）构成，累计贡献约达 3/4；而苏黎世公共领域中，硬质公共空间（街道+广场+复合街区）约占6成。南京模式有助于增加城市绿量，缓解视觉心理上的密度及人口压力，是适应城市特质及人口条件的选择。不过软质空间的作用侧重于提供休闲放松娱乐活动场所，对市民公共交往精神的培育贡献较小。居住领域中，两市的街道系统都是绝对支配性的公共空间。无论是南京还是苏黎世，与居住领域街道的趋同相比，公共领域的公共空间类型构成更加均衡和丰富，由其所支持的公共生活也越加多样，毕竟，街道线性要素集聚人流的潜力相对有限。

表3-5　苏黎世与南京老城居住和公共领域中的公共空间类型分布

		广场		街道		公共绿地		滨水空间		复合街区	
		面积/m²	比例	面积/m²	比例	面积/m²	比例	面积/m²	比例	面积/m²	比例
公共领域	苏黎世	489 259	13.29%	1 441 260	39.16%	979 081	26.60%	585 453	15.91%	185 451	5.04%
	南京老城	227 778	8.23%	401 352	14.51%	860 975	31.12%	1 190 949	43.04%	85 720	3.10%
居住领域	苏黎世	175 228	8.38%	1 528 373	73.11%	288 176	13.78%	41 138	1.97%	57 666	2.76%
	南京老城	23 305	4.28%	347 694	63.88%	69 559	12.78%	71 453	13.13%	32 287	5.93%

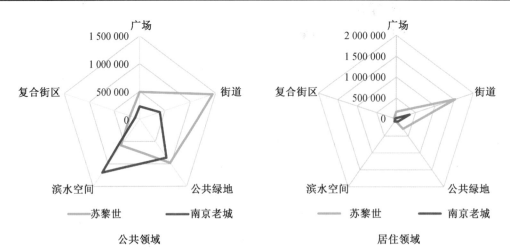

图3-27　苏黎世与南京老城居住和公共领域中的公共空间类型分布扇区图

关系模式Ⅰ-2：苏黎世公共领域向市中心老城、厄利孔副中心、利马特河与铁路线间的腹地集中，以街道广场硬质公共空间为主，居住领域分布在公共领域与城市非建设用地之间的连续地带。公共空间用地在公私领域间分配均衡，用地比例高于南京。南京老城的公共和居住领域分布较不连续，公共领域的公共空间主要由软质空间构成，居住领域公共空间比例较低。

（2）公共空间格局与街区肌理

① 街区尺度。苏黎世共有街区 2 012 个，占地面积为 48.63 km²，平均街区面积为 2.42 ha（155 m 见方），属于适宜的街区尺度（判断参见 3.2.2 节）。南京老城共有街区 607 个，占地面积为 35.96 km²，平均街区面积为 5.92 ha（243 m 见方），是苏黎世的 2.5 倍（图 3-28）。

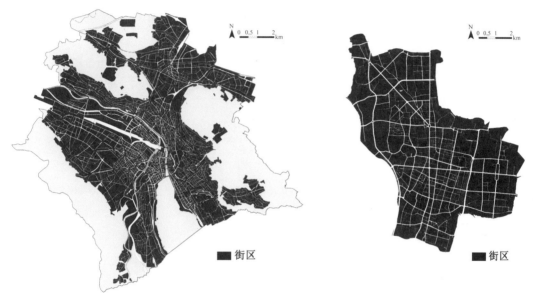

图 3-28　苏黎世与南京老城的街区肌理

左：苏黎世；右：南京老城

研究表明，目前南京老城的街区尺度是明清以来最大的。考察清宣统"测绘金陵城内地名坐向清查荒基全图"上的典型街区，较小的约为 140 m×120 m（1.68 ha），较大的约为 170 m×160 m（2.72 ha），平均街区尺度与苏黎世接近。民国首都计划的道路系统中，标准街区大小约为 250 m×150 m（3.75 ha），也比现状街区小得多。

为厘清南京老城平均街区尺度大于苏黎世主要源于公共领域还是居住领域的街区尺寸差异，这种尺寸差异与公共空间格局有无对应关系，继续引入公共和居住领域的分野（表 3-6）。

无论是公共领域还是居住领域，南京老城与苏黎世相比，街区数量少、平均面积大，最大街区的规模较大。苏黎世公共领域的街区平均面积为 29 480 m²，即 172 m 见方，属于适宜街区尺度。南京老城公共领域的街区平均面积为 95 819 m²（310 m 见方），为典型的大型街区尺度。苏黎世居住领域街区平均 150 m 见方，南京老城平均 212 m 见

表 3-6 苏黎世与南京老城公共和居住领域的街区特征

	公共领域				居住领域			
	街区数量/个	街区平均面积/m²	街区平均周长/m	最大街区面积/m²	街区数量/个	街区平均面积/m²	街区平均周长/m	最大街区面积/m²
苏黎世	443	29 480	862	486 975	712	22 611	748	131 861
南京老城	159	95 819	1 946	1 026 991	277	45 112	1 435	192 994

注：为增加可比性，街区只计入完整地块，公共和居住领域分割时产生的非独立街区不计入其内。

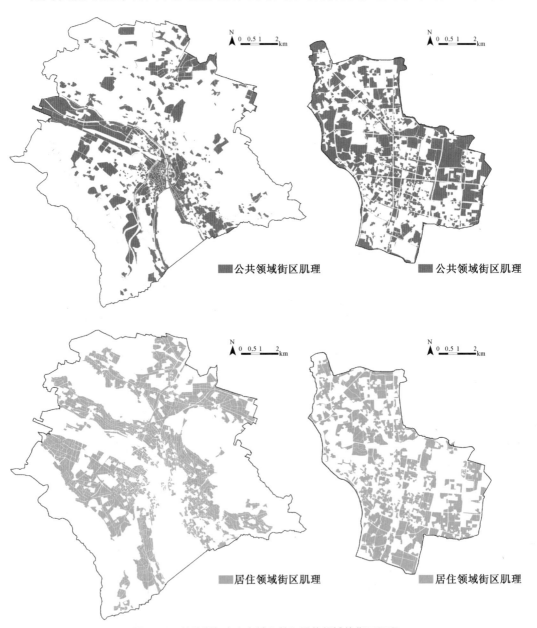

图 3-29 苏黎世与南京老城公共和居住领域的街区肌理

左上：苏黎世公共领域街区肌理；右上：南京老城公共领域街区肌理；左下：苏黎世居住领域街区肌理；右下：南京老城居住领域街区肌理

方。苏黎世公共与居住领域的街区尺度比较接近；南京老城公共领域街区尺度显著大于居住领域，老城街区平均尺度偏大主要是公共领域街区过大造成的(图3-29)。

② 大型街区布局。苏黎世公共领域内300 m见方以上的大街区主要用作工业用地、教育用地、体育用地、开敞空间、大型公墓、公共绿地和医院用地。南京老城公共领域的大街区主要用作教育用地、工业用地、军事用地、医院用地、行政办公及公园绿地。

苏黎世大型居住区多分布在城市边缘地带，街区依地势沿等高线方向水平延伸，短边尺寸在150—200 m之间，形成狭长的居住地带。居住组群没有视觉上的物理边界，门禁系统设在住宅楼单元入口处保障住户安全。公众理论上可以自由出入组群内的建筑外部空间，但设计上的细节处理会提示微妙的领域感，同时由于"防卫空间"的自然监视作用，组群空间的使用者以住户占绝大多数。南京老城居住领域的大街区多由几个小区拼合而成，各自实行封闭式管理。

③ 街区特征。南京老城公共领域的街区肌理存在显著不同于苏黎世的两大特征：其一是封闭性。苏黎世公共领域的大街区一部分由开阔地带构成，另一部分则是出于职能性用地的需要，两者都直接向公众开放[1]。南京老城公共领域的大街区主要由"单位大院"割据形成，各种大院由有形边界围合起来，入口设专人管理，不同性质的单位之间封闭程度有一定差别，但封闭特性本身是共同的，"闲杂人员不得入内"的心理约定俗成。其二是混杂性。混杂不同于混合，苏黎世的用地混合程度相当高(详见4.4.1节)，主要基于产权地块间互相促进的竞争原理，不存在职能没有关联的大街区相互粘连、交叠而构成更大街区的情形。南京老城恰好相反，用地混合程度不高，大街区的混杂状况却较严重。如中山东路—龙蟠中路—珠江路—黄埔路围合的街区内，集合了工业、医院、科研设计、行政办公、图书展览、商业、旅馆以及居住等各项用地，各自划地为营，以邻为壑。类似的混杂型大街区在南京老城并不鲜见，这也就使得南京老城街区平均尺度居高不下。

南京老城居住领域街区的封闭性特征同样突出：除了城南老民居和城北一些破旧小区，居住条件稍好的小区均设围挡、保安等管制措施，且越高端的小区门禁越是森严——仿佛重回古时的"坊里"，只是当时的宵禁是为了统治阶层的长治久安而强制实施的，现今却是业主们出于安全和利益不受侵犯的主动诉求。

④ 公共空间格局与街区肌理的关系。自市中心向外围，苏黎世街区尺度递增而公共空间分布递减，公共空间的量与街区尺度大致呈负相关。南京老城的街区尺度和公共空间均自中心向外递增，表现为正相关关系，公共空间在大街区地段有更多分布。差异主要源于：南京公共空间基本通过占据街区本身形成，在级差地租作用规律下更多分布

---

[1] 如苏黎世联邦理工学院的Hönggerberg校区，校园边界没有任何界定，城市道路与校区主轴线重合，校园用地横跨城市道路，城市公交站点设在学校公共活动的中心地带。

在边缘；苏黎世公共空间格局更多地利用了街区之间的"空隙"，街区平均尺寸越小"空隙"越多，形成公共空间的机会也越多。苏黎世模式体现了小型街区增强活力和增加选择的能动性。

关系模式Ⅰ-3：苏黎世公共和居住领域的街区尺度明显小于南京老城，公共空间更多地利用了街区之间的"空隙"，对公共空间的格局效率和公平具有促进作用。南京老城街区平均尺度偏大主要是公共领域街区过大造成的，且街区的封闭性和混杂性特征突出，对公共空间格局的效率及公平产生不利影响；公共空间主要通过占据街区形成，在地价作用机制下大多分布在城市外围。

（3）公共空间格局与建筑肌理

① 建筑肌理分布。苏黎世公共领域的建筑肌理大致有三种类型：一是多层建筑周边式围合形成街区，主要分布在老城和苏黎世湖东岸及其周边；二是大体量的工业厂房，集中在利马特河与火车站场之间的狭长地段及苏黎世北部厄利孔一带；三是簇群分布的功能性建筑，服务于各个分散片区，用作商业、办公、学校、医院、教堂、社区中心等。整体肌理表现为大体量建筑的中心集聚与中小建筑簇群组团分布的叠加，与城市组织结构关系密切，建筑高度比较一致，以4—6层为主。南京老城公共领域的建筑肌理基本散布在区域范围内，向中心区集聚的趋势较弱，沿城市干道集中的特征明显。大体量建筑相对较少，主要用于商业、文化中心、厂房、体育场馆等。肌理构成中有较多平行排列的板条式建筑，以及大量高层点式建筑。

苏黎世居住领域涵盖了街区围合式公寓、板条式集合住房、低密度独立住宅和少量塔楼等类型，建筑肌理比较丰富。各种类型成片分布，建筑体量基本自城市中心向外递减，居住领域的空间连续性强。南京老城居住领域形态总体上较为破碎。建筑肌理构成呈现出较强的均质性和近似性，平行排列的南北向板条式建筑形成肌理主体，朝向、日照规范和市场效益的共同作用使平面布局趋于一致。此外还分布着部分较新的高层居住建筑及历史街区内成片的低层高密度民居（图3-30）。

② 公共空间格局与建筑肌理的关系及其成因。对照苏黎世公共领域的建筑肌理与公共空间分布可见（图3-26和图3-30左上），周边式街区布局为主的地区，即市中心区、厄利孔副中心和工业混合区，明显拥有更大量、更连续的公共空间系统，证实了周边式布局模式构筑城市公共空间的力量。这些地区同时还是建筑密度和强度最高的区域，表明公共空间并非如通常所认为的那样降低了城市密度，反而增加了紧凑度，因为它们增加了可用的城市空间的量。反观南京老城（图3-26和图3-30右上），公共领域的公共空间大多并非由建筑界定，而是专门开辟特定街区和地块，公共空间在大片"大院"空间的挤压下、在建筑与城市道路间的夹缝中容身。

苏黎世居住领域主要以线性街道连接各功能区（图3-26和3-30左下），在靠近居住区中心处布置放大的公共空间节点，系统性较强。街区式布局导向更多公共空间的结论

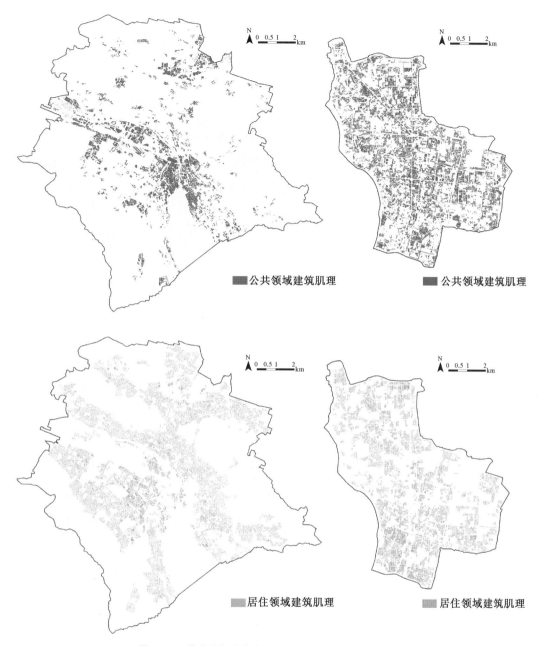

图 3-30　苏黎世与南京老城公共和居住领域的建筑肌理

左上：苏黎世公共领域建筑肌理；右上：南京老城公共领域建筑肌理；左下：苏黎世居住领域建筑肌理；右下：南京老城居住领域建筑肌理

依然成立。南京老城居住领域的城市公共空间匮乏（图 3-26 和图 3-30 右下），以不太连续的街道为主；而居住区内部的"公共空间"由于远离喧嚣、设计精良，往往较外部空间更受欢迎。究其原因，一方面，门禁社区的存在影响了城市公共空间的使用，导致本应向全体公众开放的公共空间私有化；另一方面，更多的建成公共空间旨在展示城市面貌，而非为普通市民提供日常生活和交往场所，造成在以南京为代表的中国城市中，比较集中的公共空间总是出现在适于公共展示的公共领域。

③ 建筑群体组织方式的量化。按照 3.2.3 节的定义及算法，分别统计苏黎世与南京老城公共和居住领域的建筑粒度和密度指标如表 3-7。数据显示，苏黎世公共领域的平均建筑粒度为 851，显著大于南京老城。初步表明排除封闭大院模式的影响后，南京老城公共领域具有组织良好公共空间格局的潜力。因为粒度大的建筑综合体会将活动引至室内，造成城市公共空间数量和品质的下降以及公共生活的萎缩，所以相对较小的建筑规模能够为活跃城市空间创造更多机会。但建筑粒度指标未考虑街区布局与独立建筑两种不同组织方式带来的占地面积差异，只有在相似布局模式下得到的数据才更具可比性和解释力。这意味着"建筑粒度"适宜作为城市公共空间格局评价的选择性参照指标而非规定指标。从建筑密度指标看，两市公共领域的密度均比较高，苏黎世高出南京约 4 个百分点，根据作用机理 I-4，利于强化公共空间的格局效率及公平。

表 3-7　苏黎世与南京老城公共和居住领域的建筑肌理

	公共领域		居住领域	
	建筑粒度	建筑密度	建筑粒度	建筑密度
苏黎世	851	33.2%	438	26.5%
南京老城	508	29.4%	418	35.2%

两市居住领域的建筑粒度指标接近，建筑密度指标南京老城明显高于苏黎世。居住领域通常以组团而非独立建筑的形式出现，且统计结果与建筑类型有很大关系，所以用建筑肌理指标反映居住领域的公共空间分布意义比较有限，指标灵敏度不足。并且，以南京老城为代表的中国城市居住区基本都以封闭形态出现，决定了居住建筑肌理与城市公共空间的关系只能是间接的。

关系模式 I-4：实证分析表明，建筑肌理层面的建筑粒度和密度两大技术指标，更适于反映公共领域的公共空间格局分布。其中，建筑密度适用范围广，可以作为一般性指标；建筑粒度需要结合具体城市语境，建议作为选择性指标。苏黎世与南京老城公共领域的较高建筑密度对城市公共空间的格局效率及公平提升具有正向作用。

3.5.3　公共空间格局与城市结构性特征

（1）公共空间格局与结构性道路

① 城市结构性特征。苏黎世的城市结构特征很大程度上由自然山水格局和丘陵地貌所规定。城市建设用地的结构布局与轴线发展特征吻合，主要结构路网围绕老城核心区蜘蛛网状般向外发散，呈向心-放射型指状组织形态。道路尽量顺应地形高差布置，因此大多不是笔直的。城市结构性道路轴线在视觉上不像典型的文艺复兴或巴洛克城市

那样具有强烈的图形感，也不像格网城市有着整齐划一的几何秩序，但它们将水域、山体、市中心与各个功能片区紧密编织在一起，联系了城市公共和居住领域中的重要部分。纪念性轴线所象征的专政氛围在苏黎世很受排斥，班霍夫大街南部尽端的滨水公园Bürkli Park 落成时曾摆放了两头巨大的相对而视的雄狮雕塑（图 3-20），目的是强化城市与苏黎世湖景及阿尔卑斯山景的壮丽轴线关系，两年后就因大量市民的反对而不得不撤除。阿尔贝蒂（Leon Battista Alberti）曾论证过有机布局模式在山地条件下的恰当性。作为城市自我更新的力量与城市规划引导交互作用的结果，苏黎世的城市形态并不缺乏控制；相反，正是一系列限定明确、尺度亲切的公共空间统领了整个城市，形成结构性轴线，秩序和内在逻辑力量由此获得。不利因素在于，城市中西部的铁路轨道和北部的快速道路割裂了本就不够开阔的城市空间。

南京老城的轮廓以紫金山、秦淮河、燕子矶、玄武湖等为依托。现存 25.1 km 长的明城墙成为自然山水的连接线，烘托和展现了老城的山川形胜，是南京城的标志性结构特征之一。老城轮廓呈"近墙低、远墙高，中心高、四周低"的总体特征，明清轴线中华路和御道街、民国传统轴线中山大道，以及景观大道北京东路、北京西路、汉中路和中央路共同构成老城的基本骨架，将不同历史时期的城市建设联为一体[1]。南京的结构性道路轴线比较规则，且由于大街廓模式的影响分布较稀疏。不过问题的关键不是线性要素的具体形态，而在于它们与公共空间格局之间呈现出何种关系。

② 指标计算。依据3.3.1节提出的叠合度、相邻度和相近度指标计算得到，苏黎世的结构性道路总计长 60 404 m，其中属于公共空间的部分有 47 926 m，叠合度达79.3%。与结构道路相邻的公共空间有 218 个，相邻度为 3.6 个/km。结构道路 100 m缓冲区范围内的公共空间面积为 2 367 126 m^2，占缓冲面积的 21.5%，显著高于全市公共空间 10.8%的占地比例。

南京老城结构性道路长 29 267 m，属于公共空间的部分仅有 1 011 m，叠合度为3.5%。邻接结构道路的公共空间有 97 个，相邻度为 3.3 个/km。结构性道路 100 m 缓冲区范围内的公共空间面积为 441 092 m^2，占缓冲区面积的 7.8%，略高于老城公共空间 7.7%的平均占地份额（图 3-31）。

③ 计算结果分析。南京老城与苏黎世相比，公共空间与结构道路的相邻度接近，叠合度及相近度指标差异显著。毗邻关系的一致体现出两市公共空间沿主要结构道路的展示面相似。叠合度指标方面，苏黎世超过 3/4 的城市结构性轴线同时成为公共空间系统的组成部分；而南京老城中，尽管所有的结构性道路都绿树成荫，但作为城市主干路，这些道路将避免车行交通堵塞的需要排在首位，将避免非机动车交通堵塞的需要排

---

① 苏黎世线性结构要素通过大量反复现场调研确认。南京老城结构性要素根据南京市规划局的《南京老城控制性详细规划》2006 深化版确认。

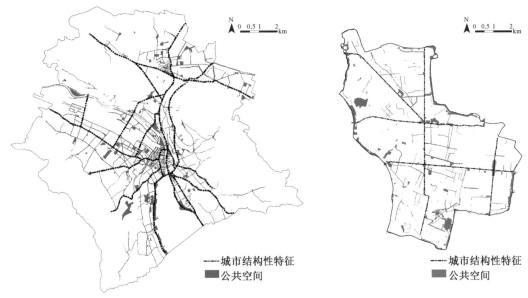

图 3-31　公共空间格局与城市结构性道路的关系

左:苏黎世;右:南京老城

在第二位,将步行需要排在交通系统的末位。结构道路普遍以车行为本,步行性和社会性价值缺失,步行者不得不处在车辆交通与沿街建筑的夹缝之中,甚或被视为阻滞交通的障碍。因此南京城市的结构性道路均无法归类于公共空间范畴,"叠合"仅存在于结构性要素穿越明故宫遗址公园、鼓楼岗与和平公园的几处地方。相近度指标方面,苏黎世公共空间分布向城市结构性道路高度集中的态势明显,南京的整体公共空间格局则没有受到结构道路影响的迹象。

从分区情况看,南京老城的 29 个行政区中,结构性道路轴线与公共空间的叠合度为 0 的有 25 个,占 86%以上;叠合程度最高不超过 30%。苏黎世结构性道路与公共空间的叠合度超过 75%的行政区达到半数,主要分布在老城及其东西两侧、苏黎世湖东岸、以及 Schwamendingen 部分地区,呈连片之势。叠合度指标的数据对比表明,苏黎世结构路网与公共空间的直接关联程度较南京老城高得多。根据作用机理 I-5,公共空间格局效率及公平与关联程度存在正相关关系,苏黎世的布局模式会使空间格局的效率和公平程度同步提升。相邻度指标方面,南京与苏黎世的分区均值与数据波动范围相差不大。苏黎世结构性道路与公共空间的相邻度有自市中心向外围递减的趋势,相邻度低的片区主要位于周边多山地带。南京老城相邻度水平的分布趋于分散,城南地区、市中心、湖南路一带的数值偏低。相近度分区指标苏黎世明显高于南京,苏黎世结构性轴线近邻 100 m 范围内的公共空间比例高于全市平均水平的分区达 23 个,约占行政区总数量的 2/3;南京老城同比仅 10 个,约为总量的 1/3,指标值均在 18%以下。这些都反映出南京老城公共空间分布与结构性道路的邻近关系趋势不明显,与苏黎世相比,较不利于公共空间的格局效率与公平的体现(图 3-32、表 3-8)。

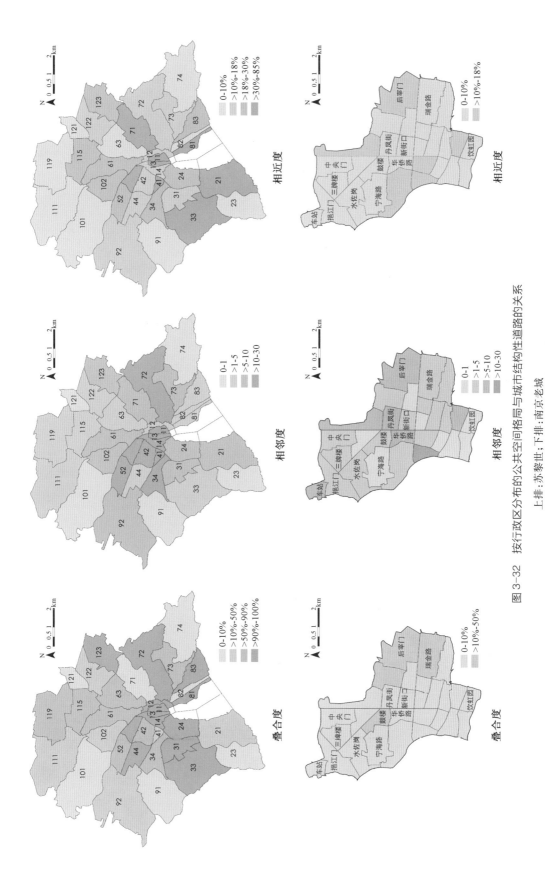

图3-32 按行政区分布的公共空间格局与城市结构性道路的关系
上排：苏黎世；下排：南京老城

103

表 3-8　苏黎世与南京老城按行政区分布的公共空间格局与城市结构性道路的关系

苏黎世				南京老城		
分区名	叠合度	相邻度	相近度	分区名	叠合度	相邻度	相近度
11	93.8%	28.6	64.0%	饮虹园	0	0	0.4%
12	91.0%	3.2	13.4%	钓鱼台	0	0	2.8%
13	92.3%	17.2	78.7%	夫子庙	0	8.3	17.4%
14	96.6%	25.0	12.3%	建康路	0	4.3	4.0%
21	38.6%	6.5	82.0%	双塘	0	0	0
23	0	0	0	大光路	0	2.9	7.3%
24	99.0%	6.9	19.7%	安品街	0	0	6.9%
31	99.1%	7.3	11.2%	洪武路	0	1.5	0.6%
33	91.8%	2.8	34.4%	瑞金路	8.5%	3.4	14.1%
34	63.4%	29.3	20.8%	五老村	0	1.9	3.5%
41	38.8%	12.8	44.4%	淮海路	0	0	4.9%
42	63.4%	12.4	15.4%	朝天宫	0	3.7	10.2%
44	97.6%	4.2	12.7%	止马营	0	23.6	15.9%
51	100%	16.3	33.7%	梅园	0	0	4.9%
52	80.9%	15.0	28.0%	新街口	0	1.5	8.9%
61	75.4%	5.9	20.6%	华侨路	0	5.5	4.0%
63	88.9%	4.4	7.9%	丹凤街	0	7.5	3.8%
71	0	7.7	52.0%	五台山	0	3.9	11.1%
72	98.1%	12.0	10.9%	后宰门	26.5%	7.3	14.6%
73	77.1%	5.2	10.6%	兰园	15.5%	4.9	9.3%
74	0	0	0	宁海路	0	1.0	0.5%
81	99.8%	4.3	50.4%	鼓楼	6.0%	2.4	6.2%
82	0	3.1	3.3%	湖南路	0	0.9	5.2%
83	90.4%	5.0	19.5%	水佐岗	0	2.6	3.7%
91	0	0.3	4.1%	三牌楼	0	3.3	1.4%
92	25.7%	6.5	13.1%	中央门	0	4.7	6.8%
101	0	0	0	玄武门	0	5.4	11.8%
102	15.3%	8.6	20.3%	挹江门	0	3.2	9.3%
111	49.8%	3.1	8.2%	车站	0	7.9	5.7%

苏黎世			南京老城			
分区名	叠合度	相邻度	相近度	分区名	叠合度	相邻度	相近度
115	70.8%	4.9	18.3%			
119	68.5%	3.4	3.1%			
121	0	0	0.4%			
122	10.5%	4.9	10.6%			
123	98.5%	5.1	18.0%			

关系模式Ⅰ-5：比较苏黎世和南京老城结构性道路轴线与城市公共空间的区位分布，结构性道路与公共空间的包含关系悬殊最大，毗邻关系数据接近，邻近关系介于两者之间。毗邻关系一致体现出两市公共空间沿主要结构性道路的展示面相似。叠合度与相近度指标反映出南京老城公共空间与线性结构性轴线的关联不及苏黎世紧密，苏黎世模式较利于公共空间格局效率与公平的发挥。

（2）结构性道路的断面形式比较

苏黎世结构性道路的宽度(D)基本在18—32 m之间，沿街建筑檐口高度(H)一般为14—20 m，D/H维持在1—2之间。城市结构路网的典型断面是：5.5—6 m宽的双向有轨电车道居中，两侧各一条约3 m宽的机动车道，自行车与机动车道共用或是单独设1.5 m宽的自行车道，路边紧邻建筑的是3 m左右的人行道，步行区有时根据需要另设辅路。公共建筑沿街而立，一般不退让，住宅后退6 m左右形成入户小花园。行道树较少，道路布局紧凑。除过境交通路线及Seilergraben、Utoquai等主要交通性干道外，苏黎世没有4车道以上的道路。

南京老城结构性道路的宽度(D)在35—45 m之间，以40 m居多。沿街建筑高度变化大，低层、多层和高层建筑穿插。道路宽度与建筑裙房高度的比例关系合理，大致控制在1.5—2之间。道路断面以"三块板"形式为代表：中间车行道为6车道，宽21 m，两侧依次为宽3.5 m左右的自行车道和人行道[①]；机动车与自行车道之间有茂密的行道树分隔，自行车与人行道之间有时也以行道树间隔。行道树构成南京城市道路的最大特色，中山路的梧桐、北京东路的雪松、北京西路的银杏、进香河路的水杉，这些线性树列引导着人们前进的路线，斑驳的树影瞬息万变，远比沿街界面退让不一、形式多样的

---

① 这是经历数次扩建和改造的结果。1929年完成的《首都计划》中，中山路（今中山北路、中山路、中山东路）和子午路（今中央路）等干道的标准宽度为28 m，其中两旁人行道各5 m，中间车行道18 m。参见苏则民. 南京城市规划史稿：古代篇·近代篇[M]. 北京：中国建筑工业出版社，2008. "三块板"式的道路并不完全是西方紧凑型林荫大道的翻版。中国古代的城市干道，尤其是御街，不乏人为划分为三股道的传统。《王制》记载，"道有三涂""道路男子由右，女子由左，车从中央"，有着明确分工。汉长安的干道、东汉洛阳的中央御道、唐长安的朱雀大街都采用了左右两涂供人行走、中涂作为专用御道的断面形式。朱雀大街的御道与人行道之间以御沟分隔，还广植排列整齐的槐树作为行道树，号称"槐衙"。

建筑更吸引目光，成就了南京老城的标志性景观之一①。

　　苏黎世与南京老城结构性道路断面的宽高比 D/H 基本控制在 2 以内，比例紧凑、围合感好（图 3-33）。南京结构路网的宽度是苏黎世的 1—2 倍，两者均处于 48 m 以内的合理区间。但为何从断面形式看各方面比较接近的道路会在公共空间属性上产生显著差距呢②？

　　首先，道路宽度分配的利用效率不同。比如苏黎世的机动车道虽然只有 4 车道，但双向电车轨道位于路中央，电车载客量大、覆盖面广、发车频率高、车速稳定，最多每隔 200—300 m 就有停靠站点，妥善解决了大量人流的常规出行交通。电车公共交通与步行系统联系紧密，苏黎世市民出行方式结构中仅有 23% 的小汽车交通③，减轻了机动车道的通行压力。南京老城正在逐步推行公交专用道和优先道制度，但小汽车使用率近年猛增，导致道路车流量大，噪声、拥堵和空气污染增加，不仅街道空间品质受到影响，而且运输效率较公共交通方式低得多。从结构路网单侧人行道的绝对宽度看，苏黎世通常在 3 m 左右，南京约为 3—5 m，较苏黎世宽裕。但南京老城的人行道常同时作为自行车停车和汽车临时停车的地方，沿街店铺则经常挤占路权，实际可通行空间在两者的夹缝之间。

　　其次，交通政策制定的道路优先权不同。苏黎世对不同交通方式的路权有非常明确的规定，"公共交通第一"原则经 1973 年全民公投通过后一直贯彻至今，在经济投入和政策制定上给予扶持。步行和自行车交通具有第二优先权，在任何没有红绿灯的过街人行横道处，小汽车需礼让行人先行。这是尽管苏黎世人行道不宽，却很少感觉不便的原因之一。一些较宽的道路和主要公共空间节点周边通常设有专门的自行车道。苏黎世环境友好型交通的优先路权支持了良好公共空间氛围的形成。虽然南京出台了斑马线礼让行人的政策，但步行者与汽车相比仍处于弱势地位。步行空间在与机动车、非机动车对路权的博弈中居于下风，此种状态下的道路难以产生较强的社会生活属性。

　　最后，城市界面水平和垂直方向的连续性及公共性程度的差异也是重要原因之一。二维断面不能反映行进过程的体验，所以类似的断面形式可能因沿街建筑界面的物质差别产生完全不同的空间感受。某种程度上，横截断面这种表达形式缩小了道路间公共空间属性的差距。

　　如果将苏黎世、南京的结构性道路与尺寸接近的世界优秀街道的断面形式相比较

---

① 据华揽洪考证，1949 年前南京仅有 2 000 棵行道树，新中国成立后猛增到 20 万棵。如果加上花园和公园里的树木，总量达到 120 万棵。参见华揽洪. 重建中国：城市规划三十年（1949—1979）[M]. 李颖，译. 北京：生活·读书·新知三联书店，2006.

② 据上一小节的统计，苏黎世高达 79.3% 的结构性道路属于公共空间，而南京老城线性结构道路与公共空间仅有 3.5% 的叠合度。

③ 对于发达国家的城市来说，这是一个相当小的比例。Waser M. Everyday walking culture in Zurich[EB/OL]. www. walk21. com.

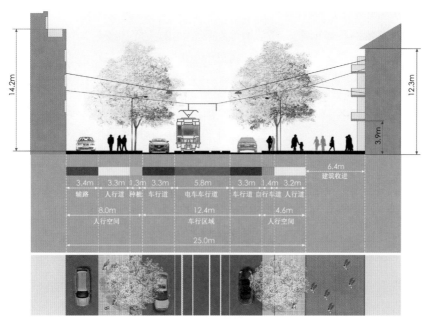

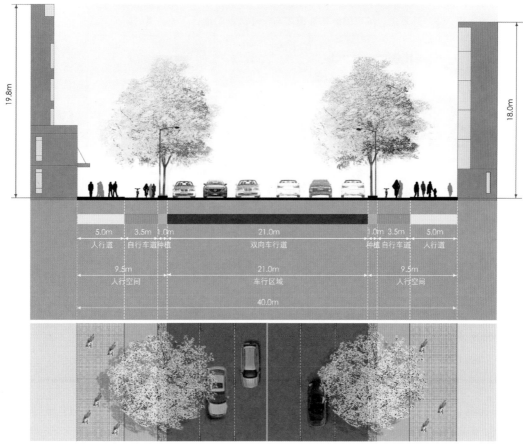

图 3-33　苏黎世与南京老城结构性道路的断面比较

上：苏黎世；下：南京老城

（表 3-9），除了联系火车站与苏黎世湖的班霍夫商业街（Bahnhofstrasse），苏黎世几乎没有哪条街道能够特别凸显出来。其结构性道路轴线的主要特征是实用、亲切、紧凑，道路宽度相对狭窄，步行空间占比偏低，也缺乏能为街道增色的行道树系统。但这些轴线与其他街道网络组合成的"协奏曲"作用力强大，高效地服务于公共交通、步行、自行车和小汽车等各种交通方式，形成一种统一的体验，创造了友好的公共空间物质环境。南京老城的结构性道路尺度适宜，绿化得天独厚。与优秀案例最大的不同是，道路两侧车行道与人行道之间各增加了 3—5 m 宽的自行车道。目前自行车交通仍是我国市民出行的主要交通方式之一，所以这些慢车道必不可少。作为通行空间，它们对公共空间的积极贡献不及步行空间，毕竟人们不可能在自行车道上停留、会面、舒适地聊天，自行车，尤其是电动自行车的车速和潜在的安全隐患还可能给相邻人行道上的活动造成负面影响。不过与机动车相比，自行车的速度温和许多，人们能够看清彼此的形貌，即使没有任何视线或言语的交流，也比封闭在一个个生硬的金属硬壳里能够更多地融入城市空间。自行车道的加入使我国城市道路路权的争夺更加复杂。

表 3-9　苏黎世、南京的结构性道路与尺寸接近的世界优秀街道的断面形式比较

城市	道路名称	道路总宽度/m	车行道宽度/m	机动车道数量	自行车道宽度/m	人行道宽度/m	辅路宽度/m	绿化隔离带及宽度/m	建筑后退距离/m	沿街建筑檐口高度/m	道路高宽比
巴塞罗那	Paseo de Gracia	61	18	6	—	22	11	10(树木二次限定)	0	22	1:2.8
	Ramblas	32	14.5	4	—	14+3.5	0	(树木二次限定)	0	22	1:1.5
		28	10.5	2—4	—	11+6.5	0	(树木二次限定)	4	22	1:1.4
艾克斯	Cours Mirabeau	45	16	4	—	29(23.5)	0(5.5)	(树木二次限定)	0	15—18	1:2.5
巴黎	Avenue Montaigne	38	13	4	—	6	8.5	4(树木二次限定)	6.5	22	1:1.7
	Boulevard Saint-Michel	30	15	4—5	—	15	0	(树木二次限定)	0	22	1:1.4
苏黎世	Bahnhofstrasse	26	5.5	2	—	20.5	0	(树木二次限定)	0	20	1:1.3
	Badenerstrasse	32	12.5	2+2+1	3	6.5	3.5	(树木二次限定)	6.5	14	1:2.3
		17	11	2+2	—	6	0	0	0	16	1:1
	Seilergraben	21	15	2+3	—	6	0	0	0	14	1:1.5

城市	道路名称	道路总宽度/m	车行道宽度/m	机动车道数量	自行车道宽度/m	人行道宽度/m	辅路宽度/m	绿化隔离带及宽度/m	建筑后退距离/m	沿街建筑檐口高度/m	道路高宽比
苏黎世	Regensberg-strasse	18	6	2	—	5	0	（树木二次限定）	7	10	1:1.8
	Limmatquai	21	9	2+1	1.5	10.5	0	0	0	14	—
	Utoquai	48	15	5	—	3	0	30	0	18	—
南京	中山路 中央路 汉中路	40	21	6	7	7	0	5	不等	10—80	1:0.5—1:4
	御道街	40	14	4	7	7	0	12(树木二次限定)	不等	7	1:5.7
	北京东路	41	21	6	10	0	0	10(树木二次限定)	不等	20	1:2.1
	北京西路	38	14	4	7	10	0	7	不等	20	1:1.9
	北安门街	38.5	17.5	5	7	10	0	4	不等	20	1:1.9
	中华路	34.5	17.5	5	7	5	0	3	不等	20	1:1.7

资料来源：苏黎世和南京数据来自现场调研；其他城市案例据雅各布斯. 伟大的街道[M]. 王又佳，金秋野，译. 北京：中国建筑工业出版社，2009. 整理得到。

（3）公共空间格局与城市竖向构成

在多山环抱的起伏天际线的映衬下，苏黎世成为一座多层建筑之城，对高层建设管控严格，至 2010 年，16 层(50 m)及以上的高层建筑仅 22 栋。以苏黎世州 1975 年制定的规划建筑法中高层区(high-rise zone)的相关条款为基础，苏黎世于 2001 年出台了"高层建筑项目规划和评价导则"。该导则提出：城市区划中决定高层区选址的原则基于对城市整体的详细分析和评估，包括城市景观剖析，以及对地形、自然空间、建筑物结构的同质性、公共交通和主要干道的可达性潜力、历史建筑敏感性的评估。居住区域在与自然空间的交界处和有风景的山坡上不允许建设高层，老城、湖滨、衔接老城与北部新区的 Milchbuck 也要避免主导性竖向元素。高层区主要分布在铁轨沿线和北部新区，根据文脉敏感度划分为 3 个层次(图 3-34)，突出了中央火车站和厄利孔火车站的门户地位。

苏黎世在全市范围内贯彻的"高层区"政策有效扼制了高层建筑的蔓延，最大限度地保护了老城和湖滨等敏感地带的天际线。高层布局模式接近于梁鹤年提出的第四种类型(参见 3.3.3 节)，塔楼被明确限定在城市西部和北部用来强调某些地点的重要性，并特别注重这些地标性建筑分布与城市干道之间的联系。这种将高层建筑在指定区域内分散而非集中布置的策略，不同于莫斯科或纽约早期规划中表现出的过分刚性，既基于现实需要，又能适应城市的变迁及生长需求。它与苏黎世人反权威、反纪念性、反宏大叙事的民主文化一脉相承，也与"小小大城市"（little big city）的内在精神颇为贴合。不过，至少到目前为止，这些选址经过反复科学论证的高层建筑创造出的空间效果其实并不尽如人意：为了强调"门户"作用，突出对天际轮廓线的塑造，孤零零的塔楼主要被排列在利马特河南岸的几条主干路的端点处，远看仿佛一个个高度、间隔相似的"桥头堡"，缺乏起伏转承的韵律变化，也并没有使城市结构变得更加清晰（图 3-35）。苏黎世的高层建筑总量较少，主要用作公司总部和住宅等私人物业，对公共空间和社会生活的整体影响有限。

图 3-34　苏黎世根据敏感度划分的
3 个层次的高层建设区

资料来源：Eisinger A，Reuther I，Eberhard F，et al. Building Zurich[M]. Basel：Birkhäuser，2007.

图 3-35　苏黎世局部地段的高层分布

资料来源：作者摄自陈列于苏黎世规划部门的实物模型。

　　改革开放后的 30 年间，南京建成 1760 幢高层建筑，其中八成以上集中在老城[①]。高层的涌现不仅改变了城市天际线，而且给市民日常生活带来很大影响。由于缺乏强制性的高层建设分区法规，高层布点、数量、高度、形体、风格和色彩的随意性较大，有少数建筑对城市的山水特色和古城格局造成难以修复的建设性破坏。在土地经济规律的作用下，高层布局主要分布在以大新街口地区为中心，中山路、中山北路（鼓楼—大方巷—山西路的带形区域）、中山东路、汉中路、洪武路、丹凤街沿线的用地范围内，向城市主干路和广场聚集的态势非常明确（图 3-36）。这种向心模式能够产生强大的集聚效益，不仅利于城市的高密度集约化发展，还能促使公共生活向城市中心汇聚。2010年建成的 450 m 高的紫峰大厦就是相当成功的一例，作为"城市之冠"，它提升了整个

---

① http://news.sina.com.cn/c/2005-07-28/14366552615s.shtml.

鼓楼地区的核心节点意义，为相邻的鼓楼和北极阁广场增添了新的生机。但南京的公共空间主要散布于城市外围，与汇集在市中心的高层分布趋势相背离，影响了公共空间格局的总体效率。

计算苏黎世和南京老城的相关数据如表3-10。苏黎世公共空间100 m缓冲区内的16层及以上高层过少，不具统计意义；7—15层高层与6层及以下多层建筑的比例分别高出缓冲区占比8.9个百分点和6.1个百分点，说明建筑总量分布有明确的向公共空间集中的趋势。南京老城中，公共空间100 m缓冲区内的16层及以上高层的占比显著高于缓冲区占比，表现出与公共空间格局的高度一致性；15层以下建筑分布与公共空间格局的关系不大（表3-10、图3-37）。

图3-36　南京老城的高层分布地块

资料来源：王建国工作室. 南京老城空间形态优化和形象特色塑造［Z］. 南京：东南大学建筑学院，2003.

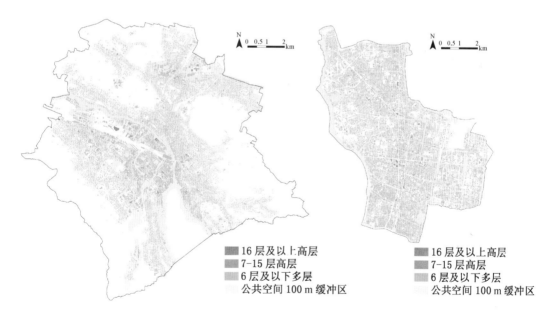

图3-37　苏黎世与南京老城公共空间100 m缓冲区内的建筑分布

左：苏黎世；右：南京老城

关系模式Ⅰ-6：苏黎世总体建筑和南京老城50 m以上高层向公共空间集聚的布局模式，意味着相互间具有更好的步行可达性，利于支持近邻公共空间中活动的发生，提升公共空间格局效率及公平。

表 3-10　苏黎世与南京老城公共空间 100 m 缓冲区内的建筑分布

		16 层及以上高层		7—15 层高层		6 层及以下多层		面积	
		数量	比例	数量	比例	数量	比例	m²	比例
苏黎世	公共空间 100 m 缓冲区	14	—	188	73.44%	15 280	70.64%	34 361 893	64.54%
	城市建设用地	22		256		21 630		53 241 235	
南京老城	公共空间 100 m 缓冲区	122	63.87%	842	51.85%	14 398	51.18%	21 950 999	51.00%
	城市建设用地	191		1 624		28 134		43 042 032	

3.5.4　公共空间格局与城市圈层结构

① 圈层结构划分。根据城市的社会经济活动分布、用地特征和建筑使用性质，将苏黎世与南京老城划分为三个对应圈层，从市中心向外依次为核心圈层、中心圈层和外围圈层。苏黎世的核心圈层为老城范围；中心圈层经反复现场调研确认，界限从老城外延伸至利马特河与火车站场的腹地以及苏黎世湖邻域等公共性较强的部分；外围圈层包括城市建设用地扣除核心及中心圈层的区域。南京老城的核心圈层采用"新街口市级商业中心"中制定的范围；中心圈层包括核心圈层以外、由新模范马路—虎踞路（城西干道）—升州路—建康路—龙蟠中路（城东干道）围合的快速内环以内的区域；外围圈层为老城扣除核心圈层和中心圈层的剩余区域（表 3-11、图 3-38）。

表 3-11　苏黎世与南京老城的圈层结构划分

圈层	空间范围		面积/km²		比重/%	
	苏黎世	南京老城	苏黎世	南京老城	苏黎世	南京老城
核心圈层	老城	大新街口	1.554	1.601	2.9	3.7
中心圈层	利马特河与火车站场的腹地、苏黎世湖邻域	快速内环以内	11.681	19.815	22.0	46.1
外围圈层	城市建设用地扣除核心圈层和中心圈层	城市建设用地扣除核心圈层和中心圈层	40.006	21.626	75.1	50.2
城市建设用地	区界扣除林地、郊野绿地和外围水体	老城	53.241	43.042	100	100

② 基于公共空间类型的圈层梯度模式（图 3-39、表 3-12）。

A. 广场。苏黎世核心圈层和外围圈层的广场用地面积、数量远大于南京老城；中心圈层基本持平。从用地百分比看，苏黎世各圈层内的广场用地比例均显著高于南京老城对应圈层。核心圈层的广场区位熵值达 9.635，反映广场在核心圈层高度聚集；自市

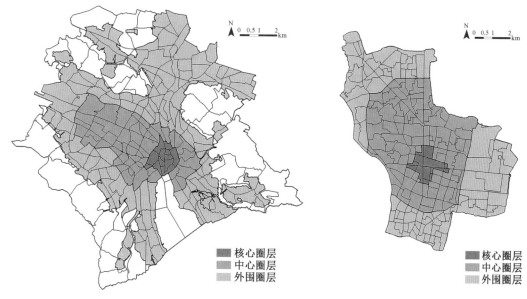

图 3-38　苏黎世与南京老城的圈层结构划分

左:苏黎世;右:南京老城

中心向外,苏黎世广场用地比例随圈层递减趋势明显。南京老城广场用地比例则在经历了从核心到中心圈层的小幅增加后迅速缩水,外围圈层分布极少。

B. 街道。苏黎世各个圈层的街道用地面积、数量和占地百分比远超南京,用地比例约为南京老城的 3—4 倍,街道空间丰富得多。从核心圈层向外,苏黎世和南京老城的街道用地比例均明确地随圈层递减,区位熵值随之下降,反映公共生活越集中的地方越容易形成具有社会属性和价值的街道。

C. 公共绿地。两市公共绿地的数量和用地面积比近似,但圈层分布规律相反。苏黎世公共绿地的圈层梯度分布呈现出与广场、街道相仿的规律,自核心圈层向外围圈层递减;南京老城则依次递增。苏黎世的核心圈层内有较多的公共绿地,也有超过 5 万 m² 的大型休闲公园;南京老城的核心圈层几乎只有金陵饭店退让形成的一处不到 3 000 m² 的公共绿地。中心圈层内,苏黎世公共绿地的用地百分比和平均绿地面积均大于南京,区位熵值大于 1,公共绿地分布超过全市平均水平。外围圈层内,南京老城的公共绿地百分比和平均面积较大,区位熵值反映出的公共绿地的作用比较突出。

D. 滨水空间。苏黎世核心圈层的滨水空间用地比例较高,中心和外围圈层比例接近。区位熵值表明,滨水空间的集聚程度仍依圈层递减。南京老城核心圈层没有水体因而没有滨水空间,中心圈层滨水空间较少而外围较多。南京滨水空间的总量大于苏黎世,但主要水滨集中在外围城墙、护城河和玄武湖沿岸;而苏黎世的水体穿越城市中心,滨水空间在城市中发挥的作用积极和重要得多。

图 3-39　苏黎世与南京老城基于公共空间类型的圈层梯度模式

左：核心圈层；中：中心圈层；右：外围圈层　上排：苏黎世；下排：南京老城

广场
街道
公共绿地
滨水空间
复合街区

表 3-12　苏黎世与南京老城基于公共空间类型的圈层梯度模式

类型	核心圈层		中心圈层		外围圈层		全市	
	苏黎世	南京	苏黎世	南京	苏黎世	南京	苏黎世	南京
广场用地/m²	108 356	14 895	214 106	204 234	342 025	31 954	664 487	251 083
广场数量/个	35	6	42	33	59	18	126	55
广场面积占总用地百分比	7.0%	0.9%	1.8%	1.0%	0.9%	0.2%	1.3%	0.6%
广场区位熵	9.635	1.594	2.533	1.765	0.686	0.253	9.635	1.594
街道用地/m²	207 625	63 228	1 049 431	408 618	1 712 577	277 200	2 969 633	749 046
街道数量/个	39	8	152	31	194	27	330	59
街道面积占总用地百分比	13.4%	4.0%	9.0%	2.1%	4.3%	1.3%	5.6%	1.7%
街道区位熵	4.081	2.268	2.744	1.184	0.774	0.737	4.081	2.268
公共绿地用地/m²	76 588	4 957	300 569	263 859	890 101	661 718	1 267 257	930 534
公共绿地数量/个	7	2	23	55	94	63	119	120
公共绿地面积占总用地百分比	4.9%	0.3%	2.6%	1.3%	2.2%	3.1%	2.4%	2.2%
公共绿地区位熵	3.458	0.143	1.805	0.617	0.945	1.415	3.458	0.143
滨水空间用地/m²	65 604	0	123 840	315 993	437 147	946 409	626 591	1 262 402
滨水空间数量/个	19	0	17	38	12	65	40	97
滨水空间面积占总用地百分比	4.2%	0%	1.1%	1.6%	1.1%	4.4%	1.2%	2.9%
滨水空间区位熵	5.843	0.000	1.467	0.579	0.943	1.461	5.843	0.000
复合街区用地/m²	109 368	50 594	41 847	32 315	91 902	35 097	243 117	118 007
复合街区数量/个	21	3	6	2	3	1	30	6
复合街区面积占总用地百分比	7.0%	3.2%	0.4%	0.2%	0.2%	0.2%	0.5%	0.3%
复合街区区位熵	22.058	9.315	0.949	0.668	0.674	0.688	22.058	9.315
公共空间用地/m²	567 541	133 674	1 729 793	1 225 019	3 473 752	1 952 378	5 771 085	3 311 072
公共空间数量/个	121	19	240	159	362	174	645	337
公共空间面积占总用地百分比	36.5%	8.4%	14.9%	6.2%	8.7%	9.2%	11.0%	7.7%
公共空间区位熵	3.357	1.140	1.315	0.797	0.817	1.129	3.357	1.140

注：全市各类公共空间的统计数量小于核心圈层、中心圈层与外围圈层的对应数据之和，是因为圈层交界处的公共空间同时属于这两个圈层，因此被计算了两次。

　　E. 复合街区。苏黎世各个圈层内复合街区的用地面积、数量和占地百分比高于南京。两座城市的复合街区都主要集中在核心圈层，与复合街区内涵相符，也与市民群体公共生活的社会需求一致。

苏黎世全市公共空间的圈层分布规律十分清晰。各种类型的公共空间用地面积比均按照核心圈层—中心圈层—外围圈层的层次递减。公共空间面积占比在核心圈层高达36.5%，区位熵达3.357，中心和外围圈层分别为14.9%、1.315和8.7%、0.817，圈层结构非常鲜明，对公共空间的格局效率具有积极作用。这种城市中心区空间量的充裕、类型和活动的多样性是由历史的延续而逐渐累积起来的，中心区昂贵的地价抑制了停车位和道路的增加，进一步促成了对步行和公共活动友好的环境。南京老城中，外围圈层的公共空间比例略高于苏黎世，核心和中心圈层的比例则低得多，老城公共空间总体比例低于苏黎世是核心与中心圈层缺乏公共空间造成的。自市中心向外，南京老城广场、街道和复合街区类公共空间大致遵循了圈层递减规律，公共绿地和滨水空间呈明确的反向递增趋势。加和统计后三个圈层内公共空间的总量趋于均布，中心圈层的公共空间相对最少，发挥的效用最低（图 3-40）。由公共绿地和滨水空间构成的软质公共空间中心少、外围多的分布形态符合一般规律，但广场街道类硬质公共空间的圈层级差没有拉开，影响了公共空间总体格局效率的发挥。从圈层分布属性看，老城公共空间系统的优化重点应当是增加核心和中心圈层的街道广场空间的数量、面积和连贯性。

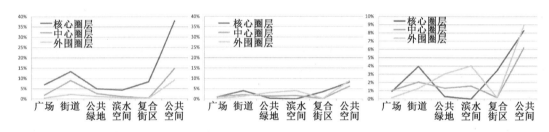

图 3-40　苏黎世与南京老城各类型公共空间的圈层分布比较
左:苏黎世;中:与苏黎世相同纵坐标下的南京老城;右:南京老城

关系模式 I-7：**苏黎世各种类型的公共空间用地份额均按照核心圈层—中心圈层—外围圈层的层次递减，圈层结构非常鲜明，有利于公共空间的格局效率的提升。南京老城三大圈层的公共空间用地比例较平均，老城公共空间总体比例低于苏黎世主要是核心与中心圈层缺乏广场街道类硬质公共空间造成的。**

③ 基于公共空间层级的圈层梯度模式。分别绘制苏黎世与南京老城的公共空间层级图如图 3-41。苏黎世公共空间等级体系的确定参照《城市空间 2010》(*Stadträume 2010*)，据其对片区、城市、区域的重要程度及国内外影响，建立不同的公共空间层级。其中，"区域级"是指具有区域、全国乃至国际影响力的公共空间。苏黎世区域级公共空间主要分布在 Platzspitz 公园、中央火车站街区的公共广场、班霍夫大街、利马特河岸、苏黎世湖岸，以及厄利孔和洛伊特申巴赫(Leutschenbach)地区的中心地带，它们比

紧邻地区的影响力和吸引力大得多。核心、中心、外围圈层的区域级的公共空间的区位熵值分别为12.161、0.519、0.707，表明区域级公共空间在核心圈层内具有显著的区位意义。"城市级"指的是具有城市重要性、服务于整个城市的公共空间。苏黎世城市级公共空间涵盖老城、厄利孔新区、城市结构性轴线及重要休闲文化场所等，区位熵值反映出主要分布在核心及中心圈层。"片区级"即服务于片区的公共空间。苏黎世片区级公共空间与城市级空间穿插布局在中心和外围圈层内，中心圈层较充裕。南京老城公共空间等级的确定采用与苏黎世相似的标准，由实地调研取证结合综合判断得到。区域级公共空间位于核心圈层的新街口片区。城市级主要包括鼓楼广场区、珠江路、长江路、夫子庙、湖南路、明故宫轴线、古林公园、白鹭洲公园，以及沿玄武湖和城墙的公共绿地，自核心圈层至外围圈层地位递增。片区级公共空间散布在城中各处，在三个圈层中的作用相差不大(表3-13)。

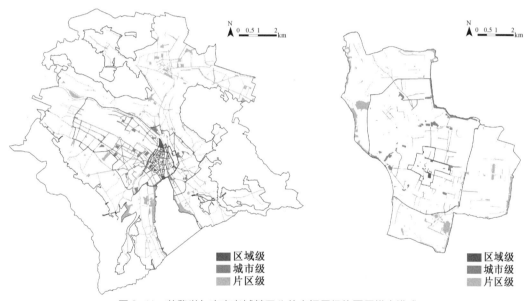

图3-41　苏黎世与南京老城基于公共空间层级的圈层梯度模式

左：苏黎世；右：南京老城

表3-13　基于公共空间区位熵的苏黎世与南京老城圈层梯度模式

	苏黎世公共空间			南京老城公共空间		
	区域级	城市级	片区级	区域级	城市级	片区级
核心圈层	12.161	5.570	0.090	26.884	0.603	0.900
中心圈层	0.519	1.807	1.871	0	0.886	1.025
外围圈层	0.707	0.587	0.781	0	1.134	0.985

　　苏黎世和南京老城的区域级公共空间均高度集中于核心圈层。区别在于，苏黎世外围和中心圈层也分布着少量区域级空间。这源于苏黎世的城市中心体系由"一主"(老

城）、"一副"（厄利孔）构成，副中心分化了小部分最高等级的公共空间，且苏黎世湖横跨了三大圈层。南京老城则围绕新街口主核单中心发展，故区域级空间完全位于核心圈层内。两座城市差异最大的是城市级和片区级公共空间的圈层布局模式。区位熵值运算表明，苏黎世城市级公共空间在核心圈层的集聚态势十分明确，在中心圈层也颇具区位意义，在外围圈层发挥的作用较小；南京老城与此相反，自市中心向外，城市级公共空间的作用力递增。相比之下，苏黎世模式顺应了公共行为和活动的向心规律，在公共生活越丰富的地方布置越多的公共空间，符合人的需要，利于公共空间的格局效率提升；南京老城城市级空间的离心布置态势不利于公共空间的日常使用和效率发挥。苏黎世片区级公共空间主要分布于中心和外围圈层，中心圈层较多；南京老城的片区级空间比较均布。片区级空间对整个城市结构系统的影响较小。所以，从公共空间层级的圈层梯度布局角度出发，南京老城公共空间系统尤其需要增加的是核心与中心圈层的城市级公共空间，或是设法将一部分片区级空间升级为城市级以取得层级上的总体平衡。

关系模式Ⅰ-8：苏黎世和南京老城的区域级公共空间均高度集中于核心圈层。苏黎世城市级公共空间的效用自市中心向外递减，顺应了公共行为和活动的向心规律，利于公共空间的格局效率提升；反之，南京老城城市级公共空间离心布置，不利于公共空间的日常使用和效率发挥。

3.6 发展对策建议

基于上文对效率与公平视角下公共空间格局与城市结构形态相互作用的机理及其关系模式的规律性探讨，本节有针对性地提出我国城市结构形态层面的公共空间格局发展对策。这些策略不限于公共空间格局自身，也包括了从关系模式优化角度对城市结构形态层面诸因素的规范性建议。城市公共空间格局只有真正有效地参与城市自然要素、肌理、结构性特征和圈层结构的构成，形成同向作用的协同合力，才有可能获得持续良性发展的动力，并在与城市结构形态的互构中呈现出高效而公平的格局模式。

（1）整合自然要素，提升近山、滨水公共空间的公共性

城市公共空间总体格局与自然要素分布表现出的关系模式基本上由城市初始自然系统和发展过程所决定，而不会成为被追求的既定目标。但两者客观上形成的张力关系构成判定公共空间格局效率与公平的要素之一。就单一因素而言，公共空间格局不可能通过与自然要素的制衡依存关系实现效率与公平的双赢，因为两者的空间分布总体关系对效率与公平指标的作用倾向于此消彼长。然而，城市公共空间并非只能被动适应城市自然环境，它与自然要素的积极关系体现在以下三个方面。

首先，城市整体空间特色的塑造固然很大程度上取决于自然要素的区位、布局、规模和总量等先决条件，但更重要的是要通过城市公共空间的串联、整合将特色有序呈现出来。通过相互形塑过程，不仅城市结构和自然系统得到强化，而且更利于形成公共空间格局的个性特征，提升格局效率。空间格局公平可以经由其他形式公共空间的构筑加以弥补。因而，城市公共空间布局应在自然要素周边的局域地段以格局效率为先，并以公共性建构提升空间公平；在城市总体范围内以空间公平为导向，整合效率指标，平衡效率与公平的需要实现公共空间的格局优化。

其次，近山滨水公共空间，包括自然要素本身的公共性必须得到有效保障，这关系公共资源分配的公正性问题。依托自然环境的公共空间作为稀缺性优势公共物品，是进入权和使用权争夺及冲突异常激烈的地区，斗争的结果往往是富裕和中产阶层占据上风，进而导致公共空间的私有化。要避免这种趋势，使空间真正成为"公共的"，至少要变地块的封闭管理为开放式管理，增加使用者的空间活动自由，提高市民的可达性和参与程度。进而通过公共空间自身及用地和交通的组织、公共设施的布局创造多元包容的公共环境，满足公众多样的生活需求。

最后，不同城市区位、地形地貌、形态布局的自然要素适应的公共空间关系模式不同，应根据具体条件引导适宜开发模式。一般来说，位于城市内圈层、原有自然水土植被条件不佳、规模较小、城市密度大的自然资源优先选用重叠模式及边缘结合模式，并结合景观视廊的控制，实现城市的集中紧凑发展。反之，城市外围、生态敏感度高、中大规模、城市密度限制小、公共空间总量相对充裕的地区宜优先考虑分离模式的公共空间格局，减少对自然资源的人工化改造，丰富开放空间类型，同时也对公共空间的格局公平有一定积极作用。

（2）缩减街区尺度，通过建筑围合塑造完整的差异空间

城市由公共领域和居住领域两种对应的结构类型构成。由于公共空间供给的边际成本接近于零，总体处于供不应求状态，因而公共与居住领域内公共空间用地所占份额越大，越有余地和潜力建设良序运行的公共空间系统，实现公共空间格局效率与公平。我国城市公共空间普遍存在的总量不足问题在一定程度上影响了格局效率与公平的发挥，需要在现有基础上增加并合理配置公共空间资源。而公共空间在公共与居住领域之间的分配应保证公共领域公共空间的用地份额更加充裕，类型构成更均衡和丰富，以支持多样的公共生活。公共领域的公共空间既需要软质空间提供休闲放松娱乐活动场所，又需要硬质空间吸引人们的共同在场和社会交往，为不同阶层创造自然融合、健康有活力的城市生活；表达宏大叙事的纪念广场、基于展示和规训机制的空间难以满足和谐发展的需要。居住领域的公共空间基本以街道为主，但也应适当提供集中型广场绿地供社区居民使用，加强社区凝聚力，而不是过分依赖封闭社区内的活动场所。

从街区肌理看，小型街区内生的渗透性、连续性、可步行性和社会性品质毋庸置喙，而大型街区与单位大院、门禁社区的结合对城市公共空间的破坏严峻，街区尺度与公共空间格局的效率及公平呈稳定的负相关关系。我国城市在封建传统和计划经济体制时期形成及延续下来的树状大街区模式十分不利于公共空间的可达性和多样性，需要加大城市道路尤其支路网密度，减小街区尺度，加强"大院"空间路网的开放度，缩减单位及社区封闭管理规模。城市街区短边长度尽可能不超过200—250 m，中心区街区边长以不超过150 m为宜。强化新增道路的公共空间属性，以增加城市公共空间整体格局的渗透性、连贯性和系统性。开放公园等公共用地，取消收费准入制度，远期建议逐步开放公共职能较强的大学、企事业单位等封闭单元。

从建筑肌理看，它与公共空间格局的关系主要基于建筑群体组织方式。建筑与外部网络尺度相适应对公共空间的塑造和界定十分重要，周边街区式较独立式建筑布局更利于公共空间格局。因而，城市建筑组织应以公共空间为生长轴，通过建筑围合塑造完整、积极的差异空间，使公共空间成为与实体具有等同分量的"空间实体"，而不是建筑切割后的剩余空间。建筑粒度——即每栋独立建筑的平均基底面积——在相同空间组织方式下应尽可能小，为丰富和活跃公共空间创造更多机会。此外，较高的建筑密度对公共空间格局效率和公平而言是必须的，公共空间未必会降低城市密度，反而能够增加城市紧凑度，因为它们增加了可用空间的量。

城市界面的完整度和公共性品质与步行及社会交往活动关系密切，对公共空间格局效率与公平的判断同样非常重要。建议通过街区完整度、建筑相关度、贴线率、闭口率等指标的控制，塑造水平和垂直方向相对连续的建筑界面。城市规划条例中关于建筑退让道路红线间距的规定应对不同高度建筑制定统一标准，且同时规定退让距离的上、下限值，规定实施后长期严格执行，无特殊情形不应变更。城市界面尽可能避免采用消极单调的围墙或围栏形式，增加临街面活跃街段长度，促使更多公共活动发生，提升格局效率。

（3）关联结构特征，强化城市结构性轴线的社会属性

城市结构性特征决定了与其相关的城市外在形式。公共空间与积极结构要素的关联形态可用叠合度、相邻度和相近度三项指标描述。在我国城市中，公共空间与城市结构性轴线的毗邻关系通常比较密切，即相邻度较高，这是因为国家意识形态和权力领域主导的单向展示机制较强，这种展示心态沿主要结构性轴线序列得到充分表达；但包含和邻近关系普遍较弱，结构性轴线常被作为高等级的交通干线，而不是市民社会生活与交往的场所，也就无法吸引近邻公共空间向结构性轴线集聚。建议通过组织高水准国际竞赛将结构性轴线打造为连续的公共空间系统，强化轴线的社会属性，并尽可能使新增公共空间位于结构要素的步行可达范围内，重新建立城市结构性轴线与公共空间的紧密关系，使公共空间能够便捷地为最多数人使用，实现格局效率与公平双赢。对不利城市结构因素应通过公共空间建设重新联系被分隔的城市地区，力图修补和优化。

竖向构成也是影响乃至主宰城市结构性特征的重要因素，应对高层建筑选址、容量及形象进行合理规划调控。从效率与公平视角出发，公共空间近邻范围内集中的建筑相对总量越多，越能够促使城市公共空间"物尽其用"，同时也符合在使用者较多的地区配置公共空间的公平法则。为突出公共空间的形态及使用特征，鼓励建筑向公共空间集聚的紧凑布局模式。

（4）遵循圈层结构规律，保障中心区公共空间的充裕

圈层模式反映了城市用地的客观规律，也体现了社会经济活动的规则性分化，具有向心性和梯度分异的双重特征。公共空间分布遵循城市圈层结构规律并在内圈层形成更丰富多样的系统时，格局效率较高，因为能够由此发挥更大效用并服务于更多人口，而吸引和容纳各种社会性公共活动的力量是决定中心特征的关键因素。但市中心的用地竞争也是最激烈的，公共空间极易被经济利益所吞噬。因此，我国城市公共空间系统的优化重点是核心与中心圈层，尤其是要保障中心区公共空间的充裕，改变由建筑实体充塞而凝聚力欠缺的"虚空"状态。同时，公共空间层级系统也应遵循城市圈层结构逻辑，在内圈层布局更多的高等级公共空间，顺应公共活动的向心规律，提升公共空间格局效率。

3.7 本章小结

本章主要从公共空间格局与自然要素的制约/依存关系、与城市肌理的关联/拓扑关系、与城市结构性特征的连接/叠合关系，以及与城市圈层结构的向心/梯度关系四个层面揭示效率与公平视角的城市公共空间格局与城市结构形态协同互构过程中相互作用的机理和特征，探讨指标群定量化的可能性；以苏黎世和南京老城为例开展量化层面的形态学实证研究，分析两市公共空间格局与城市结构形态层面诸因素表现出的关系模式及其成因，并有针对性地提出我国城市结构形态层面的公共空间格局发展对策建议。结论如下：

① 城市公共空间系统与它所依附的自然地理条件直接相关，两者间的张力构成判定公共空间格局效率与公平的要素之一。公共空间格局与自然要素分布的三种空间关系——重叠模式、分离模式和边缘结合模式，既代表着中国与西方传统上认知自然的文化差异，又反映了自然环境主义与城市主义观点的对峙，可以应用区位熵法获得关于这种空间关系的精确印象。两者的作用关系建议从三个方面予以强化：通过公共空间对自然要素的串联和整合将城市整体空间特色有序呈现出来；有效保障近山滨水公共空间及自然要素本身的公共性，契合公众多样的城市生活需求；根据不同城市区位、地形地貌、形态布局的自然要素分布条件引导适宜开发模式。

② 城市公共和居住领域肌理的对比在公共空间领域中有着丰富表达，街区适宜尺度、建筑肌理及城市界面均影响对公共空间格局效率与公平的评价。城市由公共领域和

居住领域两种对应的结构类型构成，公共与居住领域的公共空间格局模式可以通过各领域的公共空间用地比例及其类型构成来衡量。在街区肌理方面，街区尺度与公共空间格局的效率及公平呈稳定的负相关关系，发展策略包括缩减街区尺度和增加用地开放性。在建筑肌理方面，周边围合式的建筑布局较独立式更利于公共空间格局，可以用建筑粒度和密度指标表征两者关系。建议通过建筑群体组织方式的优化增加城市紧凑度。城市界面的完整度和公共性品质对公共空间格局效率与公平的判断同样非常重要，建议通过各项指标控制塑造相对连续的建筑界面，提升公共价值。

③ 公共空间通过与积极结构要素的紧密结合能够强化城市特征，便捷地被最多数人使用，通过重新联系被分隔的城市地区能够修补和优化不利结构因素。公共空间与城市结构性轴线的积极关联主要有四种形态：结构性轴线本身属于公共空间；公共空间与积极结构性轴线毗邻；公共空间布局在积极结构性轴线的步行可达范围内；在消极结构性轴线的边缘增设公共空间，或是通过公共空间的跨越连通布局建立地区联系。前三种关联形态可分别用叠合度、相邻度和相近度三项指标进行量化。我国城市公共空间与结构性轴线的包含和邻近关系普遍较弱，建议通过强化结构性轴线的社会属性，重建两者的紧密关系。竖向构成也是影响乃至主宰城市结构性特征的重要因素，应对高层建筑选址、容量及形象进行合理规划调控，鼓励建筑向公共空间集聚的紧凑布局模式，可用公共空间近邻缓冲区内的建筑比例与缓冲区面积份额的数值关系衡量建筑布局与公共空间的关系。

④ 圈层模式反映了城市用地的客观规律，也体现了社会经济活动的规则性分化，具有向心性和梯度分异的双重特征。公共空间及其层级体系分布遵循城市圈层结构规律并在内圈层形成更丰富多样的系统时，公共空间格局效率较高。我国城市公共空间系统的优化重点是核心与中心圈层，尤其是要保障中心区高等级公共空间的充裕，顺应公共活动的向心规律。

⑤ 城市公共空间格局只有真正有效地参与城市自然要素、肌理、结构性特征和圈层结构的构成，形成同向作用的协同合力，才有可能获得持续良性发展的动力，并在与城市结构形态的互构中呈现出高效而公平的格局模式。尽管城市公共空间格局本身并不存在一种放之四海而皆准的理想模式，但却总有一些共同标准和内在价值观超越文化与地域的差异及限制而存在。

4 关联支配：公共空间格局与城市土地利用

城市土地利用与结构形态研究分属于两种不同体系：前者是规划思维主导的，将城市作为建筑和空间在功能体系上的产品；后者代表着典型的城市设计思维，视城市为一种空间组织秩序。城市形态学者关注城市的物质形态和人文内涵，他们认为功能本身不足以构成城市。用罗西的话来说，城市的价值在于"它是塑造现实和根据美学概念组织材料的人类产品""如果我们想阐明城市建筑体的结构和组成，我们就不能从功能的角度来解释城市建筑体……这种方法并不能揭示城市建筑物，恰好相反，这种方法是倒退的，因为它阻碍了我们对形式的研究，阻碍了我们根据建筑的真正法则来理解建筑世界"①。反之，研究城市用地的学者重点关注的是由土地自然生态、土地社会经济与社会用地需求权衡决定的土地功能过程，规划和建筑设计被视为城市用地的载体，空间形态问题处于次要地位。

本书的城市公共空间格局研究主要基于形态层面展开。同时将城市土地利用纳入考察范围的原因在于，城市公共空间格局与城市土地利用的关联支配关系是城市语境下公共空间格局之效率和公平考量及评价中不可或缺的内容。本章的侧重点不是土地利用本身，而是探索城市土地利用与公共空间格局之间所呈现的形态关系及其作用机理。笔者不认同将功能作为城市存在的理由，城市结构价值、建筑物与公共空间格局的经久性更加重要。但功能并非没有意义，性质不同的城市用地会对发生在其间的公共活动产生支持或抑制作用，建筑物功能对相邻的公共场所有重要影响。当我们将目光透过建筑物和墙体，把形态的社会意义纳入理解时尤其如此。

城市土地利用由诸多因素共同作用而形成，包括功能布局、用地性质和类型、用地密度以及土地价格等；城市公共空间是由一定功能、密度、价格的地块及其上的建筑布局共同塑造的，它们紧密关联并相互支配。在持续双向作用的进程中，城市公共空间格局与城市土地利用通过相互影响和干预实现整合，两者中任何一者的变化都会引起另一者随之发生适应性转变，最终通过自身的组织结构调整及反馈作用达至两者间的相对平衡。

---

① 罗西所称的"建筑"实际上指的就是"城市"，他把城市理解为建筑。参见罗西. 城市建筑[M]. 施植明，译. 台北：田园城市出版有限公司，2000.

公共空间格局与城市土地利用的关联支配关系体现在三个层面：首先是与土地利用性质的吸引/排斥关系，城市用地性质直接影响其间的公共活动，不同功能用地与公共空间格局的作用关系是衡量公共空间格局效率与公平的重要指标；其次是与土地利用密度的集聚/共生关系，通过密度控制可以实现城市的紧凑发展、公共空间格局与用地密度的共生，从而影响对公共空间格局效率和公平的整体评价；最后是与土地价格的择优/补偿关系，公共和居住领域中公共空间与土地价格的不同关系是衡量公共空间格局效率及公平的重要指标之一。

现有文献中从城市用地视角出发对公共空间格局与城市功能用地的相互作用规律和机制的探讨较为鲜见，仅有的几篇论文①主要从定量角度分析居住用地与开放空间分布的关系。公共空间格局与城市用地的关系比较难以定义和描述的原因是，不同城市所呈现的公共空间格局与城市土地利用的复杂关系似乎没有共性规律可言，难以定量计算。但在中西方比较的视野中这种关联性的差异将变得鲜明起来。本章的研究建立在对苏黎世市和南京老城土地利用现状的审慎分析之上。

4.1　吸引/排斥：公共空间格局与土地利用性质

城市公共空间与土地利用性质的吸引/排斥关系是衡量公共空间格局效率及公平的重要指标。城市用地性质直接影响其间的公共活动。某些土地功能如商业用地、旅游服务业用地、体育文化用地通常能够促进公共空间的积极使用；道路停车、工业基地，可能产生大量机动车交通、环境污染和噪声，对近邻公共空间的使用明显具排斥作用；教育科研、金融办公等用地需视具体情况分析。

城市建成环境的空间组织是文化在物质世界中作为真实存在的主要方式之一，正因如此，建筑物的空间组织形态中通常带有社会含义。围绕公共空间的建筑物并不中立，它们代表着其后的社会机构，将其社会状况和意识形态投射到公共领域中。从这个意义上说，建筑外立面的材料、色彩、风格等对公共空间的影响是第二位的，其通过外观传达出的社会意义才是首要的（图4-1）。

图4-1　建筑职能的转变表明物质与社会空间关系的复杂性

资料来源：Madanipour A. Design of urban space: an inquiry into a socio-spatial process [M]. Chichester: John Wiley & Sons, 1996.

注：都灵的 Lingotto 工业建筑最初是为菲亚特汽车生产而建，现在用于展览和文化事件。

---

① Yang C H, Fujita M. Urban spatial structure with open space [J]. Environment and Planning A: Economy and Space, 1983, 15(1): 67-84.

Elena G I, Bockstael N E. Land use externalities, open space preservation, and urban sprawl [J]. Regional Science and Urban Economics, 2004, 34(6): 705-725.

本节将从三个方面考察公共空间格局与土地利用性质相互作用的机理特征并制定相关标准：一是通过用地现状与公共空间区位熵等值线图的叠合，探讨单一性质用地布局与公共空间格局的作用机理；二是应用综合熵值法，寻找公共空间格局与土地利用混合程度之间的规律；三是应用近邻缓冲区法，分析城市公共空间与沿线土地利用之间的关系原理。

4.1.1　公共空间格局与城市用地大类标准

城市土地利用模式在中西方城市中有一定差异。西方城市由于市场经济下的位置极差地租效应，土地利用相对紧凑，不同使用功能相对分离，通常从市中心向外围，由金融、商业、办公和旧居住用地向工业、新居住用地转换，资本竞争对土地和空间区位的争夺在土地利用中表现出来，催生了各种城市功能布局理论，包括伯吉斯的同心圆理论、霍伊特(Hoyt)的扇形理论，以及哈里斯(Harris)和厄尔曼(Ullman)的多核心理论等。伯吉斯指出城市主要功能在空间中的安排是由环状地区共同构成的同心圆。霍伊特认为，城市各功能区呈扇形或楔形布局，这是因为同心环模式的经济地租机制还同时受到可达性的影响，其结果是不同收入阶层分异在不同扇形区域内。多核心理论则认为，相同和相似的互补性产业会因集聚效益而集中，互斥性产业会因外部不经济而分散，因此城市地区存在若干个主次中心。而中国城市受计划经济时代的土地划拨制度影响，土地利用基于地价分异的分布特征通常不明显。

根据本书研究的需要，参照我国国标《城市用地分类与规划建设用地标准》(GB 50137—2011)制定城市用地大类标准如下：居住用地(R)、公共设施用地(C)、工业仓储用地(M)、道路交通用地(S)、公用设施用地(U)、特殊用地(H)、水域和其他用地(E)，以及公共空间用地(P)，共计8类。对原分类标准的修正包括：将标准中的"公共管理与公共服务用地"和"商业服务业设施用地"合并为一类，即"公共设施用地"；将"工业用地"和"物流仓储用地"合并为一类，即"工业仓储用地"；将军事用地等"特殊用地"单列一类；将"绿地"大类按照"水域和其他用地"与"公共空间用地"进行分类，中类"公园绿地""广场用地"归入"公共空间用地"，"防护绿地"归为"水域和其他用地"；将城市非建设用地也归为"水域和其他用地"。修正后的分类标准将"公共空间用地"设为独立一类，强调公共空间在城市土地利用中的地位和作用。"公共空间用地"涵盖广场、街道、公共绿地、滨水空间和复合街区5项中类；从用地平衡角度出发，归属于"街道"的城市用地不属于"道路交通用地"范畴。

4.4.1节将以统一的新标准对苏黎世和南京老城的城市用地及其与公共空间格局的关系展开具体分析。苏黎世主要按照功能分区的要求进行用地分类，把若干个街区划作混合区，如核心区、工业区、游乐区等，与我国城市按用地性质的分类明显不属一个体系(表4-1)。而居住用地类别占到19大类用地中的7大类，等级上与混合功能的老城核心区、片区中心区并列，但与公共空间关系密切的公共领域用地却没有进行详细区分，这不符合本书研究需要。为增加可比性，笔者应用新的用地大类及细类分类标准对苏黎世土地利用现状进行了为期1个多月的详尽实地调研，并矢量化得到苏黎世用地现状图及平衡表，作为公共空间格局与城市用地性质实证分析的基础。

表4-1　苏黎世用地分类及代码

序号	代码	用地分类	原文
1	W2bⅠ	2层住宅区	zweigeschossige Wohnzone
2	W2bⅡ	2层住宅区	zweigeschossige Wohnzone
3	W2bⅢ	2层住宅区	zweigeschossige Wohnzone
4	W2	2层住宅区	zweigeschossige Wohnzone
5	W3	3层住宅区	dreigeschossige Wohnzone
6	W4	4层住宅区	viergeschossige Wohnzone
7	W5	5层住宅区	fünfgeschossige Wohnzone
8	Z5	5层的中心区	fünfgeschossige Zentrumszone
9	Z6	6层的中心区	sechsgeschossige Zentrumszone
10	Z7	7层的中心区	siebengeschossige Zentrumszone
11	I	工业区	Industriezone
12	IHD	工业与贸易及服务区	Industriezone mit Handels- und Dienstleistungsbetrieben
13	Oe	公共工程区	Zonen für öffentliche Bauten
14	Q	居住区的保护区	Quartiererhaltungszonen
15	K	核心区	Kernzonen
16	E	游乐区	Erholungszonen
17	F	保护区	Freihaltezonen
18	L	农业园区	Landwirtschaftszone
19	R	预留区	Reservezone

资料来源：苏黎世市建筑规范：建设和分区条例（Bauordnung der Stadt Zürich：Bau- und Zonenordnung）

在上述8类城市用地中，居住用地、公共设施用地和工业仓储用地从事生活、生产活动，是城市主要职能用地，它们与公共空间格局的关系是决定性的。在居住、公共设施和工业用地现状图上分别叠加公共空间区位熵等值线图（意义及做法详见附录1），就能够获得公共空间分布峰值、谷值与不同用地之间的大致关系。简化起见，本节用定性方法判断两两空间关系，在因子分值评估表中用5分制李克特量表（Likert Scale）法赋综合分值。原则上讲，**开放度高、能促使积极的公共生活发生的城市功能越临近公共空间区位熵等值线的高值区，与公共空间活动无关或具负面影响的用地越远离之，则同等条件下的公共空间格局效率越高，也较益于格局公平；反之亦然（作用机理Ⅱ-1）。**

4.1.2 公共空间格局与城市用地混合程度

要在量化层面描述公共空间格局与用地性质的关系，需要引入量化手段。测算城市土地利用形态的复杂性主要有三种分形维数：边界维数、半径维数（聚集维数）和网格维数[①]。边界维数测度不同用地类型边界的曲折性及其在空间上相互渗透的复杂性；半径维数表征用地的向心聚集程度，即与市中心的关系；网格维数可用于反映用地的空间分布均衡程度。但它们都无法描述公共空间格局与土地利用性质的具体关系。本节将难以定量计算的用地性质与公共空间格局关系的量度转化为对城市用地混合程度的界定，通过信息熵函数的引入使问题的复杂程度降维。

卢埃林总结的混合用途的好处有：更便捷的设施使用；通勤拥挤程度最小化；更多的社会交往机会；多样的社会团体；由"街道眼"带来的更安全的感觉；更高效的能源，对建筑和空间更有效的利用；对生活方式、地点和建筑类型更多的消费选择；更好的城市活力与街道生活；提升城市设施的生存能力以及对小企业的支持[②]。混合式的土地利用还能够增加公交出行比例、产生双向平衡的交通流量，据研究，居住区附近的零售商店能够增加搭乘公交通勤的人数；在大型郊区办公项目中，楼底板面积每增加20%的面积用于零售和商业用途，公共交通出行相应增加4.5%[③]。混合用途之外，还有综合用途的提法，例如把居住和就业用地整合在一起，减少通勤距离。土地混合使用思想已作为一种开发思路进入西方市场，它并不是要彻底否定现代主义的功能分区机制，而是对分区类别和如何应用分区进行矫正，以形成包容性城市分区而非排他性分区[④]。适宜的土地混合利用不仅能使不同性质的用地在经济和社会中相互扶持，而且能够通过影响城市居民的出行方式、出行距离、出行空间分布特征，以及到访公共空间的便利程度，影响居民的区间出行意愿和出行强度；而出行强度的增加会使公共空间的人流数量倍增，从而促进公共空间活动发生的可能，实现良性互动。

城市用地混合的潜力随城市化程度的增加而增加，同时也受到空间尺寸和建筑物类型的影响[⑤]。要实现城市用地混合程度的定量计算，一种方法是通过度量不同用地之间的距离，以临近度表征土地利用同质和异质分布的程度[⑥]，但其不适应性随用地种类和

① 赵晶,徐建华,梅安新,等.上海市土地利用结构和形态演变的信息熵与分维分析[J].地理研究,2004,23(2):137-146.
　刘继生,陈彦光.城镇体系空间结构的分形维数及其测算方法[J].地理研究,1999,18(2):171-178.
② Carmona M, Heath T, Taner O, et al.城市设计的维度:公共场所:城市空间[M].冯江,等译.南京:江苏科学技术出版社,2005.
③ 瑟夫洛.公交都市[M].宇恒可持续交通研究中心,译.北京:中国建筑工业出版社,2007.
④ 里昂·克里尔区分过两种分区模式:包容性的分区,不同用途可以占据同一区域,排除的是对环境有害或不相容的用途;排他性的分区,分区作为例行公事,为了分区而分区。参见 Carmona M, Heath T, Taner O, et al.城市设计的维度:公共场所:城市空间[M].冯江,等译.南京:江苏科学技术出版社,2005.
⑤ Pont M B, Haupt P. Spacemate: the spacial logic of urban density [M]. Delft: Delft University Press, 2006.
⑥ Talen E. Measuring urbanism: issues in smart growth research [J]. Journal of Urban Design, 2003, 8(3): 195-215.

计量范围的增加而增加；另一种方法是度量既定区域内不同用地类型的空间聚类程度。伯顿(Elizabeth Burton)曾设计过一套指标体系比较英国城市的用地状况。他通过分析牛津市的5个混合型街坊，归纳出7项代表用地混合程度的主要设施：报刊经销点、餐馆和咖啡馆、外卖店、食品店、银行和建筑社团、药店、医生诊所，设计指标如表4-2。该体系的优势是这些指标值能够通过当地的黄页、邮编目录和地方政府的统计数据方便地获取，但问题在于这7项简化了的主要设施毕竟无法表征城市全体居住和非居住用地分布，尤其是在英国之外的城市语境里。

表4-2　伯顿设计的城市用地混合程度指标体系

类型	指标
设施供应 （居住和非居住用地的平衡）	每1000名居民享有的主要设施数量（报刊经销点、餐馆和咖啡馆、外卖店、食品店、银行和建筑社团、药店、医生诊所）
	居住用地与非居住城市用地的比例
	每10000名居民拥有的报刊经销点数量
水平方向的用地混合 （主要设施的地理分布）	少于两项主要设施的行政小区比例
	包含四项或更多主要设施的行政小区比例
	包含六项及以上主要设施的行政小区比例
	包含所有七项主要设施的行政小区比例
	每个行政小区设施数量的变量——所有设施的平均标准差
	主要设施的总体供应和分布：每个行政小区的设施数量除以各区设施的平均数量
垂直方向的用地混合	居住在商业上：包括居住的零售空间面积占总零售空间的比例
	混合商业和居住功能：商业建筑中公寓的数量占总公寓数量的比例

资料来源：Burton E. Measuring urban compactness in UK towns and cities [J]. Environment and Planning B: Planning and Design, 2002, 29(2): 219-250.

（1）城市用地细类标准的制定

展开分析之前，首先要设定适当的土地利用分类，这直接关系结论的信度。4.1.1节制定的大类标准适用于城市功能布局分析，用作土地用途和混合程度研究则过于笼统。本节参照《城市用地分类与规划建设用地标准》(GB 50137—2011)和《南京市城市用地分类和代码标准(2012)》，依据作用于公共空间的效应，经同类项合并，将4.1.1节的8大类用地细分为26小类。即：居住用地分为纯居住用地(R)和商住混合用地(Rb)；公共设施用地分为行政办公用地(C1)、教育科研用地(C3)、文物古迹用地(C7)、宗教设施用地(C9)、商办混合用地(Cb)、社区中心用地(Cc)、商业用地(Cd)、金融办公用地(Ce)、服务设施用地(Cf)、体育用地(Cg)以及文化娱乐用地(Ch)；工业仓储用地分为纯工业仓储用地(Ma)、工业贸易混合用地(Mb)和工业办公混合用地(Mc)；道路交通用地分为交通设施用地(Sa)、对外交通用地(Sb)和城市道路用地(Sc);水域和其他用地分为水域用地(E1)、林地用地(Ea)、郊野绿地(Eg)以及其他开放空间(Eb);公用设施用地(U)、特殊用地(H)、公共空间用地(P)不再细分(表4-3)。

本书制定的用地分类标准对《城市用地分类与规划建设用地标准》和《南京市城市用地分类和代码标准(2012)》的内容调整如下:原标准中的居住用地和公用设施用地性质单一,以大类参与分类;公共设施用地、道路交通用地、水域和其他用地下的用地分项对公共空间的影响不同,分别再分为C1、C3、C7、C9、Cb、Cc、Cd、Ce、Cf、Cg、Ch、Sa、Sb、Sc和E1、Ea、Eg、Eb;根据苏黎世用地现状,增加工业贸易混合用地、工业办公混合用地类别;南京老城存在一些以军事用地为代表的特殊用地,单列一类;强调混合用地类别,增设商住混合用地和商办混合用地。

表4-3 本书制定的城市用地分类细类

大类名称	类别代号	本书制定的用地细类名称	与《城市用地分类与规划建设用地标准》(GB 50137—2011)的对应	与《南京市城市用地分类和代码标准(2012)》的对应
居住用地	R	纯居住用地	居住用地(R)	居住用地(R)扣除商住混合用地(Rb)
	Rb	商住混合用地	—	商住混合用地(Rb)
公共设施用地	C1	行政办公用地	行政办公用地(A1)	行政办公用地(A1)
	C3	教育科研用地	教育科研用地(A3)	教育科研用地(A3)
	C7	文物古迹用地	文物古迹用地(A7)	文物古迹用地(A7)
	C9	宗教设施用地	宗教设施用地(A9)	宗教用地(A9)
	Cb	商办混合用地	—	商办混合用地(Bb)
	Cc	社区中心用地	—	居住小区中心用地(Aa)
	Cd	商业用地	商业设施用地(B1)	商业用地(B1)
	Ce	金融办公用地	商务设施用地(B2)	商务用地(B2)
	Cf	服务设施用地	医疗卫生用地(A5)、社会福利设施用地(A6)、公用设施营业网点用地(B4)、其他服务设施用地(B9)	医疗卫生用地(A5)、社会福利用地(A6)、公用设施营业网点用地(B4)、其他服务设施用地(B9)
	Cg	体育用地	体育用地(A4)	体育用地(A4)
	Ch	文化娱乐用地	文化设施用地(A2)、娱乐康体用地(B3)	文化设施用地(A2)、娱乐康体用地(B3)
工业仓储用地	Ma	纯工业仓储用地	工业用地(M)、物流仓储用地(W)	工业用地(M)、物流仓储用地(W)
	Mb	工业贸易混合用地	—	—
	Mc	工业办公混合用地	—	—

大类 名称	类别 代号	本书制定的 用地细类名称	与《城市用地分类与规划建设用 地标准》(GB 50137—2011)的对应	与《南京市城市用地分类和 代码标准(2012)》的对应
道路 交通 用地	Sa	交通设施用地	综合交通枢纽用地(S3)、交通场站 用地(S4)、其他交通设施用地(S9)	交通枢纽用地(S3)、交通场站用 地(S4)、其他交通设施用地(S9)
	Sb	对外交通用地	轨道交通线路用地(S2)	城市轨道交通用地(S2)
	Sc	城市道路用地	城市道路用地(S1)扣除街道	城市道路用地(S1)扣除街道
公用 设施 用地	U	公用设施用地	公用设施用地(U)	公用设施用地(U)
特殊 用地	H	特殊用地	特殊用地(H4)、外事用地(A8)	特殊用地(H4)、外事用地(A8)
水域 和其 他用 地	E1	水域用地	水域(E1)	水域(E1)
	Ea	林地用地	农林用地(E2)	农林用地(E2)
	Eg	郊野绿地	—	郊野绿地(Eg)
	Eb	其他开放空间	防护绿地(G2)、其他非建设用地 (E3)	防护绿地(G2)、其他非建设用地 (E9)
公共 空间 用地	P	公共空间用地	属于街道性质的城市道路用地 (S1)、公园绿地(G1)、广场用地 (G3)	属于街道性质的城市道路用地 (S1)、公园绿地(G1)、广场用地 (G3)

(2)关系模式的量化：熵值法

本章引入香农(Shannon)提出的信息熵函数度量城市用地的混合程度，进而测度公共空间格局与用地混合程度的关系。熵是信息论中测度随机事件无序性程度的定量指标，熵值的大小表征混合程度的高低。所谓熵，就是概率的对数，若概率为 P_i，则其熵为 $\log P_i$。熵值的计算公式为[①]：

$$S = -\sum_{i=1}^{n} P_i \log P_i \tag{4-1}$$

式中：S 为表征土地利用混合程度的熵值；

n 为土地利用类型的种类；

P_i 为第 i 类土地面积所占比例。

可知 P_i 具有归一性质，$\sum_{i=1}^{n} P_i = 1$，且 $0 \leqslant P_i \leqslant 1$。

---

① 许学强,周一星,宁越敏.城市地理学[M].北京:高等教育出版社,2004.

已有一些学者运用熵值法描述城市用地混合程度[①]。熵值与3.1.2节描述公共空间格局与自然要素空间关系时运用的区位熵概念具有关联，它们都直接与概率 P_i 相关。不同在于，熵值是关于概率的对数，区位熵则是概率的比值。

熵值法的局限性在于只能从土地利用规模角度反映整体情况，对于应用了相同土地分类标准的城市来说，熵值的大小反映的只是各功能类别的均衡程度。实际的土地利用混合程度还与相同面积内不同功能"斑块"的数量呈正相关：当斑块平均尺寸较小、数量较多时，不同功能被更广泛地分散在区域中，此时用地混合程度较高。基于此，对公式4-1修正如下：

$$S' = S \times \lambda \tag{4-2}$$

式中：S' 为计入功能斑块规模后的修正熵值；

λ 为功能斑块数量与区块面积除商后，极差标准化生成的系数。

此外，伯顿的指标体系提示我们，城市用地混合的模式有两类：一类是水平方向的用地混合，主要发生在街区层面的不同建筑物之间；另一类是垂直方向的混合，即单体建筑在不同楼层中体现的多用途混合，如商住楼和商办楼模式。本书在用地分类时设定商住混合用地和商办混合用地就是出于对垂直方向用地混合的考虑。计算用地混合程度需要将这两类用地的比例与水平方向用地混合程度叠加。公式4-2进一步被修正为：

$$S'' = S' + (A_{Rb} + A_{Cb})/A \tag{4-3}$$

式中：S'' 为度量城市用地混合程度的综合熵值；

A_{Rb} 为商住混合用地面积；

A_{Cb} 为商办混合用地面积；

A 为对应区块面积。

通过公式4-3能够计算出任一城市地区用地的综合熵值，熵值愈大表明用地混合程度愈高。根据城市公共空间格局与用地综合熵值呈现出的关系模式，可以判断公共空间格局在与用地性质相互作用下的效率与公平状况。

作用机理 II-2：城市用地的混合程度越高，公共空间格局与土地混合利用的关系越强，越对公共空间的格局效率(直接)和公平(间接)具有积极影响；不同土地用途在空间和时间上的集中是塑造良好公共领域的关键之一。

---

① 陈彦光,刘明华.城市土地利用结构的熵值定律[J].人文地理,2001,16(4):20-24.

赵晶,徐建华,梅安新,等.上海市土地利用结构和形态演变的信息熵与分维分析[J].地理研究,2004,23(2):137-146.

林红,李军.出行空间分布与土地利用混合程度关系研究:以广州中心片区为例[J].城市规划,2008,32(9):53-56,74.

4.1.3　公共空间格局与沿线土地利用

城市土地利用模式影响公共空间的格局效率及公平，这种影响力在紧邻公共空间的用地上表现得尤为突出。雅各布斯认为人们自主使用空间的机会来自多样性可能，多样的产生则需要有效的用地混合。如人们应有机会在一天中的不同时段在街道上露面，街段应当提供各种不同的商铺、便利设施和各类服务，街区应至少具备两种主要职能，诸如生活、工作、购物、餐饮等，这些都主要基于对临街建筑的考察。

城市公共空间界面的用地性质和建筑功能对公共空间的影响十分微妙。公共领域中两栋容纳了不同功能的外形、尺寸、材料相同的建筑物可能给毗邻的空间带来完全不同的氛围，人们对此总是能够有意无意地迅速感知到。例如，银行和公寓可以被安排在相似的建筑形式内，但室内的窗帘或照明装置会透露它们的差别：公寓建筑布置着各式各样的窗帘和陈设，而银行各个楼层的房间多选用整齐划一的商务照明和工业化的百叶窗。另外，同样的功能也可能安置在设计和材料完全不同的建筑形式中，却向相邻的公共领域传递着相似的信息。一栋百货公司的外观无论是传统砖石还是现代玻璃立面，反映出的社会特征是类似的。苏黎世班霍夫大街南北两侧的建筑对比就是明证。

班霍夫大街的北侧毗邻中央火车站，街道界面主要由大量中小规模的商业零售、商务办公和服务业构成，建筑物窗内透出的各式各样的窗帘、照明设备和墙壁涂料显示这里分散着多重业主，公共生活相对丰富。至街道中部，Manor、Globus、Coop City 等大型连锁百货公司渐多，尽管建筑仍维持着 5 至 6 层的规模不变，商业业态的变化却通过划一的窗帘和陈设显露出来，人们被吸引到购物中心的内部，街道氛围缺失了些许生机和活力。继续向南，街道布局变化不大，但气氛已迥然不同，多家银行总部林立，庄重肃穆，与行人的互动削弱，街道生活逐渐萧瑟。这条 1.2 km 长的大街南北两侧的变化表明，不同的用地性质和建筑功能产生不同的排他性或连贯性特征，给街道带来不同的公共属性。1968 年落成的波士顿市政广场也是一个用地功能影响公共空间使用的典型案例[①]。该广场是波士顿最不朽同时也是使用率最低的公共空间之一，它位于新市政厅前，模仿锡耶纳的坎波广场而建，虽然成功地连接了周围的建筑物，但却没能营造出真正富有生命力的市民空间。尽管设计初衷是体现政府的开放和亲和，但空荡荡的广场却更像在诉说着政府的不可接近和市民个体的无足轻重。作为行政中心城市复兴工程的一部分，市政广场周围环绕的基本全是政府建筑群，没有零售商业，只有两家普通的餐厅，导致不在政府工作的人几乎没有理由出现在广场上，政府职员本有可能使用广场的午餐时段也由于餐馆的缺乏而人踪难觅。这个纪念性广场最终沦为去往别处时的穿行空间。

适宜的公共空间沿线土地利用能提高居民的出行意愿和强度，延长户外停留时间，

---

① Carr S, Francis M, Rivlin L, et al. Public space [M]. New York：Cambridge University Press, 1992.

提高近邻公共空间的配置效率①。城市公共空间应尽可能毗邻对其活力具有积极影响的用地，包括商住混合用地、文物古迹用地、宗教设施用地、商办混合用地、社区中心用地、商业用地、体育用地和文化娱乐用地；远离无关或具负面影响的纯工业仓储用地、对外交通用地、公用设施用地、特殊用地等用地。与单一职能相比，土地混合利用模式更加可取。

作用机理 II‑3：公共空间沿线的土地利用对公共空间格局效率及公平影响较大，城市公共空间应尽可能毗邻对其活力具有积极影响的用地，远离无关或具负面影响的用地。

4.2 集聚/共生：公共空间格局与土地利用密度

除用地性质外，城市土地利用的密度也影响到对公共空间格局效率和公平的整体评价。密度指标主要由三大数据构成：平面维度的建筑密度、空间维度的容积率及综合维度的公共空间率。建筑密度控制建筑覆盖程度，容积率控制开发强度，公共空间率控制空间开敞度，它们共同决定着城市建设范围内的空地面积、建筑容量和空间密度。通过密度控制不仅能够实现城市的集聚发展，还能促使公共空间格局与用地密度形成积极的共生关系，改善公共空间格局的效率与公平状态，形成公共空间持续发展的良好动力。

4.2.1 公共空间格局与建筑密度

建筑密度是指单位面积土地上的建筑基底面积之和，即建筑密度＝建筑基底面积/用地面积。建筑密度反映了一定区域内建筑实体与外部空间的比例关系，过高的建筑密度影响基地的采光、通风、消防、军事等基本卫生和安全条件，过低的密度则不利于营建和塑造完整的街道界面。现代城市中的建筑密度通常低于传统城市，一方面是因为需要大量满足现代城市运转的职能用地，另一方面，建筑层数较多的情况下要符合采光通风等技术指标要求，就要加大房屋间距，也意味着建筑密度的降低。

对密度和开放空间规划指标的要求伴随现代城市规划而出现。当代关于城市密度之争的一个普遍论点源于现代主义规划者，他们把对健康光明城市的追求寄予较低的建筑密度，借以获得更多的绿化、日照和通风。柯布西耶提出，传统城市要增加密度，就要以牺牲开放空间为代价；而现代城市借助于高层建筑技术，建设强度与开放空间面积可以同步增加。田园城市的拥趸翁温（Raymond Unwin）宣称"拥挤会一无所得"（Nothing

---

① 据扬·盖尔的观察,较长的户外逗留时间意味着富于活力的城市空间;户外逗留时间从 10 min 增加到 20 min 对公共空间活力的促进作用是交通方式从驾车改为步行的 5 倍。参见盖尔. 交往与空间[M]. 何人可,译. 北京:中国建筑工业出版社,1991.

gained by overcrowding)。格罗皮乌斯(Walter Gropius)以图解方式分析了日照间距如何影响板式和点式建筑的分布密度。现代主义教义显著地改变了社会看待城市的方式,当代城市建设中通常控制建筑密度、容积率和建筑高度的上限,对下限不做要求。不过人为设定的建筑密度未必能够与市场力量相抗衡:塞尔达为巴塞罗那所做的扩建区规划中,大部分街廓为沿街块两面布局房屋,其余部分作为景观绿化,建筑限高 4 层,平均建筑密度为 28%;一个世纪后,这一密度增至 4 倍,街廓四边都被建筑环绕,某些街块内的建筑高度达 12 层,密度达 90%[①],高密度的周边式建筑布局主导了城市形态(图 4-2)。

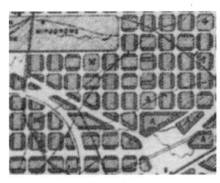

图 4-2　塞尔达的巴塞罗那扩建区规划与现状比较

资料来源:左,科斯托夫.城市的形成:历史进程中的城市模式和城市意义[M].单皓,译.北京:中国建筑工业出版社,2005. 右,Google map.

另一派观点是,城市紧凑化发展和可步行性是未来可持续城市设计的重要目标[②]。1996 年联合国第二次人居大会提出,未来城市的发展方向为综合密集型城市[③]。当然,城市紧凑程度与步行量之间的关系未必总是那么直接[④],但它确实能够提高城市的可步行性[⑤],从而有利于公共空间的使用。西特认为,需要限制城市中绿地的数量,因为它会增加交通量,从而降低城市的可达性。紧缩城市所倡导的高密度发展,有时也意味着绿色空间的牺牲[⑥]。受雅各布斯影响,持反现代主义立场的新城市主义运动倡导较高密度的欧洲传统城市形态。密度目标上的分歧常常存在于城市设计师与规划师之中:城市设计者往往乐见于较高的建筑密度,在他们看来,较低的建筑密度不仅未必导向更好的

① 科斯托夫.城市的形成:历史进程中的城市模式和城市意义[M].单皓,译.北京:中国建筑工业出版社,2005.

② Ståhle A. Compact sprawl: exploring public open space and contradictions in urban density [D]. Stockholm: Royal Institute of Technology, 2008.

③ 黄绯斐.面向未来的城市规划和设计:可持续性城市规划和设计的理论及案例分析[M].北京:中国建筑工业出版社,2004.

④ Forsyth A, Oakes J M, Schmitz K H, et al. Does residential density increase walking and other physical activity? [J]. Urban Studies, 2007, 44(4): 679-697.

⑤ Moudon A V, Lee C, Cheadle A D, et al. Operational definitions of walkable neighborhood: theoretical and empirical insights [J]. Journal of Physical Activity and Health, 2006, 3(S1): 99-117.

⑥ Swanwick C, Dunnett N, Woolley H. Nature, role and value of green space in towns and cities: an overview [J]. Built Environment, 2003, 29(2): 94-106.

环境品质，反而有可能破坏城市之美，早期现代城市与传统城市的密度对比就是有力佐证；从规划角度而言控制不力的巴塞罗那扩建区，常被城市设计者作为具有清晰、完整的城市界面的优秀案例加以引用和借鉴。英国学者马丁（Leslie Martin）和马奇（Lionel March）、荷兰 MVRDV 事务所在城市建筑密度方面不遗余力的探索，就是要证明同样的容积率条件下，较高的建筑密度在降低建筑平均层数的同时更有利于空间围合感和品质的营造[1]。在西方国家，人们重新认识到城市整体和城市结构的重要性远大于其中的单体建筑，依赖于公共交通、高质量的公共空间和步行优先政策，城市空间的紧凑化发展已成为"后现代现象"的一部分。至于高层建筑之间隙地的填补，伯纳姆（Daniel Burnham）式的将塔楼的纪念性与巴黎美院原则指导下的连续统一街道界面相结合的布局方式受到追捧：裙房成为界定公共空间关系的基本框架，也满足了一定的密度要求；其上的垂直塔楼则以更富想象力的方式表征存在。

城市设计师对较高建筑密度的喜好固然不乏世界历史城市范式的影响，但这种倾向性并不单纯来自情感上的怀旧。更重要的是，作为城市设计主体的公共空间的塑造需要适当的建筑密度产生界定和围合，积极的公共空间网络需要在建筑实体与虚空的韵律对比及和谐并置中建立。因而，城市生活的活力直接与密度相关，较高的建筑密度对于公共空间的营造有益。公共空间看似占用了一些宝贵的建设用地，但有效的公共空间布局会激励更多的土地开发，不但不会降低城市密度，反而会提高空间的紧凑程度[2]。公共空间周边应形成城市中相对最高的建筑密度，才符合格局效率及公平原则。

作用机理 II-4：公共空间格局应大致与建筑密度分布成正比例关系，越是高密度地区越需要相应的呼吸空间；低密度地区无须建设过多公共空间，因为既缺乏必要的围合感，又不利于效益发挥和服务于最多数人。

4.2.2 公共空间格局与建设强度

高层建筑诞生后，建筑密度指标反映城市空间格局的有效性随之降低。能够表征土地利用强度的指标——容积率——1928 年由德国学者赫尼希率先提出。在 1948 年苏黎世召开的一次国际会议上，这项指标被采纳为欧洲的共同标准，称作 Floor Space Index，简称 FSI。美国称之为 The Floor To Area Ratio，简称 FAR。容积率的计算公式为：

$$FSI = \frac{Sc}{St} = SBS \times L \tag{4-4}$$

---

① 王建国. 基于城市设计的大尺度城市空间形态研究[J]. 中国科学(E 辑:技术科学),2009,39(5):830-839.

② 如纽约中央公园就成为提高地产价值和促进城市发展的有效手段。同样，伦敦的绿色广场把人们吸引到市中心，从而抵制了城市蔓延:人们在广场附近建设房屋，逐渐地这些地区就与老城同样密集。参见桑内特. 再会吧! 公共人[M]. 万毓泽,译. 台北:群学出版有限公司,2008.

式中：FSI 为容积率；Sc 为地块内的总建筑面积；St 为相应地块的用地面积；SBS 为建筑密度；L 为建筑平均层数[①]。

由公式可见，建筑密度和平均层数是决定容积率的两大因素。增加建筑密度或平均层数都能使容积率增加，反之则容积率减少。容积率与建筑密度并非简单线性关系，通过增加平均层数以增加容积率时，容积率与建筑密度往往呈反比关系，因为平均层数的增加会要求建筑间距增加，从而降低了建筑密度。但高容积率并不一定等同于高层和低覆盖率。马丁和马奇比较了相同容积率和建筑密度下的周边式和亭子式布局模式，前者所需的建筑高度仅约为后者的 1/3，但却创造出了更好的领域感[②]。容积率通常以经验数据和征询公众意见等方法制定，并通过各种奖惩措施加以调整，如容积率转移和开放空间补偿奖励。

公共空间格局与建筑容积率的关系并不直接。随着容积率的增加，公共空间总量可能增加也可能减少，容积率限制不应成为公共空间建设的借口。在奥斯曼的巴黎改建中，宽阔的林荫大道和规则的空间节点将公共绿色空间注入城市中心、将光线引入黑暗狭窄的街景，缓解繁忙交通的同时，还允许建筑高度随之增加，促进了城市发展速度、人口密度和地价的提高，实现了公共空间总量、品质与容积率的同步上升，一度成为范式而被波士顿、芝加哥、维也纳、柏林和哥本哈根等市广泛效仿。瑞典学者 Alexander Ståhle 通过对斯德哥尔摩 10 个城市街区的使用者问卷调查和空间句法分析，证实在密度较大的城市里拥有可达性更好的公共绿地是可能的[③]。这是因为城市建筑与高品质公共空间的整合，能够增加公共空间的可达性、吸引力和城市活力，使较少的公共空间发挥更多的使用价值。同时，紧凑化格局导致的公共空间使用率上升会引起地块利益潜在冲突的增加，有利于明晰产权归属，增加有效公共空间。因此适宜的城市布局能够使土地利用效率和公共空间分布公平实现双赢。

除传统的城市空间组织方式外，一些先锋设计团队的探索，如 MAD 构想的"北京2050 CBD"上空的浮游之岛也体现了增加空间紧凑度的努力。设计通过将数字工作站、多媒体商业中心、独立飞行器停泊站、剧场、餐厅、公园、旅馆、图书馆、观光地、展览馆、体育健身馆，甚至人工湖等城市功能相混合，以水平关系并置，抬到 CBD 城市中心之上，"垂直城市"由此被软化并连接起来(图 4-3)。2000 年 MVRDV 设计的汉诺威博览会的荷兰馆将多个公共空间组织成不同标高的花园，不损失建筑容积率的同时增加了有效公共空间的总量(图 4-4)。不过对于城市空间而言，这种建筑与自然系统和公

① 总建筑面积中应计入地下室、半地下室、阁楼屋顶的面积。用地面积指建筑物规划红线范围内的占地面积，不包括用地内城市配套道路、绿化、大型市政及公共设施用地、历史保护用地等。简化起见，本书用"毛容积率"——建筑面积与城市建设用地面积之比计算容积率。

② 王建国. 基于城市设计的大尺度城市空间形态研究[J]. 中国科学(E 辑：技术科学)，2009,39(5)：830-839.

③ Ståhle A. Compact sprawl：exploring public open space and contradictions in urban density [D]. Stockholm：Royal Institute of Technology，2008.

共空间的叠加需要谨慎：如果建筑本身成为一座（垂直）城市，一切活动都可以在单一建筑中发生和完成，那么人们就没有必要在城市外部空间出现，对真正的公共生活反而不利。

图 4-3　MAD 设计的"北京 2050 CBD"
上空的浮游之岛

资料来源：http://www.i-mad.com.

图 4-4　MVRDV 设计的汉诺威博览会的荷兰馆

资料来源：http://the_mark.s3.amazonaws.com/manual_images/dt/expo-2000.jpg.

2007 年 COBE 规划的重庆"魔幻山群"（Magic Mountains）探索了美国式 CBD 模式以外的城市中心商务区形式，设计目标旨在"优化容积率与（绿色）开放空间，即提高空间紧凑度"①。在一片约 1.3 km×1.7 km 的基地上，COBE 提出依地势建设 9 座"5 分钟城市"，每座小城市由高低组合的塔楼建筑群模拟自然山形（图 4-5）。城市之间的地区约占基地面积的 1/3，被作为"生态链"予以保留，意图将生产、消耗、废弃和循环联系起来以减少污染、高效利用自然能源和减少能源投入，成为所谓的"生活机器"，为此原规划方案中制定的平均容积率被从 7 提高到 10。COBE 解释道："从城市角度看，生活机器结合了高密度分布的需求，同时达成了低密度分布的品质——开放的绿地、清新的空气和充满生机的街道。从建筑学角度看，生活机器用低技术的解决方案来契合快速城市化所需的高技术。"这个提案为探索新型城市中心区做出了可贵努力，它也许能够在生态上取得成功，在轨道公共交通主导下满足可达性需求，但若落成可能会成为反城市的梦魇。9 座小城市之间的地带很难不成为消极的失落空间，人们根本没有理由在那里出现。至于"5 分钟城市"内部，设计者执着于对建筑纯粹性的追求，一座座孤立塔楼群体之间无定形的外部空间不可能营造出富有活力的公共场所氛围（图 4-6）。漫步其间的步行感受是怎样的？COBE 没有告诉我们，因为十几张效果图都在模拟从鸟瞰角度看整体、组团之间看组团的壮观场景，究竟建筑之间的空间如何组织不得而知。可以想见，这种建筑空间本身并不与外界发生关系，高密度的人口集聚和流动也不会吸引更多的社会交往发生，最终导致的必然是城市感的丧失。

---

① http://cobe.dk.

 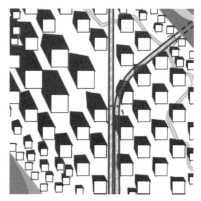

图 4-5　COBE 规划的重庆 CBD——"魔幻山群"　　　图 4-6　"魔幻山群"平面局部

资料来源:http://cobe. dk.　　　　　　　　资料来源:http://cobe. dk.

容积率与公共空间格局的正相关关系在一定值域范围内有限成立。随着容积率不断增加，公共空间总量不可能随之持续增加。市场力作用下，容积率与公共空间的良好关系通常基于某个区间范围，区间两侧或因缺乏足够引力，或因地价成本过高，对公共空间格局产生约束和限制。

作用机理 Ⅱ‑5：公共空间与容积率分布的理想模式近似于反抛物线：在容积率从低到高上升的过程中，达到某个临界值以前，公共空间总量宜随之增加，以满足更多密度带来的不同需求；在临界值处公共空间总量达到最大；超过临界值后，公共空间总量开始下降，面临更激烈的争夺，降至接近城市平均比例时达到稳定状态。这种模式无论是从圈层、行政区单元还是从公共空间缓冲区角度考察都应一致。

4.2.3　公共空间率

1928 年，赫尼希在提出容积率的同时，还提出另一项城市空间指标——开放空间率(Open Space Ratio，简称 OSR)——作为衡量空间宽敞度的方法，计算公式为既定区域内开放空间的总量除以该区域的总建筑面积[①]。他只考虑"有用的"开放空间，并推荐将 1.0 作为宽敞的界限。开放空间率描述的是开放空间的承载压力，数值越小表示承载压力越大。该指标对现代城市设计的影响很深，被应用在 20 世纪 60 年代的北欧规划导则(Nordic Planning Guidelines)中，迄今仍然在纽约区划法则中得到运用[②]。

---

① Hoenig A. Baudichte und weiträumigkeit[J]. Die Baugilde, 1928(10)：713-715. 我国学界往往把 Open Space Ratio 理解为"空地率"，认为 OSR 的计算公式为开敞空间总面积/地块面积，其实完全不对。开敞空间总面积/地块面积在英文语境中的对应概念是 Share of Open Space，简称 SOS。有中国学者将"空容比"(Vacancy Capacity Ratio)作为创新概念提出，计算公式为空地总面积与总建筑面积的比值，实际上与赫尼希提出的 Open Space Ratio 并无二致。

② OSR 在纽约区划法则中是一项强有力的生成开放空间的管理工具，同时也被用于估算开放空间维护的费用。参见http://www. nyc. gov/html/dcp/html/subcats/zoning. shtml.

荷兰代尔夫特理工大学的学者 Meta Berghauser Pont 和 Per Haupt 曾以标准容积率-建筑密度(GSI-FSI)图示，探讨地块内容积率(FSI)、建筑密度(GSI)、建筑平均层数(L)和开放空间率(OSR)的关系。其中 Y 轴的容积率表征地区的紧凑度，X 轴的建筑密度反映密集程度。开放空间率和建筑平均层数指标在图示中呈扇形展开，并以梯度方式变化。图 4-7 表明城市地区的开放空间率相对较低。不过这种计算方式将所有无建筑覆盖的空地都算作开放空间，而不是赫尼希强调的"有用"空间，所以 OSR 估值较实际偏高。

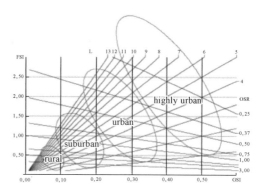

图 4-7　标准容积率-建筑密度(GSI-FSI)图示

资料来源：Pont M B, Haupt P. Spacemate: the spacial logic of urban density [M]. Delft: Delft University Press, 2006.

本书借鉴 OSR 的概念，提出用"公共空间率"(Public Space Ratio，简称 PSR)指标衡量城市公共空间的承载压力，公式为既定区域内的公共空间总量除以该区域的总建筑面积。经简单公式推导，计算结果与同一场地的公共空间用地比例除以建筑容积率的比值相等。"公共空间"的范畴较"开放空间"窄得多(详见 2.1.1 节辨析)，自然和半自然空间、户外运动设施、副业生产地、城市农场、公墓区等均属于非公共空间的开放空间，因而"公共空间率"数值上比"开放空间率"小得多。

公共空间的格局效率和公平与公共空间率指标所表征的公共空间承载压力的关系如何？城市土地资源的稀缺使公共空间总是处于紧缺而非过剩状态，所以，PSR 取值越大，即面临的空间压力越小，越有助于公共空间格局效率和公平的凸显。结论成立的前提是，横向比较的城市或地区的建设强度不宜相差过大，如容积率分别为 1 和 10 的地区 PSR 就不具可比性。PSR 与空间紧凑度没有必然联系，判断空间紧凑程度需要对建筑密度和群体组合形式进行综合考量。PSR 理论上没有取值范围的限制(在纯公共空间用地上趋向于无穷大)，但大城市地区的 PSR 值不可能太高，随着地块容积率的增加，公共空间用地不会同步增加。通过下文对苏黎世和南京老城的比较分析，本书推荐将 0.1 作为公共空间压力承载值的界限，PSR 小于 0.1 意味着承载压力过大。

作用机理 II-6：建设强度差距不大的情况下，公共空间率取值越大，即公共空间面临的空间压力越小，越有助于公共空间格局效率及公平的凸显。

4.3　择优/补偿：公共空间格局与土地价格

土地价格是土地效用的量化，是地产市场最主要的经济杠杆，土地相对于市中

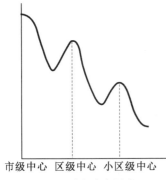

图 4-8 多级中心影响下
的地租曲线

市级中心 区级中心 小区级中心

资料来源:宁晓明,李法义.城
市土地区位与城市土地价值[J].
经济地理,1994,11(4):35-39.

心的区位是影响城市土地价格的首位指标①。城市地租具有由市中心向外围呈负指数分布的规律,且随时间推移竞租曲线截距越来越高、斜率越来越小,这意味着城市各点地价随人口增加和交通改善而上涨②。单中心城市中,城市地价与距市中心距离的关系符合空间衰减率;多中心城市中,地租分布曲线受城市中心级别和性质的影响,不同等级的中心会形成不同地价峰值(图4-8)。大量学者的研究证实,土地使用规制、城市增长控制、城市规划、税收和其他宏观政策因素,以及宗地自然条件、面积、宗地附近的社会经济变量、政府服务、外在性等微观因素都共同作用于城市地价。

有学者专门就公共空间,尤其是开放空间对地价或房价的影响展开过研究。作为公共物品,城市公园、绿地等公共空间提供的服务和功能尽管无法在市场中直接度量,但它们由于边际效益对周边房价产生的效应能够运用享乐模型(hedonic model)定量表征,其中不同空间层级下各种规模和类型的公共空间的具体影响及其相关政策建议是研究的重点③。多数研究者认为公共空间对房价的影响是正面的。有研究表明尽管可能存在交通拥堵和噪声等负面效应,邻近休闲设施和景观环境仍使城市开放空间附近的房价较均价约高出6%,居住地点的休闲设施水平随距开放空间距离的增加而降低。但Weicher等发现邻里公园对附近房价的影响可能是正面的也可能是负面的,要看房屋是面对还是背对公园④。Dehring等认为开放空间对其周边分布的公寓价格有提升作用,但对低密度居住类型即独立住房和非独立住房的价格没有影响,因此建议开放空间应基于城市周边式街区开发的规模和密度设置⑤。Henderson等研究证实,步行距离内公共空间较多及距公共空间较近的地产可以承受较小的私人场地⑥。尹海伟基于上海市主要建成区的享乐

---

① 我国土地价格含义不同于土地私有制国家,在我国地价是取得多年土地使用权和相应土地收益时所支付的代价,是土地使用权价格,而不是所有权价格。但在社会主义市场经济体制下,地价规律和作为杠杆参与宏观调控的作用是类似的。

② 柯善咨,何鸣.市场和政府共同作用下的城市地价:中国城市的实证研究[J].当代经济科学,2008,30(2):25-32.

③ Geoghegan J, Lynch L, Bucholtz S. Capitalization of open spaces into housing values and the residential property tax revenue impacts of agricultural easement programs [J]. Agricultural and Resource Economics Review, 2003, 32(1): 33-45.

④ Weigher J, Zerbst R. The externalities of neighborhood parks: an empirical investigation [J]. Land Economics, 1973, 49(1): 99-105. 有极少数学者认为公共公园对房价的影响完全是负面的,如Smith K, Poulos C, Kim H. Treating open space as an urban amenity [J]. Resource and Energy Economics, 2002, 24(1-2): 107-129.

⑤ Dehring C, Dunse N. Housing density and the effect of proximity to public open space in Aberdeen, Scotland [J]. Real Estate Economics, 2006, 34(4): 553-566.

⑥ Henderson K K, Song Y. Can nearby open spaces substitute for the size of a property owner's private yard? [J]. International Journal of Housing Markets and Analysis, 2008, 1(2): 147-165.

模型，论证了公园、广场、河流与开放式绿地的可达性均对房价有显著正面影响，其中公园、河流的影响力最大，开放式绿地次之，广场最小；公园、广场与开放式绿地的面积对房价的正向影响也较明显，广场面积对房价影响最大；开敞空间聚集度指数对房价有积极影响，但影响力较开敞空间面积与分布指标弱[1]。

关于公共空间对房价的影响范围，经验值表明，自然区公园周边可达 500 m 左右，其他开放空间辐射强度和范围略小，所有开放空间类型对 50 m 以内的城市房价均具正面影响。有研究证实大型开放空间能使 400 m 以内的房价提升 4.8%，400—800 m 范围内的房价提升 3%[2]。公共空间景观设施对房屋享乐价格的影响基本限制在 100—200 m 服务半径内[3]。

享乐模型中，个体公共空间被视为点状，未计入线性街道空间对地价的影响。享乐价格法在评估点状公共空间对地价的影响方面发展成熟、应用广泛，却对度量计入街道的公共空间系统的综合作用无能为力。事实上，城市地价受街道空间分布影响显著，决定地价的最重要因素是附近街道的宽度[4]。一般而言，市中心和沿主干路两侧等可达性好的位置地价最高，次要干道两侧地价次高，远离交通线的城市内部地区地价相对较低，所以在总体符合位置级差地租理论的同时，城市地价分布沿街道形成波脊，背离街道形成波谷[5]（图 4-9）。此外，街道模式也是影响地价的重要因素，这是因为街道模式决定了可能进入地块的人和物的总量。

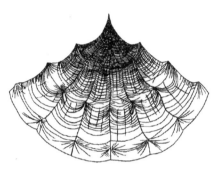

图 4-9 城市地价的分布形态

图片来源：杨培峰. 城乡空间生态规划理论与方法研究［M］. 北京：科学出版社, 2005.

公共空间的外部性有利于人口和建筑功能的集聚及地价和租金的提高，带动周边地区发展，乃至改变城市或片区的基本生活空间格局。公共空间的投资多由全体纳税人共同承担，它为周边用户提供了更好的休闲设施，提高了总体地价，改变了城市中各个地点的相对吸引力，但损害了没有因之受益的市民的利益，所以公共空间格局需要履行公平原则。发达国家通常通过征收地租、优惠政策补贴、用户资助和捐赠等手段对此加以调节，把公共产品的外部性内在化。但这种看似相对公平的手段有时也会导致不公平的法制化，通过高地价和高税收把平民排除在外，将作为公共物品的公共空间降格为俱乐

① 尹海伟. 城市开敞空间：格局·可达性·宜人性［M］. 南京：东南大学出版社, 2008.

② www.embraceopenspace.org.

③ Joly D, Brossard T, Cavailhès J, et al. A quantitative approach to the visual evaluation of landscape ［J］. Annals of the Association of American Geographers, 2009, 99(2)：292-308.

④ Jong-Ho K, Jong-Jae K, Nam-Soo S. The analysis of elements for land value formation in a local city ［J］. Journal of KIA, 1992, 8(8)：105-114.

⑤ 宁晓明, 李法义. 城市土地区位与城市土地价值［J］. 经济地理, 1991, 11(4)：35-39.

部产品。

从效率与公平角度评价公共空间格局与土地价格的关系有必要区分公共和居住领域。公共领域中，地价越高，建设无直接经济效益产出的公共空间的难度越大。而土地价格与区位紧密相连，场所的中心性使人群聚集，对容纳活动的公共空间也有较多需求。居住领域中，高地价地段普遍配套设施完善，富裕阶层的休闲娱乐选择也更多。低地价片区则通常人口和建筑密度大、休闲选择和活动范围窄，相对被固定在"场所空间"（space of place）中，低收入阶层比富裕阶层对公共空间的需求更为迫切。

作用机理Ⅱ-7：城市公共领域的地价与区位紧密相连，高地价场所的中心性使人群聚集，对容纳活动的公共空间具有更多客观需求，公共领域中公共空间的用地比例与地价的一致性（择优）趋势有利于公共空间格局效率发挥。居住领域中，低地价片区通常人口和建筑密度大、休闲选择和活动范围窄，低收入阶层比富裕阶层对公共空间的需求更为迫切，居住领域公共空间的用地比例与地价的反向（补偿）关系符合公共空间格局公平原则。

4.4　实证模式分析：苏黎世与南京老城

4.4.1　公共空间格局与土地利用性质

（1）公共空间格局与用地性质

① 土地利用现状（大类）。比较苏黎世和南京老城的用地现状（图 4-10 和 4-11）[①]，苏黎世公共设施用地非常明确地向老城核心区集聚，同时大量分布在 19 世纪得到发展的老城西侧、东南侧部分以及厄利孔新中心。工业仓储用地主要位于火车站场沿线、北部洛伊特申巴赫地区，以及南部建设用地与山体之间的边缘地带。公用设施和特殊用地很少，散布在城市中。水域和其他用地大规模地分布在城市外围各个地区，使城市建设用地自然形成指状发展形态。公共空间用地丰富（图 4-10 中黑色部分），大部分城市道路承担了街道职能，道路交通用地相应减少。居住用地围绕公共设施用地布局，主要分布在山体与公共用地之间的一些狭长腹地。苏黎世的用地模式基本符合城市功能布局的圈层和扇形模式理论，土地地租梯度差的存在鼓励了不同使用功能的分离。

南京老城的公共设施用地有向市中心和主干路聚集的趋势，但不甚明显；大量分布在城市北部，城南地区较少。工业仓储用地布局以城市外围为主，比较分散。军事特殊用地占地较多，尤其集中在城市东部。研究区内的水域和其他用地主要分散在城墙外

[①] 苏黎世的用地现状通过笔者 1 个多月的详尽实地调研、矢量化得到。南京老城的用地现状依据南京市规划局编制的南京老城控制性详细规划（2006 深化版）的土地利用现状图图层合并和修正得到。

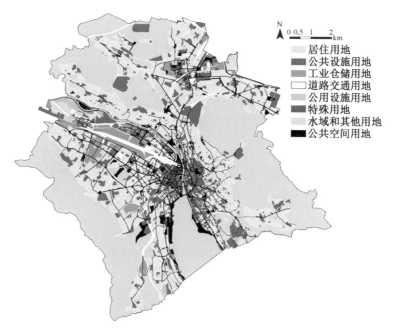

图 4-10 苏黎世土地利用现状（大类）

图 4-11 南京老城土地利用现状（大类）

围。街道公共空间较少，大部分城市道路单纯承担交通职能。居住用地在城中各处均有分布，比较零散。同心圆、扇形和多核心理论模型都不适于解释南京老城的功能布局，虽然南京老城经历了数轮改造，但功能总体上仍然较为混杂。这种差异从图面上就能明显分辨出来：在地租梯度规律的作用下，苏黎世用地现状的图形感较南京老城强得多。

两座城市 8 大类现状用地的面积、总用地占比和城市建设用地占比如表 4-4。苏黎世水域和包括林地、郊野绿地等在内的其他用地面积达城市总用地的 44.5%，为使横向类比具有意义，将比较限定在城市建设用地范围内。两市的建设用地面积相对接近，分别为 5 324.13 ha 和 4 304.20 ha，苏黎世较大。苏黎世居住用地的城市建设用地占比显著高于南京，主要是由低密度居住方式决定的；公共设施用地比例较南京老城低得多；工业仓储和公用设施用地比例相差不大。道路交通用地南京老城高于苏黎世，部分原因在于苏黎世相当一部分道路用地因环境友好被作为街道划入公共空间用地范畴。若将所有街道公共空间计入道路用地，苏黎世和南京老城的道路交通用地占城市建设用地份额分别达到 14.7% 和 15.3%。据各项用地指标构成分析，两市的土地利用有一定可比性。

表 4-4　苏黎世与南京老城的现状用地(大类)平衡表

用地类型	苏黎世			南京老城		
	面积/ha	总用地占比	城市建设用地占比	面积/ha	总用地占比	城市建设用地占比
居住用地	2 539.15	27.6%	47.7%	1 539.70	29.5%	35.8%
公共设施用地	1 115.99	12.1%	21.0%	1 291.37	24.7%	30.0%
工业仓储用地	335.45	3.7%	6.3%	231.05	4.4%	5.4%
道路交通用地	487.00	5.3%	9.2%	582.78	11.2%	13.5%
公用设施用地	45.97	0.5%	0.9%	32.40	0.6%	0.8%
特殊用地	0.32	0.0%	0.0%	290.78	5.6%	6.8%
水域和其他用地	4 092.83	44.5%	—	921.46	17.7%	—
公共空间用地	577.11	6.3%	10.8%	331.11	6.3%	7.7%
总用地	9 193.82	100.0%	—	5 220.65	100.0%	—

② 空间关系。从公共空间格局与居住用地、公共设施用地和工业仓储用地三类城市主要职能用地分布的关系看，苏黎世居住用地大多位于公共空间区位熵等值线的低值区，等值线最高峰值区基本没有；次高峰值区 Bucheggplatz、Werdinsel 岛和 Lindenplatz 地区分布了一定量的居住用地。这表明该市居住用地主要分布在公共空间集聚程度一般及某些次高的区域。南京老城的居住用地在公共空间区位熵等值线的各个值域范围(0—8.5)均有分布，城南白鹭洲公园、夫子庙、城东北玄武门片区的高值区聚集了大量的居住用地[图 4-12(a)]。仅从居住职能而言，居住用地距公共空间集中程度高的地区越近，越利于居民的就近活动；但居住用地份额多同时意味着其他用地份额的相应减少。

苏黎世公共设施用地基本集中在公共空间区位熵等值线的高值区，并在中央火车站、老城紧邻苏黎世湖的湖滨区及厄利孔副中心与等值线的峰值区高度重合；低值区零星散布着少量公共设施用地。南京老城的公共设施用地与居住用地类似，分布在等值线的整个值域范围。公共设施用地布局既在古林公园、夫子庙、清凉门、新街口地区与等值线峰值区重合，同时在等值线低于0.5的城中大片范围也有大量分布[图4-12(b)]。结合居住用地看，苏黎世公共空间区位熵等值线的高值区分布基本与公共设施用地呈正向关系，与居住用地呈反向关系，这说明公共空间集中的地区与公共设施用地关系紧密，公共性较强，总体布局模式利于公共空间格局的效率和公平。南京老城公共设施和居住用地与公共空间格局的整体关联度较弱，公共空间布局没有充分结合能够促进公共活动的城市职能用地。

苏黎世和南京老城的工业仓储用地比较一致，普遍布置在公共空间区位熵等值线的低值区，远离公共空间集中地带[图4-12(c)]，有益于公共空间的使用效益发挥。

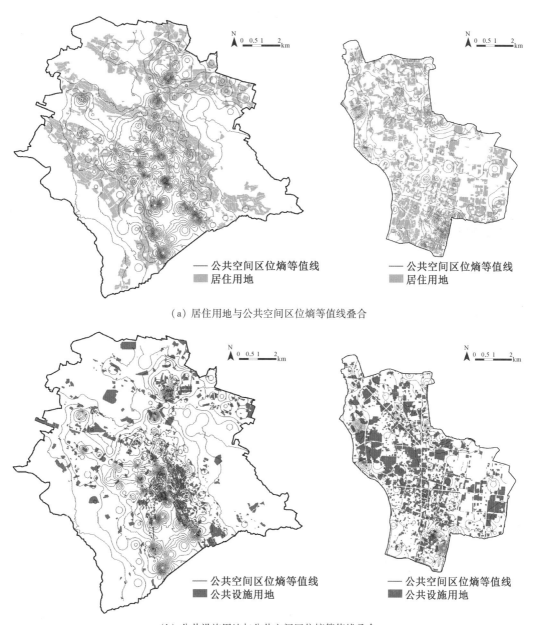

（a）居住用地与公共空间区位熵等值线叠合

（b）公共设施用地与公共空间区位熵等值线叠合

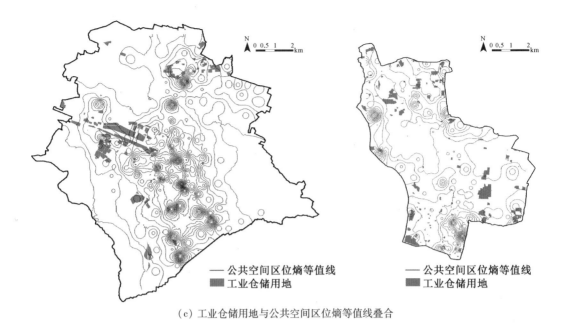

（c）工业仓储用地与公共空间区位熵等值线叠合

图4-12　苏黎世和南京老城主要用地分布与公共空间区位熵等值线叠合图

左:苏黎世;右:南京老城

关系模式Ⅱ-1：苏黎世公共空间集中的地区与公共设施用地联系紧密，布局模式利于公共空间格局效率及公平实现。南京老城公共设施和居住用地与公共空间格局的整体关联度较弱，现状公共空间未充分结合能够促进公共活动的城市职能用地。两市工业仓储用地普遍远离公共空间，利于公共空间使用效益发挥。

（2）公共空间格局与用地混合程度

依据4.1.1和4.1.2节制定的用地分类标准，在苏黎世和南京老城用地现状矢量图（大类）基础上深化得到两市土地利用现状图（细类）如图4-13、4-14。从图中可见，苏黎世老城核心区功能最为混合，商业服务业高度集聚；中心圈层的城市功能混合程度较高，公共性较强；圈层式分布规律显著。厄利孔地区形成城市新的生长点。工业用地只在城市外围和铁路站场附近承担纯工业职能，大部分成为工业贸易或工业办公的混合区。南京老城的用地有向新街口、鼓楼、湖南路等地集聚的趋势，但不甚明显；各类用地分布略显零散，教育科研用地和军事用地占地规模大而较为突出。

对比苏黎世与南京老城（表4-5），城市建设用地中，按照所占比例的差值大小排列，苏黎世的居住用地、其他开放空间、对外交通用地、体育用地、公共空间用地、工业办公混合用地、金融办公用地、工业贸易混合用地、商住混合用地、宗教设施用地比例高于南京；南京老城的城市道路用地、教育科研用地、特殊用地、纯工业仓储用地、行政办公用地高于苏黎世；其他用地基本持平。苏黎世各种同比高于南京的土地利用类型主要集中于居住、休闲、运动、娱乐和信仰功能方面；南京老城用地比例高于苏黎世的土地功能集中在与"单位"概念相关的教育科研、军事、工业和行政办公等，这些

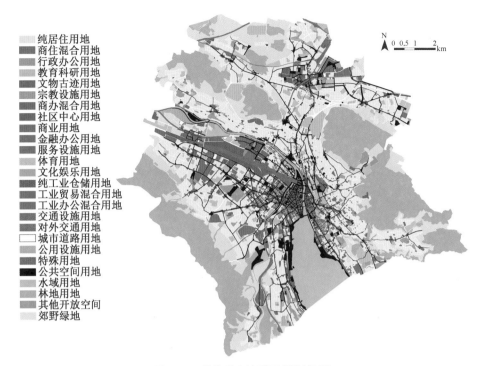

纯居住用地
商住混合用地
行政办公用地
教育科研用地
文物古迹用地
宗教设施用地
商办混合用地
社区中心用地
商业用地
金融办公用地
服务设施用地
体育用地
文化娱乐用地
纯工业仓储用地
工业贸易混合用地
工业办公混合用地
交通设施用地
对外交通用地
城市道路用地
公用设施用地
特殊用地
公共空间用地
水域用地
林地用地
其他开放空间
郊野绿地

图 4-13 苏黎世土地利用现状(细类)

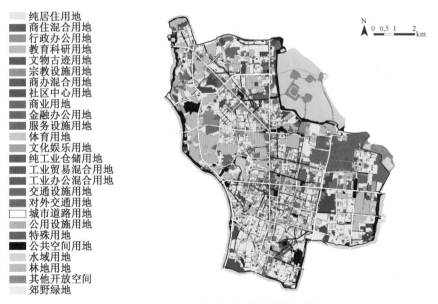

纯居住用地
商住混合用地
行政办公用地
教育科研用地
文物古迹用地
宗教设施用地
商办混合用地
社区中心用地
商业用地
金融办公用地
服务设施用地
体育用地
文化娱乐用地
纯工业仓储用地
工业贸易混合用地
工业办公混合用地
交通设施用地
对外交通用地
城市道路用地
公用设施用地
特殊用地
公共空间用地
水域用地
林地用地
其他开放空间
郊野绿地

图 4-14 南京老城土地利用现状(细类)

用地大多由围墙界定,缺乏对城市的开放性①。苏黎世的公共空间用地是除居住用地之

① 不少用地是历史上延续下来的,体现了城市土地利用方向的固定性特征。如南京大量的军事用地已有 500 年历
史,成为一种文化。新中国成立后人民政府在南京接管的机关及官僚的房屋共 328 万 m², 约占当时南京共有房屋
建筑面积的 1/3。参见董鉴泓. 中国城市建设史[M]. 3 版. 北京:中国建筑工业出版社,2004.

外分项面积最大的城市建设用地，占城市建设用地的 10.8%，绝对比例高出南京老城 3.1%，是南京同比的 1.4 倍。而在真实的城市体验中，苏黎世公共空间给人以数倍于南京的印象。这种直观感受与数据统计上的悬殊不仅有公共空间规模设定、形态布局和功能取向上的原因，更多是公共空间格局与城市结构形态、土地利用、交通组织和人口分布的具体关系的不同所导致，这也反映出两座城市公共空间系统的效率差异。从土地利用现状看，苏黎世的开放度较南京老城高，能够促使积极的公共生活发生的城市功能也多于南京。

表 4-5　苏黎世与南京老城的现状用地(细类)平衡表

	土地利用名称	苏黎世		南京老城	
		面积/ha	城市建设用地占比	面积/ha	城市建设用地占比
城市建设用地	纯居住用地	2 353.93	44.2%	1 437.21	33.4%
	商住混合用地	185.22	3.5%	102.49	2.4%
	行政办公用地	26.86	0.5%	119.46	2.8%
	教育科研用地	358.88	6.7%	591.19	13.7%
	文物古迹用地	0.40	0.01%	35.13	0.8%
	宗教设施用地	26.89	0.5%	2.54	0.1%
	商办混合用地	67.47	1.3%	79.99	1.9%
	社区中心用地	9.30	0.2%	1.13	0
	商业用地	46.29	0.9%	90.44	2.1%
	金融办公用地	213.99	4.0%	99.62	2.3%
	服务设施用地	120.90	2.3%	179.50	4.2%
	体育用地	216.36	4.1%	29.51	0.7%
	文化娱乐用地	28.65	0.5%	62.86	1.5%
	纯工业仓储用地	134.71	2.5%	231.05	5.4%
	工业贸易混合用地	82.83	1.7%	0	0
	工业办公混合用地	117.91	2.2%	0	0
	交通设施用地	26.11	0.5%	19.23	0.4%
	对外交通用地	192.25	3.6%	2.78	0.1%
	城市道路用地	268.64	5.0%	560.77	13.0%
	公用设施用地	45.97	0.8%	32.40	0.8%
	特殊用地	0.32	0.0%	290.78	6.8%
	其他开放空间	223.14	4.2%	5.01	0.1%
	公共空间用地	577.11	10.8%	331.11	7.7%
	城市建设用地总计	5 324.13	100.0%	4 304.20	100.0%

城市非建设用地	土地利用名称	苏黎世		南京老城	
		面积/ha	城市建设用地占比	面积/ha	城市建设用地占比
	水域用地	495.80	—	711.14	—
	林地用地	2 144.51	—	85.56	—
	郊野绿地	1 229.38	—	119.75	—
	城市非建设用地总计	3 869.69	—	916.45	—
用地总计		9 193.82	—	5 220.65	—

　　将苏黎世和南京老城的相关数据分别代入公式 4-3 得到按行政区单元统计的土地利用综合熵值如表 4-6。苏黎世各行政区的用地熵值范围在 0—1.4 之间。13 区和 11 区，即最早作为城市发源地的老城核心区的熵值最高，反映这里的城市功能最为混合。14 区和 41 区的熵值在 0.7—1.0 之间，51 区、42 区和 12 区的熵值在 0.4—0.7 之间，这些地区均位于城市中心地带，熵值数据显示用地混合程度较高。熵值在 0.1—0.4 之间的分区有 12 个，超过 34 个分区总数的 1/3，主要分布在外围山体与中心区之间的腹地范围。熵值在 0.05—0.1 之间和低于 0.05 的分区分别有 8 个和 7 个，分布在城市边缘地带（图 4-15 左）。南京老城 29 个分区单元的用地熵值均小于 1，熵值在 0.7—1.0 之间的分区有 9 个，分别是新街口、湖南路、洪武路、夫子庙、止马营、淮海路、朝天宫、五老村和华侨路片区；熵值在 0.4—0.7 之间的有 2 个，为建康路和丹凤街片区，基本分布在城市中心区域。熵值在 0.1—0.4 之间的分区有 15 个，在 0.05—0.1 之间的 2 个，低于 0.05 的 1 个（图 4-15 右）。两座城市的用地混合程度均呈现出自市中心到边缘的圈层递减规律，市中心的混合度最高。区别在于苏黎世用地熵值的级差较大，城市核心用地高度混合，外围区域的功能比较单一，梯度分布模式较南京老城更加明显；南京老城的熵值波动范围较小，用地的平均混合程度高于苏黎世。综合熵值反映出的城市用地分布规律与现状调研结果高度吻合，证明修正方案有效。

表 4-6　按行政区单元统计的苏黎世与南京老城的土地利用熵值

苏黎世				南京老城			
行政区名称	初始熵值	综合熵值	公共空间比例	行政区名称	初始熵值	综合熵值	公共空间比例
11	1.053 928 804	1.189	40.65%	饮虹园	0.701 578 680	0.375	11.61%
12	1.219 798 625	0.469	36.69%	钓鱼台	0.660 953 723	0.323	6.45%
13	1.165 608 732	1.400	44.27%	夫子庙	0.982 623 432	0.858	29.64%
14	1.239 947 126	0.778	46.77%	建康路	0.776 786 223	0.607	6.25%
21	0.997 090 188	0.080	10.66%	双塘	0.644 427 577	0.318	4.51%

苏黎世				南京老城			
行政区名称	初始熵值	综合熵值	公共空间比例	行政区名称	初始熵值	综合熵值	公共空间比例
23	0.542 623 657	0.009	0.96%	大光路	0.679 342 887	0.165	6.40%
24	1.029 285 666	0.312	30.82%	安品街	0.532 413 574	0.389	3.75%
31	0.787 035 157	0.121	14.07%	洪武路	0.765 403 467	0.873	3.54%
33	0.605 680 848	0.001	3.21%	瑞金路	0.798 819 295	0.089	8.88%
34	0.833 263 193	0.303	21.74%	五老村	0.724 966 915	0.755	4.93%
41	0.906 213 704	0.715	35.11%	淮海路	0.826 175 185	0.807	7.05%
42	1.132 198 687	0.498	30.99%	朝天宫	0.837 608 982	0.794	6.20%
44	0.960 856 933	0.146	17.68%	止马营	0.812 943 411	0.830	8.28%
51	1.068 544 816	0.546	25.84%	梅园	0.957 025 911	0.292	5.48%
52	1.014 303 498	0.146	11.00%	新街口	0.944 882 557	0.924	7.55%
61	0.886 231 939	0.238	19.69%	华侨路	0.793 865 711	0.744	1.84%
63	0.760 097 404	0.105	9.74%	丹凤街	0.804 222 969	0.579	6.72%
71	0.816 807 690	0.082	7.59%	五台山	0.924 934 017	0.213	9.84%
72	0.728 075 382	0.078	3.83%	后宰门	0.668 410 798	0.008	3.42%
73	0.599 920 785	0.077	3.19%	兰园	0.836 666 755	0.090	6.96%
74	0.607 006 715	0.011	0.97%	宁海路	0.634 662 339	0.134	1.54%
81	0.865 288 795	0.337	39.03%	鼓楼	0.753 768 390	0.333	3.16%
82	0.784 658 767	0.327	5.48%	湖南路	0.904 999 806	0.912	11.33%
83	0.964 777 919	0.141	5.30%	水佐岗	0.847 623 041	0.261	13.50%
91	0.721 838 593	0.038	4.36%	三牌楼	0.757 597 935	0.350	3.87%
92	1.094 431 503	0.070	8.92%	中央门	0.717 083 556	0.171	4.22%
101	0.752 913 147	0.026	2.88%	玄武门	1.003 453 953	0.233	19.67%
102	0.788 458 427	0.109	6.63%	挹江门	0.888 916 702	0.299	6.52%
111	0.761 006 240	0.028	2.40%	车站	0.913 423 104	0.258	11.65%
115	0.868 827 880	0.182	12.03%				
119	0.941 868 262	0.083	6.59%				
121	0.732 929 543	0.063	7.58%				
122	0.686 880 943	0.052	5.16%				
123	0.806 075 471	0.041	7.23%				
均值	0.874 249 266	0.259	15.56%	均值	0.796 399 341	0.448	7.75%
标准差	0.180	0.327	0.139	标准差	0.114	0.288	0.056
变异系数	0.206	1.262	0.894	变异系数	0.143	0.642	0.724

在两座城市的用地熵值分级图上叠加各分区公共空间的城市建设用地占比后可以发现（图4-15），苏黎世公共空间用地比例与片区用地混合程度成正相关，均自中心区向外围圈层式递减，用地越混合的地区公共空间比例越大。南京老城分区的公共空间比例与用地混合程度没有直接关系可循。

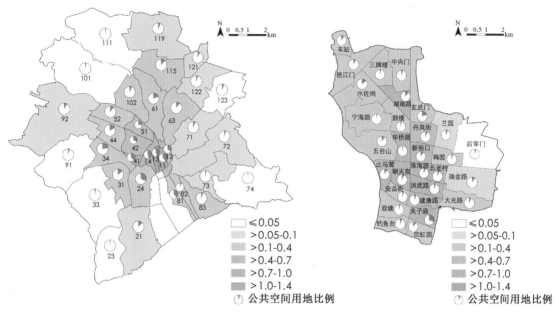

图4-15　按行政区单元统计的苏黎世与南京老城的用地熵值分级与公共空间用地比例

左：苏黎世；右：南京老城

计算苏黎世公共空间用地比例与土地利用综合熵值的相关关系（图4-16），得到回归方程 $y = 0.480\,2x + 0.051$，相关系数为 0.863，两者关联度较高；复测定系数 $R^2 = 0.745\,4$，表明用地混合水平可解释公共空间比例变差的74.54%，信度较高。若将公共空间限定在"硬质"范围，即仅包括街道、广场、复合街区用地，排除公共绿地和滨水软质空间，则有回归方程 $y = 0.332\,4x + 0.031\,5$ 成立，复测定系数高达 0.820\,4（图4-17）。可见，苏黎世的用地混合程度与公共空间，尤其是硬质公共空间的比例具有非常明确的正相关关系。这种关联布局模式能够提高居民的出行强度，鼓励公共空间活动发生，实

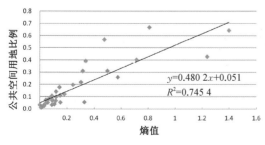

图4-16　按行政区单元统计的苏黎世公共空间用地比例与用地混合程度的关系

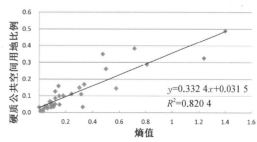

图4-17　按行政区单元统计的苏黎世硬质公共空间用地比例与用地混合程度的关系

现良性互动，为提高公共空间格局效率及公平、塑造良好的公共领域提供了契机。

如果我们承认公共空间结合功能混合程度高的土地布局的合理性和有效性，根据南京老城用地现状，综合熵值高的地区，即大新街口区、湖南路和夫子庙片区应当布置较多的公共空间。夫子庙和湖南路片区的现状公共空间比例分别达到 29.64% 和 11.53%，远高于平均水平，符合要求。大新街口区，尤其是华侨路、洪武路、五老村片区的公共空间匮乏严重，应成为老城公共空间系统的优先改造对象。

关系模式 II-2：苏黎世和南京老城的用地混合程度均呈现出自市中心到边缘的圈层递减规律，市中心的混合度最高。苏黎世的混合用地梯度分布模式显著，与公共空间，尤其是硬质公共空间份额具有非常明确的正相关关系，这种关联布局模式有利于公共空间格局效率及公平的实现。南京老城分区的公共空间比例与用地混合程度没有直接关系可循。

（3）公共空间沿线土地利用

分析一条街道、一个广场的界面功能构成并不困难，难点在于如何实现城市整体层面的公共空间沿线土地利用的量化。本节将其转化为公共空间 50 m 缓冲区内用地现状的计算和分析。50 m 属于近邻范围，能恰当反映对公共空间影响最显著地区的用地分布。

绘制苏黎世和南京老城公共空间沿线的土地利用现状如图 4-18、图 4-19，借助

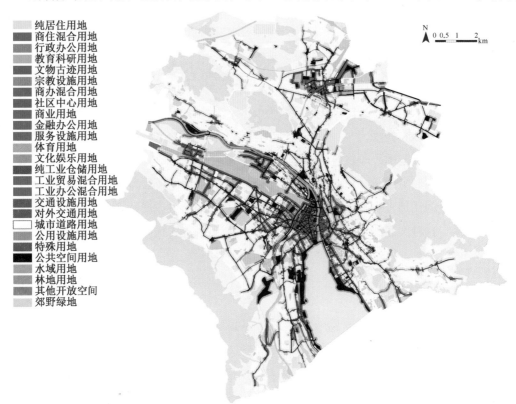

图例：
纯居住用地
商住混合用地
行政办公用地
教育科研用地
文物古迹用地
宗教设施用地
商办混合用地
社区中心用地
商业用地
金融办公用地
服务设施用地
体育用地
文化娱乐用地
纯工业仓储用地
工业贸易混合用地
工业办公混合用地
交通设施用地
对外交通用地
城市道路用地
公用设施用地
特殊用地
公共空间用地
水域用地
林地用地
其他开放空间
郊野绿地

N 0 0.5 1 2 km

图 4-18　苏黎世公共空间沿线土地利用现状

图中图例：
纯居住用地
商住混合用地
行政办公用地
教育科研用地
文物古迹用地
宗教设施用地
商办混合用地
社区中心用地
商业用地
金融办公用地
服务设施用地
体育用地
文化娱乐用地
纯工业仓储用地
工业贸易混合用地
工业办公混合用地
交通设施用地
对外交通用地
城市道路用地
公用设施用地
特殊用地
公共空间用地
水域用地
林地用地
其他开放空间
郊野绿地

图 4-19　南京老城公共空间沿线土地利用现状

ArcGIS 平台统计公共空间 50 m 缓冲半径内的用地面积比例（表 4-7）。与城市平均水平相比，苏黎世公共空间沿线用地比例上升的有：商住混合用地、行政办公用地、文物古迹用地、宗教设施用地、商办混合用地、社区中心用地、商业用地、金融办公用地、服务设施用地、文化娱乐用地、工业办公混合用地、交通设施用地。其中商办混合用地、商住混合用地和文物古迹用地的比例增幅最大，增加了 1 倍以上。逐一考察可以发现，以上这些功能用地基本均是能够对公共空间使用发挥积极促进作用的"友好"类型。公共空间沿线用地比例低于平均值一半以上的包括：城市道路用地、工业贸易混合用地、公用设施用地、其他开放空间、体育用地、纯工业仓储用地，基本属于与公共空间活动无关或具负面影响的用地范畴。南京老城同比增加的用地有：纯居住用地、商住混合用地、文物古迹用地、商办混合用地、商业用地、金融办公用地、城市道路用地、公用设施用地、其他开放空间和水域用地，也大多属于公共空间友好型用地类型。对外交通用地、特殊用地、交通设施用地、教育科研用地低于平均值一半以上，反映公共空间有远离它们布局的趋势，这些用地对公共生活而言人都比较消极（图 4-20）。用公共空间 50 m 缓冲区内各积极职能用地的占比除以全市平均水平，再用其算术平均值表示积极职能用地的集聚度，苏黎世和南京老城公共空间沿线的用地构成中，积极职能用地的集聚度分别为 1.878 和 1.357。可见，两市公共空间沿线用地都聚集了更多对公共活动有积极影响的功能，减少了无关和可能产生干扰的用地类型，公共空间与临街用地组织之间表现出较强的规律性。这是土地市场机制在城市土地配置上发挥基础性作用的结果，也符合公共空间配置的效率及公平原则。

表 4-7　苏黎世与南京老城公共空间沿线用地平衡表

土地利用名称	苏黎世		南京老城	
	50 m 缓冲半径内的用地面积比例	占(城市建设用地-公共空间用地)的比例	50 m 缓冲半径内的用地面积比例	占(城市建设用地-公共空间用地)的比例
纯居住用地	41.0%	49.6%	39.8%	32.5%
商住混合用地	9.2%	3.9%	3.1%	2.6%
行政办公用地	1.1%	0.6%	2.7%	3.0%
教育科研用地	5.1%	7.6%	6.8%	14.9%
文物古迹用地	0.03%	0.01%	2.2%	0.9%
宗教设施用地	1.2%	0.6%	0.0%	0.1%
商办混合用地	3.9%	1.4%	2.7%	2.0%
社区中心用地	0.3%	0.2%	0.03%	0.03%
商业用地	1.3%	1.0%	3.2%	2.3%
金融办公用地	8.7%	4.5%	2.9%	2.5%
服务设施用地	3.7%	2.5%	3.6%	4.5%
体育用地	2.0%	4.5%	0.4%	0.8%
文化娱乐用地	1.2%	0.6%	1.5%	1.6%
纯工业仓储用地	1.5%	2.8%	3.3%	5.8%
工业贸易混合用地	0.5%	1.7%	0	0
工业办公混合用地	2.9%	2.5%	0	0
交通设施用地	0.8%	0.6%	0.2%	0.5%
对外交通用地	3.5%	4.0%	0	0.1%
城市道路用地	0.8%	5.7%	19.9%	14.1%
公用设施用地	0.4%	1.0%	1.0%	0.8%
特殊用地	0.0%	0.0%	1.2%	7.3%
其他开放空间	1.9%	4.7%	0.2%	0.1%
水域用地	4.1%	0	3.4%	1.5%
林地用地	1.6%	0	1.9%	2.1%
郊野绿地	3.3%	0	0	0
总计	100.0%	100.0%	100.0%	100.0%
标准差	0.079	0.095	0.083	0.070
变异系数	1.979	2.383	2.074	1.753

注：浅灰色标出的是 50 m 缓冲半径内的用地面积比例同比大于城市平均水平的用地。

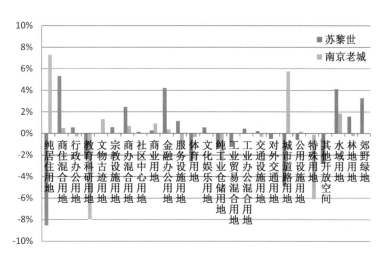

图 4-20　苏黎世和南京老城公共空间沿线用地与平均水平的差额

　　将苏黎世和南京老城公共空间沿线的各类用地面积比例代入公式 4-3，得到综合熵值分别为 0.459 和 0.544，这表明南京老城公共空间沿线用地的混合程度较苏黎世高。南京老城临街用地比例的标准差和变异系数与平均水平相比变大，即数据离散程度增加，苏黎世同比减小，可以认为，南京老城公共空间沿线不同类型用地分布的级差增大，而苏黎世各类用地分布则趋向于更均衡。其中，两座城市的纯居住用地和城市道路用地差别最大。苏黎世的纯居住用地比例同比大幅下降，这意味着公共空间沿线用地的公共性增强。南京老城公共空间界面中的纯居住职能比例较平均水平增幅明显，反映出公共空间布局有向居住领域汇聚的态势。结合图 4-19 分析可知，这主要是因为老城的许多街道是在生活性的居住空间内形成的。此外，苏黎世沿公共空间的城市道路用地比例降低到几乎可忽略不计（0.8%），南京老城的同一用地比例反而增加到平均值的 1.4倍，两座城市的道路交通用地与公共空间布局的关系有很大不同。原因在于，苏黎世相当多的道路用地充当了具有混合功能的街道格网，联系了其他点状和面状的公共空间，构成了自成体系的公共空间系统，也就不再需要专设道路用地；南京老城的干道主要承担交通运输职能，基本不具备街道场所空间的社会属性，不同公共空间个体之间必须经由城市道路连通和进入，导致公共空间沿线的道路交通用地占整体用地的比重接近 1/5，挤占了对公共生活有积极影响的城市职能用地的空间，且大量机动车交通可能会影响和干扰相邻公共空间的日常使用。

　　关系模式 Ⅱ-3：苏黎世和南京老城的公共空间沿线用地都聚集了更多对公共活动有积极影响的功能，减少了无关和可能产生干扰的用地类型，公共空间与临街用地组织之间表现出较强的规律性，符合公共空间配置的效率及公平原则。

4.4.2　公共空间格局与土地利用密度

（1）公共空间格局与建筑密度

建筑密度可分为高密度、中等密度和低密度三种类型。根据林奇的经验，建筑密度超过50%为高密度，低于10%为低密度①。此经验值是建筑基底面积与建筑规划红线范围占地面积（即"建筑用地面积"）的比值，不包括用地内城市配套道路、绿化、大型市政及公共设施用地、历史保护用地等。本书为简化起见，计算的是"毛建筑密度"，即将城市建设用地面积作为密度公式的分母，求出的密度值较"净建筑密度"偏小。大都市地区的非郊区地带建筑密度低于10%的情形也比较少。根据苏黎世和南京老城的建筑密度分布现状，将密度层级划分的两个临界值修正为35%和25%。

从圈层关系模式看，苏黎世核心圈层为高密度区域，中心圈层为中等密度区域，外围圈层为低密度区域，平均建筑密度的梯度递减趋势十分显著，与公共空间面积比例分布形成明确的正向关系。南京老城建筑密度和公共空间格局的圈层分异态势不太明显，建筑密度自市中心向外先增后减，中心圈层为高密度、核心和外围圈层为中等密度区域，与公共空间用地比例先减后增的趋势相背离（图4-21）。以圈层结构衡量，苏黎世的公共空间布局与建筑密度分布实践了正比关系设想，在高密度地区布置了更多的公共空间用地，形成了更加紧凑的空间形态，从公共空间格局效率和公平的角度看相当有利。南京老城中，两者的反比关系体现在建筑密度越高的圈层公共空间分布越少，仅考虑单一因素作用，属于较不符合效率和公平原则的格局情景。当然，这些建筑密度的圈层分布数据并没有计入建筑高度因子的影响。

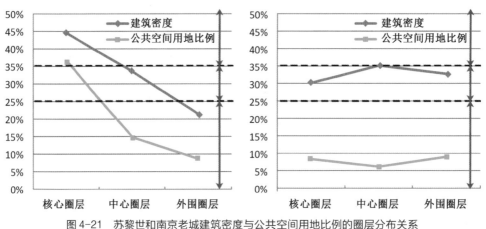

图4-21　苏黎世和南京老城建筑密度与公共空间用地比例的圈层分布关系

左:苏黎世;右:南京老城

---

① 林奇.城市形态[M].林庆怡,陈朝晖,邓华,译.北京:华夏出版社,2001.

从行政区单元角度分析,苏黎世34个片区中,高密度片区有8个,分布在城市中心区域;低密度片区有13个,位于城市边缘;中等密度片区有13个,分布在市中心至边缘的中间地带。南京老城的29个片区中,高密度片区有12个,主要分布在市中心、城南以及中央门、湖南路地区;低密度片区有5个,位于城市北部的边缘地段;中等密度片区有12个,城北多、城南少(图4-22)。南京老城的平均建筑密度高于苏黎世,密度分布表现出与苏黎世类似的"中央密、周边疏"的布局形态,同时城市南北之间呈现"南部密、北部疏"的密度分异。

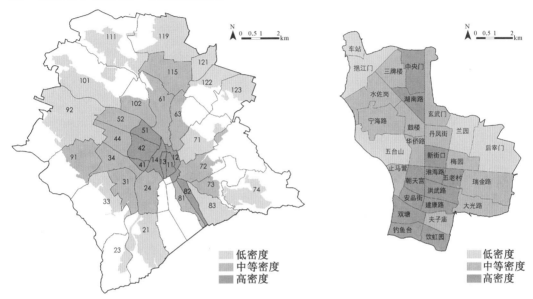

图4-22 苏黎世和南京老城的建筑密度分布

左:苏黎世;右:南京老城

拟合苏黎世各片区建筑密度与公共空间的城市建设用地占比的关系,两者的 Pearson 相关系数为0.795,对相关系数的检验双侧 P 值小于0.01,可以认为两者间具有非常密切的正向关系(图4-23)。将公共空间的城市建设用地占比替换为总用地占比,则 Pearson 相关系数增加至0.822(图4-24),这表明公共空间用地面积比例在有非建设用地参与的行政区内的降幅较建筑密度指标温和。以行政区单元衡量,苏黎世公共空间格局与建筑密度分布的正比关系成立。南京老城的片区建筑密度与公共空间的总用地占比之间的相关关系不成立(图4-25)。

Correlations

		建筑密度	公共空间占城市建设用地的比例
建筑密度	Pearson Correlation	1	.795**
	Sig. (2-tailed)		.000
	N	34	34
公共空间占城市建设用地的比例	Pearson Correlation	.795**	1
	Sig. (2-tailed)	.000	
	N	34	34

**: Correlation is significant at the 0.01 level (2-tailed).

图4-23 苏黎世各片区建筑密度与公共空间的城市建设用地占比的相关关系

Correlations

		建筑密度	公共空间占总用地的比例
建筑密度	Pearson Correlation	1	.822**
	Sig. (2-tailed)		.000
	N	34	34
公共空间占总用地的比例	Pearson Correlation	.822**	1
	Sig. (2-tailed)	.000	
	N	34	34

**. Correlation is significant at the 0.01 level (2-tailed).

图4-24 苏黎世各片区建筑密度与公共空间的总用地占比的相关关系

Correlations

		建筑密度	公共空间占总用地的比例
建筑密度	Pearson Correlation	1	-.136
	Sig. (2-tailed)		.481
	N	29	29
公共空间占总用地的比例	Pearson Correlation	-.136	1
	Sig. (2-tailed)	.481	
	N	29	29

图4-25 南京各片区建筑密度与公共空间的总用地占比的相关关系

从公共空间缓冲区角度看，这种相关关系的对比体现得更加鲜明。自50 m近邻缓冲区到100 m步行可达范围再到城市平均水平，苏黎世的建筑密度明显递减，50 m半径内的平均建筑密度达到38.6%，属于高密度区，100 m半径和全市范围的平均值介于中等密度区间。与其相反，南京老城的建筑密度随公共空间缓冲半径的增加而增加。虽然南京老城的平均建筑密度高于苏黎世，公共空间50 m近邻缓冲区的平均建筑密度却几乎仅有苏黎世的一半，较低密度极值尚低4个百分点，100 m半径内的密度值也显著低于老城均值。南京老城的这种反向关系反映出，老城公共空间近邻最有可能产生效益的土地利用并不集约，没有将土地潜力充分发掘出来，同时也意味着现有公共空间的界定较弱，对于公共空间格局效率而言非常不利。这种有悖于常识的现象主要有两大成因：一是老城内部主要公共空间的两边甚至三边都由城市道路环绕而非建筑物界定，二是城市边缘大量公共空间与近邻建筑之间常有城墙、道路及其他开放空间相隔，降低了公共空间周边的建筑密度，影响公共空间的效益发挥。

关系模式Ⅱ-4：圈层结构、行政区单元和公共空间缓冲区分析均表明：苏黎世的公共空间格局与建筑密度分布具有非常密切的正向关系，形成紧凑的空间形态，有利于公共空间格局效率及公平的实现；南京老城建筑密度与公共空间用地比例之间的相关关系不成立，两者呈背离趋势。

（2）公共空间格局与建设强度

按照圈层、行政区单元和公共空间缓冲区分别计算苏黎世和南京老城的容积率，并与建筑密度、公共空间的城市建设用地占比比较如下（表4-8）。根据用地现状，定义（毛）容积率超过1.5为高强度，低于1为低强度，1—1.5之间为中等强度。

表 4-8 苏黎世与南京老城的容积率分布与公共空间用地比例

结构	苏黎世				南京老城			
	名称	容积率	建筑密度	公共空间的城市建设用地占比	名称	容积率	建筑密度	公共空间的城市建设用地占比
圈层式	核心圈层	2.216	44.5%	36.5%	核心圈层	2.487	30.2%	8.4%
	中心圈层	1.566	33.5%	14.8%	中心圈层	1.776	35.1%	6.2%
	外围圈层	0.865	23.5%	8.7%	外围圈层	1.211	32.8%	9.0%
行政区单元	11	2.362	47.2%	40.7%	饮虹园	1.303	46.9%	11.6%
	12	1.072	35.3%	36.7%	钓鱼台	1.073	37.1%	6.5%
	13	2.476	51.2%	44.3%	夫子庙	1.206	32.8%	29.6%
	14	2.207	47.9%	46.8%	建康路	1.680	36.9%	6.3%
	21	0.570	20.6%	16.2%	双塘	1.455	38.4%	4.5%
	23	0.276	13.5%	4.1%	大光路	1.169	29.4%	6.4%
	24	1.206	29.2%	30.8%	安品街	1.711	53.0%	3.8%
	31	1.357	33.2%	14.1%	洪武路	1.836	37.4%	3.5%
	33	0.607	22.3%	12.3%	瑞金路	1.075	26.9%	8.9%
	34	1.146	30.0%	21.7%	五老村	2.429	37.0%	4.9%
	41	2.576	51.5%	35.1%	淮海路	2.374	40.6%	7.1%
	42	1.343	37.8%	31.0%	朝天宫	3.320	38.1%	6.2%
	44	0.993	32.7%	17.7%	止马营	1.123	31.4%	8.3%
	51	2.343	49.4%	25.8%	梅园	1.361	33.3%	5.5%
	52	1.799	33.7%	11.0%	新街口	1.789	40.8%	7.6%
	61	0.994	28.8%	21.5%	华侨路	1.440	33.1%	1.8%
	63	0.936	25.9%	16.9%	丹凤街	1.756	32.4%	6.7%
	71	0.623	21.6%	12.8%	五台山	1.014	21.5%	9.8%
	72	0.788	25.6%	11.3%	后宰门	0.624	15.9%	3.4%
	73	0.843	26.5%	9.0%	兰园	0.918	23.0%	7.0%
	74	0.513	19.5%	2.8%	宁海路	1.094	27.8%	1.5%
	81	1.592	33.8%	39.0%	鼓楼	1.424	33.5%	3.2%
	82	0.988	36.4%	5.5%	湖南路	2.489	36.5%	11.3%
	83	0.605	20.8%	6.7%	水佐岗	1.257	28.8%	13.5%
	91	0.768	26.1%	9.4%	三牌楼	1.508	34.1%	3.9%
	92	0.705	22.6%	12.8%	中央门	1.894	37.8%	4.2%
	101	0.620	21.1%	6.2%	玄武门	1.115	26.1%	19.7%

结构	苏黎世				南京老城			
	名称	容积率	建筑密度	公共空间的城市建设用地占比	名称	容积率	建筑密度	公共空间的城市建设用地占比
	102	1.064	29.9%	10.1%	挹江门	0.941	24.7%	6.5%
	111	0.611	20.1%	5.5%	车站	1.033	21.1%	11.7%
	115	1.106	30.2%	12.0%				
	119	0.716	18.9%	9.2%				
	121	0.429	17.0%	7.6%				
	122	0.676	21.7%	10.0%				
	123	0.505	17.1%	13.1%				
	均值	1.100	29.4%	17.9%	均值	1.497	33.0%	7.8%
	标准差	0.628	0.103	0.124	标准差	0.570	0.075	0.056
	变异系数	0.571	0.349	0.694	变异系数	0.381	0.226	0.724
公共空间缓冲区	50 m 半径	1.868	38.6%	—	50 m 半径	1.170	20.7%	—
	100 m 半径	1.467	32.5%	—	100 m 半径	1.485	29.5%	—
	全市范围	0.926	27.6%	—	老城范围	1.526	34.0%	—

注：建筑密度和容积率计算中，用地面积为城市建设用地面积，城市非建设用地不计入其内。因原始 CAD 地形图上部分军事用地建筑群空缺，南京后宰门片区的容积率和建筑密度值较实际偏低。

从圈层分布关系看，自核心圈层至中心圈层再到外围圈层，苏黎世和南京老城的容积率均明显递减，建筑平均层数随之减少，符合阿隆索的土地竞租理论，体现了土地市场机制在用地配置中的基础性作用。苏黎世公共空间圈层用地比例与建设强度成正比关系，在密度和强度最大、公共生活最丰富的核心圈层形成了最多的公共空间，有益于公共空间格局效率和公平的良好发挥。南京老城的公共空间面积在容积率最低的外围圈层达到最高比例，使用不经济的情况较难避免；在建设强度最高的核心圈层用地比例虽然高于城市平均水平，但与公共活动的需求相比仍显捉襟见肘；在快速内环以内的中心圈层公共空间相当匮乏。公共空间与建设强度的圈层关系没有逻辑可言，公共空间格局的潜力尚未充分发掘出来。

比较两座城市的圈层建设强度，核心和中心圈层实际相差不大，南京老城仅比苏黎世高出 0.1 倍。两座城市平均容积率的差异主要源于苏黎世的外围圈层布置了大量低密度独立住宅，显著拉低了均值。不过核心和中心圈层的强度对比已经很说明问题，高层林立的南京老城内圈层的平均容积率几乎与多层建筑之城苏黎世持平，这至少表明两点：其一，周边式街区布局、多层建筑为主导并不一定意味着较低的建设强度，关键在于是否能够系统高效地利用土地；其二，被感知的城市密度未必与实际密度一致。南京老城的实际容积率似乎低于感知密度的主要原因是，公共领域用地强度不均，一些单位内部用地存在浪费，相对不集约的布局降低了均值；大量"大院"所形成的封闭空间大幅挤压了城市空间，封闭和不连续感使得对城市密度的感知被夸大。而苏黎世内圈层的城市建筑普遍比较有效地利用了建设用地，空间整体比较舒缓的同时并没有以牺牲平均建设强度为代价。

从行政区单元划分看，苏黎世34个片区中，高强度和中等强度片区各7个，低强度片区20个，平均建设强度不高，片区建设强度与密度分布呈现大致相似的向心聚集趋势。区别在于，建筑密度分布图中，高密度地区向老城和苏黎世湖方向汇集，且低密度区较少；而建设强度分布图中，低强度区较多，高强度区向利马特河和厄利孔副中心集聚。对比图4-26左图和图3-34可知，强度分布与城市高层建设区分级基本具有一致性关系。南京老城的29个片区中，高强度片区11个，中等强度片区15个，低强度片区3个，平均建设强度高于苏黎世。高强度区向城市中心、中山北路、中央路集聚，强度分布与老城的高层布局存在内在关联(图4-26右图和图3-36)。

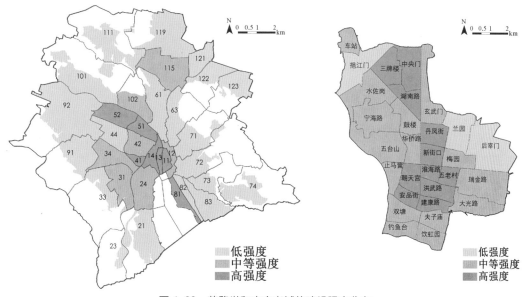

图 4-26　苏黎世和南京老城的建设强度分布

左：苏黎世；右：南京老城

与建筑密度指标类似，苏黎世各片区的平均容积率与公共空间的城市建设用地占比存在正相关关系。经SPSS分析得知，两者的Pearson相关系数为0.796；容积率与公共空间的总用地占比的Pearson相关系数达到0.821，与建筑密度与公共空间的总用地占比的拟合结果高度接近。数据表明公共空间用地与建筑容积率指标具有非常密切的正向关系。南京老城片区容积率与公共空间的总用地占比的相关关系无法建立。

从缓冲区角度出发，苏黎世的建设强度和建筑平均层数随着与公共空间距离的减少而增加，南京同比数据则反向递减，与建筑密度指标的分布趋势相似。以缓冲区结构衡量，公共空间格局与容积率指标呈现的关系仍然是苏黎世模式较为有利。

关系模式Ⅱ-5：苏黎世公共空间布局与城市建筑强度分布呈正相关，对公共空间格局效率与公平的发挥比较有益。南京老城公共空间用地比例与容积率的相关关系无法建立。

（3）公共空间格局与公共空间率

按照圈层和行政区单元统计苏黎世和南京老城的公共空间率如下（表4-9）。根据用地分布现状，将公共空间率依照取值范围划分为5个层级：小于0.05、0.05—0.1、0.1—0.15、0.15—0.2、大于0.2。

表4-9　苏黎世与南京老城的公共空间率分布与公共空间用地比例

结构	苏黎世			南京老城		
	名称	公共空间率	公共空间占城市建设用地的比例	名称	公共空间率	公共空间占城市建设用地的比例
圈层式	核心圈层	0.165	36.5%	核心圈层	0.034	8.4%
	中心圈层	0.095	14.8%	中心圈层	0.035	6.2%
	外围圈层	0.100	8.7%	外围圈层	0.075	9.0%
行政区单元	11	0.172	40.7%	饮虹园	0.089	11.6%
	12	0.342	36.7%	钓鱼台	0.060	6.5%
	13	0.179	44.3%	夫子庙	0.246	29.6%
	14	0.212	46.8%	建康路	0.037	6.3%
	21	0.284	16.2%	双塘	0.031	4.5%
	23	0.149	4.1%	大光路	0.055	6.4%
	24	0.256	30.8%	安品街	0.022	3.8%
	31	0.104	14.1%	洪武路	0.019	3.5%
	33	0.203	12.3%	瑞金路	0.083	8.9%
	34	0.190	21.7%	五老村	0.020	4.9%
	41	0.136	35.1%	淮海路	0.030	7.1%
	42	0.231	31.0%	朝天宫	0.019	6.2%
	44	0.178	17.7%	止马营	0.074	8.3%
	51	0.110	25.8%	梅园	0.040	5.5%
	52	0.061	11.0%	新街口	0.042	7.6%
	61	0.217	21.5%	华侨路	0.013	1.8%
	63	0.180	16.9%	丹凤街	0.038	6.7%
	71	0.205	12.8%	五台山	0.097	9.8%
	72	0.143	11.3%	后宰门	0.055	3.4%

结构	苏黎世			南京老城		
	名称	公共空间率	公共空间占城市建设用地的比例	名称	公共空间率	公共空间占城市建设用地的比例
	73	0.107	9.0%	兰园	0.076	7.0%
	74	0.055	2.8%	宁海路	0.014	1.5%
	81	0.245	39.0%	鼓楼	0.022	3.2%
	82	0.055	5.5%	湖南路	0.046	11.3%
	83	0.111	6.7%	水佐岗	0.107	13.5%
	91	0.122	9.4%	三牌楼	0.026	3.9%
	92	0.181	12.8%	中央门	0.022	4.2%
	101	0.101	6.2%	玄武门	0.176	19.7%
	102	0.095	10.1%	挹江门	0.069	6.5%
	111	0.089	5.5%	车站	0.113	11.7%
	115	0.109	12.0%			
	119	0.129	9.2%			
	121	0.177	7.6%			
	122	0.147	10.0%			
	123	0.260	13.1%			
	均值	0.163	17.9%	均值	0.060	7.8%
	标准差	0.067	0.124	标准差	0.051	0.056
	变异系数	0.411	0.694	变异系数	0.850	0.724

苏黎世核心圈层的公共空间率为 0.165，表示每 1 m² 的建筑面积对应于 0.165 m² 的公共空间面积。这已经是一个较大的 PSR 值，相当于建筑物平均覆盖密度为 40%、平均层数为 5 层的既定区域内公共空间用地比例达到 33%。中心和外围圈层的 PSR 值接近，均为 0.1 左右，结合公共空间用地比例数据可知，中心圈层的公共空间份额和建设强度约为外围圈层的 1.7 倍，而两者的承载压力相差不大。南京老城核心和中心圈层的 PSR 值接近，位列小于 0.05 的最低值域范围，两者的公共空间承载压力同样非常大。外围圈层的 PSR 属于第二层级，公共空间压力稍小。数据显示，南京老城核心圈层的公共空间承载压力达苏黎世同圈层的 4.9 倍，中心圈层的压力是苏黎世的 2.7 倍，所有圈层的公共空间承载压力均大于苏黎世任一圈层。与南京老城相反，PSR 值反映出苏黎世核心圈层的公共空间承载压力最小。

从行政区单元结构看，苏黎世分区的公共空间率显著大于南京老城。PSR 的 5 个层级中，苏黎世 50% 的行政区（17 个）位于高值域的前 2 个分级（0.15 以上），覆盖了老城及其周边、苏黎世湖沿岸、火车站场区，以及老城至厄利孔新区的大部分范围；南京老城只有夫子庙和玄武门 2 个片区列入其中，这些片区内公共空间系统的平均建筑承载压力相对较小。中间值域分级（0.1—0.15）苏黎世有 12 个片区满足条件，基本覆盖了剩余的城市建设用地；南京老城仅车站和水佐岗 2 个片区符合。苏黎世和南京 PSR 大于 0.1 的片区数量各占 85% 和 14%，相差悬殊。苏黎世没有片区进入 PSR 小于 0.05 的最低值域分级，次低值域(0.05—0.1)的片区有 5 个，南京老城的相应片区数量分别是 16 个和 9 个，基本全城满铺。图 4-27 中，自市中心向外，苏黎世片区 PSR 的色块颜色大致呈加深趋势，表明公共空间承载压力递增；南京老城的色块则由深变浅，空间承载压力递减。PSR 指标分析同时显示，南京老城片区公共空间的平均承载压力约为苏黎世的 3 倍，以较小的公共空间比例承担了较高的建筑强度。

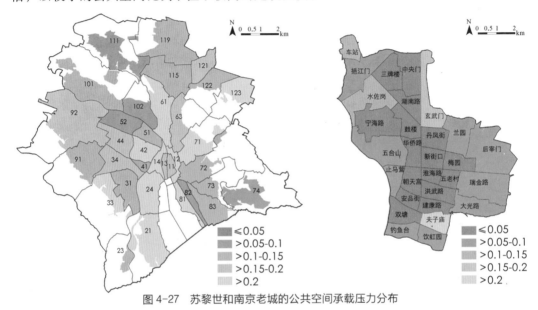

图 4-27　苏黎世和南京老城的公共空间承载压力分布

左:苏黎世;右:南京老城

注:颜色越深表示承载压力越大。

拟合苏黎世各片区公共空间承载压力与公共空间的城市建设用地占比的关系，$P = 0.001$ 水平的 Pearson 相关系数为 0.556，说明两者间存在一定的反向关系。南京老城的片区 PSR 与公共空间用地比例高度相关，Pearson 相关系数达到 0.948，回归方程为 $y = 1.046\,8x + 0.014\,7$，复测定系数 $R^2 = 0.898\,1$(图 4-28)。数据表明，南京老城公共空间承载压力与公共空间用地比例呈现非常明确的反比关系，即公共空间用地比例越大，空间压力越小，反之亦然；建设强度对公共空间的压力作用基本可忽略。这意味

Correlations

		公共空间率	公共空间用地比例
公共空间率	Pearson Correlation	1	.948**
	Sig. (2-tailed)		.000
	N	29	29
公共空间用地比例	Pearson Correlation	.948**	1
	Sig. (2-tailed)	.000	
	N	29	29

**. Correlation is significant at the 0.01 level (2-tailed).

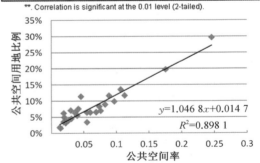

图 4-28　南京老城各片区公共空间承载压力与公共空间用地比例的相关关系

164

着老城公共空间面临的巨大承载压力会随着公共空间用地比例的增加而同步缓解。苏黎世中，两者的反向关系不那么强烈，建设强度也对 PSR 分布有一定影响。

关系模式 Ⅱ - 6：PSR 指标分析显示，南京老城公共空间的平均承载压力约为苏黎世的 3 倍。苏黎世公共空间承载压力呈圈层式递增，核心圈层压力最小。南京老城核心和中心圈层的公共空间承载压力非常大，外围圈层压力稍小，承载压力与公共空间用地比例的反比关系明确。

4.4.3 基于地价分异的公共空间格局

分别绘制苏黎世与南京老城的地价分级图①，两市地价分布均自市中心向外围递减，符合位置级差地租经济规律(图 4-29)。本节只考察和比较地价不同等级之间及其与公共空间格局的关系，与绝对价格无关，故用无量纲的序数表示，即一级地、二级地直至六级地，共 6 个等级。原图纸中南京市区的土地级别被划分为 8 级，老城用地涵盖其中前5 个等级，予以保留。苏黎世的六级地位于城市边缘，属于城市建设用地的部分十分有限，为增加横向可比性，将其忽略不计。两座城市分级地价的面积比重指标见表 4-10。

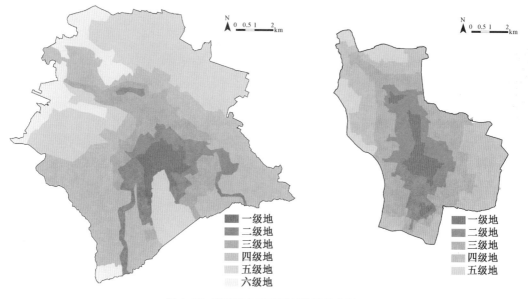

一级地
二级地
三级地
四级地
五级地
六级地

一级地
二级地
三级地
四级地
五级地

图 4-29　苏黎世与南京老城的地价分级

左：苏黎世；右：南京老城

---

① 苏黎世地价图依据"大苏黎世城区 UrbanSim 房地产和地价模型应用"文中的居住用地和商业用地 10 年平均地价叠加、分级和矢量化加工得到。参见 Löchl M. Real estate and land price models for UrbanSim's Greater Zurich application[R]. Arbeitsberichte Polyprojekt Zukunft urbane Kulturlandschaften, NSL, ETH Zurich, 2006. 作为城市中两种最主要的职能用地类型，苏黎世商业用地最高单价为 3 700 CHF/m²，居住用地最高单价为 2 600 CHF/m²，商业用地约为同一地区居住用地地价的 1.4—1.7 倍。两者的地价分级趋势差别不大。南京老城地价图参照"南京市市区土地级别图"矢量化得到。参见南京市国土资源局. 南京市市区土地级别与基准地价. http://www.njgt.gov.cn/default. php? mod=article&do=detail&tid=209343.

表 4-10　苏黎世与南京老城分级地价的面积比重

地价分级	苏黎世		南京老城	
	面积/km²	比重/%	面积/km²	比重/%
一级地	3.27	3.6%	2.93	6.8%
二级地	8.94	9.7%	8.48	19.7%
三级地	10.90	11.8%	13.86	32.2%
四级地	32.78	35.7%	14.33	33.3%
五级地	27.44	29.8%	3.44	8.0%
六级地	8.62	9.4%	0	0

苏黎世与南京老城公共领域、居住领域的地价分级及其与公共空间格局的关系如图 4-30、表 4-11。苏黎世公共领域的公共空间在地价最高的一级地内有着最多的分布；

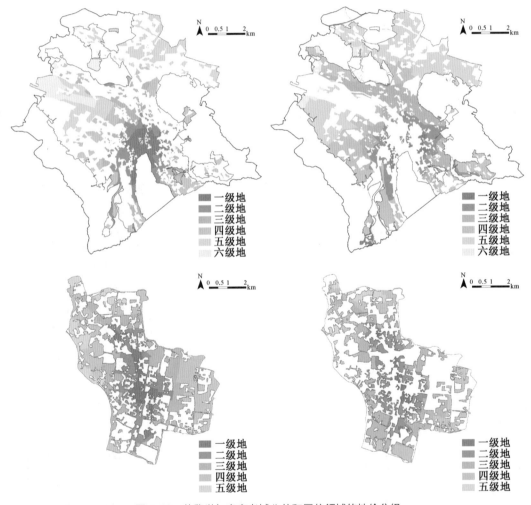

图 4-30　苏黎世与南京老城公共和居住领域的地价分级

左 1,苏黎世公共领域地价分级;左 2,苏黎世居住领域地价分级;左 3,南京老城公共领域地价分级;左 4,南京老城居住领域地价分级

表 4-11　苏黎世与南京老城基于地价分级的公共和居住领域的公共空间分布

地价分布	苏黎世						南京老城					
	公共领域			居住领域			公共领域			居住领域		
	公共空间面积/m²	用地面积/m²	公共空间比例	公共空间面积/m²	用地面积/m²	公共空间比例	公共空间面积/m²	用地面积/m²	公共空间比例	公共空间面积/m²	用地面积/m²	公共空间比例
一级	903 182	2 550 728	35.4%	64 629	720 953	9.0%	272 415	2 098 653	13.0%	23 651	828 893	2.9%
二级	777 906	3 001 573	25.9%	258 339	3 362 884	7.7%	459 264	4 596 406	10.0%	113 294	3 887 047	2.9%
三级	539 829	2 978 810	18.1%	498 283	6 351 650	7.8%	598 887	7 059 674	8.5%	235 371	6 805 197	3.5%
四级	405 626	4 513 342	9.0%	540 049	8 316 738	6.5%	909 668	8 710 136	10.4%	133 802	5 616 006	2.4%
五级	963 305	6 666 013	14.5%	690 570	11 070 534	6.2%	516 540	2 222 751	23.2%	48 180	1 217 269	4.0%
六级	90 655	2 500 108	3.60%	38 711	1 207 903	3.2%	0	0	0	0	0	0
总计	3 680 503	22 210 574	16.6%	2 090 581	31 030 662	6.7%	2 756 774	24 687 620	11.2%	554 298	18 354 412	3.0%

南京老城与其相反，在地价最低的五级地内达到最高分布水平。随着地价逐步下降，苏黎世公共领域内公共空间的用地比例随之梯度减少，并在五级地价范围形成次级高峰；南京老城的公共空间的用地比例则先抑后扬，在中间地价用地上分布最少（图 4-31）。两市相比，南京老城的公共空间格局综合考虑了区位和地价因素，而苏黎世不仅没有"择价而布"的迹象，反而在昂贵的用地上布

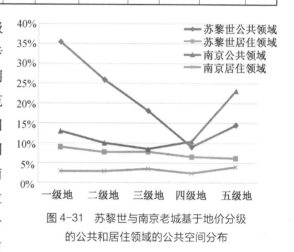

图 4-31　苏黎世与南京老城基于地价分级的公共和居住领域的公共空间分布

置了更多不直接产生经济效益的公共空间，所以南京格局模式的地价成本低廉得多。

上述现象是否意味着南京模式更加高效呢？事实上，公共资源配置的效率要用收益与成本之间的比例关系来衡量，成本只构成其中一个方面。苏黎世公共领域的公共空间格局与城市公共性程度高度一致，形成连续性很强的系统网络，最高土地价格的市中心同时构成统领整个城市的公共空间体系的绝对中心，满足了公共生活的多样需求。运作良好的公共空间系统使苏黎世自 2000 年以来屡次位列世界最佳宜居城市之首。以南京老城为代表的中国城市中，大量公共空间往往分布在城市外围，虽然选址的代价小、投入少，但从使用角度而言相对不便。经市民抽样访谈发现，在南京生活十几至几十年的居民中，约 17%选择定期去住所附近的城市边缘公共空间进行活动，52%很少、31%从未到访过边缘公共空间，经常远距离出行去边缘空间的居民为 0 人。如果公共空间产出和使用上的收益很小，几乎形同虚设，那么它在收益-成本曲线上的配置效率趋近于坐

标轴原点，无论供给成本多低都是无效率的。城市外围公共空间并不是没有价值，它们可以改善城市生态环境、调节微气候及提升城市形象，但其对公共生活的作用即便不是微乎其微，也远与其规模不成比例；而内城区重要区位公共空间的含金量则大得多①。然而在我国，这种空间格局上的本质差别经常被有意无意地忽略了，因为我们并没有设立关于城市公共空间的相关规范，绿地规划中的人均公园绿地面积、绿化覆盖率和绿地率三大指标也只反映数量特征。现行指标控制和评价体系的导向作用反而促使更多的公共空间向低地价区、零散用地汇集，"以最少财政支出增加最多面积的公共空间用地"成为主管部门的目标和动机，也是最大效率的体现，至于空间如何布局以及建成后长期的使用收益等问题反而是次要的。从持续发展的眼光看，公共空间格局效率的目标并非基于"以最低投入建设最多面积的公共活动场所"的短期功利和政绩取向，而是要在投入产出比例方面实现"单位用地面积的潜在服务人数最多"。这一观点若不明晰，不将其有效纳入指标控制和评价系统，则公共空间的格局效率不可能真正得到提升。当然，与众多欧洲城市一样，苏黎世城市形态是在历史进程中不断累积叠加而成的，其核心地带建于步行和公共交通发达的前工业时代，尽管事实证明通过职能转化能够适应新的城市需求，现代高密度城市是否有条件在城市中心 1/4—1/3 的用地上建设公共空间尚待论证。不过，苏黎世至少向我们展示了这样一种可能性的存在，即在不损失平均容积率的前提下，在居民需求最大、公共生活最丰富的地区布置充足和多样的公共空间。

苏黎世公共领域的公共空间用地比例并不完全随地价下降而递减，而是在六级地价中的第五级中比例显著提高，形成次级高峰。五级地价用地内主要分布着厄利孔新区、Schwamendingen 住区和 Altstetten 住区，它们过去都是独立自治体，1934 年苏黎世扩张时才与 Seebach、Affoltern、Witikon、Höngg、Albisrieden 区共同纳入城市版图。其中厄利孔是综合开发的城市副中心，由在铁路南侧的原市镇中心和北侧前工业区基础上建设的新厄利孔地区组成；Schwamendingen 是 20 世纪 40—60 年代城市扩张时期大规模兴建的蓝领阶层社区；Altstetten 是逐步发展起来的，目前是苏黎世人口最多的区。它们距城市中心的距离普遍在 3 km 以上，厄利孔和 Altstetten 有独立的火车站。研究发现，这三个地区围绕着厄利孔的 Marktplatz 和代表着苏黎世新景观的 Oerliker Park、Wahlenpark、MFO-park、Louis-Häfliger-Park，Schwamendingen 社区的 Schwamendingerplatz，Altstetten 的 Lindenplatz，各自形成城市公共生活的次级中心，服务于 1.5 km 左右半径的社区范围。三个次级中心与市中心区的公共生活中心共同形成完整的城市公共空间结构系统

---

① 以上海为例,2000 年市区新建公共绿地 800 多 ha,其中内城新建的"延中绿地"和"太平桥绿地"总占地不足 30 ha,不到新增绿地面积的 4%,延中绿地动迁了居民 4 471 户、单位 228 家,太平桥地区原有人口密度达到 800 户/ha,动迁和建设成本高昂。参见王玲,王伟强. 城市公共空间的公共经济学分析[J]. 城市规划汇刊,2002(1):40-44. 但两处公共空间落成后持续产生的社会效益远超最初的投资,且改变了城市片区的基本生活空间格局,这是公共空间基于总量或人均的相关统计数据所无法反映的。

（图4-32）。

地价的分异将不同阶层以购买力和承租能力区分开来。苏黎世居住领域公共空间用地比例随土地价格的降低小幅递减，一级地为第一个梯度，二级地和三级地为第二个梯度，四级地和五级地为第三个梯度，六级地为第四个梯度，这表明富裕阶层较低收入群体拥有更多可选择的公共空间。南京老城居住领域的公共空间在五个地价层级内均比较少，其中一级、二级、四级地内的公共空间用地比例更低，三级和五级地内稍多，总体上分异不大，趋于均衡。以地价分异衡量的数据初步显示，南京老城

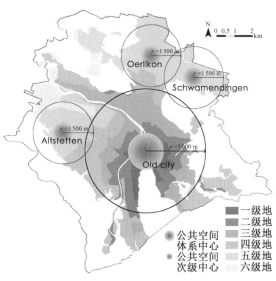

图4-32 基于地价分级的苏黎世
公共空间中心体系构成

居住领域公共空间布局的公平度优于苏黎世。更深入的分析将在6.3.2节具体展开。

关系模式Ⅱ-7：苏黎世公共领域的公共空间格局与城市地价及公共性程度高度一致：在地价最高的一级地内有着最多的分布，并在五级地价范围形成三大公共生活的次级中心，服务于1.5 km左右半径的社区范围，与市中心区的公共生活中心共同形成完整的城市公共空间结构系统，配置高效。居住领域公共空间用地比例随地价降低而递减，较不利于格局公平的实现。南京老城公共领域公共空间在地价最低的五级地内达到最高分布水平，导致公共空间在产出和使用上的总体收益较小，不利于公共空间格局效率的实现。居住领域公共空间基于地价的分异程度不大，公平度高。

4.5 发展对策建议

公共空间由一定职能、密度、价格的地块及其上的建筑布局塑造形成，它们紧密关联并相互支配。城市用地有一定的稳定性，建筑物所容纳的功能对相邻的公共场所有重要影响，把形态的社会意义纳入理解时更是如此。城市用地与公共空间格局的关系策略是基于效率与公平视角的城市公共空间格局优化中不可或缺的内容。

（1）结合用地性质，紧邻积极职能和混合用地布局公共空间

城市用地性质直接影响其间的公共活动。从空间效率与公平角度，居住、公共设施和工业仓储三类主要的城市职能用地中，（纯）工业仓储用地对公共空间活动有一定负面影响，应远离公共空间布局；公共设施和居住用地应向公共空间集中程度高的地区靠拢，以便就近使用，尤其是开放度高、能促使积极的公共生活发生的城市功能应尽可能

邻近公共空间。事实上，城市的自我调节和代谢机制能够根据需要不断调适，产生新的集聚效应，达到用地与公共空间的自发平衡，但这一进程相对缓慢。而城市规划对公共空间与土地利用的安排主要基于多方面的整体性考虑，从关系模式角度考察两者未必能够相互适配，如南京的公共设施及居住用地与公共空间的关联度就比较弱。发展对策主要包括公共空间周边土地功能置换以及结合现状用地为新建公共空间恰当选址两方面，尤其要在公共空间沿线用地组织上尽可能集聚更多对公共活动有积极影响的用地类型，在长期的发展演变中逐步强化公共空间格局与积极职能用地的联系，提升公共空间格局效率与公平。

城市用地混合程度及其与公共空间格局的关系亦对公共行为活动具有重要作用。不同土地用途在空间和时间上的集中是塑造良好公共领域的关键之一，应充分鼓励适宜的城市土地混合利用。这种混合不仅体现在水平方向，还包括商住楼和商办楼等垂直方向的用地混合；不仅考虑不同用地的整体规模，还要计入功能斑块的平均尺寸和数量以度量用地的空间聚类程度。而混合用地与公共空间明确的关联布局模式能够鼓励公共空间活动的发生。反映在城市布局中，用地综合熵值高的地区应当布置更充裕的城市公共空间，土地利用混合程度高而公共空间匮乏的片区可作为优先改造对象。

（2）控制用地密度，优先改善公共空间承载压力过高地区

未来城市发展的方向是综合密集型城市，紧凑化发展和可步行性是可持续城市设计的重要目标。紧凑城市能够提高城市的可步行性，也有利于空间围合感和品质的营造，从而增加公共空间的使用强度，提升空间格局效益及公平。因此较高的建筑密度值得鼓励，它对公共空间及城市活力颇具意义，适宜的城市布局能够使土地利用效率和公共空间分布公平实现双赢。建议城市公共空间周边维持适当的建设密度和强度，用地密度控制同时规定上限及下限，公共空间尽可能结合高密度地区布置，公共空间的有效存在会进一步提高空间的紧凑程度。

公共空间率（PSR）指标用公共空间总量与建筑总量的比值来衡量城市公共空间的承载压力。我国城市的一般特点是人口密度大、公共空间用地比例小而建筑容积率高，公共空间承载压力普遍较大。城市公共空间格局优化可根据 PSR 指标，发现承载压力过高的地区，予以优先改善，并可根据地区建设量估算所需的公共空间用地面积及现状差额，增加并合理配置公共空间资源。

（3）立足土地价格，注重弱势群体的公共空间权益表达

土地价格是土地效用的量化，从效率与公平角度考察城市公共空间格局与地价的关系有必要区分公共和居住领域。公共领域的地价与区位紧密相连，在位置级差地租经济规律作用下，区位越佳的地区地价越高，建设无直接经济效益产出的公共空间的难度越大；但同时地区所需的以包容各种公共活动力量为标志的中心特征也越强，越需要公共空间的连续和集聚。城市公共空间的选址、建设和管理体现了多方利益的博弈。从格局效率角度，公共领域公共空间的用地比例应与地价分布呈一致趋势，高地价区的公共空间需求及其建设尤其值得重视。

居住领域的公共空间格局与空间公平相关。富裕阶层与低收入阶层哪一方分配到的公共空间资源更充裕，意味着谁享有的空间权益更多。根据本书定义，根本上的公共空间格局公平是能够更好满足弱势群体需求的补偿性公平。从格局公平角度看，居住领域公共空间的用地比例与地价的反向关系最符合空间格局公平原则；而空间公平的底线是各阶层使用者个体的公共空间福利均等。但现实中富裕阶层通常占有最优越的公共空间，与弱势群体间形成基于地域的空间分异和社会剥夺，因而应详尽考察城市公共空间在社会阶层间的分配关系，对空间不公现象予以矫正。

4.6 本章小结

本章主要从公共空间格局与用地性质的吸引/排斥关系、与用地密度的集聚/共生关系，以及与用地价格的择优/补偿关系三个层面揭示城市公共空间格局与城市土地利用相互关联支配的作用机理和特征，探讨指标群量化的可能性；以苏黎世和南京老城为例开展量化层面的形态学研究，分析两市公共空间格局与城市土地利用层面诸因素表现出的关系模式及其成因，并提出我国城市土地利用层面的公共空间格局发展对策建议。结论如下：

① 城市用地性质直接影响其间的公共活动，不同功能用地与公共空间格局的作用关系是衡量公共空间格局效率与公平的重要指标。基于本书研究需要，本章提出 8 大类、26 小类的城市用地分类新标准，将统一的新标准作为城市用地及其与公共空间格局关系实证分析的基础，并从三个方面加以考察：一是通过用地现状与公共空间区位熵等值线图的叠合，探讨单一性质用地(居住、公共设施和工业仓储用地)布局与公共空间格局的作用机理；二是通过综合熵值法，寻找公共空间格局与土地利用混合程度之间的规律；三是通过近邻缓冲区法，分析城市公共空间与沿线土地利用构成的关系原理。

对城市用地混合程度的量度，本书在 Shannon 的信息熵函数 $S = -\sum_{i=1}^{n} P_i \log P_i$ 的基础上，提出用地综合熵值修正公式 $S'' = S \times \lambda + (A_{Rb} + A_{Cb})/A$，计入了功能斑块规模、数量及垂直方向混合用途的不同影响。优化策略包括公共空间周边实施土地功能置换、结合现状用地为新建公共空间恰当选址、公共空间沿线用地组织积极职能用地类型、鼓励适宜的土地混合利用、用地综合熵值高的地区布置更充裕的公共空间等。

② 通过密度控制可以实现城市的紧凑发展、公共空间格局与用地密度的共生，从而影响对公共空间格局效率和公平的整体评价。紧凑城市能够提高城市的可步行性，也利于空间围合感和品质的营造，增加公共空间的使用强度。建议城市公共空间周边维持

一定的建设密度和强度，公共空间尽可能结合高密度地区布置，形成紧凑的空间形态。另外，我国城市公共空间率指标反映出公共空间承载压力普遍较大，应对承载压力过高的地区予以优先改善，增加并合理配置公共空间资源。

③ 公共和居住领域中公共空间与地价的不同关系是衡量公共空间格局效率或公平的重要指标之一。从格局效率角度分析，公共领域公共空间的用地比例应与地价分布具有一致性趋势，高地价区的公共空间需求及其建设尤需关注。从格局公平角度看，居住领域公共空间的用地比例与地价的反向关系最符合空间格局公平原则；而空间公平的底线是各阶层使用者个体的公共空间福利均等。

5 竞争联合：公共空间格局与城市交通组织

　　城市公共空间格局与城市交通组织之间的关系既有竞争，又有联合。交通的发展能够改变城市空间的可达性，进而影响和改变公共空间格局；公共空间格局则对城市交通线路和站点组织的发展和调整提出客观要求，引发交通组织模式的改变。

　　从空间属性看，两者间存在包含或非包含的作用关系。在包含关系模式中，交通运输通道同时也作为公共生活空间，构成城市街道系统。包含空间的比例视不同城市、地段、空间利用、道路组织等有较大差异，包含（重合）度越高意味着城市功能越复合，运转绩效越高。对公共空间格局而言，重合部分作为线性要素，既直接增加了公共空间的量，又对整个体系的形成至关重要，能够促进公共空间格局效率和公平的提升。非包含模式中，道路成为联系公共空间及各功能场所的交通组织手段，决定了到达公共空间的便捷程度，是判断公共空间格局可达性和吸引力的重要因素。公共空间布点与道路交通彼此适配、耦合良好是评判其格局效率和公平的主要标准之一。

　　针对当代城市公共空间与城市交通组织关联性的研究，大量文献或是从物质和社会维度揭示机动化交通对公共空间和公共生活的影响及其作用机制；或是从可达性角度探究交通和行进模式因子与点状开敞空间分布的关系；还有些以交通畅通和安全为前提、以创造高品质的公共空间为目标，提出道路交通的优化设计策略。本章主要从空间结构形态角度出发，考察公共空间格局与城市交通组织的关系，分析以交通系统为依据的公共空间可达性和吸引力，为构建公共空间格局之城市交通方面的评估因子群奠定基础。

　　公共空间格局与城市交通组织的竞争联合关系主要体现在五个层面：第一，城市道路的公共空间属性，交通方式对城市格局影响显著，道路的基础性组织功能、公共空间属性对整个城市公共空间体系的形成至关重要，是衡量公共空间格局效率与公平的重要指标；第二，与出行方式的互构/互塑关系，公共空间活动发生的基础是步行，公共空间的使用总是与慢速交通，尤其是步行交通紧密相关，出行方式的支持或抑制作用对公共空间格局有较大影响；第三，与机动车交通的连通/到达关系，干道和支路两种交通接入方式的联合是提升公共空间格局效率与公平的有效组织手段；第四，与公共交通的联动/耦合关系，公共空间与大运量公共交通的联动能够实现格局效率和公平的双赢；第五，与慢行交通的依托/渗透关系，慢行交通方式与公共空间的使用联系最为紧密，慢行系统建设直接关系公共空间的可达性，是衡量公共空间格局效率及公平的重要标准之一，弱势群体的交通可达性影响对空间公平的整体评价。

5.1 隔离/并存：城市道路的公共空间属性

城市的发展不仅体现在经济上，更表现为对环境宜居和社会和谐的高级需求。城市道路除了要保证必要的畅通外，还应满足生活服务、步行连续性、创造城市场所的基本需求。作为线性公共空间的主要构成要素，城市道路的公共空间属性对于整个城市公共空间体系的形成至关重要：公共空间系统是连续的还是割裂的，很大程度上由城市道路的公共空间属性所决定。

5.1.1 人车分离和共存的道路模式

城市道路按职能可分为车行与步行两类，两者间又有人车分离及共存两种组合方式。它们分别对应着隔离或是并存的步行公共空间系统与车辆交通的关系。

人车分离的倡导者认为，不同类型交通在同一道路断面上的混杂会降低道路使用效率，且存在安全隐患，因此主张把步行和车行交通流组织到不同的道路层次中。早在16世纪，帕拉帝奥（Andrea Palladio）和达·芬奇（Leonardo da Vinci）就曾建议将步行道与拥挤的交通干道分开。1928年的新泽西州雷德朋新镇规划中，美国设计师斯坦（Clarence Stein）和赖特（Henry Wright）提出低连通度的树状道路系统，将机动车交通与步行交通分离，既保障了车行交通的顺畅，又减少了过境交通干扰，同时创造出比较积极的街坊交往空间（图5-1）。此后，德国规划师希尔伯塞莫（Ludwig Hilberseimer）和莱肖（Reichow）分别探索过树状道路分流系统，雷德朋体系在1950年规划的坎伯诺尔德（Cumbernauld）新城中得到应用。20世纪60年代，公共交通系统从机动车交通中剥离并与步行体系整合的可能性在朗科恩（Runcorn）新城（图5-2）和密尔顿·凯恩斯（Milton Keynes）新城中得到探索。

除水平分离外，垂直交通分离模式也在理论与实践中不断涌现。早在20世纪20年代，柯布西耶的"光辉城市"规划方案就已构想了人车分离的高架道路系统；其后希尔伯塞莫提出地面层车行交通与架空人行道结合的"双层城市"模式。立体交通模式在当代世界大都市的高密度中心区应用广泛，巴黎拉德芳斯的交通系统彻底将人流与车流分开，其他大城市中的车行道一般伴随着并行人行步道空间的使用，同时在地下或空中增设便捷的立体步行系统。

T O W N P L A N
RADBURN. N.J.

图 5-1 雷德朋新镇规划

资料来源：http://pedshed.net/? p=31.

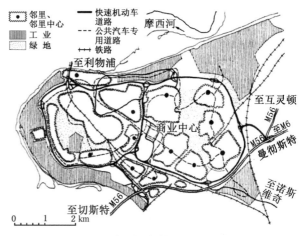

图 5-2 朗科恩新城道路系统规划

"8"字形的公共交通专用道路与"日"字形的快速机动车道路共同构成城市骨架。资料来源：文国玮. 城市交通与道路系统规划设计[M]. 北京：清华大学出版社,1991.

　　在人车分离模式中，步行空间与车行空间形成两套独立系统，组织逻辑清晰，但作为车辆通行空间的车行道路本身对于城市空间品质有一定消极影响。始建于1733年的美国殖民城市萨凡纳（Savannah）区分了行政区单元外围的机动车道路系统与内部的街道和绿化广场公共空间体系，这种等级化的格网形态布局"比每个街坊都有过境街道的格局有更大的运载量"，是"城市存在的组织与成长的最佳图式之一"[①]（图5-3）。但当街区尺度进一步放大，在柯布西耶规划的昌迪加尔（Chandigarh）项目中，服务于运动流的交通干线与服务于建筑的接入型道路被区分得更加明确，标准街区单元尺寸达1 200 m×800 m、面积达100 ha[②]，此时正交格网的道路系统与自由布局的公共活动空间构成的双系统韵律只能体现在总平面图纸上，成为空旷萧条的反城市产物（图5-4）。

　　现代主义原则主导的城市道路等级系统包含着明确的人车分离思想，其先驱者屈普（Herbert Alker Tripp）和布坎南（Colin Buchanan）都提出了具有分流措施的交通解决方案，这种分离体现在交通的层级结构中。它以机动车交通的不断优化为设计前提，赋予每条道路单一功能，在主要干道与接入型道路之间人为设定僵化的通过性与进出性的反比关系。道路等级越高，则通过性越强，十字交叉节点数量越少，公共空间属性越弱，步行、非机动车道和建筑临街区域越与之隔离。步行主导的街道只在次要的接入型道路中

① 培根. 城市设计[M]. 黄富厢,朱琪,译. 北京：中国建筑工业出版社,2003.
② 王红梅. 柯布西耶的昌迪加尔城规设计思想[J]. 家具与室内装饰,2009(2)：70-71.

存在，与较小的车流量、较低的设计速度相结合，构成城市路网的最低级别。车行优先的干线交通系统与步行及其他交通方式混合的接入型街道被清晰地区分开来。从交通安全和效率角度，这是由工程思维支配的行之有效的成熟模式。但它把交通系统放在首位，使得各种城市活动在空间上分散成蜂窝状的局部区域，这些区域由承担交通循环职能的城市道路建立联系，导致城市环境的不连续，"纵容了许多城市破坏的发生，也是反城市产物出现的根基"[①]。

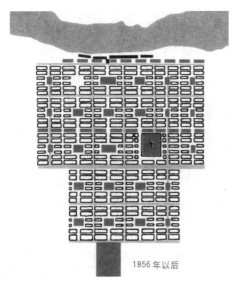

图 5-3　1856 年后的萨凡纳城市格局

资料来源：培根.城市设计[M].黄富厢,朱琪,译.北京：中国建筑工业出版社,2003.

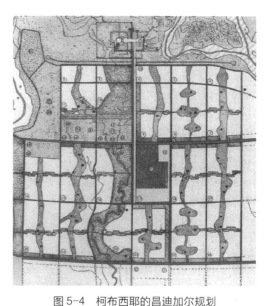

图 5-4　柯布西耶的昌迪加尔规划

资料来源：科斯托夫.城市的形成：历史进程中的城市模式和城市意义[M].单皓,译.北京：中国建筑工业出版社,2005.

　　人车共存道路模式曾是前工业城市的常态，缺乏明确分级、高密度和高连通度的传统街道网络在汽车时代造成大量的人车冲突，这是引发当时的规划学者积极探索人车分离交通模式的主因。随着人车分离模式矛盾的逐渐显露，自 20 世纪 60 年代以来，人车共存的交通方式重新得到认识。在亚历山大看来，人车分离的树形结构模式不符合城市半网络结构的需要，它减少了弹性，使道路功能单一化，城市步行系统和车行系统需要适当的交叠。交通安宁理论提出，应在机动车交通产生危害的地区通过交通量控制和速度控制措施，降低机动车的支配地位，通过不同车行和人行交通模式的混合，改善步行、自行车和公共交通，进而优化城市建成环境。这种特意设计的人车共存的道路形式目前在欧洲、北美和日本广受欢迎。与此相关的是"交通单元"概念的提出，即通过控制单元之间的机动车穿越交通，将主要的机动车交通限定在单元内部，步

① 马歇尔.街道与形态[M].苑思楠,译.北京：中国建筑工业出版社,2011.

行、自行车和公共交通则不受此限制。进入 20 世纪 80 年代，街道共享理论主张，通过整合各类交通方式，积极恢复受机动车交通主导道路的人性尺度，使人与车辆和谐共存，提高街区公共空间活力。英国布莱顿（Brighton）和布里斯托尔（Bristol）内城街道的共享空间实验通过取消车行道与人行道高差，撤销栏杆、斑马线和交通信号灯等一系列举措，使自行车流量增加 93%，机动车速度降低，改善了街道的安全性和可步行性①。

广义上的人车并存系统存在于大部分城市地区中，此时公共空间与车行交通因并立而具有竞争关系。争夺的结果有两种可能：一种强调步行空间，以步行和公共交通系统为基础，公共交通线路连接中高密度的居住区和公共空间，保证公共空间的短距离到达和足够的需求量，从而城市公共空间的作用得以强化；另一种是以小型机动车交通通行为设计依据，城市建设表现为不断拓宽机动车道路、扩建道路节点和兴建停车场地，整个城市系统的可达性建立在小型机动车交通之上，公共生活受到排挤和侵蚀。它们引发了建筑界面与公共空间关系的变革，代表了将城市道路视为建成环境还是交通干道的不同理解，同时对应着建筑作为肌理或是实体的不同状态。两种模式的对比反映了城市设计主导的混合功能的街道网络与常规现代主义理念下遵循技术法规的干线道路等级系统的深刻矛盾。

人车分离或共存的道路交通方式的本质差异在于：主干道路究竟仅作为交通路径，还是兼具场所属性；容纳公共生活的街道处于道路网络末梢，还是成为系统整体的组成部分；公共空间和生活与交通职能是分离、独立的两套体系，还是既有叠合又自成一体的共存体。从城市设计角度考察，基于交通规划工程的规划概念和政策也许能构建良好的城市结构，但无法造就美好的城市生活。既然城市终究是为人而设、为人所用，创造富有吸引力的场所空间才是第一位的需求，功能性的交通系统就应当在满足运输和通达等工程要素的前提下，更好地为城市服务，而不是与之对立，在运动性与场所性之间人为设定反比关系。考虑到与交通相关的用地在城市中占据较大份额，交通方式对城市格局影响显著，其基础性组织功能实际上比纯运输职能更加重要，道路交通设计提供了一个积极作用于城市设计的机会。

然而，现代主义的道路布局原则及其与城市建成环境的关系在当代城市理论和实践中仍根深蒂固。我国城市道路的建设和管理仍以交通安全技术规范为依据。国家规范中快速路、主干路、次干路、支路的等级区分明显以交通流和道路承载力为基础，机动车交通优先于其他出行方式设置，街道的概念游离于分类框架之外。这种分类规定了日常管理和未来设计的指标，决定着街道不同类型之间允许产生怎样的联系，同时也将不同

① 杨震. 英国街道"共享空间"实验[J]. 国际城市规划, 2008, 23(6): 129.

类型的运动流和临街功能之间的差异归于一体①。在这一体系下，路径类型的丰富性得不到表达，所谓街道生活不过是需要应对的妨碍良好道路设计的复杂因素。为了适应日益增加的小汽车交通流，我国各城市积极扩建城市路网、拓宽城市道路，老城中富有地方特色的城市街道空间被功能单一的交通空间所取代，新城规划中道路笔直、宽阔，致力于服务最大化的交通流量。专业从业者与政府官员的认知也存在比较严重的模糊和偏差，不仅宽马路与高楼大厦一起被作为城市现代化的标志，人均道路面积甚至被标榜为"以人为本"的佐证。

人车分离或共存的关系模式大致对应着"支流"或是"格网"的道路格局，通常会导致不同的街区尺度选择。平面上的人车分流要求以大街区规划模式为基础，区分交通干线与接入型道路，从而保证街区内部没有机动车穿越，实现空间上的人车分离，道路组织常以回路、支流和尽端路的形式出现。在雷德朋镇，由机动车道围合的一个标准街区面积达 12—20 ha，居住街区平均长度约为 762 m。这个超级街区内部再由专用步行道细分为面积约 0.8 ha 的矩形街区单元，尺寸约为 122 m×67 m②。与此相关，人车并存格网形态尽管并不必然生成小尺度街区，但其道路组织的适应性强，适于步行的街区尺度一般不会太大。道路模式选择所隐含的街区发展逻辑也正是人车共存格网街道系统在西方后工业城市中重受青睐的重要原因之一。

5.1.2 道路分级与路网结构

从城市设计和公共空间环境角度审视，分层化的道路等级体系也许自始就是先入为主的。它完全建立在机动车，尤其是小汽车交通优先的基础上，将路网的主干性与机动车流、速度、出行距离等同起来，传统城市中最繁忙的街道空间与最重要城市场所的密切关联消失殆尽，不仅城市道路失去了原有的社会内涵、街道主体面临解体，还可能引发城市布局的失调，失去缔造良好城市空间的机会。同时，树状结构的道路等级系统对公共交通系统也是不利的。因为等级分层往往基于不同交通模式，小汽车换挡就能轻易解决的等级转换问题在公共交通中往往意味着交通模式的变换，如铁路—轻轨—公交—小巴之间的换乘；树状结构带来的连通接入限制也导致冗余交通距离的产生（图 5-5）。据此，英国学者斯蒂芬·马歇尔提出关于街道与形态模式的概念性框架，设定以街道为基本单元的城市设计规则体系，赋予慢速交通模式最大化的接入性、公共运输网络最大化的战略邻接性，将公共交通-步行系统的战略连续性置于高速高容量机动车路径的战略连续性之上，设想了公共交通导向的道路等级体系③。研究表明常规道路工程条例并

① 马歇尔.街道与形态[M].苑思楠,译.北京:中国建筑工业出版社,2011.
② 叶彭姚,陈小鸿.雷德朋体系的道路交通规划思想评述[J].国际城市规划,2009,24(4):69-73.
③ 同①.

非不可撼动，它与城市设计导向的街道网络设计也未必无法调和，交通在满足安全和通达的前提下存在更好地服务于城市设计的可能性。

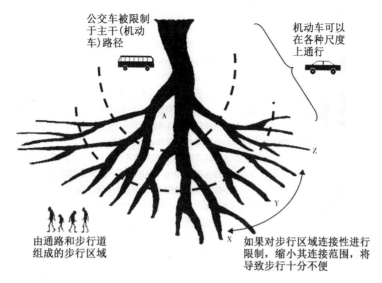

图 5-5　小汽车车流导向的路网结构不便于公共交通和步行交通

资料来源：马歇尔.街道与形态［M］.苑思楠，译.北京：中国建筑工业出版社，2011.

　　然而，至少在我国，现代主义的城市道路规则体系仍然充任着当前城镇建设和管理的主要技术依据。国标《城市综合交通体系规划标准》(GB/T 51328—2018) 12.2.1 条明文规定：城市道路分为干线道路、集散道路、支线道路三个大类，以及快速路、主干路、次干路和支路四个中类。它们的区位特征、交通流量和功能特性各有不同。快速路服务于非相邻组团交通和城市对外交通，非机动车与行人被严格隔离在外，机动车通行能力具有绝对优先权；主干路服务于邻近组团与中心组团之间的交通，是城市道路系统的主骨架，连接城市各个分区，应当机非分隔明确，道路两侧不宜设置会增加接入型交通的公共建筑出入口，以机动车通过性职能为首；快速路与主干路共同构成干线道路。次干路(集散道路)服务于组团内部交通，作为城市辅助性干道，与主干路共同形成城市主要路网，通过型与进出型交通兼具。支路(支线道路)服务于片区内部，作为市民日常出行交通通道，是典型的接入型道路。快速路、主干路、次干路和支路的功能特性如表 5-1。随道路等级降低，道路的通过功能逐渐减弱、到达功能增强、围合感增加，生活性街道特征趋向于明显，形成由主及次的过渡序列。这种分流系统意味着将城市道路的通行权和场所权对立起来，街道公共空间特质几乎只可能存在于支路和部分次干路中，不仅使不符合此关系的多功能街道难以纳入分类体系，还引导着城市规划和管理走向不断强化机动车交通优先的方向。尽管如此，为使问题能够继续讨论和推进，本章沿用现有的路网分级系统，以此为基础展开剖析。

表 5-1　不同等级城市道路的功能特性

快速路	主干路	次干路	支路
高速			低速
交通性			生活性
通过性			集散性
长距离			短距离
可达性弱	⇨		可达性强
隔离性强			不需隔离
兼有货运			客运
交叉口间距大			交叉口间距小
机动车流量大			非机动车流量大
不直接为两侧用地服务			直接为两侧用地服务

资料来源：石飞. 城市道路等级级配及布局方法研究[D]. 南京：东南大学，2006.

　　按照快速路—主干路—次干路—支路的次序，发达国家城市普遍形成金字塔状的路网等级结构特征，道路系统由少量主干道路、若干中间级别道路和大量分支道路构成，各级道路里程随等级降低而增加。我国城市道路规范中没有直接给出级配比例参数，可根据道路里程比例进行推算。根据《城市综合交通体系规划标准》（GB/T 51328—2018）12.5、12.6 条可知，我国城市干线道路（由快速路和主干路构成）里程占城市总道路里程的推荐比例为 10%—25%，集散道路（次干路）里程占城市总道路里程的推荐比例为 5%—15%，计算得到支线道路（支路）的里程比例约为 60%—85%。可见我国城市路网等级同样基本呈金字塔式结构，同一城市中等级越高的道路所占比重越小。实践证明，支路网发达的金字塔形路网更易形成良好的通达性，街道氛围更强，与公共空间能够积极互动，较主干道路发达而支路网薄弱的倒三角或纺锤形结构的路网级配对公共空间格局效率及公平有利得多。

　　作用机理Ⅲ-1：由少量主干道路、若干中间级别道路和大量分支道路构成的金字塔形的路网级配结构对公共空间的格局效率及公平非常重要。

5.1.3　机动车道路的公共空间属性

　　国际经验表明，经济发展周期内，国民收入每增加 1%，汽车拥有量会相应增加1.02%—1.95%[①]。随着我国国民经济持续快速发展，机动车尤其是私人小汽车的快速增长将是未来一段时期内的常态。越来越多的机动车意味着需要更多的车行空间，车行道路与步行和非机动车道的路权争夺将日趋白热化。现阶段，车行道占据我国城市道路发展的主导地位，尽管加强城市步行及非机动车交通的呼声不断，北京、上海、杭州、厦门等城市也初步开始施行一些改善和补救措施，但基本被湮没在对经济效率的追逐

---

① 陈洪兵,杨涛.跨世纪中小城市道路交通规划设计的若干问题[J].现代城市研究,1998,13(3):29-33.

中。在城市道路拓宽过程中，主要增加的是车行道的数量和面积，人行和自行车道不仅没有得到同步提升，甚而由于车行道的挤占更为局促。一些大中城市干路的人行道宽度尚达不到国标最低要求 1.5 m，随处停放的机动车和自行车辆也缩减了实际可步行宽度。

不同道路的公共空间属性存在微妙差异，自快速路至步行街的公共空间属性值在 0—1 之间梯度变化。快速路主要服务于长距离的机动车出行，通过性交通是它的首位要求，道路应尽可能畅通，尽量避免道路两侧用地的直接出入，自行车道、人行道与车行道应严格隔离，它的公共空间属性值为 0。步行街承担复合功能，全体公众能够平等进入和使用，公共性较强，公共空间属性值为 1。其他道路的公共空间属性值介于 0 和 1 之间。我们将公共空间属性较强的道路划为街道公共空间范畴，通过计算这部分道路与全体道路的叠合度，即长度百分比，就能够知悉研究区域路网的公共空间属性综合指标。

如何判断机动车道路的公共空间属性呢？城市道路分级中，快速路不具备与步行交通密切相关的公共空间属性，可以首先排除。苏黎世《城市空间 2010》中提出公共空间的遴选至少要满足下列 10 项标准中的 5 项："意象"层面的 ① 高知名度，② 有意义的主要轴线或片区轴线、历史街道；"功能"层面的 ③ 高的使用密度，④ 高的步行或自行车交通密度，⑤ 重要的穿越联系，⑥ 重要的休闲或停留地区，⑦ 重要文化场所；"空间品质"层面的 ⑧ 观景点、公园、水面、历史中心，⑨ 城市设计观景点或桥，⑩ 有提升吸引力的潜力。事实上，机动车道路的公共空间属性与街道空间及建筑临街区域有密切联系。本书基于可获得的数据，结合实地调研，设定属于街道公共空间范畴的城市道路的量化标准如下：

- 主要分布在城市功能片区内部，单侧或双侧由建筑物界定，断面高宽比一般不小于 1∶2(1∶2 是空间封闭感的下限)，机动车道不超过 4 车道；
- 以步行和人的活动为主，机动车平均行驶速度宜在 30 km/h 以下(根据宁静交通理论，机动车速度在 30 km/h 以下对步行人群的干扰显著降低)；
- 界面闭口率在 60% 以上；
- 除居住街道外，公共设施用地的沿街面长度不小于街道总长度的 30%(至少道路一侧)。

(1) 主干路

主干路是城市中主要的常速交通性道路，服务于城市各重要活动中心之间的往来交通流及进出城市的大量出行，有交通性和生活性之别。我国学者倾向于认为，交通性质与生活性质的道路功能需要严格区分，交通性道路是骨干性的、繁忙的，而生活性道路应当是枝节性的、宜人的，不宜分担大量穿越交通，机动车道不宜超过 4 车道；两者的混淆会缩减道路有效通行宽度、降低车速、限制道路功能的正常发挥，还会制约道路沿线的土地利用[①]。交通性质与生活性质主干路的区别在于，交通性主干路的车行道通常

---

① 文国玮. 城市交通与道路系统规划设计［M］. 北京:清华大学出版社,1991.

更宽，人行道相对较窄，以自行车和步行交通为辅，沿线公共设施用地比例一般较低，面向干道的建筑出入口少；生活性主干路的道路分幅中人行道的比例较高，机动车交通量相对较小。主干路的服务对象优先级为：公交车>其他机动车>非机动车和行人[1]。

对比国家规范与城市交通性和生活性道路之间的区分标准，旧版国标中 200 万人以上大城市的主干路要求机动车与非机动车分道行驶、6—8 车道、机动车设计时速60 km、道路两侧不宜设置公共建筑物出入口等，这些都更贴近于交通性道路特征（表 5-2）。新版规范中将主干路细分为 Ⅰ、Ⅱ、Ⅲ级 3 小类，较旧版规范更多考量了不同层级主干路的功能等级划分与沿线用地服务的职能，但总体而言，交通性和生活性主干路的表述在规范中不存在，主干路的生活性功能基本仍未得到承认。

表 5-2　我国城市主干路规范与城市交通性和生活性道路区分标准的比较

区分项目	城市交通性道路	城市生活性道路	旧版国标中的主干路规范（GB 50220—95）	新版国标中的主干路规范（GB/T 51328—2018）
交通角色	骨干性的	枝节性的	—	—
交通特征	穿越交通流量大	穿越交通流量少	机动车与非机动车应分道行驶	—
车行道宽度	车行道较宽	不宜超过 4 车道	6—8 车道	6—8 车道或 4—6 车道
机动车速度	较快	较慢	60 km/h	40—60 km/h
人行道宽度	人行道较窄	人行道较宽	—	—
公共设施用地比例	较低	较高	—	—
面向道路的建筑出入口	较少	较多	两侧不宜设置公共建筑物出入口	根据主干路的功能等级划分视情况而定

因而，我国大城市的主干路多以交通功能为主，车行畅通是其首位需求，生活性与交通性的道路功能混合要尽量避免，主干路的"道路"特征显著，"街道"特征微弱（图 5-6）。空间属性上，尽管这些主干路不乏步行空间友善、道路景观优美的案例，但根据交通特征、车流速度、车行道宽度、临街区域用地性质、出入口设置等综合指标判断，它们属于道路而非街道公共空间范畴。

与我国不同，欧洲城市的混合体现在多个层面，主干路的交通性质与生活性质叠加并存的现象普遍存在。如巴塞罗那的格拉西亚大道（Paseo de Gracia）、巴黎的蒙田大道（Avenue Montaigne）和圣米歇尔大街（Boulevard Saint-Michel）、苏黎世的莱米大街（Rämistrasse）和米滕库艾（Mythenquai）等，均既满足了城市繁忙的交通需要，又创造出与市民日常生活及步行交通方式密切相关的高品质街道公共空间（图 5-7）。

---

① 李朝阳,王新军,贾俊刚.关于我国城市道路功能分类的思考[J].城市规划汇刊,1999(4):39-43.

图5-6 南京老城典型的主干路　　　　　　　图5-7 苏黎世典型的主干路

资料来源:作者自摄　　　　　　　　　　　资料来源:Google Map

(2) 次干路

次干路联系和延伸了城市主干路系统,是城市内部各功能组团和分区内的主要交通集散道路,兼具交通性和生活性功能。与主干路相比,次干路的服务范围较小,更强调用地的到达性。美国交通研究委员会对主、次干路的区分如表5-3。次干路服务对象的优先级为:公交车、非机动车和行人>其他机动车辆[1]。按照标准,次干路的到达功能较通行功能更本质,意味着道路的公共空间属性应当较强。

表5-3 城市主干路与次干路的分类标准

标准	主干路	次干路
移动功能	非常重要	重要
到达功能	非常次要	本质的
关联点	高速公路、重要的活动中心、主要的交通集散点	主干路
主要出行服务	进出和穿越城市的出行与主要点之间较长的出行	相对小的区域内中等长度的出行

资料来源: Highway Capacity Manual 2000 [M]. Washington, D. C.: Transportation Research Board, National Research Council, 2000.

(3) 支路

支路在交通上起汇集作用,服务于片区内部,在城市道路中对可达性的要求最高、通过性要求最低,一般为生活性质。众多支路在城市中的分布如毛细血管,支路服务对象的优先级为:非机动车和行人>公交车>其他机动车[2],机动车设计时速30 km,对步行人群干扰小,多数支路属于街道公共空间。

作用机理Ⅲ-2:机动车道路的公共空间属性对于整个城市公共空间体系的形成至关重要,道路交通设计提供了积极作用于城市设计的机会。通过计算公共空间属性较强的街道与全体道路的长度百分比,能够知悉研究区域路网的公共空间属性综合指标。

---

[1] 李朝阳,王新军,贾俊刚.关于我国城市道路功能分类的思考[J].城市规划汇刊,1999(4):39-43.

[2] 同[1].

5.2 互构/互塑：公共空间格局与出行方式

城市公共空间格局与出行方式互构和互塑：由公共交通、步行和自行车交通构成的环境友好型交通方式能够为公共空间的使用提供有力支持，良好的公共空间格局和积极的步行环境有利于增加人们选择健康出行方式的概率；反之，"点对点"的小汽车出行不利于城市公共空间的有效利用，不合理的公共空间格局将促使人们选择与外界环境关联度弱的出行方式。

我国城市内部交通主要有步行、自行车、摩托车、常规公交、轨道交通、出租车和小汽车交通七种方式[①]。这些交通方式有着不同的速度和自由度特征，服务于不同的出行距离（表5-4）。步行和自行车交通作为非机动化的出行方式，速度慢、自由度高，虽然受到出行距离、天气状况、寒暑气温和起伏地形的较大影响，但由于便利性强、无附加费用，在2 km以内的短距离出行中占有绝对优势。自行车出行也常用于2—6 km的中距离出行。摩托车覆盖了从短距离到远距离的各种出行可能。常规公交和轨道交通作为机动化公共交通方式，一般用于2 km以上的中长距离出行，虽然受到固定线路和站点的制约，自由度低，但出行费用优势使之具有较强竞争力。轨道交通较常规公交更具速度和准时性优势，但受到轨道线路和站点设置的约束。出租车和小汽车作为点对点的机动车出行方式，不拥挤的状况下行驶速度快，自由度高，符合中长距离出行要求，但出行费用高、停车不易解决，私人小汽车交通还取决于经济水平决定的车辆拥有状况。

表5-4 我国城市居民交通出行方式及其特征

交通方式	极限速度 /(km/h)	自由度	对应的出行距离	制约因素	适合人群
步行	6	高	短距离	距离、天气、温度、地形	各种人群
自行车	12	高	短距离、中距离	距离、天气、温度、地形	非老年人
摩托车	60	高	短距离、中距离、长距离、远距离	污染、安全、天气、温度	拥有摩托车的中青年
常规公交	60	低	中距离、长距离	拥挤、自由度	各种人群
轨道交通	80	低	中距离、长距离、远距离	站点、自由度	各种人群
出租车	100	高	中距离、长距离	拥挤、出行费用	各种人群
小汽车	120	高	中距离、长距离、远距离	拥挤、停车、出行费用	拥有小汽车的中青年

资料来源：根据马俊来. 城市道路交通设施空间资源优化研究[D]. 南京：东南大学，2006. 并结合互联网资料整理得到。

[①] 马俊来. 城市道路交通设施空间资源优化研究[D]. 南京：东南大学，2006.

发达国家城市居民的出行方式中，短距离出行也以步行和自行车为主，中长距离出行以机动方式为主，有常规公交、轻轨、地铁、铁路和小汽车等选择，远距离出行中轨道交通和私人汽车占据主导地位（图5-8）。交通方式的选择不仅与出行距离相关，还取决于使用者密度。低密度地区的机动交通方式以小汽车为主，中密度地区通常以常规公交和私人汽车为主，更高密度地区则依托轻轨、地铁等轨道交通的支持。与我国相比，发达国家城市的机动化程度高，小汽车出行比例的弹性大。

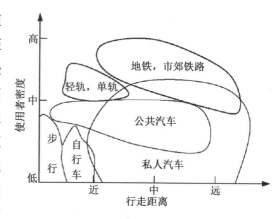

图5-8　发达国家城市居民交通出行方式选择

资料来源：李海峰.城市形态、交通模式和居民出行方式研究[D].南京：东南大学，2006.

随着人口密度的增加和土地利用的集约化，人们对公共交通的依赖逐渐增加。近年来，可持续发展成为最具影响力的领域，新传统主义的交通政策备受推崇，步行及自行车被作为最佳通勤模式予以倡导，并与服务于中长距离的公共交通方式紧密结合。

公共空间使用总是与慢速交通，尤其是步行交通紧密相关。公共空间活动发生的基础是步行，作为进入公共空间最简便自然的方法，步行使一系列户外驻足、小坐、观看、聆听和交谈行为成为可能。步行交通与公共空间中的活动存在重叠，人们会有意或无意识地将步行出行选择在公共空间中进行，如街道上的漫步或穿越一处公共空间而非车水马龙的城市道路到达目的地。同时，步行和自行车出行能够边走边看、随停随走，慢速特征使速度增减和停顿切换自然，有利于增加公共空间偶发行为的概率。文献研究表明，大多数使用者采用步行方式前往公共空间①。慢速交通出行方式能够为公共空间的使用提供有力支持。中长距离出行中，常规公交和轨道交通站点与出发地或目的地之间、站点换乘之间通常有一定步行需求，这种被动的步行行为中蕴藏着随机自发活动的可能，因而公共交通方式相较于"点到点"的小汽车更有利于公共空间的使用。可以认为，对公共空间格局最有利的城市交通方式是"步行+自行车+常规公交+轨道交通"的组合模式，这也符合城市可持续发展的需要。但人们并不会以此作为选择某种交通方式的出发点，影响人们出行方式选择的因素非常复杂，主要来自四个方面：阻抗因素，包括距离、乘坐交通工具所花费的车内和车外时间、费用和地形；服务水平因素，包括容量/拥挤度、标识、服务班次、运行时间、路线的直通、路线的连续、信息的可用性、路标、设施宽度、车辆设计、遮蔽设施和座椅；终端因素，包括停车的可用性、停车费

① 如"皇家公园调查"（Royal Parks surveys）中41%的用户、"'公园生活'调查"（'Park Life' surveys）中69%的用户采用步行方式到访公共空间。参见 Dunnett N, Swanwick C, Woolley H. Improving urban parks, play areas and open spaces [EB/OL]. http://www.ocs.polito.it/biblioteca/verde/improving_full.pdf.

用、终端位置、换乘连接和终端设计;舒适因素,包括交通速度、交通容量、铺地状况、照明、天气、遮阴、风景、犯罪/警察的存在、清洁度、与其他交通方式的冲突以及其他使用者。其中出行距离和出行时间是影响人们出行方式选择的最重要因素[1]。

据不完全统计(表5-5),现阶段我国城市居民出行结构中,步行、自行车和公共交通方式三项占比普遍在70%以上,个别城市如石家庄更高达90%以上,高于以环境友好型交通著称于世的世界城市(如苏黎世)。这种出行方式结构主要由较低的经济发展水平决定,许多市民选择非机动车或公共交通方式出行未必出于自愿,而是受制于家庭收入状况的被动选择,因此随着生活水平的提高,城市交通机动化和个体化程度将呈几何级数增长。环境友好型的发达国家城市则不同,市民有足够的购买力轻松拥有小汽车,但完善的公交系统、积极的步行环境,以及政策对公共交通的大力扶持和对小汽车的限制使人们更乐于选择便捷的公共交通方式出行。

表5-5 我国三大城市圈主要城市居民出行方式结构

城市	步行/%	自行车或助力车/%	公共交通/%	小汽车或出租车/%	摩托车/%	其他/%	人均地区生产总值/元	统计年份
上海	28.8	29.3	23.5	18.4		0	56 733	2006
南京	26.3	40.1	21.5	10.1	1.4	0.6	53 638	2007
杭州	31.1	33.8	17.5	11.4	5.2	1.1	44 853	2005
广州	37.8	9.1	24.1	17.7	10.9	0.4	68 751	2005
深圳	55.0	4.0	18.0	21.0	2.0	0	67 907	2006
北京	21.0	31.8	24.3	21.0		1.9	36 831	2004
天津	24.7	47.6	15.2	5.6	1.7	—	35 783	2005
石家庄	26.8	57.3	7.2	5.9	1.2	1.6	25 476	2007

资料来源:宋程. 我国三大城市圈主要城市居民出行特征比较分析[J]. 交通与运输,2010(1):1-4.

注:天津各出行方式比例之和小于1,原文如此。

据此,有学者设定我国城市空间规划和交通规划的优先级为:POD>BOD>TOD>XOD>COD,即步行交通>自行车交通>公共交通>形象改善交通>小汽车交通[2]。这体现了研究者"以人为本"的良好夙愿,但我国现阶段很难实施。因为经济水平越高、机动化方式的出行需求越大,当前我国城市正在经历的机动化进程并非人为强调非机动车系统的重要性就能够逆转。如果规划以实效为目标、优先权不止于口头和图纸的话,步行和公交优先交通模式的实现既需要依托土地混合利用、小尺度开发和土地开发强度等

① Handy S, Clifton K. Evaluating neighborhood accessibility: possibilities and practicalities [J]. Journal of Transportation and Statistics, 2001, 4(3): 67-78.

② 潘海啸,汤諹,吴锦瑜,等. 中国"低碳城市"的空间规划策略[J]. 城市规划学刊,2008(6):57-64.

一系列措施，又需要巨额资金的持续投入和政策的大力扶持。而要在道路拥堵问题严峻、大量支路尚不畅通、城市交通机能岌岌可危的中国城市中，依靠有限的财政拨款首先打造步行和自行车交通、把车行交通排在末位无疑不够现实。

一种可行的调整方案是，公共交通的优先级居于首位，通过建设轻轨和地铁等轨道交通、设置公交专用道和优先道、增加公共车辆投入、优化动态交通信号灯系统、改善服务水平等多种组合措施，使更多的市民从中受益。在此基础上，推进步行及自行车基础设施建设，这同时也是公共交通系统良好运转的保障，一个合乎逻辑但常被忽略的准则是"没有步行者就没有公共交通"，公共交通、步行、自行车交通的联合系统可对城市公共空间环境建设发挥积极作用。

作用机理Ⅲ-3：公共空间活动发生的基础是步行，公共空间使用总是与慢速交通，尤其步行交通紧密相关。对公共空间格局最有利的交通方式是"步行+自行车+常规公交+轨道交通"的组合模式。

5.3 连通/到达：公共空间格局与机动车交通

根据连通道路等级的差异，公共空间形成了两种类型的可达格局。一类主要与主干道路相连，机动车可达程度更高；另一类在接入型道路的近旁或尽端，步行和非机动车交通的可达性得到加强。前一种关系中，公共空间的公共性更强、优先级更高，通常具有区域和城市层面的重要性。但机动车出行方式是点对点的，决定了公共空间的目的地属性，同时，公共空间周边需要布置公共交通站点和停车场，否则到达的便利程度将大大削弱。后者多由建筑物围合而成，可达优先度降低，但容易吸引与慢速交通方式相关的中继和偶发行为。从效率和公平的角度出发，此两种模式应当有机协调和联系，并积极引入联合状态的交通布局方式，即主干道路与接入型道路能在多个方向同时到达的组合形态，满足公共空间各种交通方式可达性的需要，丰富格局梯度层次。机动车可达的极端情形——城市干道围合成非交通枢纽作用的公共空间——要尽量避免，因为这种布局切断了公共空间与外围建筑的联系，不利于步行者到达和多元活动空间形成。

5.3.1 城市道路等级决定的公共空间可达性

可达性是指利用特定的交通系统从某一给定区位到达活动地点的便利程度。影响可达性的因素众多，包括行进时间、行进成本、设施和服务的位置、提供服务的方式和时机、行进路线的安全、对犯罪活动的恐惧、对可选择的出行和服务的了解程度、出行范围以及个体的特点、需要和观念等[1]。可达性量化分析能够直观呈现各公共空间

---

① Technical guidance on accessibility planning in local transport plans [EB/OL]. www. accessibilityplanning. gov. uk.

的可达程度与地域分布特征，是效率与公平视角下城市公共空间格局评价最有效的标准之一。

近几十年，基于距离的可达性理论和方法在国内外被广泛用于评定城市开放空间等服务设施分布的合理性，成果颇丰。以 GIS 应用软件为基础的空间隔离法、等位线法、引力法、竞争法、时空法、效用法和网络法等各种空间分析方法层出不穷，不同交通方式、交通网络及居民使用各种交通工具的比例得到综合考虑。英国交通部制定的"地方交通可达性规划导则（2006）"中推荐的可达性运算不仅考虑到一次出行中不同交通方式的转换，还详细计入步行阈值、换乘和候车损失时间、公交可信度和拥挤状况、道路单行等各种可能因素的影响。这些缜密的方法倾向于把多项要素整合为涵盖起点、目标点和交通方式的综合指标。

交通可达性的量化方法主要有 3 类：可达法、阈值法和连续法①。可达法用来衡量某处接近另一处时的便利程度，常用的有缓冲区分析，不考虑行程时间或成本，以及目的地特征等细节，计算简便。阈值法将行程时间、距离或成本等出行参数与人口统计学信息以及服务设施参数结合在一起，可以用等时线或等费线做可视化分析。连续法整合了出行参数、服务设施参数，以及行程中能够反映随时间、成本和距离增加而产生障碍作用的连续障碍函数，可用于衡量一系列的可达性机会，不再局限于最近地点。后两种方法以综合方式表征可达性变量，考虑因素更全面。

但本书并不旨在得到最精确的可达性指标值，而是通过分解论证的方式，将城市语境下影响公共空间格局的各种因素逐一细化，再以层次分析法获得综合评价成果。在分解过程中，重要的不是单个结果贴合实际，而是要忠实反映各要素的作用，聚焦于交通路网的整体性特征与公共空间格局的关系。可达法的单一运算模式与此适配，后文以可达法分析与交通道路不重合的公共空间的可达性。

作用机理Ⅲ-4：公共空间的交通可达性取决于与城市道路的联系，干道和支路两种交通接入方式的联合是提升公共空间格局效率与公平的有效组织手段。

5.3.2 城市路网密度决定的公共空间可达性

城市路网密度对公共空间的可达性有直接影响。同等条件下城市路网越密，地块分割越小，越有利于主干路的集中交通分流，增加城市地区的通达性。路网密度和支路网密度作为易于获得的指标数据，能够有效衡量公共空间的交通可达程度，构成公共空间格局评价体系的两项因子。其中，路网密度表征城市道路整体的疏密程度，支路网密度指标凸显了慢行交通的地位。

作用机理Ⅲ-5：路网密度、支路网密度两项指标与公共空间格局效率和公平呈正相关。

---

① Technical guidance on accessibility planning in local transport plans [EB/OL]. www.accessibilityplanning.gov.uk.

5.3.3　城市路网连接度决定的公共空间可达性

路网连接度反映了路网的成熟程度，可以作为衡量城市公共空间交通可达性的评估因子之一。连接度越高，意味着断头路越少，道路网络化程度越高，相邻地块的可达性越好。计算公式为[①]：

$$J = \frac{\sum_{i=1}^{n} m_i}{N} = \frac{2M}{N} \tag{5-1}$$

式中：J 为路网连接度；m_i 为第 i 节点邻接的道路边数；N 为路网总节点数；M 为路网总边数（路段数）。N 和 M 都能在 GIS 平台方便求得。

作用机理Ⅲ-6：路网连接度指标与公共空间格局效率及公平正相关。

5.4　联动/耦合：公共空间格局与公共交通

成功的公共交通是与城市公共空间格局高度联动及耦合的系统。没有大运量公共交通的支持，人们到访公共空间的中、长距离出行频次将锐减，公共空间辐射范围和影响力将大幅削弱，区域级和城市级空间尤其如是。而运行良好的公共交通通常与用地混合、有吸引力的步行环境相联系，既不需要占用过多停车场地，又带来大量客流，鼓励了慢速交通方式的发生，对公共空间的使用具有重要意义。同时，公共交通出行费用的低门槛给使用者个体提供了更多均等化享用公共空间的福利。城市公共交通可达性的改善将使邻近的公共空间直接受益。

5.4.1　公共空间格局与公共交通的联动

公共交通是指"大中城市及郊区中，利用各种运输工具输送大量乘客的运输系统"[②]，最早于 1880 年以马车轨道形式出现在德国，历经蒸汽和电力轨车等。19 世纪末，伦敦、芝加哥和巴黎等城市率先修建了地铁，不久之后柏林和维也纳有了环线轨道[③]。这一时期的公交系统与紧凑型城市形态和公共空间格局相互适应。随着私人交通工具的出现和大量应用，城市开始分散化发展，公交网络建设随之减缓，甚或由于需求不断减少而停顿，公共交通的市场占有率在发达国家普遍下降。直到 20 世纪 70 年代，石油危机使能源和生态问题成为国际社会关注的焦点，全球机动化的发展及其环境后果堪忧，公共交通方式重新得到重视。

① 陆建,王炜.城市道路网规划指标体系[J].交通运输工程学报,2004,4(4):62-67.
② 美国不列颠百科全书公司.不列颠百科全书:国际中文版[M].中国大百科全书出版社不列颠全书编辑部,译.北京:中国大百科全书出版社,1999.
③ 库德斯.城市结构与城市造型设计[M].2版.秦洛峰,蔡永洁,魏薇,译.北京:中国建筑工业出版社,2007.

公共交通之所以影响巨大，主要源于它能够有效增强服务区域的交通可达性，从而影响乃至改变城市空间区位和公共空间格局。美国公共交通协会研究发现，一辆满员的 14 m 长的公共汽车的载客量，相当于以 40 km/h 速度行驶的小汽车排满一条 600 m 长的行车道；一辆满载的由 6 节车厢组成的地铁列车能够取代接近 10 km 长的行驶中的小汽车[①]。公共交通出行方式与小汽车相比并非没有劣势，公交站点设置难以满足点对点出行的需求，公共交通更易受道路拥堵影响、运营速度相对缓慢。因此，缩减乘客出行时间对公交系统十分重要，措施包括设置覆盖率更高的公交站点、结合快速公交系统 BRT 与常规公交、通过实施交通信号优先和开设公交车专用道赋予公共交通优先权等。成功的公共交通系统既无关乎城市规模的大小，又无关乎城市模式是密集的还是分散的，而是需要公共交通与城市用地之间关系和谐。大致有四种模式可循：一是以公共交通引导城市土地发展，把城市建设为紧凑的适宜公交出行的模式，如斯德哥尔摩、哥本哈根、新加坡和东京；二是调整公共交通的服务和技术，从而适应于低密度分散化建设的地区，如卡尔斯鲁厄、阿德莱德和墨西哥城；三是通过城市中心重建，整合公共交通服务，将公共交通与城市发展联系在一起，如苏黎世和墨尔本；四是将适应性城市与适应性公交相结合，在引导城市沿主要公共交通走廊集中与调整公共交通服务以适应城市发展之间实现有效平衡，如慕尼黑、渥太华和库里提巴。据此，瑟夫洛（Robert Cervero）提出"公交都市"的概念，即公共交通与城市形态能够和谐共存、互相促进的地区[②]。

作用机理Ⅲ‑7：公共空间与大运量公共交通的联动能够实现格局效率和公平的双赢。

5.4.2 公共交通决定的公共空间可达性

城市公共交通的可达程度要综合考量出行时间、距离、成本、阻抗、意愿等出行参数，以及人口结构空间分布和目的地特征等。国外相关研究主要用于比较可选择的路线，发现问题路段，考察不同种族、性别、年龄、社会经济阶层的人口如何受行程各个方面的不同影响。如伦敦大学学院（UCL）的交通研究中心开发了一款"HADRIAN Journey Stresstimator"工具用于评价公共交通的可达性。他们认为人们对公共交通方式的排斥源于压力（stress），通过应用哈德良数据库中的 102 名市民资料，模拟其在整个行程中的体验和压力水平，潜在的压力源（stressor）得以呈现。2006 年，英国交通部开发了首个程序包"Accession"，把关系到出行时间、距离和费用的路网、公交时刻表和基于需求的适应性交通等一系列指标整合在一起，为综合可达性分析和出行时间分析提供了

---

① 瑟夫洛. 公交都市[M]. 宇恒可持续交通研究中心, 译. 北京：中国建筑工业出版社, 2007.
② 同①.

方便①。

本书中，交通组织与人口分布被作为影响城市公共空间格局效率和公平的两大类因素分别考察。在交通可达性分析中，出发点属于未知条件，而目的地是特定的一类用地，即城市中的公共空间。为简化起见，忽略公共交通的起讫点、通行能力、发车频次、停靠站的载客区数量等具体差别，应用可达法进行分析，将公共交通所决定的公共空间可达性问题转化为对公共空间与公共交通站点耦合程度（直线距离）的探讨。作为人流集散地点，公共交通站点能够增加乘客前往其步行距离内的公共空间的偶发行为概率。

5.5 依托/渗透：公共空间格局与慢行交通

慢行交通方式包括自行车和步行交通。自行车交通与公共空间格局的关系主要由出行方式特征及公共空间周边自行车到达和停留的方便程度决定。步行交通在所有交通方式中与公共空间的关系最为密切，即使驾乘其他交通工具，公共空间的使用最终也要通过步行交通来实现。

. 城市公共空间格局与慢行交通方式相互依托和渗透：慢速特征从体验和感知层面凸显了公共空间格局的重要，适宜的公共空间格局能够吸引和鼓励更多的慢行交通；慢行出行方式的回归能够促进公共空间的良性发展，没有慢行交通的积极参与，公共空间形同虚设。慢行交通在西方国家由兴而衰再到复兴的进程与城市公共空间的兴衰同步。

5.5.1 自行车交通决定的公共空间可达性

与公共交通不同，自行车的路线和行进速度具有独立特性，与土地利用模式及其他关系到街区可步行性条件之间的关联比较有限②。自行车交通目前仍是我国城市的主要交通方式之一，我国人口规模大于 200 万、100 万—200 万、50 万—100 万和小于 50 万的城市中，自行车出行比例分别约为 34%、40%、36% 和 33%③，由自行车交通决定的公共空间可达程度在整个公共空间系统的可达性中占有很大比重。

自行车交通的优势范围是中短距离出行，它比步行方式具有明显的速度和舒适度优势，较公共交通又有随时和不定性的便利。从出行时耗看，即便以较高的公交服务水平计，在城市半径 5.6 km、面积 98.5 km² 的同心圆范围内，自行车出行相对于地面公共

---

① http://basemap.co.uk/products/accession.aspx.

② Lee C, Moudon A V. The 3Ds+R: quantifying land use and urban form correlates of walking [J]. Transportation Research Part D: Transport and Environment, 2006, 11(3): 204-215.

③ 叶茂, 过秀成, 徐吉谦, 等. 基于机非分流的大城市自行车路网规划研究[J]. 城市规划, 2010, 34(10): 56-60.

交通都具有省时优势①，而我国城市交通出行距离在5 km以下的占有很高比例②。目前学术界对自行车出行方式主要存在两种代表性观点：一种观点是，自行车交通超过自身优势范围的长距离出行给城市车行交通带来压力，因而要对自行车交通施加缩小出行范围、降低出行总量等约束和限制，引导自行车出行作为公共交通方式的补充；另一派认为，自行车交通作为绿色交通方式，具有公共交通无法取代的优势和适应性，中国城市必须积极推动自行车的使用，放弃自行车就是放弃我国城市可持续发展的未来。两派观点均不乏合理之处，总体而言，减少自行车长距离出行应通过打造更舒适便捷的公共交通吸引潜在用户，而非弱化跨区出行路网或是通过行政性措施进行人为干预和抑制。

自行车出行可分为独立自行车出行和公共交通出行中包含的自行车换乘两种。经测算，步行300—500 m约需4—7 min，同样时间段内自行车可行进1—1.7 km，采用自行车接驳方式能够将公交站点通常的步行服务半径扩大到1—1.7 km（图5-9），这对公交系统尚不健全的中国城市别具现实意义。从出行方式看，自行车换乘节省了步行时间，有利于加强公共交通的吸引力和竞争能力，从而增强公共空间的整体可达性，因此服务于短距离出行的自行车与中长距离出行的公共交通联运系统值得大力倡导。同样，自行车出行也能够将公共空间的步行服务半径提高到1—1.7 km的门槛值，扩大公共空间的吸引范围，且普通自行车的购买费用绝大部分家庭都可承受，对于缓解我国城市公共空间系统不够完善的现状不失为一种权宜之计。

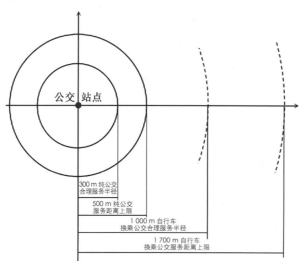

图5-9　步行乘坐公交及自行车换乘公交的服务半径比较

资料来源：陈峻，王炜.高机动化条件下城市自行车交通发展模式研究[J].规划师，2006，22(4):81-84.

① 苗拴明，赵英.自行车交通适度发展的思想与模式[J].城市规划，1995，19(4):41-43.
② 潘昭宇，李先，陈燕凌，等.北京市步行、自行车交通系统改善对策[J].城市交通，2010，8(1):53-59,73.

2004年以来，自法国里昂始，巴黎、哥本哈根、苏黎世及我国的上海、北京、杭州、南京等地陆续引入城市公共自行车系统，通过免费或较低收费的自行车租赁形式，使用者可以在城市任何一个出租网点借车和还车，这为市民和旅游者的出行提供了方便。公共自行车资源共享、随到随取，不用担心停车和失窃问题，改善了人们的出行条件，对减少汽车尾气排放也有一定作用，一般用于居民点、主要交通枢纽、大型商业、主要公共开放空间等人流集中场所之间的接驳。如苏黎世街头有公共自行车的租用点，火车总站旁的出租点当天还车免费，自行车作为代步工具颇受旅游者和市民欢迎。瑞士实施了自行车通票（velopass）计划，即把单个城市内部的公共自行车系统延伸到国家层面的自助服务网络，用户凭借一张认证卡即可在不同城市间借车还车，通过点到点的无缝换乘实现自行车出发—公共交通—自行车到达的联运模式，此联运模式提升了公共交通吸引力，对城际间高度联系的瑞士城市意义重大①。在国内，杭州市的公共自行车系统较早实现了整合在城市公共交通体系内，租赁点在中心区以300 m服务半径、市区以500 m半径按照公共服务定位统一布置，既为市民提供了最基本的交通工具，又丰富了游客的游览选择方式，拓宽了公共空间的可达范围。

量化方法层面，美国得克萨斯州奥斯汀市详细收集了城市现有的和规划的自行车路线及其相邻街道的各种物质参数，数据包括交通量、交通速度、铺地状况、街道和车道宽度、是否有自行车道、自行车道的连续性、沿线停车标志和交通信号的数量等，建立了自行车可达因素的数据库，以判断路段的自行车通行能力②。《美国道路通行能力手册》认为，可供自行车使用的有效车道数，而非自行车道的总宽度决定了自行车道的容量和服务水平，并以相遇和超越事件③作为度量指标，用于评估连续流和间断流条件下的自行车交通服务水平。美国联邦公路管理局用"自行车通用指数"度量道路适合自行车通行的程度，指标包括是否有自行车道、自行车道宽度、路缘车道宽度、路缘车道及其他车道的交通量、交通速度、停车道占据空间、货车交通量、停车周转率和右转交通量。

作用机理Ⅲ-8：自行车交通方式显著拓宽了与步行同一出行时段内的公共空间可达范围，公共空间的自行车可达性主要取决于自行车到达和停留的便利程度。

5.5.2 步行交通决定的公共空间可达性

步行交通适合于包括儿童、老人和大部分残障人士在内的广泛人群，不需任何成

---

① www. velopass. ch.

② Handy S, Clifton K. Evaluating neighborhood accessibility: possibilities and practicalities [J]. Journal of Transportation and Statistics, 2001, 4(3): 67-78.

③ 1个事件是指1辆自行车与1辆自行车或1名行人相遇或超越。参见 Highway Capacity Manual 2000 [M]. Washington, D. C.: Transportation Research Board, National Research Council, 2000.

本，也不耗费任何能源，是最健康也最本能的出行方式。不幸的是，现代主义的道路等级系统将步行交通视为体系中的最低等级构成，机动车交通支配了城市，导致步行区域的割裂和公共领域的衰落。随着步行者、步行交通和步行公共空间的重要性重新得到认识，步行交通在城市交通中的地位渐受关注和重视。

步行交通出行比例能够在一定程度上反映城市公共空间的品质。欧洲城市与美国相比，居民步行出行比例较高，公共空间总体质量也较好；深圳市2006年的步行交通比例高达55%，这与深圳率先在国内开展和贯彻公共空间规划不无关系。尽管步行交通速度慢、体力消耗大，仅适于短距离出行，但统计数据表明步行交通比例与城市规模并无直接关系（表5-6）。居民步行出行频率的决定因素是对安全的感知、遮阴及其他行人的存在[1]。

表5-6　按照市区面积降序排列的我国城市与苏黎世居民出行中的步行比例

城市	北京	上海	天津	南京	佛山	广州	杭州	东莞	深圳	石家庄	苏黎世
步行比例/%	21	28.8	24.7	26.3	27.9	37.8	31.1	25.5	55	26.8	43
市区面积/km²	16 411	6 341	5 908	4 723	3 849	3 843	3 068	2 465	1 953	112	92

资料来源：宋程. 我国三大城市圈主要城市居民出行特征比较分析[J]. 交通与运输，2010(1)：1-4.
Waser M. Everyday walking culture in Zurich [EB/OL]. (2005-07-06)[2021-08-11]. http://www.walk21.com.

（1）步行可达性及其算法

确保城市公共空间对所有人可达，是公共空间格局实现效率和公平目标的最重要方面，会使城市更加宜居，减少社会阶层的分异，重建人与人之间的平等关系。公共空间的可达性很大程度上取决于步行交通。目前为止，虽然学术界关于可达性理论、方法、实践的著述颇丰，但主要基于机动车交通，步行可达性通常被作为公交或小汽车出行的组成部分，较少作为出行方式主体进行专门研究；出行需求模型和可达性模型中关于步行可达性的论述也比较有限。常规量化方法主要有三类：一是基于纯交通视野，以行人通行能力为依据评价步行交通的服务水平（Level of Service，简称LOS）；二是基于城市视角，侧重衡量步行交通的舒适性、便利性和安全性；三是考虑步行体验，把步行环境参数纳入可达性方法中，突出对弱势群体平等权利的表述。

对道路步行通行能力的评价以《美国道路通行能力手册》为代表，采用与度量机动车通行能力相仿的方法，即以行人交通流的速度、密度和流量指标划分步行服务水平等级。具体做法是通过计算单位人行道有效宽度内的行人平均流量，并与手册中标准LOS表对照，从而确定从A（自由流）到F（几乎无法移动）的步行服务等级（图5-10）。这种

---

[1] Handy S, Clifton K. Evaluating neighborhood accessibility: possibilities and practicalities [J]. Journal of Transportation and Statistics, 2001, 4(3): 67-78.

方法因计算简便得到推广应用，但由于未考虑各种环境因素的影响和人的主观步行意愿，不管实际路况如何，只要步行流量低的道路以此方法评价都会得出该路服务水平高的结论，这经常与现实情形相悖[①]，也使得不同经济发展程度和社会文化背景的城市间失去了可比性。

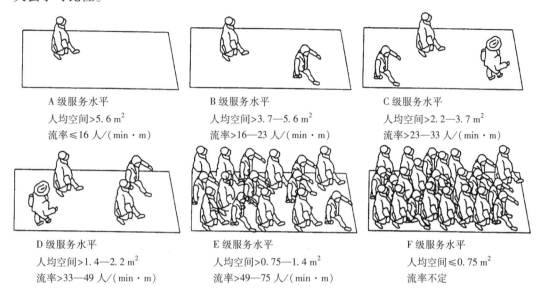

A 级服务水平
人均空间>5.6 m^2
流率≤16 人/(min·m)

B 级服务水平
人均空间>3.7—5.6 m^2
流率>16—23 人/(min·m)

C 级服务水平
人均空间>2.2—3.7 m^2
流率>23—33 人/(min·m)

D 级服务水平
人均空间>1.4—2.2 m^2
流率>33—49 人/(min·m)

E 级服务水平
人均空间>0.75—1.4 m^2
流率>49—75 人/(min·m)

F 级服务水平
人均空间≤0.75 m^2
流率不定

图 5-10　HCM 中确定的人行道服务水平等级

资料来源：Highway Capacity Manual 2000 [M]. Washington, D.C.：Transportation Research Board, National Research Council, 2000.

城市设计学者倾向于用舒适性、便利性和安全性指标评价步行交通的服务水平。步行可达因子选取方面，美国一项"建立土地利用、交通和空气质量的联系"的研究覆盖了四个层面的指标：穿越道路的方便程度、人行道的连续性、街区街道的连通度以及地形[②]。Moe 和 Reavis 应用道路布局的通达性、人行道的连续性、道路交叉口的宽度、视觉趣味和便利设施，以及安全和防卫指标，评价步行服务水平[③]。Dixon 的评价项目包括步行设施的供应、与机动车的冲突点、便利设施、机动车服务水平，以及交通需求管理或联运政策[④]。英国交通研究实验室以联系、交叉口、路径、公交候车点、转换空间和行人使用的公共空间为框架评估步行环境。由于步行基础设施的通用数据匮乏，这些量化成果集中于街区层面，数据主要通过实地调研获取。

策略层面，随着步行可达分析在政策制定和监测过程中的作用越来越重要，基于

[①] 例如，哥本哈根在 1968—1995 年间，通过一系列措施改善了市中心的步行环境，使步行交通量增长了 20%—40%，以此方法评价的结果是步行空间的服务水平降低了，显然与事实不符。

[②] Bartholomew K. Making the land use, transportation, air quality connection[M]. Portland：1000 Friends of Oregon, 1991.

[③] Handy S, Clifton K. Evaluating neighborhood accessibility：possibilities and practicalities [J]. Journal of Transportation and Statistics, 2001, 4(3)：67-78.

[④] Dixon L B. Bicycle and pedestrian level-of-service performance measures and standards for congestion management systems [J]. Transportation Research Record：Journal of the Transportation Research Board, 1996, 1538(1)：1-9.

GIS 界面开发相关评估工具的研究应运而生。Reneland 等开发了"ArcTVISS"工具，从安全、防卫和便利三方面入手建立步行网络可达性评估的 24 项参数，用以检验瑞典城镇包括步行在内的各种交通方式的可达性。伦敦大学学院(UCL)的交通研究中心研制了政策导向的"AMELIA"工具，即"通过提高可达性改善生活的方法"，涵盖出行方式、出行目的、社会经济分异、出行时间和费用等参数，用来评测交通政策促进社会边缘群体融合的程度，研究证实物质环境确实影响社会融合①。英国交通研究实验室开发出"PERS"工具，即"步行环境检测系统"，用于评价步行环境品质和服务水平②。

(2) 公共空间的步行可达性

① 城市路网连接程度。宏观层面的步行可达性难以定量描述的原因很大程度上源于数据难以获取，可以用道路中心线数据近似反映城市步行网络特征。作为城市中承载人流集散的媒介，人行道构成的地面步行网络或是沿机动车道两侧铺设，或是与车行空间交叠，路径与城市道路系统重合度颇高。从这个意义上说，所有关于非等级道路系统的分析方法和结论广泛适用于步行交通，如前文中的路网密度和连接度指标。

生态学中网络连通性和环度的概念也比较适于测算城市步行网络的连接程度，两者都可以用线与线、线与点的抽象关系予以表达。网络连通性是指系统中所有交点被连接的程度，等于网络中的连接廊道数与最大可能的连接廊道数之比。网络环度表征网络的复杂度，等于网络中独立环路数与最大可能环路数之比。两者的计算公式分别为③：

$$r = \frac{M}{M_{\max}} = \frac{M}{3(N-2)} \tag{5-2}$$

$$\alpha = \frac{M-N+1}{2N-5} \tag{5-3}$$

式中：r 为网络连通性，α 为网络环度，取值范围都在 0—1 之间；$M_{\max}$ 为最大可能的连接廊道数。M 与 N 的含义与路网连接度计算公式(参见 5.3.3 节)中完全一致。

作用机理Ⅲ-9：步行交通方式与城市公共空间的使用联系紧密，步行系统建设直接关系公共空间的可达性，步行网络连通性和环度指标与公共空间格局效率和公平呈正相关。

---

① 这项研究是英国几所大学的研究机构 2004—2010 年联合开展的一个跨学科研究项目"可持续城市环境中的交通可达性和使用者需求"(Accessibility and User Needs in Transport in a Sustainable Urban Environment，简称 AUNT-SUE)的一部分。参见 www.aunt-sue.info.

② http://www.trlsoftware.co.uk/products/detail.asp? aid=16&c=4&pid=66.

③ 许克福.城市绿地系统生态建设理论、方法与实践研究:以马鞍山市为例[D].合肥:安徽农业大学,2008.

② 步行区的有效宽度及其所占道路的比重。密度、连接度、连通性和环度指标均反映步行网络长度方面的基本属性，而其宽度特征同样也是城市步行网络发达程度的重要标志之一，可以通过步行区有效宽度及其所占道路的比重两项因子综合衡量。作为典型的微观指标，不同城市道路和路段的人行道宽度及占比有着鲜明差异或细微变化，评价体系中可通过归纳其宽度分布规律，应用李克特量表法整体赋值。

作用机理Ⅲ-10：步行区有效宽度及其所占道路的比重与公共空间格局效率和公平呈正相关。

5.5.3 弱势群体的步行需要与公共空间可达性

上述城市步行环境分析将行人默认为抽象的人，忽略了年龄、性别、健全程度等特征差异。事实上，作为衡量公平程度最有效的指标之一，发达国家的可达性研究更多用于强调弱势群体的权益。无障碍设计是平等使用公共空间的基础。1990年颁布的《美国残障者法案》(ADA)为建成环境的可达性设计制定了标准，规定公共设施如人行道对残障人士必须是"可达且可用的"。Handy和Clifton强调人行道特征对残障人士步行可达性的重要性，Axelson等在评估人行道可达性时，专门收集和分析了涉及残疾法规的人行道特征数据。Church和Marston通过相对可达性的方法，把步行环境特征纳入可达性工具中，强调了不同个体之间可达的不平等。MAGUS项目和U-可达路线工具也都致力于强化残障人士步行线路的可达性[①]。在英国交通部制定的《地方交通可达性规划导则》中，需要优先发展的地区包括贫困和失业最严重的地区、弱势群体集中的地区以及某种或某几种设施的可达性最差的地区[②]。

弱势群体面临的交通障碍问题有时非常细小，如人行道铺面材质、路缘石高度不规范，但这些细节关系宏观战略和政策的实施效果。AMELIA将步行障碍归纳为6大项、17分项，并提出对策以协调不同个体与微观环境之间的矛盾(表5-7)。

表5-7 步行障碍和对策

步行障碍		行动方针
总体	具体	
水平高度变化	● 台阶的存在 ● 台阶过高	● 提供坡道 ● 提供自动扶梯 ● 提供电梯 ● 确保台阶的高度合适

① Mackett R L, Achuthan K, Titheridge H. AMELIA：making streets more accessible for people with mobility difficulties [J]. URBAN DESIGN International, 2008, 13(2)：81-89.

② Technical Guidance on Accessibility Planning in Local Transport Plans [EB/OL]. www.accessibilityplanning.gov.uk.

步行障碍		行动方针
总体	具体	
关于辨知道路	• 视觉障碍者认路的困难	• 提供可触知的铺地 • 提供色彩对比的铺地 • 为视力受损者突出护柱、台阶、地铁和路标
穿越马路的困难	• 缺乏穿越马路的安全地点 • 缺乏斜坡的路缘石 • 斜坡的路缘石斜度太陡 • 道路交叉口难以看到行人信号灯 • 行人过街时间不足 • 人行横道不适合轮椅使用者	• 提供更多的人行横道 • 引入交通安宁政策 • 提供斜坡的路缘石 • 减小路缘石的斜度 • 在人行横道处提供语音信号 • 延长道路交叉口的行人绿灯时间 • 使人行横道适合轮椅使用者
沿人行道移动的困难	• 狭窄的人行道 • 人行道上的障碍物 • 低质量的人行道	• 提供较宽的人行道 • 移除使人行道变窄的障碍物 • 提供更高品质的人行道
长距离步行的困难	• 步行时缺乏就座的地方 • 缺乏公共便利设施 • 设施距离住所过远	• 提供座位 • 提供公共便利设施 • 把新的卫生保健设施和主要食品店设置在步行、自行车和公交车高度可达的地方
恐惧	• 犯罪高发区 • 夜间步行	• 减少街头犯罪 • 在适当位置设置监控系统 • 改善街道照明

资料来源：Mackett R L，Achuthan K，Titheridge H. AMELIA：making streets more accessible for people with mobility difficulties［J］. URBAN DESIGN International，2008，13(2)：81-89.

作用机理Ⅲ-11：弱势群体的步行交通可达性是衡量社会公平和空间公平程度的重要指标，公共性问题很大程度上可借由地理上的可达性分异予以表达。

5.6 实证模式分析：苏黎世与南京老城

5.6.1 城市道路的公共空间属性

（1）路网结构

苏黎世道路网络并非依据层级系统进行管理，而是针对私人交通、公共交通、步行和远足交通、自行车交通制定专项战略规划。这种管理体系突出了不同交通方式各自的特点，有利于将交通政策导向（如"公共交通第一、步行和自行车交通第二"）落在实处，也便于检验政策成效以制定新的巩固和调整策略，最大限度地避免了统一条例下常规道路分级系统带来的小汽车交通优先的矛盾。具体而言，苏黎世的城市道路分为城市和片区两级，机动车交通覆盖了两个层次级别，非机动车和步行交通的正常运作不区分等级性，被整体纳入片区级系统。小汽车私人交通中的城市级道路分为 autobahn、autostrasse 和 stadtstrasse，片区级道路只有 stadtstrasse 一类。换句话说，autobahn 和 autostrasse 存在于城市一级系统，stadtstrasse 同时在城市和片区层级中出现。公共交通中 S-Bahn 系统形成城市的区域性交通网络，Tram 和支线公交系统用于片区内部及其与市中心区的联系。私人与公共交通干线既有一定重合，又形成两套相对独立的系统。为增加横向可比性，将苏黎世道路系统依照我国道路交通规范规定的快速路—主干路—次干路—支路四级道路类别进行归类。现有的私人小汽车交通分级系统较贴合规范主旨，autobahn 对应国标中的快速路，城市道路中的 autostrasse 和 stadtstrasse 对应主干路，片区道路的 stadtstrasse 对应次干路，其他道路划为支路。南京老城的路网结构参照 2006 年的"南京老城控制性详细规划"中的道路系统规划①，较当时的道路现状长度增加了 39.6 km，新增道路集中在支路和次干路上。

① 基础结构。分别绘制苏黎世与南京老城的道路交通等级形态如图 5-11。苏黎世路网近似放射-向心式布局，这种模式在集聚交通方面的优势突出，利于强调市中心独一无二的主导地位。南京老城的道路网脉以格网为主，利于中立性空间的形成和功能组织的开放。统计两座城市的道路面积、面积率、长度、密度和路网级配五项指标如表 5-8。其中，道路面积率和道路密度的除数均为城市建设用地面积，分别反映建设用地内的道路分布强度和空间联系程度。

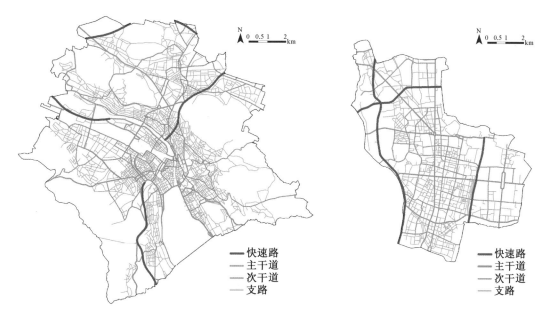

图 5-11　苏黎世与南京老城的道路交通等级形态

左:苏黎世;右:南京老城

---

① 这些规划新增道路目前多已建成,因此采用规划图纸作为最新道路现状。

表 5-8　苏黎世与南京老城道路交通基础数据

道路指标		苏黎世	南京老城
道路面积/ha		784.24	657.68
道路面积率/%		14.7	15.3
道路长度/km	总道路长度	632.7	317.4
	快速路长度	15.3	17.2
	主干路长度	53.8	39.3
	次干路长度	99.8	55.2
	支路长度	463.8	205.7
道路密度/(km/km²)	总道路密度	11.9	7.4
	快速路密度	0.3	0.4
	主干路密度	1.0	0.9
	次干路密度	1.9	1.3
	支路密度	8.7	4.8
路网级配		0.3:1:1.9:8.6	0.4:1:1.4:5.3

从道路分布强度看，苏黎世与南京老城比较接近，南京略高 0.6 个百分点，道路用地比较充裕。从空间联系程度看，苏黎世的道路密度大于规范推荐值，南京老城道路密度为 7.4 km/km²，低于规范 18 km/km² 以上的推荐值，苏黎世空间联系度较高。从路网级配看，两者都呈金字塔结构。

② 圈层结构。苏黎世与南京老城按照圈层分布的各级道路显示出相似趋势。各个圈层内，两市的道路级配均呈比较典型的金字塔形（表 5-9、图 5-12），道路分配基本合理。但南京老城外围圈层的次干路密度偏低，同时各个圈层的支路网密度不足，导致交通量过于集中在主干道路上，造成部分路段高峰期处于超饱和状态。比较圈层间数据，自核心圈层至中心圈层再到外围圈层，苏黎世和南京的快速路密度递增，次干路和支路密度递减，符合城市交通运行规律。

表 5-9　按照圈层划分的苏黎世与南京老城的各级道路指标

圈层		快速路		主干路		次干路		支路	
		苏黎世	南京	苏黎世	南京	苏黎世	南京	苏黎世	南京
核心圈层	长度/m	0	0	1 640	3 702	9 114	4 462	19 887	12 811
	密度/(km/km²)	0	0	1.1	2.3	5.9	2.8	12.8	8.0
中心圈层	长度/m	2 218	2 693	21 417	14 279	24 859	31 845	107 747	115 385
	密度/(km/km²)	0.2	0.1	1.8	0.7	2.1	1.6	9.2	5.8

圈层		快速路		主干路		次干路		支路	
		苏黎世	南京	苏黎世	南京	苏黎世	南京	苏黎世	南京
外围圈层	长度/m	13 078	14 512	30 755	21 290	65 791	18 933	336 224	77 500
	密度/(km/km²)	0.3	0.7	0.8	1.0	1.6	0.9	8.4	3.6
城市建设用地	长度/m	15 296	17 206	53 812	39 271	99 764	55 240	463 858	205 697
	密度/(km/km²)	0.3	0.4	1.0	0.9	1.9	1.3	8.7	4.8

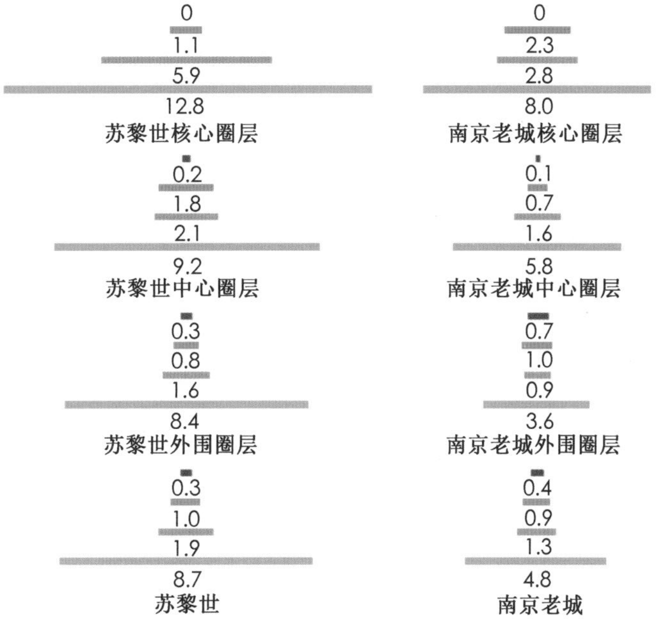

图 5-12　按照圈层划分的苏黎世与南京老城各级道路密度分布

注：每张子图自上至下依次代表：快速路、主干路、次干路、支路的密度。

与我国许多支路和次干路配比严重不足、路网结构呈倒三角或纺锤形的大城市相比，南京至少在老城范围内基本实现了各级道路大致合理的级配关系。但南京老城的路网密度仍然满足不了日益增长的交通需求，除历史因素外，"大院"模式也带来较大的冲击和影响。大型大院割裂了城市路网，不仅使主干道路难以形成系统，大院出入交通与干路之间缺乏缓冲，还显著降低了支路密度，形成更多的断头路和绕行交通①。以《南京市城市总体规划（2011—2020 年）》制定的支路网间距 150—250 m 推算，不侵吞城市道路的大院合理规模需控制在 2.25—6.25 ha 之间。

---

① 以 3.2.2 节列举的南京某军事大院为例（图 3-5 中图），用地北侧、东侧分别与城市主干路北京东路和北安门街相邻，北京东路与北安门街之间仅有宽约 7 m 的曲折窄巷连通，西侧紧邻快速路城东干道，南侧毗连城市次干路后宰门路；南北向次干路间距约 1 300 m，东西向主干路间距 1 150 m，超过 100 ha 的用地内再无其他城市道路，造成交通组织上的困难。

关系模式Ⅲ-1：苏黎世与南京老城的道路分布强度比较接近，路网级配均呈金字塔结构，较高的支路配比有利于城市公共空间的格局效率及公平的实现。南京老城的支路网密度及配比仍有一定提升空间。

（2）道路公共空间属性

① 主干路。南京老城的主干路布局兼顾了各个方向的均匀度和可达性，与城市快速内环共同构成南北(1.5—1.8)km×东西(1.2—2.0)km见方的高连通度格网。这些干线承载了大量通过式交通，基本不参与公共空间构成。而在苏黎世，57%长度的主干路同时具备公共空间属性，纯交通功能的主干路仅有五条①，主要作为城市对外交通路径（图5-13、表5-10）。

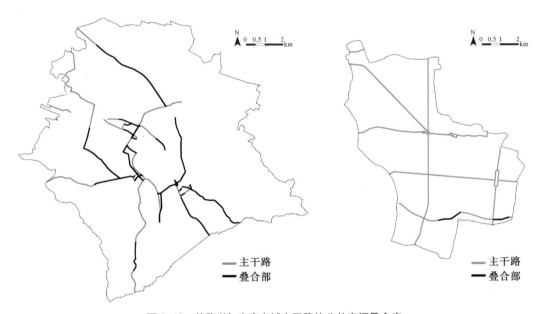

图5-13　苏黎世与南京老城主干路的公共空间叠合度

左:苏黎世;右:南京老城

注:黑色线段表示叠合的部分。

表5-10　按照圈层划分的苏黎世与南京老城主干路的公共空间叠合度

城市	核心圈层		中心圈层		外围圈层		城市建设用地	
	街道长度/m	长度百分比/%	街道长度/m	长度百分比/%	街道长度/m	长度百分比/%	街道长度/m	长度百分比/%
苏黎世	1 486	90.6	12 335	57.6	16 999	55.3	30 820	57.3
南京	0	0.0	0	0.0	1 826	8.6	1 826	4.6

① 分别为:Manessestrasse-Allmendstrasse-Leimbachstrasse, Seebahnstrasse-Schimmelstrasse-Alfred-Escher-Strasse, Birmensdorferstrasse, Europabrücke-Winzerstrasse-Frankentalerstrasse-Regensdorferstrasse 和 Rosengartenstrasse-Bucheggstrasse。

② 次干路。苏黎世与南京老城次干路的公共空间属性差异亦很鲜明。从土地使用配置、使用者密度、行人与车辆交通的作用关系权衡，苏黎世核心和中心圈层内几乎所有的次干路都属于街道公共空间，外围圈层次干路的公共空间叠合度也超过 50%。南京老城的次干路与主干路共同承担了大部分城市交通运输工作量，仅湖南路、长江路、珠江路等有限几条道路具有街道属性，不到次干路总里程的 20%（图 5-14、表 5-11）。

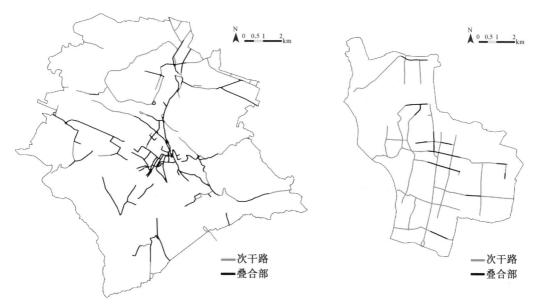

图 5-14　苏黎世与南京老城次干路的公共空间叠合度

左:苏黎世;右:南京老城

注:黑色线段表示叠合的部分。

表 5-11　按照圈层划分的苏黎世与南京老城次干路的公共空间叠合度

城市	核心圈层		中心圈层		外围圈层		城市建设用地	
	街道长度/m	长度百分比/%	街道长度/m	长度百分比/%	街道长度/m	长度百分比/%	街道长度/m	长度百分比/%
苏黎世	9 114	100.0	22 434	90.2	35 089	53.3	66 637	66.8
南京	1 500	33.6	5 326	16.7	3 386	17.9	10 212	18.5

南京老城由快速路、主干路、次干路构成的干线系统成网率很高，它们承担了主要交通流，为城市良序运转提供了基本保障（图 5-15）。但与此同时，其极低的公共空间叠合度造成城市公共空间被局限在一个个干线路网界定的片区内部，彼此割裂。整个公共空间系统的形成不得不依托道路为骨架，而非自成体系。苏黎世干线网络的公共空间属性则强得多，是线性公共空间的主要组成部分，建立了城市最繁忙、充满生机的街道与最重要的城市场所之间的联系。公共空间不仅在数量和面积上大幅增长，连续性和系统性也得以强调，主干性布局有效提升了公共空间的格局效率。

图 5-15 南京老城的干道系统承担
主要交通流的同时也分割了城市

③ 支路。苏黎世与南京老城支路系统的公共空间叠合度相差不大（图 5-16、表 5-12）。但两座城市的支路路况在道路系统中差距最大。苏黎世支路宽度大多为 9—18 m，2—4 车道，沿等高线变化较多，公共与私人空间区分明确。致密的支路网建设之初旨在增加沿街店铺面积，提高土地利用价值，这在客观上为形成通达性和利用率较高的子网络奠定了基础。支路路况与主次干路相差无几，承担了相当一部分机动车交通，沿线布置大量公共交通站点，既分流了主干道路的交通压力，又提高了各个地点的可达性。南京老城中，大量支路宽度在 12 m 以下，机非、行人被动混行，加之沿街用地侵占时有发生，通达性和渗透性较差，公共交通站点难以接入，导致主干道路负担加重，形成"大街廓、宽马路"的树状道路体系。因而，南京老城干道网与支路网级差明显，城市结构性轴线几乎完全由主干路构成；苏黎世道路的等级化并不分明，结构性轴线较不规则。

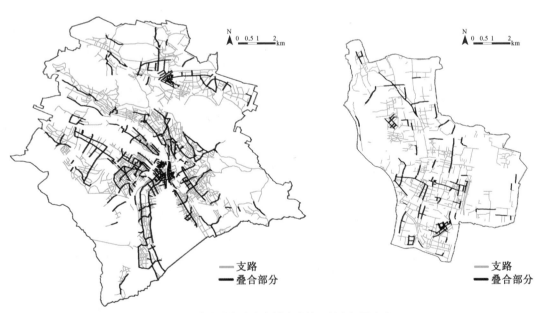

图 5-16 苏黎世与南京老城支路的公共空间叠合度
左：苏黎世；右：南京老城
注：黑色线段表示叠合的部分。

表 5-12　按照圈层划分的苏黎世与南京老城支路的公共空间叠合度

城市	核心圈层		中心圈层		外围圈层		城市建设用地	
	街道长度/m	长度百分比/%	街道长度/m	长度百分比/%	街道长度/m	长度百分比/%	街道长度/m	长度百分比/%
苏黎世	15 793	79.4	46 556	43.2	80 677	24.0	143 025	30.8
南京	3 542	27.7	24 288	21.0	18 949	24.5	46 779	22.7

　　两座城市机动车道路的公共空间属性均自市中心向外递减。按照主干路、次干路、支路的顺序，南京老城道路的交通功能递减，公共空间属性递增，通过性与可达性之间呈反比关系，街道位于等级体系中的从属地位。苏黎世的各级道路则较好地平衡了交通与场所功能，表现出"双强"特征(表 5-13)。苏黎世道路交通建设的基础条件并不算好，在山地地形、快速路衔接等方面都面临比较严重的不利影响，但通过持续改进公交网络、限制小汽车、精心设计步行空间、制定路权政策等系列措施的综合运用，使得主要供步行者使用的公共交往空间与机动车交通高效地共存于同一条街道上，成为苏黎世公共空间的一个重要特色。对比表明，位于道路构成体系末梢的街道难以承载城市性功能，而经由恰当的设计和管理，城市主干道路未必不能成为生活性的公共场所。与街道公共空间集中在次要层级道路相比，苏黎世以干线系统为主的街道空间形成所有城市公共空间的基本核心，公共空间分布模式具有主干性。公共空间系统与机动车交通系统构成既有交叠又各自独立、既互为补充又相互依存的两套城市组织结构，共同决定着城市的发展框架。这对于公共空间格局的形塑、效率及公平的发挥具有决定性作用。

表 5-13　苏黎世与南京老城的道路功能比较

	苏黎世		南京老城	
	交通功能	场所功能	交通功能	场所功能
快速路	●	—	●	—
主干路	●	●	●	·
次干路	●	●	●	●
支路	●	●	·	●

注：·表示不足，●表示一般，●表示充分。

　　关系模式Ⅲ-2：苏黎世以干线系统为主的街道空间形成所有城市公共空间的基本核心，公共空间分布模式具有主干性，有助于提升城市公共空间的格局效率及公平。南京老城干线道路成网率很高，公共空间被局限在相互割裂的片区内部，公共空间系统的形成依托道路为骨架，而非自成体系。

5.6.2 公共空间格局与出行方式

经过 1973 年的全民公投，苏黎世确立了"公共交通第一"的交通准则。这种优先权体现为连续 10 年间持续投入共 2 亿 CHF 用于扩建和改善原有基础良好的公交网络；体现为覆盖面广、发车频率高、舒适和相对廉价的公共交通服务；体现为把道路空间重新分配给公共交通的现代信息技术和动态交通信号灯系统的交通管理措施；体现为一系列相关的公共交通政策以及对小汽车使用的限制[①]。步行和自行车交通被排在第二优先级，紧随公共交通之后，这是苏黎世自 1990 年以来开始落实的政策。"没有步行者就没有公共交通"，苏黎世为行人和骑自行车者提供慷慨的路权，将良好的步行结构和服务设施作为公共交通系统高效运转的基础，并出台一系列战略措施强化各区的步行交通，使步行系统与公共交通紧密联系和共生，打造短距离步行友好型城市。其成就在苏黎世居民的出行方式构成中不难察见，市民自主选择的环境友好型交通方式占比超过 3/4[②]，为公共空间使用奠定了坚实基础。

据 2007 年统计数据(表 5-5)，南京老城居民出行结构中，步行方式占比 26.3%，自行车或助力车占比 40.1%，公共交通占比 21.5%，三项交通方式合计占比达 87.9%，友好的出行方式构成支持了潜在公共活动的发生。

关系模式Ⅲ-3：苏黎世市民自主选择的环境友好型交通方式(步行、公共交通、自行车交通)在居民出行方式构成中占比超过 3/4，南京老城环境友好型交通方式累计占比高达 87.9%，为公共空间使用奠定了坚实基础。

5.6.3 公共空间格局与机动车交通

(1) 公共空间的交通组织模式

空间几何关系上，5.6.1 节探讨的是与城市道路具有包含关系的公共空间属性，本节主要围绕与道路相邻的公共空间格局展开。相邻意味着公共空间与城市道路既不重合(排除了街道公共空间类型)，又在空间上和视觉上即时可达。公共空间与城市道路的联系越紧密，即相邻空间的比例越高，可达性越好。

① 分布特点和数量关系。从道路等级区分，苏黎世的快速路远离公共空间主体分布，与公共空间毗邻的情形只在接入城市中心圈层时出现，单位道路长度相邻的公共空间面积在各级道路系统中最低。南京老城的快速路与公共空间格局具有比较密切的关联，单位道路长度毗邻的公共空间面积远高于其他道路等级，格局及总量关系与苏黎世的对比非常鲜明(图 5-17、表 5-14)。按照主干路—次干路—支路的等级序列，两座城市表现出相同的与城市道路相邻公共空间面积依次递减规律，结合干道布局主要公共空

---

① 瑟夫洛.公交都市[M].宇恒可持续交通研究中心,译.北京:中国建筑工业出版社,2007.

② 包括 43% 的步行、27% 的公共交通和 7% 的自行车交通。参见 Waser M. Everyday walking culture in Zurich[EB/OL]. www.walk21.com.

间的趋势比较明确。其中苏黎世主、次干路单位长度的相邻公共空间面积低于南京，支路同比高出。圈层结构分析表明，苏黎世核心圈层内各级道路相邻的公共空间份额均大于南京，中心和外围圈层与干道毗邻的公共空间较少。

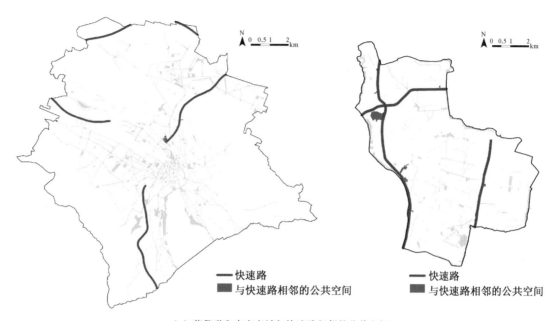

（a）苏黎世和南京老城与快速路相邻的公共空间

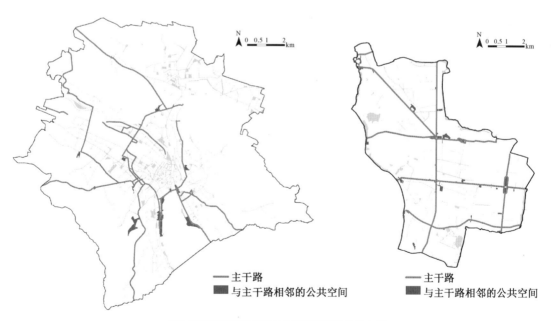

（b）苏黎世和南京老城与主干路相邻的公共空间

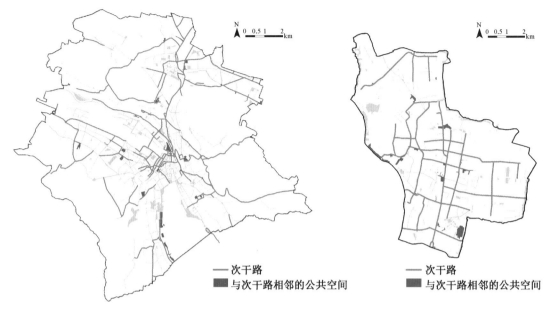

（c）苏黎世和南京老城与次干路相邻的公共空间

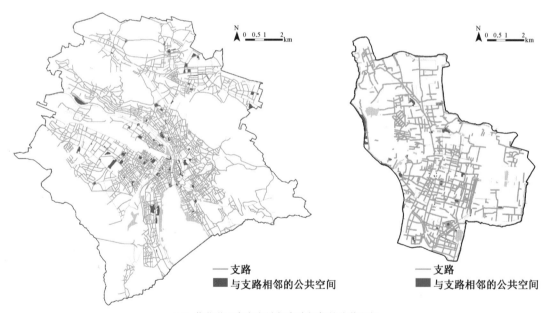

（d）苏黎世和南京老城与支路相邻的公共空间

图 5-17　苏黎世和南京老城与各级道路相邻的公共空间分布

左：苏黎世；右：南京老城

注：红色色块表示与城市道路具有相邻关系的公共空间。

表 5-14　苏黎世和南京老城与各级道路相邻的公共空间面积指标

圈层		快速路		主干路		次干路		支路	
		苏黎世	南京	苏黎世	南京	苏黎世	南京	苏黎世	南京
核心圈层	相邻公共空间面积/m²	0	0	28 984	50 446	161 616	35 385	148 572	51 100
	单位长度面积/(m²/m)	0	0	18	14	18	8	7	4
中心圈层	相邻公共空间面积/m²	32 771	224 753	208 341	299 223	273 506	380 105	447 194	361 875
	单位长度面积/(m²/m)	15	83	10	21	11	12	4	3
外围圈层	相邻公共空间面积/m²	17 158	274 060	441 564	392 218	522 378	382 282	1 599 731	421 532
	单位长度面积/(m²/m)	1	19	14	18	8	20	5	5
城市建设用地	相邻公共空间面积/m²	49 929	498 813	678 889	741 886	957 499	797 772	2 195 497	834 507
	单位长度面积/(m²/m)	3	29	13	19	10	14	5	4

② 可达性分析和成因。苏黎世和南京老城基于不同交通组织方式的公共空间可达性有很大差异。南京单位长度干线道路(包括快速路和主干路)和集散道路(次干路)的相邻公共空间份额远超苏黎世,支线道路(支路)相反,同比低于苏黎世,这表明南京老城沿干道布局公共空间的趋势显著,公共空间的机动车可达程度更高,而苏黎世更多的公共空间与支路关系紧密,步行等慢速交通的可达性得到强化。

过去很长一段时期内,以南京为代表的中国城市的公共空间选址多集聚在城市发展轴线和门户地区,其建设初衷并非出于交通可达性的考虑,这从南京老城各等级道路体系中快速路的相邻公共空间份额最高可见一斑。快速路需严格控制交叉口数量,也不直接为两侧用地服务,不仅不会提高反而会阻碍相邻地块的可达性;与快速路毗邻布局的公共空间能够带来的就是物质环境的形象美化和视觉改善。所以这种依托干道的公共空间布局模式的动机旨在通过橱窗式的形象展示,提升城市形象,作用与城市地标建筑和标志性景观并无二致。公共空间的生产被作为城市营销的一种工具和手段,用于提高城市竞争力,充当招商引资和发展旅游业的跳板。公众的角色随之从公共活动主体转向公共展示的客体,公共空间的生活需求和城市环境的内在品质受到不同程度的忽视。

反观苏黎世,与快速路相邻的公共空间面积只及南京的1/10,支路同比却是南京的2.6倍,公共生活最集中的核心圈层内与各级城市道路(除快速路)毗邻的公共空间份额都达到最大,反映出苏黎世公共空间格局与慢速交通耦合紧密。慢速交通方式能够有力支持公共空间的使用活动,为公共空间的格局效率和公平提供了短距离交通可达性方面的优势。

③ 公共空间的交通组织模式(表5-15)。苏黎世与南京主要有三项不同的公共空间交通组织特征。其一,苏黎世的干道交会处通常放大形成广场节点,中央容纳有轨电车和公交站点,突出公共交通在整个城市中的战略地位。它并不只具有交通功能,广场周边会布置与居民日常生活密切相关的各类公共设施如大中型超市、银行、商铺、便利

店、药店等，布局紧凑、功能复合，成为片区的"服务枢纽"和公共生活中心。南京则不存在围绕公共交通节点建设的公共空间，干道相交放大的区域只可能形成交通环岛，如鼓楼地区被大量机动车流环绕、不可进入的绿岛。这个不属于公共空间的开放空间，虽然面积上足以媲美苏黎世大中型沿交通线分布的节点广场，但却是专门为机动车流而设，不具任何组织公共生活的意义。其二，苏黎世仅与干道相邻的公共空间较少，普遍有接入型支路的补充，有些空间四面被支路围绕，城市中不存在两个方向及以上同时与主干路相邻的公共空间。南京老城公共空间两面、三面，乃至整个被干道环绕的情形并不鲜见，且诸多毗邻干道的公共空间在其他方向上直接与建筑邻接，没有支路的连入。这从个体空间交通组织角度解释了苏黎世的公共空间如何与接入型道路建立起密切关联，南京老城公共空间又如何被穿越式干道中断了与外围建筑和步行系统的联系。其三，苏黎世快速路尽量远离公共空间主体布局，南京老城却表现出两者结合的趋向。从交通角度，公共空间并没有与快速路相邻的必要，反而会造成到达的不便。

表 5-15　苏黎世与南京老城公共空间的交通组织形态比较

道路等级	苏黎世	南京老城
快速路	●穿越线性公共绿地 ●架空在滨水空间上	●毗邻广场、公共绿地、滨水空间
主干路	●干道交会处放大形成公共活动中心 ●公共空间与一条主干路相邻 ●没有在两个方向及以上与主干路相邻的公共空间	●干道交会处放大形成交通环岛，公共空间与主干路不存在相交关系 ●公共空间与一条主干路相邻 ●公共空间与两条及以上主干路相邻 ●公共空间完全被主干路环绕
次干路	●干道交会处放大形成公共活动中心 ●公共空间与一条次干路相邻 ●公共空间与两条次干路相邻的情形只在一处立体布局中出现 ●没有在三个方向及以上与次干路相邻的公共空间	●公共空间与次干路不存在相交关系 ●公共空间与一条次干路相邻 ●公共空间与一条次干路、一条主干路相邻 ●公共空间与两条次干路相邻 ●没有在三个方向及以上与次干路相邻的公共空间
支路	●公共空间在 2—3 个方向上与支路相邻 ●公共空间在 1 个方向上与干道相邻，在其余 1—3 个方向上与支路相邻 ●公共空间被支路环绕 ●公共空间只在 1 个方向上与支路相邻的情形极少	●公共空间只在 1 个方向上与支路相邻 ●公共空间在 2—3 个方向上与支路相邻的情形较少 ●公共空间在 1—2 个方向上与干道相邻，在 1 个方向上与支路相邻 ●除夫子庙地区外，没有被支路环绕的公共空间

关系模式Ⅲ-4：苏黎世公共空间格局通过远离快速路，排除了机动车对外穿越交通的干扰；通过与公共交通站点的联结和耦合，实现了中、远距离交通的便捷可达；通过与接入型道路网的紧密联系，保证了短、中距离慢速交通方式的充分渗透和到达。后两者之间的无缝衔接为居民全距离出行公共空间提供了可持续交通方式的技术保障。相形之下，南京老城依托干道系统布局公共空间的模式不仅在配置和使用效率上较为不

利，同时也因干道分布的稀疏损失了空间格局公平。

（2）城市路网密度决定的公共空间可达性

如表 5-8 所示，苏黎世的道路面积率略低于南京老城，道路密度却比南京老城大得多，为南京的 1.6 倍。道路密度构成中，快速路和主干路比例与南京基本持平，次干路密度是南京的 1.5 倍，支路网密度达 1.8 倍，反映出南京与苏黎世的道路差距主要存在于毛细血管式的次级路网而非主干道路中。这种密度差异有城市规模因素的影响，规模较小的城市中，人的平均出行距离较短，对低等级道路需求较大，所以苏黎世的次级路网确实应比南京密；但主要是与城市历史发展相关联，以及出于对道路功能、布局和联系度的考量。苏黎世城市道路以不太高的分布强度达到相当高的系统密度，布局紧凑，具有较高的道路通行能力和服务水平，是以苏黎世为代表的欧洲城市极少堵车的重要原因之一。同时，这种密集型路网系统对步行和非机动车交通尤为有利，因为它不仅为短、中距离出行创造了便利，而且由于各级道路中的人行道和自行车道净宽相差不大，实际上相当于提高了它们的道路总宽度占比和断面通行能力。

关系模式Ⅲ-5：苏黎世的路网密度和支路网密度均大于南京，反映出它的道路服务水平较高，有利于公共空间格局效率及公平的发挥和公共性的实现。南京老城支路网密度不足，交通量过于集中在主干道路。

（3）城市路网连接度决定的公共空间可达性

经统计，苏黎世的道路交叉口有 2 598 个，路段数有 5 326 条，代入公式 5-1 得到路网连接度为 4.1；南京老城的道路交叉口有 1 263 个，路段数有 2 147 条，路网连接度为 3.4。

关系模式Ⅲ-6：从路网连接度指标判断，苏黎世公共空间的交通可达性较南京老城好，对提升公共空间格局效率及公平具有积极作用。

5.6.4　公共空间格局与公共交通

① 公共交通特征。1973 年全民公投通过"公共交通第一"的城市交通发展政策后，历经几十年持续努力，今日的苏黎世已发展成为以市区有轨电车和区域铁路为主导、配套的无轨电车和公交车为补充的世界公交系统最发达的城市之一。该市的公共交通服务由三个层次形成整合性网络：第一层次是放射状的干线网络，由长途郊区铁路系统将城市内的主要活动中心与外围市镇联系起来，构成公共交通网络的骨架；第二层次的公交网覆盖在第一层次的骨架网络上，与郊区铁路车站相连接；第三层次是由有轨电车线路组成的精细方格网，服务于高密度城市建成区的短途出行[1]。

苏黎世市区依靠的是常规公共交通方式，没有建设地铁、轻轨等大运量快速轨道交通。当同样被交通拥堵和空气污染问题困扰时，苏黎世曾提出过建设地下有轨电车或地

---

① 瑟夫洛.公交都市［M］.宇恒可持续交通研究中心,译.北京:中国建筑工业出版社,2007.

下铁路系统的提案,于 1962 年和 1973 年分别举行了两次全民公投①,但都被彻底否决。结果表明,由于把公共交通的通行优先权放在首位,苏黎世市内的常规公交系统完全能够满足市民需求,同时维持了固有的城市特征和生活质量,其公共交通组织方式是适应城市规模和特点的理性务实选择②。

南京老城的常规公交系统相对仍不够发达,出行时耗长、准点率低、舒适性差、高峰期拥堵等矛盾比较突出,公交优先政策有待进一步落实,线网密度中心区高、外围低,局部地区站点覆盖率不足。自 2005 年始,南京开始建设与中心城市高密度环境相互依存和适应的大容量地铁轨道交通,截至 2022 年 10 月,南京地铁已开通运营线路 11 条,共 193 座车站,地铁线路总长 429.1 km,网络遍布全城③。老城区实现线网密度 1.21 km/km²,与大阪相当;中心区地铁车站辐射半径 600 m 范围内的服务人口达到 95%④。轨道交通网络已构成城市主要交通走廊,并通过线路站点实现与城市空间的相互作用。

② 公共交通站点布局。苏黎世的公共交通站点包括公交站(haltestelle)、登山站(bergbahn)、船舶站(schiffstation)和火车站(bahnhof)四类。据官网的苏黎世市平面⑤绘制站点分布图如图 5-18 左。苏黎世 53.24 km² 的城市建设用地内有公交站点 418 个,登山站点 10 个,船舶站点 7 个,火车站点 26 个,各类站点共 461 个,平均密度为 8.7 个/km²,商业、工作场所和居住区尤其集中。南京老城的常规公交站点按照 2011 版纸质地图矢量化,地铁站点依据南京老城轨道线网及站点规划图,计算的是轨道交通全运营后的可达性(图 5-18 右)。南京老城有公交站点 268 个,地铁站点 34 个,累计 302 个,密度为 7.0 个/km²。站点主要沿中心区及干道集中,城东和西北侧支路网欠发达地区存在一定服务盲区。两座城市公共交通站点的 300 m 步行可达范围覆盖率分别达到 93.8% 和 90.5%,200 m 服务半径的覆盖率为 68.1% 和 62.4%(按南京地铁网全部建成计算),苏黎世的公交站点分布更均匀⑥(图 5-19)。

③ 公共交通站点不同缓冲半径内的公共空间分布。比较两座城市距公交站点 50 m、100 m、150 m 和 200 m 缓冲半径内⑦的公共空间占研究区总公共空间面积的份额,苏黎

---

① 根据苏黎世法律规定,任何一项公共投资项目总额超过 1 000 万 CHF,必须经过全民公投。Zürich: Managing the right combination of public transport. www.eaue.de/winuwd/45.htm.

② 在苏黎世,人均步行不超过 100 m,等车时间不超过 5 min,就能搭乘上公共交通工具,工作日的公交线网密度高达 2 400 km/km²。当前运行良好的公交系统是几十年间财政持续投入、不断优化的成果,20 世纪 50 年代该市也曾面临"在主要道路上找停车位比骆驼穿过针眼还难"的窘境。

③ http://baike.baidu.com/view/278466.htm.

④ 李海峰. 城市形态、交通模式和居民出行方式研究[D]. 南京:东南大学,2006.

⑤ http://www.stadtplan.stadt-zuerich.ch/zueriplan/stadtplan.aspx? AspxAutoDetectCookieSupport=1.

⑥ 苏黎世公共交通站点 200 m 半径服务盲区主要分布着火车站场、工业区和大型开敞空间用地,生活区基本无盲区。苏黎世法规要求,凡是居住区居民超过 300 人,住区 400 m 范围内必须设置一个公共交通车站。参见瑟夫洛. 公交都市[M]. 宇恒可持续交通研究中心,译. 北京:中国建筑工业出版社,2007.

⑦ 公交站点覆盖率随缓冲半径增大而提高,300 m 半径已基本达到满覆盖。为使比较具有意义,将研究靶区限定在 200 m 半径范围。

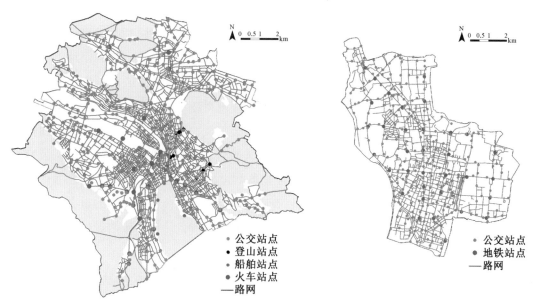

图 5-18　苏黎世与南京老城的公共交通站点分布

左:苏黎世;右:南京老城

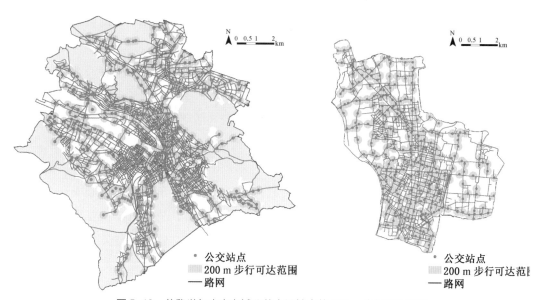

图 5-19　苏黎世与南京老城公共交通站点的 200 m 步行可达范围

左:苏黎世;右:南京老城

世 13.9% 的城市公共空间分布在公交站点周边、约占城市建设用地面积 6.2% 的 50 m 近邻范围,反映公共空间向公交站点集聚的趋势明显,这些空间与站点的衔接处于无缝状态。相比之下,南京仅有 5.2% 的公共空间分布在占城市建设用地面积 4.9% 的公交站点 50 m 半径内,公共空间与公交站点布局的组织关系不甚明确。同理可证,公交站点的 100 m 缓冲半径内,苏黎世 23.2% 的用地上分布了 36.6% 的公共空间,南京老城 18.9%

的用地上分布了 17.2% 的公共空间；150 m 缓冲半径内，苏黎世 46.6% 的用地上分布了 60.2% 的公共空间，南京老城 38.8% 的用地上分布了 32.9% 的公共空间；200 m 缓冲半径内，苏黎世 68.1% 的用地上分布了 79.1% 的公共空间，南京老城 59.2% 的用地上分布了 50.2% 的公共空间（表 5-16）。因而，苏黎世公交站点的近邻缓冲区范围集中了明显高于平均量的公共空间，且距公交站点越近的地区体现得越清晰，公交站点与公共空间格局的总体耦合态势非常明确；南京老城公交站点近邻缓冲区内的公共空间份额反而低于均值，公共空间与公交站点分布呈轻微反向分离趋势，2/3 以上的公共空间处于公交站点的 150 m 服务半径[①]之外，两者的耦合度比苏黎世低得多。这主要源于：在我国，城市公共空间用地较少作为整体进入人们视野，公共空间及其公交可达性的重要性尚未得到充分认识，公交站点并没有有意识地结合公共空间设置，从而导致两者的布局关系呈现无关乃至负相关状态。

分析南京老城现状公共空间与地铁轨道交通全运营后的地铁站点分布[②]，两者之间同样不存在显著的耦合关系（表 5-16）。考虑到地铁轨道站点的交通区位和人流集中优势将对周边公共空间产生较常规公交站点更强的辐射影响力，选择 5 min 步行距离，即 400 m 半径作为缓冲区范围，此范围内的城市公共空间应与地铁站点建立更紧密的战略关系。所以南京老城的公共空间建设要积极结合轨道交通的导向作用，调整和优化城市公共空间结构和土地利用模式，抓住地铁建设带来的结构性机遇。纽约时报广场（Times Square）正是如此，得益于 1904 年 IRT 线路的修建，使之从一个臭名昭著的地区一举成为"世界的十字路口"。上海 20 世纪 90 年代结合地铁 2 号线的 5 号出入口建设下沉式公共空间综合体——静安寺广场，形成颇具活力的公共活动中心。香港交通基础设施与公共空间的整合也产生了良好的催化作用，在交通换乘的节点地区常常形成一些集零售、休闲、文化等于一体的服务性公共空间，从沙田、旺角到尖沙咀、中环、铜锣湾等普遍如是。发达的公交系统承载了巨大的人流量，往往以车站为核心形成一个大型的交通换乘枢纽：轨道系统承接各个大型节点的人流运输，公交系统主要承担短距离接驳，集聚各个方向的人流和车流形成城市的重要节点，交通节点型公共空间成为整个公共空间系统的连接和转换点，共同构成促进城市公共空间发展、优化和提升的驱动力与源泉。车站周边高品质的公共空间作为城市景观的一部分，在提升城市形象的同时，也能够承载人们日常的游憩与休闲活动，吸引大批客流，提升站点周边的土地价值。

---

① 据国外学者调查,大多数人愿意步行的范围约在 150 m 之内,40% 的人愿意步行 300 m,只有不超过 10% 的人愿意步行 800 m。参见马强. 近年来北美关于"TOD"的研究进展[J]. 国际城市规划,2009,24(S1):227-232. 城市公共空间这种必要性活动不占主流的用地更是如此。笔者通过访谈发现南京城市居民的平均步行意愿值与此接近。
② 由于将地铁的多个出入口简化为一个矢量点,统计数据存在一定误差。但反映出的两者无关趋势是确定的。

表 5-16　苏黎世与南京老城公共交通站点缓冲区内的公共空间分布

		距公交站点的距离/m						
		50	100	150	200			
苏黎世	公共空间面积/m²	799 705	2 113 752	3 475 707	4 566 265			
	公共空间面积比/%	13.9	36.6	60.2	79.1			
	缓冲区面积比/%	6.2	23.2	46.6	68.1			
南京老城	公共空间面积/m²	171 497	568 979	1 087 995	1 663 060			
	公共空间面积比/%	5.2	17.2	32.9	50.2			
	缓冲区面积比/%	4.9	18.9	38.8	59.2			
		距地铁站点的距离/m						
		50	100	150	200	250	300	400
	公共空间面积/m²	31 861	102 349	204 961	337 635	474 739	664 744	1 137 122
	公共空间面积比/%	1.0	3.1	6.2	10.2	14.3	20.1	34.3
	缓冲区面积比/%	0.6	2.5	5.6	9.9	15.4	22.0	38.5

从公共交通站点缓冲区内的公共空间类型构成分析（表 5-18），两座城市颇有相似之处，即邻近公交站点的街道广场类硬质公共空间多而绿地类软质空间少，尤其是在街道和公共绿地用地所占缓冲区面积份额上非常接近。苏黎世广场公共空间在公交站点50 m 和 100 m 近邻范围内的比例相当高，表现出与公交站点的高度耦合态势。两市在公共空间与公交站点布局关系上的差异源于：其一，南京老城滨水空间用地在公交站点近邻缓冲区内的分布显著低于均值；其二，南京老城中，与公交站点关系更密切的硬质公共空间在城市公共空间总构成中比例较小，关系疏远的软质公共空间比例较大（参见附录 1），拉低了总体水平。前者表明南京滨水空间的公交可达性不足，可以通过增加相应的公交站点予以改善；后者意味着老城公共空间与公交站点的总体耦合度将随着现有模式下街道广场公共空间总量的增加而提升。

南京老城地铁全部建成开通后，现有复合街区、广场和公共绿地将与地铁站点表现出较强的耦合关系，反映出地铁规划时精心考量了站点与集中型公共空间布局的关系；但同时街道和滨水线性空间与其相当疏离（表 5-17）。在地铁规划站点不变的前提下，老城结合地铁优化公共空间格局的重点是强化站点周边街道、广场及其复合空间的营建。经验表明，通过轨道交通的引导与公共空间的战略整合，城市发展将更加集约和高效（图 5-20）。

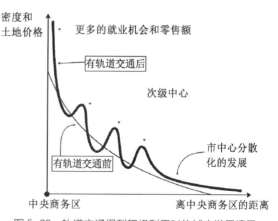

图 5-20　轨道交通得到积极利用时的城市发展情景

资料来源：瑟夫洛. 公交都市［M］. 宇恒可持续交通研究中心，译. 北京：中国建筑工业出版社，2007.

表 5-17　苏黎世和南京老城公共交通站点缓冲区内的公共空间类型构成

		距公交站点的距离/m						
		50	100	150	200			
苏黎世	广场面积/m²	213 190	443 995	553 681	615 738			
	广场面积比/%	32.1	66.8	83.3	92.7			
	街道面积/m²	493 944	1 235 314	1 976 490	2 505 134			
	街道面积比/%	16.6	41.6	66.6	84.4			
	公共绿地面积/m²	38 838	197 824	471 148	769 357			
	公共绿地面积比/%	3.1	15.6	37.2	60.7			
	滨水空间面积/m²	35 812	163 488	334 540	491 353			
	滨水空间面积比/%	5.7	26.1	53.4	78.4			
	复合街区面积/m²	17 922	73 131	139 848	184 683			
	复合街区面积比/%	7.4	30.1	57.5	76.0			
	缓冲区面积比/%	6.2	23.2	46.6	68.1			
南京老城	广场面积/m²	15 208	68 411	135 027	197 899			
	广场面积比/%	6.1	27.2	53.8	78.8			
	街道面积/m²	101 646	251 506	402 863	547 436			
	街道面积比/%	13.6	33.6	53.8	73.1			
	公共绿地面积/m²	28 683	126 202	263 712	455 038			
	公共绿地面积比/%	3.1	13.6	28.3	48.9			
	滨水空间面积/m²	23 594	106 282	234 963	386 620			
	滨水空间面积比/%	1.9	8.4	18.6	30.6			
	复合街区面积/m²	2 366	16 578	51 430	76 067			
	复合街区面积比/%	2.0	14.0	43.6	64.5			
	缓冲区面积比/%	4.9	18.9	38.8	59.2			
		距地铁站点的距离/m						
		50	100	150	200	250	300	400
	广场面积/m²	7 912	25 098	42 993	59 245	73 494	92 619	151 621
	广场面积比/%	3.2	10.0	17.1	23.6	29.3	36.9	60.4
	街道面积/m²	1 582	9 233	28 288	51 063	71 957	117 895	259 488
	街道面积比/%	0.2	1.2	3.8	6.8	9.6	15.7	34.6
	公共绿地面积/m²	13 123	41 487	83 567	140 029	200 572	261 904	378 286
	公共绿地面积比/%	1.4	4.5	9.0	15.0	21.6	28.1	40.7
	滨水空间面积/m²	4 654	14 812	31 808	59 792	90 667	138 564	259 203
	滨水空间面积比/%	0.4	1.2	2.5	4.7	7.2	11.0	20.5
	复合街区面积/m²	4 589	11 719	18 305	27 506	38 050	53 762	88 524
	复合街区面积比/%	3.9	9.9	15.5	23.3	32.2	45.6	75.0
	缓冲区面积比/%	0.6	2.5	5.6	9.9	15.4	22.0	38.5

关系模式Ⅲ-7：苏黎世公交站点的近邻缓冲区范围集中了显著高于平均量的公共空间，且距公交站点越近的地区体现得越清晰，公交站点与公共空间格局的总体耦合态势非常明确。南京老城公共空间与公交站点分布呈轻微反向分离趋势，2/3以上公共空间位于公交站点150 m服务半径之外；现状公共空间与地铁轨道交通全运营后的地铁站点分布之间同样不存在显著的耦合关系，但复合街区、广场和公共绿地等面状公共空间与地铁站点的耦合关系较好。

5.6.5 公共空间格局与慢行交通

（1）公共空间的自行车可达性

苏黎世的自行车出行条件较为严苛。首先是山地城市的起伏地貌特征和多雨雪天气影响自行车的正常使用。其次，除专门建设的少部分绿色自行车休闲道外，"一板式"的城市道路基本上机非并行、混行，即便是城市主要客货车通道也概莫能外。自行车通道一般设于人行道与车行道之间，以黄色虚线与相邻车行道区分，单车道，路宽1—1.3 m；道路交叉口的直行自行车道夹在直行与右转汽车道之间，左转自行车道夹在左转与直行汽车道之间（图5-21）；路幅宽度不够的地方，自行车道有时与人行道共用，未指明可与人行道共用的需占用机动车道。自行车线路详细区分了单行、禁行、常规路线、推荐路线等（图5-22），自行车必须在规定线路内正向行进，否则处以罚款。总体上看，苏黎世自行车出行的通达性和便捷度不算很高，居民自行车出行比例在四类主体交通方式（步行、公共交通、小汽车和自行车）中最低[①]。不过主要公共空间的周边通常会有推荐路线或常规线路经过，并附设专门的停车点，以提高自行车交通导向的公共空间可达性。

相比之下，以南京为代表的我国城市的自行车路网建设基本结合城市道路网布置，通过断面设置路权，全方位的自行车路网覆盖全市，大城市主次干路基本实现机非分流，除高峰期拥堵情况间或存在外，自行车通行条件比较理想。自行车交通管理政策宽松，未设禁行、单行等条例规定，禁停路段较少，自行车用户充分享有道路使用的自主权，几乎是有路就可通自行车，自行车交通决定的公共空间可达性很高。

鉴于自行车交通的线路复杂、路网分布与步行交通网重叠度高、出行起讫点数据不易获取、流量分布也存在很大不确定性，本书不再对苏黎世和南京老城自行车出行导向的公共空间可达性开展具体量化计算，格局评价中以5分制李克特量表法赋综合分值。

---

① 发达国家中，如苏黎世这样在城市道路中划定自行车道的专属路权已属少见。美国的自行车出行比例更低，美国联邦公路管理局在全美《国家自行车和步行交通的研究》中，曾详细评定导致自行车在美国没有被更广泛使用的原因，结果发现主要障碍包括对交通安全的顾虑、不利的气候条件、停车场地不足和道路状况，次要障碍包括对犯罪的恐惧、缺少自行车线路、汽车司机不谦让以及无法把自行车带上公交车。参见 Handy S, Clifton K. Evaluating neighborhood accessibility: possibilities and practicalities [J]. Journal of Transportation and Statistics, 2001, 4（3）: 67-78.

图 5-21 苏黎世道路交叉口的自行车道
与汽车道间隔排布

资料来源：http://www. stadt-zuerich. ch/ted/
de/index/taz/publikationen _ u _ broschueren/teilstrate-
gie_veloverkehr. html.

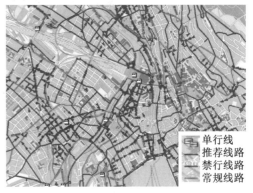

图 5-22 苏黎世自行车路线图

资料来源：http://www. stadtplan. stadt-zuerich.
ch/zueriplan/stadtplan. aspx？AspxAutoDetectCook-
ieSupport = 1.

关系模式Ⅲ-8：苏黎世自行车出行的总体通达性和便捷度不高，但主要公共空间的自行车交通可达性有意识地得到强调；公共自行车和自行车通票计划丰富了人们的出行选择。南京老城的自行车路网全方位覆盖，自行车交通决定的公共空间可达性很高。

（2）公共空间的步行可达性

① 城市路网连接程度。代入公式 5-2 和 5-3 计算可知，苏黎世和南京步行网络的连通性分别为 0.684 和 0.568，环度分别是 0.526 和 0.351。苏黎世步行网络的连通性和环度均好于南京老城。

关系模式Ⅲ-9：从步行网络连通性和环度指标判断，苏黎世公共空间的步行可达性比南京老城好，较有利于公共空间格局效率及公平的实现。

② 步行区的有效宽度及其所占道路的比重。作为世界著名的步行城市，苏黎世道路的平均人行宽度并不算宽，单侧人行道宽度多在 2—3 m，但总路幅布局相对紧凑，人行道宽度与道路总宽之比为 1∶5—1∶3。这座城市也并没有机动车禁行的步行区，人行区域宽度根据步行交通的需要灵活确定。如 Limmatquai 总宽 21 m 的道路中人行道宽 10.5 m；Bahnhofstrasse 宽 26 m 的路幅中步行区占 20.5 m，中间 5.5 m 宽的双向有轨电车通道有 16 条公共交通干线经过，白天电车通车量约 80 辆/h，公交交通与步行的紧密关系使之成为认知度极高、更加便捷和高效的商业步行区。

南京老城中，主、次干路两侧以高差和铺地变化明确标识人行道区域，支路基本采用"一块板"的人车混行模式。人行道的平均宽度均为 3—4 m，较苏黎世宽；但某些路段的人行空间在城市更新和道路拓宽的进程中受到车行道的挤压逐渐变得局促。干道宽度通常为 35—40 m，人行道宽度与道路总宽之比为 1∶7—1∶4，路权分配中步行区域所占份额较小。步行区宽度变化幅度较小，除新街口、夫子庙、狮子桥等商业步行区外基本没有宽 5 m 以上的步行空间①。与我国其他城市类似，南京的人行道经常兼作他用：交通性道路中，间或停放自行车和机动车辆；生活性街道上，既有停车，又有沿街店铺延伸出的临时摊位、工作空间和活动场所。缪朴认为，亚洲城市居民和政府并不太重视公共与私人空间的明确界限，这与亚太地区城市产权界定不够清晰及微妙的执法力度相关，也有其深刻的政治历史和文化根源。他指出这种模棱两可的优点，即街道的灵活和分时使用能够为拥塞的城市"提供更多更好的公共空间"，并引用黑川纪章的共生理论证实公共与私密的模糊区域利于公共空间更好地适应人的心理需求②。这种思路确实为解释我国城市公共空间的独特性提供了佐证，不过观点成立的基本前提应是模糊和混合能够营造更好的生活氛围，并且不会影响街道的基本通行功能。在南京，人行道和街道的多功能成为双刃剑：有些路段由此获得多样的生机和活力；更多地区则被现代化交通工具与各种固定和临时性物体侵占，人的主体地位丧失，步行区的有效宽度大大缩小，以至人行路径要保持直线都十分困难。考虑到老城的人口基数和密度均比较大，人与车、人与物品的矛盾就更加突出。

关系模式Ⅲ-10：苏黎世道路的平均人行宽度不宽，总路幅布局相对紧凑。南京老城人行道的平均宽度宽于苏黎世，但经常兼作他用，路权分配中步行区域所占份额较小。

（3）弱势群体的公共空间可达性

苏黎世道路交通战略规划中专门针对残疾人、老年人和儿童制定了相关引导策略（Teilstrategie Behinderte，Betagte und Kinder），对弱势人群的需求考虑得比较细致全面。南京老城尚未出台保障弱势群体利益的专项交通政策，弱势群体的城市公共空间可达权益处于研究视野的盲区。笔者对两座城市物质空间无障碍设计及弱势人士的行为观察也证实苏黎世对弱势群体步行交通可达性的考量较佳。

关系模式Ⅲ-11：以弱势群体的步行交通可达性衡量，苏黎世公共空间的空间公平度优于南京老城。

5.7 发展对策建议

（1）建立道路的场所属性，加强公共空间分布模式的主干性

城市道路的公共场所属性对整个城市公共空间体系的形成至关重要。要使容纳公共生活的街道成为系统整体的组成部分，公共空间和生活与交通职能互有叠合又自成一体，城市道路就不能仅考虑纯运输职能，按部就班地遵循分层化的道路等级交通技术法

---

① 长江路是个例外。2003 年的长江路改造工程将原 3 m 宽的人行道和 5 m 宽的自行车道统一高度、整体铺装，形成 8 m 宽的行人和自行车共享空间，提高了空间的开敞程度；加之沿路排列的多栋历史、文化建筑和精致墙界面设计，成为南京标志性的"文化街"，验证了步行区域宽度及其占比在营造公共空间氛围方面所能发挥的潜力。

② 缪朴. 亚太城市的公共空间：当前的问题与对策[M]. 司玲，司然，译. 北京：中国建筑工业出版社，2007.

规。从根本上说，我国城市道路设计和管理中单纯以交通安全技术规范为依据的现状必须改变，交通系统设计需要城市设计师和交通工程师的共同参与，充分挖掘道路的基础性组织功能，关注路径类型的丰富性和多元化，否则不可能创造出以人为本的具有吸引力的道路空间。只有以干线为主的道路系统真正形成城市公共空间的核心，公共空间分布的主干性才能得到有效加强，而不再是碎片化的基本构成，城市公共空间格局的效率和公平才有可能得到根本提升。强化公共交通-步行系统战略连续性的道路等级体系为我们提供了正面的导向和启发，应在实践中针对具体城市探索更具操作性的发展策略，使功能性的交通系统更好地服务于城市生活。

（2）引导出行方式，建设公共交通+步行+自行车交通的联合系统

公共空间活动发生的基础是步行，公共空间的使用总是与慢速交通，尤其是步行交通紧密相关，出行方式的支持或抑制作用对公共空间格局有较大影响。现阶段我国城市居民出行结构中，步行、自行车、公共交通构成的环境友好型交通方式普遍在 7 成以上，支持了潜在公共生活的发生。但随着国民经济持续快速发展，城市交通的机动化和个体化程度将呈几何级数增长，势必引起友好型出行方式随之下降。因而，我国城市交通机动化进程中，要引导市民的交通出行方式向有利于公共空间使用和城市可持续发展的方向积极转变，优化公共交通[①]和慢行交通环境的阻抗、服务水平、终端和舒适度，建设公共交通+步行+自行车交通的联合系统将是有效手段，也是人口和环境压力下面临的必然选择。

（3）增加支路里程，突出公共空间格局与慢速交通方式的衔接

城市公共空间两种类型的可达格局中，主干道路的机动车可达程度和优先级高，接入型支路的慢行交通可达性好，干道和支路两种交通接入方式的联合能够提高可达性，丰富空间格局梯度层次，是提升公共空间格局效率及公平的有效组织手段。我国既往的城市公共空间建设往往选址在城市发展轴线和门户地区，机动车交通的可达性普遍较好，而慢速交通方式的便利程度不足。因此从与机动车交通的作用关系出发，我国城市公共空间的格局优化应远离快速穿越交通的干扰，突出公共空间格局与步行及非机动车交通方式的衔接，增强公共空间的支路可达程度，从贴合公众需要而非橱窗展示的角度塑造公共空间系统。

道路基础设施建设方面，继续增加机动车道路尤其是支路里程，提高道路密度及支路配比，完善路网连接度，促进公共空间格局效率及公平的进一步提升。

（4）发展公共交通，增强公共交通站点与公共空间的耦合度

城市公共交通能够通过改变服务区域的交通可达性从而影响城市空间区位和公共空

[①] 2004 年，温家宝总理在批示建设部《关于优先发展城市公共交通的汇报》时做出重要批示："优先发展城市公共交通是符合中国实际的城市发展和交通发展的正确战略思想。"http://cn. chinagate. cn/zhuanti/17jwzqh/2010-10/26/content_21201030. htm.

间格局。成功的公共交通应与城市公共空间高度联动，以大运量公共交通支持市民到访公共空间的中长距离出行，扩大公共空间的辐射范围和影响力，实现空间格局效率和公平的双赢。这种联动主要体现在公共交通站点与公共空间的耦合关系上。

目前我国城市公共交通处于较低的发展水平，站点设置与城市功能布局的耦合度低、与公共空间系统的连接度更低，如南京老城公交站点与公共空间分布反而呈轻微反向分离趋势。建议对于常规公交站点，应依据公共空间格局调整公交站点分布，公交可达性不足的地区通过新增站点予以改善。对于轨道交通站点，重点是强化站点周边街道、广场及其复合空间的营建，通过轨道交通引导公共空间战略整合，促进城市高效集约发展。更根本的对策是要将公共交通系统的层级性与公共空间层级系统匹配起来，等级越高的公共空间采用速度越快、单位运输量越大的公共交通工具为之服务，以不同层级、灵活组织的公共交通方式满足不同等级公共空间分布、出行范围及公众的多元化出行需求。

（5）健全慢行交通，出台保障弱势群体权益的专项交通政策

慢行交通方式与城市公共空间的使用联系最紧密，慢行系统建设直接关系公共空间的可达性。与步行交通相比，自行车出行能够显著拓宽公共空间的吸引范围，我国城市超过1/3的自行车出行比例及较高的公共空间自行车可达度某种意义上提升了公共空间格局的效率及公平程度。城市公共空间的步行可达性仍需加强，一方面要进一步完善步行网络的连通性及环度，保障步行空间的有效通行宽度，增加路权分配中的步行区域份额，提高步行交通的舒适性、便利性和安全性，鼓励更多步行活动的发生；另一方面要加强弱势人群公共空间可达性研究，尽快出台保障弱势群体权益的专项交通政策。

5.8　本章小结

本章主要从城市道路的公共空间属性、公共空间格局与出行方式的互构/互塑关系、与机动车交通的连通/到达关系、与公共交通的联动/耦合关系，以及与慢行交通的依托/渗透关系等层面揭示城市公共空间格局与城市交通组织相互竞争联合的作用机理和特征，探讨指标群定量化的可能性；以苏黎世和南京老城为例开展量化层面的形态学实证研究，分析两市公共空间格局与城市交通组织层面诸因素表现出的关系模式及其成因；提出我国城市交通组织层面的公共空间格局发展对策建议。结论如下：

① 交通方式对城市格局影响显著，道路的基础性组织功能、公共空间属性对整个城市公共空间体系的形成至关重要，是衡量公共空间格局效率与公平的重要指标，可通过街道公共空间与全体道路的长度百分比计算两者叠合度。城市终究要为人所用，创造富有吸引力的场所空间是其首位需求，功能性的交通系统应在满足运输和通达等工程要素的前提下，更好地平衡交通与场所功能，积极为城市生活服务。而常规现代主义理念主导的道路等级系统可能导致城市破坏和反城市产物的出现，城市道路设计和管理需要

突破交通安全技术规范的局限，关注路径类型的丰富性和多元化，加强公共空间分布模式的主干性建设。

②公共空间活动发生的基础是步行，公共空间的使用总是与慢速交通，尤其是步行交通紧密相关，出行方式的支持或抑制作用对公共空间格局有较大影响。近年来，新传统主义的交通政策备受推崇，步行及自行车被作为最佳通勤模式予以提倡，并与服务于中长距离的公共交通方式紧密结合。公共交通+步行+自行车交通构成的绿色交通联合系统对公共空间的使用、格局效率及公平的发挥具有不可替代的重要作用。

③城市主干道路与接入型支路两种交通接入方式的联合能够提高城市公共空间的可达性，丰富空间格局梯度层次，是提升公共空间格局效率及公平的有效组织手段。城市公共空间的生产要从橱窗式被动形象展示走向公众成为平等交往主体的开放场所，不应被依托干道布局的意识形态过分主导，而要从使用角度突出公共空间格局与步行及非机动车交通方式的衔接。此外，路网密度、支路网密度和路网连接度三项指标均对公共空间格局效率及公平具有正向作用，应继续增加机动车道路尤其支路里程，提高道路密度及支路配比，完善路网连接度。

④城市公共空间与大运量公共交通的联动能够实现空间格局效率和公平的双赢。可达法通过将公共交通所决定的公共空间可达性问题转化为对公共空间与公共交通站点耦合程度的探讨，实现两者关系模式的定量化。耦合度不佳的地区建议采取依据公共空间格局新增和调整公交站点分布、强化站点周边硬质公共空间营建、使公共交通系统的层级性与公共空间层级系统相互适配等综合措施。

⑤慢行交通方式与城市公共空间的使用联系最紧密，包括步行和自行车交通在内的慢行系统建设直接关系公共空间的可达性，是衡量公共空间格局效率及公平的重要标准之一。城市步行系统的量化可借用生态学中的网络连通性和环度公式计算其连续度及复杂度。此外，弱势群体的交通可达性影响对空间公平的整体评价，公共性问题很大程度上可借由地理上的可达性分异予以表达。健全城市步行网络的对策包括：完善步行网络的连通性及环度，增加路权分配中的步行区域份额，提高步行交通的舒适性、便利性和安全性，加强弱势人群公共空间可达性研究，尽快出台保障弱势群体权益的专项交通政策等。

6 差异并置：公共空间格局与城市人口分布

第3—5章探讨了公共空间格局与城市结构形态、土地利用和交通组织的刚性关系，侧重空间的物质属性；本章引入人的因素，挖掘优化物质空间的目的所在，揭示公共空间格局与城市人口分布的关系及其内涵。

城市公共空间格局应尽可能支持城市人口的差异并置，人们并不只是人口构成的抽象数字，而是反映公共空间的城市生活目的、赋予城市公共空间以意义的街区和地块的主要组成部分，有着不同社会组织和文化价值的差异个体构成公共空间使用的主体。城市公共空间为人类交往的盛衰赋形，应尽量使多数人尤其是对公共空间需求指数高的群体易于接近。作为一种公共物品福利，城市公共空间选址影响城市空间的相对吸引力，能够用来弥补某些"市场失灵"，一定程度上实现空间资源的再分配。服务居民的能力是衡量一个城市人地关系是否和谐的参照，也是考察公共空间格局效率与公平的最重要标准之一。通过对公共空间与城市人口分布动态关系的把握，公共空间格局在城市人口分布层面的效率和公平状况及其发展动力特征得以呈现。

公共空间格局与城市人口分布的差异并置关系主要体现在两个方面：第一，与城市总人口分布的调节/适配关系，人口密度分布与公共空间格局的关系、人均公共空间的区位布局、公共空间服务人口比直接影响城市公共空间的格局效率与公平评价；第二，与人口空间分异的均等/补偿关系，基于居民需求指数的可达公平才是真正的公共空间格局公平。

本章首先从总量和均值角度揭示基于城市人口分布的公共空间可达性规律，突出对公共空间配置效率的考察，以系统成本最小化为目标指向。进而引入与使用者相关的社会经济维度，探究不同个体和群体对特定空间的可达和占有程度，注重弱势群体和地区的利益表达，以不同使用者的需求差异和空间分配公平为导向。

本书为使研究问题简明突出，运用偏相关法①对起点、目标点和交通方式三项变量

---

① 偏相关是指在多要素构成的系统中，研究某个要素对另一个要素的影响或相关程度时，暂不考虑其他要素的影响，单独研究两个要素之间相互关系的方法。参见徐建华. 现代地理学中的数学方法[M]. 2 版. 北京：高等教育出版社,2002.

进行剥离：在第5章的交通分析中设"起点"为常量，研究"交通方式"与"目标点"（公共空间）的关系；本章将"交通方式"视为常量，考察"起点"（居住地）与"目标点"（公共空间）的相互关系。默认的交通方式是步行，原因在于大量有关城市公共空间使用的调查证实，多数使用者愿意且会定期去公共空间的前提条件是，公共空间位处居住地或工作场所的3—5 min步行距离内。

6.1 调节/适配：公共空间格局与城市总人口分布

城市人口并不是随意分布的，而是激烈竞争和适当选择的结果。自然环境条件、基础设施水平和社会文化因素是决定城市地区人口密度分布差异的要素。城市公共空间格局应通过自身的调节与人口分布的总趋势相互适配，以获得城市总体人口分布层面的适应性和持续发展动力。

6.1.1 人口密度与人均公共空间

人口密度指单位土地面积上的人口数，表征一定区域的人口密集程度，城市人口密度=城市人口/城市面积。在城市区域和公共空间总量既定的条件下，人均公共空间面积与人口密度成反比：人口密度越大，人均占有公共空间面积越少。因而人均公共空间面积指标是相对的，各个国家和地区依据地区实际情形制定的人均指标推荐值差异较大。美国国家休闲与公园协会（NRPA）推荐的城市公园标准为每1 000名居民6—10英亩（2.4—4.1 ha/千人）。英国国家游乐场协会（NPFA）的推荐值为2.4 ha/千人[1][2][3]。中国香港规划标准和导则（HKPSG）中规定每100 000人享有9 ha开放空间，折合0.09 ha/千人，仅为欧美国家的1/27—1/46。

人口密度、人均公共空间面积指标与容积率、公共空间率存在明确关系。容积率的计算公式为：

$$\text{FSI} = \frac{Sc}{St} = \frac{P \times Rp}{St} = Dp \times Rp \qquad (6\text{--}1)$$

式中：FSI为容积率；Sc为地块内的总建筑面积；St为相应地块的用地面积；P为总人口数；Rp为人均建筑面积；Dp为人口密度。

---

① Sister C, Wolch J, Wilson J. Got green? addressing environmental justice in park provision [J]. GeoJournal, 2010, 75(3): 229-248.

② Nicholls S. Measuring the accessibility and equity of public parks: a case study using GIS [J]. Managing Leisure, 2001, 6(4): 201-219.

③ Yeh A G O, Chow M H. An integrated GIS and location-allocation approach to public facilities planning: an example of open space planning [J]. Computers, Environment and Urban Systems, 1996, 20(4-5): 339-350.

公共空间率的表达式为：

$$\text{PSR} = \frac{Sp}{Sc} = \frac{Sp}{P \times Rp} = \frac{Pp}{Rp} \tag{6-2}$$

式中：PSR 为公共空间率；Sp 为地块内的公共空间总面积；Pp 为人均公共空间面积；Sc、P、Rp 意义同上式。

公式表明，假设人均拥有的建筑面积恒定，则容积率与人口密度成正比例，人口密度大的地区需要较高的容积率水平与之适应；公共空间率与人均公共空间面积也成正比，人均公共空间面积决定着公共空间的承载压力。然而，人均建筑面积往往随居民生活水平的提高而增加，这意味着现有人口密度需要更高的容积率加以维持；反之，若保持容积率不变，就要降低人口密度，外迁部分人口。这也意味着即便现有人均公共空间面积不变，公共空间率将随着人均建筑面积的增大而减小，导致公共空间的承载压力增大；反之，若要维持公共空间率不变，就要相应增加人均公共空间面积，即增加城市公共空间的总量抑或降低人口密度。

作用机理Ⅳ-1：从公共空间格局效率与公平角度，人口密度高的地区对公共空间的需求量理论上较大，应布置相对较多的城市公共空间。

作用机理Ⅳ-2：城市内圈层区要容纳更多来自城市各个角落的人口，因此需要较高的人均公共空间水平与之适配。

6.1.2 基于人口的公共空间可达性算法

衡量公共空间可达性的算法主要有容器分析法、最小距离法、半径法、行进成本法、引力位法和服务区法等，这些方法的基本思路一致，都是通过定位设施布局与人口社会经济属性之间的关系来表征空间公平程度。通常将人口社会经济状况引入设施公平分析的优势在于：其一，人口的社会经济特征能够有效地描述市民需求，且能被方便地整合到 ArcGIS 中；其二，不考虑社会经济问题的公平提供的只是机会的均等，而对社会结构的不平等无动于衷[①]。不同计算方法的适用范围不同，需要根据研究目标甄别各算法的异同，选择合适的计量方法，这关系结论的信度。

① 容器分析法

容器法用既定区域内的设施数量衡量公平程度。优势在于以街道或社区居委会等行政小区为分析单元，空间上与反映居民社会经济特征的人口普查数据的统计单元完全匹配，能够便捷地将两组数据组织在一起，实用度高。这种方法意味着公共设施仅供相应行政区内的居民使用，不考虑对其他地区的外部溢出效应，也不考虑"容器"内机会的空

---

① Talen E. Visualizing fairness：equity maps for planners［J］. Journal of the American Planning Association，1998，64(1)：22-38.

间分布，适用于既定设施的影响范围限于特定地理边界之内的情形。计算公式①为：

$$Z_i^C = \sum_j S_j, \quad \forall j \in I \tag{6-3}$$

式中：Z_i^C 为地段 i 的容器分析指标；S_j 为第 j 个设施的数量或规模；所有设施都位于地段 i 的界限 I 之内。

对于公共空间而言，作为公共物品，城市公共空间具有很强的外部性，人们不会因为居住在某处而下意识地只利用该区的公共空间，明确排斥城市其他地点公共空间的使用。例如，某行政小区边界附近的人口往往距相邻统计小区公共空间的距离更近，此时居民日常活动中选择本辖区内较远公共空间的概率就很小；或者某些公共空间由于区位、规模或品质具有更大吸引力，人们在周末等闲暇出行中可能会增加对距离的容忍度，选择这些不可替代的场所，而忽视空间的辖区。因此以人工划定的行政边界确定公共空间的服务范围未必能够反映人们对公共空间的真实使用状况。

一些西方学者曾应用容器法分析设施分布的公平程度，结果发现设施缺乏与人口分布之间不公平的情形各有不同，被称为"无序的不公"（unpatterned inequality）。观测单元选择与设施实际服务范围之间的差异很大程度上影响了学者们的结论。

② 最小距离法

在最小距离、行进成本和引力位法中，可达程度都被表达为距离的函数，但三者有显著差别。最小距离指标通过计算距行政区最近的设施距离衡量可达性，在用户倾向于使用最邻近设施的情形下最为适用。与容器法类似，最小距离法也不考虑空间的外溢效应。两者区别在于，容器法规定行政区内的所有设施对区内居民可达，对区外居民不可达；最小距离指标仅以一处最近的设施距离衡量可达程度，而无论该设施所处的区界。此时研究目标转化为评定起点与目标点之间最小距离的公平与否。计算公式为：

$$Z_i^E = \min | d_{ij} | \tag{6-4}$$

式中：Z_i^E 为地段 i 的最小距离分析指标；d_{ij} 为地段 i 与设施 j 之间的距离。

最小距离既可以用起点与目标点之间的直线距离或网络距离描述，又可以用出行时间、出行成本或机会成本表征。鉴于居民日常出行一般采取就近方式，符合"距离衰减效应"②，因此用最小距离指标评价公共空间的可达公平程度有一定合理性。不过该法

① Talen E, Anselin L. Assessing spatial equity: an evaluation of measures of accessibility to public playgrounds [J]. Environment and Planning A: Economy and Space, 1998, 30(4): 595-613. 后三种算法公式均引自此文。
② "距离衰减效应"已在大量研究中得到证实。如 Cohen 等研究发现，洛杉矶市 8 座公园的使用者中，43%居住在公园的 0.25 英里(1 英里≈1.61 千米，下同)服务范围内，另有 21%住在 0.25—0.5 英里范围内，仅有 13%的使用者住在 1 英里之外。居住在距公园 0.5 英里范围内的市民每周休闲活动次数较 1 英里外的居民多 5 次以上。参见 Cohen D, Sehgal A, Williamson S, et al. Contribution of public parks to physical activity [J]. American Journal of Public Health, 2005, 97(3): 509-514.

忽略了合理可达范围内多个设施可能贡献的累计可达性，对总可达程度的估计趋于保守。因此，更广泛的可达性视野需结合空间的外溢效应。

③ 半径法

半径法通过确定设施的服务距离将半径范围内可达的人口与范围外不可达的人口区分开来。前提假设是，距离公共空间等宜人设施较近的居民具有更好的可达性，城市人口应尽可能在设施服务半径内达到最多，在此范围内的设施能够被平等地享用，超出既定半径后对设施的使用忽略不计。它是最小距离法的一种变体。服务半径内外人口分布的相对比例能够表征设施布局是否使市民易于接近，阶层的社会经济分异反映设施布局的公平状况。半径法与最小距离法都突出了可达性量度中距离的重要性，区别在于后者直接将距离作为计量标准，而前者描述的是既定界限所包含的区域。

④ 行进成本法

行进成本法有总行进成本和平均行进成本两种指标形式，分别表征各点到所有设施目标点之间的总距离或平均距离。在行进成本法的假设中，城市资源被视为完整的公共物品，用户能够前往任何距离的城市设施。计算公式为：

$$Z_i^T = \sum_j d_{ij}, \ \text{或者} \ \overline{Z}_i^T = \sum_j \frac{d_{ij}}{N} \tag{6-5}$$

式中：Z_i^T 和 $\overline{Z}_i^T$ 分别为地段 i 的总行进成本及平均行进成本分析指标；d_{ij} 为地段 i 与设施 j 之间的距离，N 为设施总数量。

⑤ 引力位法

引力位法中，设施因其规模及距离衰减的不同而被赋予权重，可达性分值表述的是各设施的潜在供给能力。该方法强调距离的阻碍效应，前提假设是，尽管用户能够前往城市任何地点的任何设施，但他们去越远地点的概率越小。计算公式为：

$$Z_i^G = \sum_j \frac{S_j}{d_{ij}^\alpha}, \quad d_{ij} \neq 0 \tag{6-6}$$

式中：Z_i^G 为地段 i 的引力分析指标；S_j 为第 j 个设施的数量或规模；d_{ij}^α 反映距离衰减因素，d_{ij} 为地段 i 与设施 j 之间的距离，α 为阻力参数，经验值取值为 2。

行进成本法与引力位法都考虑了设施的空间外溢效应，不同的是行进成本法假定居民前往所有设施点的概率均等；而引力法强调了距离的衰减。从居民使用公共空间的基本规律出发，用户不需要也不会均等地使用城市各处的公共空间，行进成本指标反映的居民点到城市所有设施点之间的公平程度与公共空间实际的可达公平性关系不大，因此计入了空间规模和距离衰减的引力法较行进成本法更适于公共空间的公平分析。

⑥ 服务区法

服务区法运用泰森多边形（Thiessen polygon）①的概念，通过计算每个设施的服务范围，将城市各个居民点分配给距离最近的设施，由此判断设施的潜在拥挤程度。拥挤程度高则说明相对于该区的潜在需求，设施资源处于缺乏状态。服务区法与前述五种方法的区别在于，前五种指标都以居民点为起点、公共空间为目标点，计算城市各地区前往公共空间的可达程度；而服务区法则将各地区划分为不同公共空间的"势力范围"，计算各公共空间的服务水平。服务区法与最小距离法逻辑上十分相似，前提假设都是用户会使用最邻近的设施，且不考虑距离的衰减，都要量化从居民点到设施的最近距离；不同的是表述形式上最小距离指标为关于距离的函数，而服务区指标为服务面积或密度。因此服务区法同样适用于公共空间的可达公共性评价，此时公共空间的潜在拥挤程度或公共空间承载压力用每单位面积公共空间服务的人数来衡量。

此外，服务区法以泰森多边形划分服务范围，能够比较便捷直观地找出设施拥挤程度高的地点，可运用这种方法比较和评价规划方案的优劣。但泰森多边形的生成有个重要前提，即每个泰森多边形内仅含一个控制点（质心）数据，因而服务区法只能应用于点状或面状设施（需把数据转换为点状）的布局分析，对线状设施无能为力。本书中的大量街道公共空间数据不适用该法。

综上所述，每一种空间可达性的量化方法有其各自的适用范围。半径法可用于评价公共空间的服务水平，揭示城市总人口分布层面的公共空间格局效率状态。最小距离法和引力位法可用于评价公共空间格局的分配公平：最小距离指标符合居民日常活动就近开展的行为模式，反映公共空间个体可达程度的差别；引力位指标考虑了公共空间的等级差异与距离的阻碍作用及其对可达性的影响，反映的是公共空间总体可达性的差别，两者结合能够全面揭示公共空间对不同类型居民的可达公平程度。

作用机理Ⅳ-3：反映城市公共空间服务水平的服务人口比与公共空间格局效率和公平呈正相关。

6.2 均等/补偿：公共空间格局与人口空间分异

6.1 节的公共空间可达性算法以城市人口总量为基础，城市中的人群被视为具有相同属性的群体，均质地分布在城市街区和地块内，忽略了城市社会中有着特定背景的不

---

① 泰森多边形算法由荷兰气象学家 Thiessen 提出。将所有相邻气象站连成三角形，作三角形各边的垂直平分线，每个气象站周围的若干垂直平分线便围成一个闭合多边形，该多边形称为泰森多边形。泰森多边形具有以下特性：①每个泰森多边形内有且仅有一个控制点（即多边形质心）数据；②泰森多边形内部的点到相应控制点的距离最近；③泰森多边形公共边上的点距其两边控制点的距离相等；④与某个控制点相邻的控制点个数等于泰森多边形的边数。参见 wenku.baidu.com/view/ed9abbea551810a6f5248690.html。

同类型个体的实际差异。事实上，不同用户受到的可达约束与具体需求不同，公共空间也并非均布在城市中，它与人口社会阶层分布间的分化反映了公共空间格局的公平程度。城市公共空间格局应给予不同的使用者个体以均等的可达权，根本上的格局公平是能够更多满足弱势群体需求的补偿性公平。其中，公平的概念对确定造成公共空间服务边界变化的主导因素至关重要，可达性用来揭示是否达致公平，两者相结合能够客观评价城市公共空间的格局公平。

6.2.1 不同类型居民的出行空间等级与需求指数

在西方，种族、收入和职业三者是描述居民类型差异时应用最多的因子。随着 20 世纪 60 年代美国民权运动的开展和种族平等意识的觉醒，种族问题在诸多研究中成为分析框架的立足点，在公共空间和绿色空间布局方面也不例外。有些研究认为公共空间分布与种族的关系是决定性的，Comber 等指出英国莱斯特市的印度人和锡克教徒等少数族裔接近绿色空间机会比较有限[1]。更多研究认为是种族和收入共同主导了这种分布差异，Sister 等发现，美国加州南部靠近大面积开放空间、密度较低的富裕群体居住区享有 32—126 英亩/千人的公园绿地面积；而老街区通常人口密度较高、公园较小，居住着城市低收入阶层和有色人种，仅有 1.2—4.8 英亩/千人的公园资源[2]。Wolch 等指出，正在经历"公园复兴"的洛杉矶市，与公园相关的大量投入不仅没有改善，反而加剧了不公现状[3]。Lindsey 等认为相对于蓝领、少数族裔和穷人，白人、高收入和高学历的中产社区拥有更多的绿地使用权[4]。还有些研究成果表明公共空间布局与种族无关、与收入阶层的关系不确定，如 Wu 和 Plantinga 发现收入阶层分布与市中心的关系主要取决于住房需求与边缘出行成本对于用户的相对重要性[5]。在 Yang 和 Fujita 的模型中，富裕家庭距 CBD 较远，与公共空间的分布无关[6]。而据 Brueckner 等的研究，富裕家庭会被高水平的服务设施吸引到市中心[7]（图 6-1）。此外，职业、年龄、教育程度等

① Comber A, Brunsdon C, Green E. Using a GIS-based network analysis to determine urban greenspace accessibility for different ethnic and religious groups [J]. Landsoape and Urban Planning, 2008, 86(5): 103-114.

② Sister C, Wilson J, Wolch J, et al. Green visions plan for 21st century Southern California: a auide for habitat conservation, watershed health, and recreational open space. 15. park congestion and strategies to increase park equity [R]. Los Angeles: University of Southern California Center for Sustainable Cities and CIS Research Laboratory, 2007.

③ Wolch J, Wilson J P, Fehrenbach J. Parks and park funding in Los Angeles: an equity-mapping analysis [J]. Urban Geography, 2005, 26(1): 4-35.

④ Lindsey G, Maraj M, Kuan S. Access, equity, and urban greenways: an exploratory investigation [J]. Professional Geographer, 2011, 53(3): 332-346.

⑤ Wu J J, Plantinga A J. The influence of public open space on urban spatial structure [J]. Journal of Environmental Economics and Management, 2003, 46(2): 288-309.

⑥ Yang C H, Fujita M. Urban spatial structure with open space [J]. Environment and Planning A: Economy and Space, 1983, 15(1): 67-84.

⑦ Brueckner J, Thisse J F, Zenou Y. Why is central Paris rich and downtown detroit poor? An amenity-based theory [J]. European Economic Review, 1999, 43(1): 91-107.

因子通常作为辅助因素加以描述。

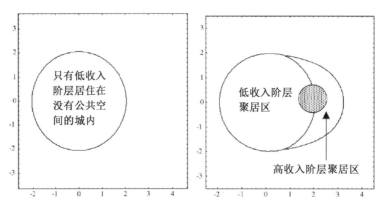

图 6-1　公共开放空间对不同收入阶层空间分布模式的影响

资料来源：Wu J J, Plantinga A J. The influence of public open space on urban spatial structure [J]. Journal of Environmental Economics and Management, 2003, 46（2）：288-309.

　　当然，也不乏一些研究成果发现公共宜人设施的分布恰好对于弱势群体[①]有着较好的可达性。但这未必意味着设施分布真正做到了空间公平，很大程度上是度量方法使用的不当掩盖了潜在的不公。诸如：分析单元无法有效代表服务范围，可塑性面积单元问题（Modifiable Areal Unit Problem，简称 MAUP）的聚合误差，将距离作为衡量可达性指标的局限等。

　　对公平概念的理解直接关系到分析过程和结论。本书采用 Lucy 的释义，即设施的空间公平应当是基于需求的补偿性公平[②]，这正是 Talen、Nicholls、Sister 等学者极力提倡的"人的公平"。也就是说，如果资源的分配能够很好地满足不同社会群体的需要，那么我们就认为它是公平的。有学者据此提出"障碍的社会模型"，强调人们在建成环境中面临的障碍并非其自身的能力问题造成的，而是由于社会未能充分满足他们的需要[③]。就公共空间而言，如果公共空间的布局与人口需求相一致，需求越多的地方公共空间可达性越好，那么其公平性得到证实；反之则表明公共空间布局不够均等。因此，在计算可达性之前，首先要明确的是居民的出行特征和对公共空间的需求指数。

① 弱势群体涵盖：行动困难、学习困难、视觉和知觉障碍的人，老年人，儿童，少数民族，低收入群体，失业者，单亲父母，长期患病的人，有色人种等。在我国，不同于对弱势群体的一般性理解，即多指占社会成员较小比例的老弱病残等丧失劳动能力者，"中国不仅存在着一般意义上的数量十分巨大的弱势群体成员，而且更为严重的是，中国社会的一些主要群体如工人阶层（包括身份依然是'农民'的工人）和农民阶层呈现出一种明显的弱势化趋向"，也就是"中国主要社会群体的弱势化"现象。参见吴忠民.社会公正论[M].济南：山东人民出版社，2004.我国社会弱势群体占较大比例的现状使得保障弱势公民的公共空间权利尤为紧迫和重要。

② Luay W. Equity and planning for local services [J]. Journal of the American Planning Association, 1981, 47(4)：447-457.

③ Epstein L. Living with risk [J]. The Review of Economic Studies, 2008, 75(4)：1121-1141.

我国居民出行方式选择与经济条件密切相关，低收入群体趋向于选择步行和自行车交通，高收入阶层倾向选择出行成本更高的交通方式；交通工具的选择越多，就越倾向于用交通工具取代步行方式；老年人更可能选择步行出行①。试归纳不同类型居民前往公共空间的出行结构等级分布规律如图6-2。

图6-2描述了不同类型居民出行的共性特征：随着与居住地距离的增加，居民出行频次逐渐减少，因而都具有倒金字塔形的公共空间出行结构，这是由人们就近选择的行为模式习惯所主导的。在此基础上，低收入阶层、老年人和儿童的出行空间结构压缩，主要活动明显集中在邻里范围，片区之内、邻里之外的范围活动锐减，片区之外的公共空间很少作为出行目标点。中等收入群体出行结构相对均衡，从居住地周边到城市片区均有一定分布。高收入阶层和中青年出行结构拉伸，可跨越整个城市，他们愿意为某些不可替代的品质出行至较远的公共空间，但由于各种出行活动的选择更多，时间成本较高，前往公共空间的频次总体较低。

图6-2　不同类型居民前往公共空间的出行结构等级分布规律

居民的出行结构特征和行为模式决定了他们对城市公共空间的具体需求。最需要使用户外公共空间的是那些受年龄和经济状况所限出行最不自由的人，即儿童、老年人、残障人士和失业者等低收入阶层，他们对步行可达性高的公共空间需求迫切。城市居民对公共空间的需求可以通过量化指标——"需求指数"计算得到。需求指数是基于城市人口普查统计数据，选用各行政区总人口、0—19岁人口比重、65岁以上人口比重、外来人口比重、少数民族人口比重、单亲及其他家庭比重、初中以下文化人口比重、农业户口比重、失业人员比重、平房住户比重、无厨房住户比重等指标综合衡量的各区居民对公共空间的需要度。由求得的不同行政单元的需求指数可得到较低需求、中等需求、较高需求、最高需求的不同公共空间需求区间。

6.2.2　公共空间个体与总体的可达公平性

（1）最小距离法

最小距离指标符合居民日常活动就近开展的行为模式，能表明公共空间个体可达程

① 李海峰. 城市形态、交通模式和居民出行方式研究［D］. 南京：东南大学，2006.

度的差别。计算方法可基于 ArcInfo 平台的邻近分析（near）命令得到各城市街区距最邻近公共空间的直线距离，距离越小则表明公共空间的可达性越好。分析结果一方面直观反映了城市街区到达最近公共空间的方便程度，另一方面也为居民需求指数与公共空间个体服务水平的拟合提供了基础数据。最小距离法计算的是街区（多边形）边缘至公共空间（多边形）边缘最短直线距离的最有利情况，故取值偏小。

（2）引力位法

引力位指标考虑了公共空间的等级差异与距离的阻碍作用及其对可达性的影响，反映的是公共空间总体可达性的差别，与最小距离法结合利于全面揭示公共空间对不同类型居民的可达公平程度。尹海伟提出用公共空间规模数据表征其吸引力，设定面积 3 ha 的公共空间服务半径为 500 m，代入场强公式 $F_{ij} = S_j/d_{ij}^2$[①] 可求得不同规模公共空间的吸引力距离，对引力位法应用于城市公共空间分析做出有益探索。公式表明，用地面积小于 3 ha 的公共空间的吸引力距离必然小于 500 m，如 3 000 m² 用地的公共空间的吸引力距离不到 160 m，1 000 m² 用地的公共空间的吸引力距离仅约 90 m。事实上，公共空间的吸引力并不完全由面积这一单因子决定，而是区位、规模、空间性质、服务范围和品质等因素综合作用的结果。尤其考虑到公共空间由不同类型（如街道与广场、生产防护绿地与公园）构成时，以规模为唯一标准确定吸引范围就显得缺乏依据。本书根据公共空间层级体系确定其吸引力大小，以片区级—城市级—区域级为序，公共空间的等级越高，吸引力越大。

关于公共空间的影响范围，英国规定绿色空间的规模下限和服务半径分别为 2 ha 和 0.3 km、20 ha 和 2 km、100 ha 和 5 km、500 ha 和 10 km；美国学者 Mertes 和 Hall 推荐迷你公园、邻里公园、社区公园的服务半径分别为 0.4 km、0.4—0.8 km 和 0.8—4.83 km；韩国规定儿童公园、邻里公园和步行公园的服务半径分别为 0.25 km、0.5 km、1 km；我国规定社区公园、区域性公园和全市性公园的服务半径分别为 0.3—1 km、1—2 km、2—3 km[②]；江海燕等根据公园绿地相关规范推荐街旁绿地、社区公园、区域性公园和全市性公园的规模和服务半径分别为 0.4—1 ha 和 0.3 km、不小于 1 ha 和 0.5 km、不大于 25 ha 和 1 km、大于 25 ha 和 2 km[③]。参照以上标准，本书设定片区级、城市级和区域级公共空间的最大服务半径分别是 0.5 km、3 km 及全市范围，超过此距离的公共空间吸引力为 0。主要计算步骤如下：

- 执行 GIS 中的 Generate Near Table 命令运算，生成各城市街区距指定距离范围内

---

① 式中：F_{ij} 为第 i 个公共空间在 j 点的吸引力；S_j 为第 j 个公共空间的面积（m²）；d_{ij} 为第 i 个公共空间到 j 点的直线距离（m）。参见尹海伟. 城市开敞空间：格局·可达性·宜人性［M］. 南京：东南大学出版社，2008.

② Nicholls S. Measuring the accessibility and equity of public parks：a case study using GIS ［J］. Managing Leisure，2001，6（4）：201-219.

③ 江海燕，周春山，肖荣波. 广州公园绿地的空间差异及社会公平研究［J］. 城市规划，2010，34（4）：43-48.

各公共空间的直线距离;

- 执行关联(join)命令在第一步运算表格中增加公共空间属性值字段;
- 在 Excel 表格中统计和运算数据,以街区编号为分类字段汇总求和,得到每一个街区的场强值,即引力位系数。

分别对区域级、城市级、片区级公共空间的各城市街区之引力分析指标进行运算,得到各层级公共空间的引力位系数及其分布特征。进而将三级引力分析指标相叠加,求出城市公共空间的吸引力等级。其中,区域级公共空间具有区域、全国乃至国际影响力,假设其对各城市街区的吸引力均较大,问题可转化为街区城市级引力位系数与片区级引力位系数的空间叠置。根据引力位系数的取值范围定义引力位指标的分界值,高于该值意味着公共空间吸引力较好,低于该值则吸引力欠佳。叠加后得到市级和区级公共空间吸引力均好、区级公共空间吸引力好而市级公共空间吸引力不良、市级公共空间吸引力好而区级公共空间吸引力不良、两级公共空间吸引力均差四种街区等级序列,再与居民需求指数拟合就能够获得用空间总体可达性度量的城市公共空间格局公平程度。

6.2.3 居民需求与公共空间服务水平的拟合

通过 6.2.1 和 6.2.2 节的算法能够求得城市居民对公共空间的需求指数,以及不同城市用地的公共空间个体和总体的可达程度,接下来可以对居民需求与公共空间实际服务水平进行拟合,以测度人口分布层面的城市公共空间格局的空间公平程度。一个基本的前提假设是:城市公共空间供给应与使用者需求相一致,弱势群体应当被赋予更多的空间权利和机会,按需分配的补偿性公平值得倡导。这是因为富裕阶层可以创建和参与精英机构的俱乐部空间,将其他社会成员排除在外;而边缘化的弱势人口在工作和家庭生活以外只能够加入给他们提供交往、休闲等机会的公共空间中。

居民需求与公共空间个体服务水平的拟合方法是,首先区分出对公共空间有着较高客观需求和较低需求的城市地区,以及现状公共空间个体实际服务水平较高和较低的城市街区;进而通过对个体二分变量的综合判断和空间叠置分析,得到居民需求与公共空间个体服务水平矩阵:低需求、高服务水平地区,高需求、高服务水平地区,低需求、低服务水平地区,以及高需求、低服务水平地区。其中,低需求、高服务水平地区(类型Ⅰ)的公共空间服务水平不仅完全能够满足居民需要,而且具有一定溢出效应,居民在城市公共空间用地分配中的获得较需求有所盈余。高需求、高服务水平地区(类型Ⅱ)的居民需求与公共空间服务水平"双高",高需求街道同时具有较好的公共空间可达性,需求与服务之间基本能够保持均衡,符合公平原则。低需求、低服务水平地区(类型Ⅲ)的居民需求与公共空间服务水平"双低",公共空间供需之间维系着低水准的协同,为低度活力区。高需求、低服务水平地区(类型Ⅳ)的弱势群体比重大,而公共空间可达性不佳,现状公共空间难以满足居民的基本需要,从空间公平角度出发是公共空间的亟须发展区。Ⅳ类与Ⅰ类地区的对比能够反映城市公共空间分配不公的程度。

居民需求与公共空间总体服务水平的拟合方法是，在引力位法求得的反映总体可达性差异的公共空间吸引力等级体系中，已知公共空间吸引力均好的最高等级和均差的最低等级地区的空间分布及街区构成；对这些两极地区的居民类型及其需求进行比对分析，如果最高等级地区中对公共空间需要程度高的弱势居民在人口构成中比例较大，最低等级地区中弱势群体的比例较小，则表明用空间总体可达性衡量的城市公共空间格局足够公平，反之则意味着空间不公情形的存在。

作用机理Ⅳ-4：城市公共空间供给应当赋予弱势群体更多的空间权利和机会，基于居民需求指数的可达公平才是真正的公共空间格局公平。

6.3 实证模式分析：苏黎世与南京老城

6.3.1 公共空间格局与城市总人口分布

（1）公共空间格局与人口密度

在苏黎世，91.94 km² 领土范围内的人口总量为 37.55 万人[①]，折合人口密度 0.4 万人/km²，若以城市建设用地范围计，则密度为 0.7 万人/km²。苏黎世现状居住用地面积为 25.39 km²，住宅平均层数为 3.7 层，居住密度[②]为 1.5 万人/km²。区位分布上，城市中心区的居住建筑以用地高度混合的多层街区围合式住宅和公寓为主，外围片区主要为中多层板式住宅、公寓及部分低层独立别墅，高级住宅区沿苏黎世湖周边分布，少量高层在远离中心区以外的区域零星散布。

南京老城则紧凑得多，在 43.04 km² 的范围内居住了 137.61 万人，人口密度约 3.3 万人/km²，是苏黎世的 4.7 倍。南京现状居住用地面积为 13.95 km²，住宅平均层数为 4.6 层，居住密度达 9.9 万人/km²。区位分布上，颐和路公馆区为别墅区为主的高级住宅，城南中华门一带有大片低层传统民居，城区中心分布着一些高层和小高层住宅或公寓，其余片区基本以多层板式住宅为主。

与世界城市相比，苏黎世的人口密度与欧洲大城市比较接近，如库哈斯（Rem Koolhaas）"pointcity/southcity"研究（图 6-3）中的荷兰城市，属于中等密度水平；南京老城的人口密度相当高，超过多数高密度城市和地区，约为曼哈顿人口密度的 1.3 倍，在中国城市中也高于北京、杭州等人口密集的主城区。

[①] 本章相关人口数据来自苏黎世市 2006 年年鉴和南京市 2000 年第五次人口普查资料。我国人口普查每 10 年开展 1 次，本章成稿于南京"六普"和"七普"数据公布之前，因此采用的是"五普"数据。但总体而言，苏黎世和南京老城都是城市高度建成区，历年来人口数量和分布变化比较有限。

[②] 居住密度是指，假设人口全部居住在居民点中，则某一区域的人口数量除以居住用地面积即为该区平均人口居住密度。

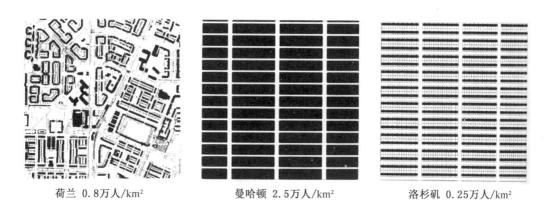

荷兰 0.8万人/km²   曼哈顿 2.5万人/km²   洛杉矶 0.25万人/km²

图 6-3   荷兰、曼哈顿和洛杉矶的人口密度比较

资料来源:http://oma.eu/projects/1993/pointcity-southcity.

① 按圈层分布的苏黎世与南京老城的人口密度和居住密度(表 6-1)。统计结果表明,两座城市的人口密度和居住密度分布均呈明确的圈层分异规律。苏黎世核心圈层,即苏黎世老城集聚了大量服务业用地,居住人口密度最低,中心和外围圈层的人口密度较高。南京老城的人口密度自市中心向外圈层式递减。两座城市居住密度的圈层递减态势十分清晰,南京老城核心圈层的居住密度高达 15.3 万人/km²。

表 6-1   按圈层分布的苏黎世与南京老城的人口密度和居住密度

	苏黎世				南京老城			
	人口数量/人	人口密度/(万人/km²)	居住密度/(万人/km²)	公共空间面积百分比/%	人口数量/人	人口密度/(万人/km²)	居住密度/(万人/km²)	公共空间面积百分比/%
核心圈层	5 228	0.3	3.6	36.52	60 858	3.8	15.3	8.35
中心圈层	92 286	0.8	2.8	14.81	668 317	3.4	7.7	6.18
外围圈层	277 995	0.7	1.3	8.68	646 950	3.0	7.0	9.03

注:人口密度计算中,用地面积为城市建设用地,城市非建设用地不计入其中。

从人口分布数据看,南京老城各个圈层的人口密度和居住密度都比苏黎世高得多,这表明假设居民需求相同,南京老城需要较苏黎世更大量的公共空间用地才能平衡供需关系,在高密度的核心和中心圈层尤其如此。但事实上南京老城核心和中心圈层的公共空间比例较苏黎世小得多,这意味着南京老城以较少的公共空间承载了巨量人口的使用和消费,承载压力极大。若将人口密度与公共空间用地比例的比值作为权衡标准,则南京老城核心、中心、外围圈层的公共空间承载压力分别是苏黎世相应圈层的 55 倍、10 倍和 4 倍。

② 按最小行政区单元分布的苏黎世与南京老城的人口密度。苏黎世最小行政区单元的平均面积约 25 ha,人口规模多在 1 000—4 000 之间,构成相对均质,作为基本分析

单元能够比较准确地反映人口分布状况。南京老城的最小行政区单元,即居委会尺度的平均面积约 23 ha,平均人口约 7 500 人,适于作为与苏黎世行政小区对应的分析单位。但有据可查的我国人口普查数据精度仅精确到街道尺度。本书只能将面积为 60—300 ha、人口规模达 3 万—7 万的街道作为南京人口数据分析的最小单元,街道本身的异质化构成不可避免会对结论的精度产生一定影响。

据统计数据(表 6-2)绘制苏黎世和南京老城的人口密度分级图如图 6-4。苏黎世48.5% 数量、58.2% 面积的行政小区人口密度低于 0.7 万人/km²,占城市总人口的35%;人口密度在 1.5 万—3.5 万人/km² 的高密度地区以 4.9% 的面积容纳了 13.8% 的人口。人口密度分布与公共空间格局表现出一定的相关关系:公共空间区位熵的峰值区公共性最强,基本位于人口密度低于 0.7 万人/km² 的低密度地区;人口密度的高值区主要分布在紧邻公共空间区位熵峰值的次高地带,且与城市中心区毗连,极少位于公共空间区位熵谷值范围。南京老城各街道的人口密度均不低于 1.5 万人/km²,44.8% 数量、60.6% 面积的街道人口密度在 1.5 万—3.5 万人/km²,共容纳了 48.2% 的老城人口;人口密度最高达到 4.3 万—6.0 万人/km²,24% 的总人口分布在 16.7% 的用地面积上。除夫子庙街道外,公共空间区位熵的峰值基本位于低密度片区,人口密度高值区与公共空间布局呈现为明确的负相关关系。人口密度最高、理论上对公共空间需求量最大的五老村、安品街、朝天宫、止马营、丹凤街等街道的公共空间区位熵值反而最小,成为公共空间布局中的薄弱环节。

表 6-2　按最小行政区单元分布的苏黎世与南京老城的人口密度

人口密度(万人/km²)	(行政小区/街道数量)/个		数量份额		(行政小区/街道面积)/m²		面积份额		人口数量/人		人口份额	
	苏黎世	南京	苏黎世	南京	苏黎世	南京	苏黎世	南京	苏黎世	南京	苏黎世	南京
0—0.4	48	0	22.6%	0	15 829 903	0	29.7%	0	38 645	0	10.3%	0
0.5—0.7	55	0	25.9%	0	15 182 462	0	28.5%	0	92 833	0	24.7%	0
0.8—0.9	41	0	19.3%	0	10 541 231	0	19.8%	0	88 580	0	23.6%	0
1.0—1.4	45	0	21.2%	0	9 105 670	0	17.1%	0	103 785	0	27.6%	0
1.5—3.5	23	13	10.8%	44.8%	2 581 969	26 066 848	4.9%	60.6%	51 666	663 679	13.8%	48.2%
3.6—4.2	0	8	0	27.6%	0	9 786 772	0	22.7%	0	382 020	0	27.8%
4.3—6.0	0	8	0	27.6%	0	7 188 412	0	16.7%	0	330 426	0	24.0%
合计	212	29	100%	100%	53 241 235	43 042 032	100%	100%	375 509	1 376 125	100%	100%

注:苏黎世 216 个行政小区中的 01204、02112、02407、08104 区为苏黎世湖水域用地,未纳入统计范围。行政小区面积数据限于城市建设用地范围。

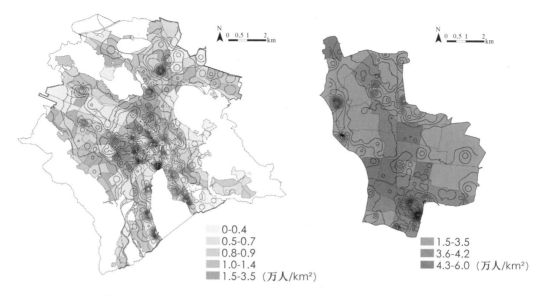

图 6-4　苏黎世和南京老城的人口密度与公共空间区位熵等值线叠合图

左:苏黎世;右:南京老城

注:叠加黑线为公共空间的区位熵等值线。

关系模式Ⅳ-1:苏黎世人口密度分布的高值区并没有与公共空间区位熵的峰值重合,而是位于避开谷值、紧邻峰值的次高地带,这种关联模式既充分保障了公共空间的公共性价值,又为城市密集人口经常性使用公共空间提供方便,不失为一种高效的配置方式。相反,南京老城人口密度的高值区与公共空间区位熵的谷值多有重叠,人口与公共空间分布呈现的负相关关系无论从公共空间格局的配置效率或分配公平角度考察都较不利。

(2)公共空间格局与人均公共空间

在苏黎世,37.55万人享有总面积5.77 km²的公共空间,人均公共空间面积约为15.4 m²。它低于国际组织推荐的2.4—4.1 ha/千人的开放空间经验值,但如果计入森林、郊野绿地、水域等城市非建设用地面积,苏黎世开放空间将达到11.8 ha/千人。南京老城中,137.61万人共享3.31 km²的公共空间,人均公共空间面积仅2.4 m²,不到苏黎世的1/6。即便计入水域、林地、郊野绿地等各类开放空间用地,人均面积也只有1.0 ha/千人,低于发达国家标准。这种人均指标的悬殊主要源于地区人口密度的差异,次要原因为公共空间的总量规模。

① 按圈层分布的苏黎世与南京老城的人均公共空间(表6-3)。苏黎世人均公共空间用地的圈层递减规律明确,核心圈层的人均公共空间面积显著高于均值。南京老城的人均公共空间面积均值在外围圈层达到最大,中心圈层最小,核心圈层介于两者之间。鉴于核心圈层的公共空间不仅服务于圈层内人口,同时要为全市居民提供综合服务和休闲文化活动的基础设施,因而苏黎世较高的人均指标能够更好地适应全体市民所需,而

南京老城低于均值的水平使得中心区公共空间的承载压力倍增。从城市人口分布和活动规律角度衡量，公共空间应尽可能更集约地选址和布局在使用最频繁、经济产业活动最活跃的核心圈层内。

人均公共空间的类型构成方面，苏黎世各圈层分布较均匀，外围圈层的人均硬质公共空间份额略少。南京老城人均指标的圈层类型构成分异明显，核心圈层公共空间基本完全由硬质空间构成；自核心圈层向外，人均硬质公共空间份额递减，软质公共空间份额递增，中心及外围圈层的人均软质公共空间份额较苏黎世大得多。两座城市人均公共空间的圈层类型构成均能够较好地适应城市特点：苏黎世的均衡模式有利于在各圈层内部塑造类型丰富的公共空间，满足市民的多样需求；南京老城的梯度模式利于突出不同圈层的独特特征，且高比例的软质公共空间部分地弥补了老城开放空间不足的现状。

表 6-3　按圈层分布的苏黎世与南京老城的人均公共空间

类型	核心圈层		中心圈层		外围圈层		全市	
	苏黎世	南京	苏黎世	南京	苏黎世	南京	苏黎世	南京
人均广场用地/m²	20.7	0.2	2.3	0.3	1.2	0.05	1.8	0.2
人均街道用地/m²	39.7	1.0	11.4	0.6	6.2	0.4	7.9	0.5
人均公共绿地用地/m²	14.6	0.1	3.3	0.4	3.2	1.0	3.4	0.7
人均滨水空间用地/m²	12.5	0	1.3	0.5	1.6	1.5	1.7	0.9
人均复合街区用地/m²	20.9	0.8	0.5	0.0	0.3	0.05	0.6	0.1
人均公共空间用地/m²	108.6	2.2	18.7	1.8	12.5	3.0	15.4	2.4

② 按最小行政区单元分布的苏黎世与南京老城的人均公共空间（表 6-4、图 6-5）。两座城市的人均指标在统计单元数量、面积和人口份额上存在明确的正相关关系，即统计单元数量越多、面积越大则所容纳的人口越多，同时人口份额随人均公共空间面积的增加而减小。苏黎世人均公共空间的区间分布从不到 2 m² 直至大于 50 m²，呈多样、离散化趋势，多数人口享有的人均公共空间面积在 5—20 m² 之间；各行政区单元的人均公共空间用地基本自市中心向外围递减，高值区主要分布在市中心的老城、苏黎世湖和利马特河沿岸，以及厄利孔副中心。南京老城 90% 以上的用地人均公共空间不足 5 m²，数据在低值区集中，正偏态趋势显著；人均指标的高值区主要分布在城市外围，低值区位于城市内部。两市人均公共空间面积与公共空间区位熵等值线的叠加均表现为强关联，区位熵值大即公共空间集中的地区人均指标也相对较高。

表 6-4　按最小行政区单元分布的苏黎世与南京老城的人均公共空间

人均公共空间/m²	(行政小区/街道数量)/个		数量份额		(行政小区/街道面积)/m²		面积份额		人口数量/人		人口份额	
	苏黎世	南京	苏黎世	南京	苏黎世	南京	苏黎世	南京	苏黎世	南京	苏黎世	南京
0—1.9	32	14	15.1%	48.3%	7 175 140	17 546 833	13.5%	40.8%	58 378	674 752	15.5%	49.0%
2.0—4.9	26	13	12.3%	44.8%	5 949 071	22 493 405	11.2%	52.3%	56 847	611 545	15.1%	44.4%
5.0—9.9	42	2	19.8%	6.9%	10 418 783	3 001 794	19.6%	7.0%	96 865	89 828	25.8%	6.5%
10.0—19.9	49	0	23.1%	0	12 205 366	0	22.9%	0	100 088	0	26.7%	0
20.0—49.9	31	0	14.6%	0	9 554 203	0	17.9%	0	40 842	0	10.9%	0
大于50.0	32	0	15.1%	0	7 938 672	0	14.9%	0	22 489	0	6.0%	0
合计	212	29	100%	100%	53 241 235	43 042 032	100%	100%	375 509	1 376 125	100%	100%

注：苏黎世 216 个行政小区中的 01204、02112、02407、08104 区为苏黎世湖水域用地，未纳入统计范围。行政小区面积数据限于城市建设用地范围。

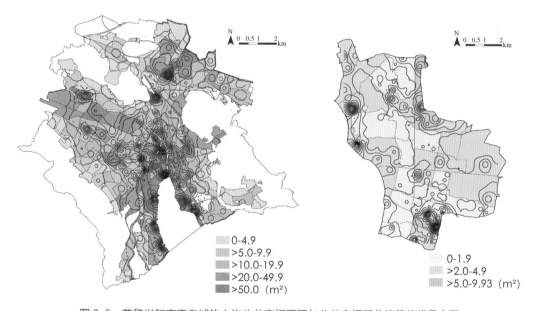

图 6-5　苏黎世和南京老城的人均公共空间面积与公共空间区位熵等值线叠合图

左:苏黎世;右:南京老城

注:叠加黑线为公共空间的区位熵等值线。

关系模式Ⅳ-2：苏黎世核心圈层的人均公共空间面积显著高于均值，自市中心向外围圈层递减规律明确，南京老城的人均值反而在外围圈层达到最大。苏黎世的正向递减模式利于突出核心及中心圈层公共空间的地位和作用，为更好地适应全体市民所需提供契机；南京老城的逆增长模式增加了中心区公共空间的承载压力，不利于公共空间格局效率及公平的发挥，但南京老城软质公共空间的圈层分布梯度模式有利于强化城市圈层特征，弥补老城开放空间不足的现状。

（3）半径法评价公共空间总体可达性

将 100 m 作为公共空间的步行服务半径，基于 ArcGIS 平台统计苏黎世与南京老城公共空间服务的街区数量比、用地面积比和服务人口比。设定公共空间 100 m 缓冲半径的覆盖面积超过街区总面积 50% 则为可达街区，否则判定为不可达。可达人口数量通过可达用地面积乘平均人口密度得到。

苏黎世共有街区 2 012 个，其中可达街区 1 610 个，80.0% 的街区位于公共空间的 100 m 缓冲半径内。可达的城市建设用地面积 34.36 km²，占比 64.5%。服务人口 24.24 万人，占比 64.5%，数值上与可达用地占比相等，这是因为前提假设是人口在建设用地内均质分布。南京老城共有街区 607 个，其中 420 个街区落在公共空间 100 m 半径范围内，可达街区数量比为 69.2%。服务用地面积 21.97 km²，人口 70.24 万人，服务用地和人口比均为 51.0%。数据说明，用公共空间的近邻可达范围衡量，南京老城的公共空间总体服务水平低于苏黎世。

① 按圈层分布的苏黎世与南京老城的公共空间服务人口比（表 6-5）。表中可达人口数量通过各个最小行政区单元的可达用地面积乘人口密度的乘积加和得到，可达人口比例数值上等于可达用地比例。结果表明，两市的公共空间服务水平普遍自市中心向外递减，苏黎世各圈层的公共空间服务人口比高于南京老城，尤其是核心圈层内基本不存在盲区。

表 6-5　苏黎世与南京老城的公共空间服务人口比

城市	圈层	街区数量/个		可达街区数量比例	用地面积/m²		可达用地比例	人口数量/人		可达人口比例
		可达	不可达		可达	不可达		可达	不可达	
苏黎世	核心圈层	190	0	100%	1 551 684	2 288	100%	5 220	8	100%
	中心圈层	571	26	96%	9 007 101	2 674 395	77%	71 460	20 826	77%
	外围圈层	849	376	69%	23 803 108	16 202 659	60%	165 674	112 321	60%
南京	核心圈层	44	11	80%	1 202 238	398 684	75%	45 700	15 158	75%
	中心圈层	246	92	73%	10 367 721	9 447 081	52%	345 593	322 724	52%
	外围圈层	130	84	61%	10 398 695	11 227 614	48%	311 081	335 869	48%

② 按最小行政区单元分布的苏黎世与南京老城的公共空间服务人口比。由于公共空间服务半径内的具体人口分布数据不可获取，故假设人口在各行政区单元内均布，可以推知，公共空间的服务人口比数值上与服务用地面积比等价。服务人口比问题由此可转化为对服务面积比的探讨。

比较苏黎世与南京老城公共空间的服务人口比/面积比（图 6-6），苏黎世的服务水平呈现从中心向外围递减趋势，南京的服务高值区则较分散，分布形态无明显规律可循。在苏黎世的 216 个行政小区中，公共空间服务合格区，即服务人口比/面积比在 60% 以上的有 146 个（占比 67.6%），面积 31.71 km² （占比 59.6%）；其中 75 个、总面积 11.85 km² 的行政小区服务人口比在 90% 以上，主要分布在老城及其周边、苏黎世湖畔、厄利孔副中心，以及 Schwamendingen 的部分地区。服务基本合格区，即服务人口比/面积比在 40%—60% 之间的为 40 个（占比 18.5%），面积 12.41 km² （占比 23.3%）。服务欠合格区，即服务人口比在 40% 以下的有 30 个（占比 13.9%），面积 9.12 km² （占比 17.1%），全部分布在城市建设用地与非建设用地的交界处。南京老城的公共空间服务合格区为 85 个（占比 46.0%），面积 15.64 km² （占比 36.4%），主要分布在新街口—鼓楼地段、沿中山北路东北侧、夫子庙—白鹭洲地段及城墙周边。服务基本合格区 43 个（占比 23.2%），面积 11.46 km² （占比 26.6%）。服务欠合格区 57 个（占比 30.8%），面积 15.94 km² （占比 37.0%），主要分布在城市西北侧的大部分地区、东部军事用地集中区和城南小部分地区（表 6-6）。

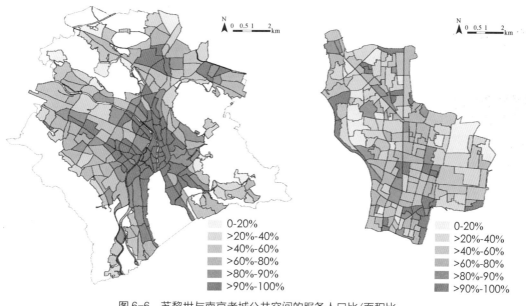

图 6-6　苏黎世与南京老城公共空间的服务人口比/面积比

左:苏黎世;右:南京老城

表 6-6　苏黎世与南京老城公共空间的服务人口比/面积比

服务水平分类	公共空间服务人口比/面积比	行政小区数量/个		行政小区数量份额		行政小区面积/m²		行政小区面积份额	
		苏黎世	南京	苏黎世	南京	苏黎世	南京	苏黎世	南京
服务欠合格区	≤20%	7	16	3.2%	8.7%	2 460 371	5 209 151	4.6%	12.1%
	>20%—40%	23	41	10.7%	22.1%	6 663 579	10 732 561	12.5%	24.9%
服务基本合格区	>40%—60%	40	43	18.5%	23.2%	12 406 353	11 457 132	23.3%	26.6%

服务水平分类	公共空间服务人口比/面积比	行政小区数量/个		行政小区数量份额		行政小区面积/m²		行政小区面积份额	
		苏黎世	南京	苏黎世	南京	苏黎世	南京	苏黎世	南京
服务合格区	>60%—80%	41	41	19.0%	22.2%	12 399 457	7 686 542	23.3%	17.9%
	>80%—90%	30	19	13.9%	10.3%	7 461 465	3 817 247	14.0%	8.9%
	>90%	75	25	34.7%	13.5%	11 850 010	4 139 399	22.3%	9.6%
合计		216	185	100%	100%	53 241 235	43 042 032	100%	100%

关系模式Ⅳ-3：从人口分布与公共空间格局的总体关系角度分析，苏黎世公共空间服务人口比超过 **60%** 的区域，即服务合格区约占城市建设用地的 **2/3**，明确地分布在老城—苏黎世湖畔连续体及其周边腹地、厄利孔副中心及 **Schwamendingen** 区，形成 3 处峰值地带。南京老城服务合格区不及半数，高值区较分散；服务欠合格区约占总用地的 1/3，是苏黎世同比的 2 倍多。

6.3.2　公共空间格局与人口空间分异

（1）居民需求指数

基于可获得的数据，在苏黎世选取各行政区总人口、0—19 岁人口比重、65 岁以上人口比重、发展中国家①人口比重、单亲及其他家庭比重、失业人员比重等 6 项因子，南京老城选取各街道总人口、0—19 岁人口比重、65 岁以上人口比重、初中以下文化人口比重、农业户口比重 5 项因子，综合衡量各区居民对公共空间的需求指数。各因子以极差标准化方法分别归一化处理后进行算术平均，最终得到两市各行政单元的需求指数。计算出的需求指数取值范围在 0.1—0.7 之间，据此将研究区划分为较低需求（0.1—0.3）、中等需求（0.3—0.5）、较高需求（0.5—0.6）、最高需求（0.6—0.7）四类（表6-7、图6-7）。

表6-7　苏黎世与南京老城公共空间的需求指数

需求指数分类	取值范围	行政区数量/个		数量份额		建设用地面积/m²		面积份额	
		苏黎世	南京	苏黎世	南京	苏黎世	南京	苏黎世	南京
较低需求	0.1—0.3	13	3	38.3%	10.4%	12 638 548	6 005 032	23.7%	14.0%
中等需求	>0.3—0.5	9	13	26.5%	44.8%	13 310 977	19 650 740	25.0%	45.7%
较高需求	>0.5—0.6	6	11	17.6%	37.9%	12 159 460	14 654 945	22.9%	34.0%
最高需求	>0.6—0.7	6	2	17.6%	6.9%	15 132 250	2 731 315	28.4%	6.3%
合计	0.1—0.7	34	29	100%	100%	53 241 235	43 042 032	100%	100%

---

① 包括塞尔维亚和黑山、土耳其、斯里兰卡、马其顿、波斯尼亚和黑塞哥维那、巴西、印度、多米尼加共和国及其他国家。

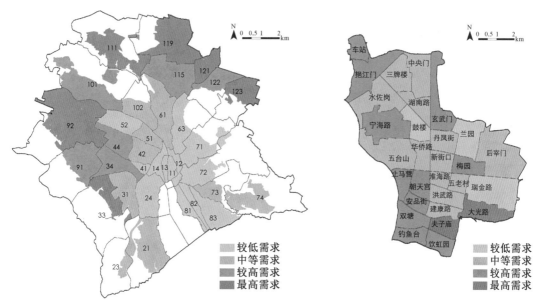

图6-7　苏黎世与南京老城公共空间的需求指数

左:苏黎世;右:南京老城

　　结果表明,用弱势群体的需求指数衡量,苏黎世约1/3数量、1/4面积的行政区对城市公共空间的需求较低,主要分布在市中心、苏黎世湖畔及其东部;1/4行政区的需求指数中等,位于市中心与城市边缘的中间地带;约1/3数量、一半面积的行政区对公共空间有较高和最高需求,分布在城市北部和西部的边沿地域。各类需求的数据分布区间相对均衡,需求指数自市中心向外围递增的分异规律很强,与城市圈层结构具有明确关系。南京老城各街道对公共空间的需要集中在中等和较高需求区段,两者约共占80%,两极的较低及最高需求区间内的统计单元比例较小。需求指数在研究区内的分布比较跳跃,城南、城北边缘地段、城中的梅园、宁海路街道对公共空间的需求较大。

　　苏黎世公共空间需求指数小于0.3的13个分区的基本特征是:总人口量不大,发展中国家人口比重较低,失业人员、单亲及其他家庭比重极低。相反,需求指数大于0.6的6个分区在总人口、发展中国家人口比重、失业人员比重、单亲及其他家庭比重,以及0—19岁人口比重方面普遍负担较重。6大分区的发展中国家人口比重经标准化处理后均超过0.6,在各项因子中分异特征最明确;65岁以上人口比重均不足0.6,不构成主要分异因素。结合两者在城市中分布区位的对峙(市中心对城市边缘),可以判断苏黎世基于地域的人口分异十分鲜明,弱势群体在城市北部、西部的特定地域集聚。

　　南京老城对公共空间的需求指数小于0.3的分区仅有3个,即鼓楼、兰园和瑞金路街道,居民以高校教职工、党政机关干部为主,初中以下文化人口、农业户口比重相当低。需求指数大于 0.6 的分区有 2 个，为城南的大光路和夫子庙街道，两区的初中以下文化人口、农业户口、65 岁以上人口比重较高。对公共空间有较高需求（需求指数为 0.5—0.6）的分区共 11 个，一般在 5 项因子中有 2—3 项取值较大：城南饮虹园、钓鱼台、双塘、安品街、朝天宫、止马营街道的 65 岁以上人口及初中以下文化人口比重较大；车站、梅园街道的初中以下文化人口、农业户口人口比重大；挹江门、宁海路街道总人口、0—19 岁人口比重大；玄武门街道 65 岁以上人口比重大。可见，城南是低文化程度人口、外来流动人口、老年人等弱势群体聚集的"重灾区"，对公共空间具有较高和最高需求的地区占整个老城同比的一半以上；车站和梅园街道，也是低文化程度人口和外来流动人口的聚居地；玄武门街道与之相似，且老年人比重较大；挹江门和宁海路街道的公共空间需求主要来自总人口和 0—19 岁人口比重。总体上看，南京老城的居住分异仍在形成过程中，居住格局在内生的体制转型和外生的全球化因素作用下，逐渐突破计划经济年代的均质单一特征。城市居民在社会空间资源的结构重组中通过住房条件与地段的选择，重新定位了其社会空间角色，弱势人口在城南、老城边缘地带聚居的趋势较明显。

综上，苏黎世对城市公共空间存在较低或最高需求的行政区极化特征明显，并在地域上体现出泾渭分明的人口分异态势，即用居民需求指数衡量的公共空间需求量自市中心和苏黎世湖畔向城市外围圈层式递增，弱势群体在城市北部、西部的特定地域集聚。南京老城各街道的公共空间需求集中在中间区段，居住分异仍在形成过程中，城市居住格局突破计划经济年代的均质单一特质，弱势人口在城南、老城边缘地带聚居的趋势较明显。

（2）公共空间个体与总体的服务水平

① 最小距离法评价公共空间个体服务水平。统计苏黎世与南京老城街区距公共空间的最小距离指标如表 6-8、表 6-9。分析表明，尽管苏黎世街区距公共空间最小邻近距离的最大值大于南京，数据在高值区离散趋势明显；但其均值为 75 m，中位数为 45 m，表明该市半数的街区位于公共空间的 45 m 服务半径内。南京老城最小邻近距离的均值为 114 m，中位数为 91 m，即一半的街区在公共空间的 91 m 直线距离内，而苏黎世同比接近 3/4 的街区在此范围内（表 6-8）。可见以最小距离评价的苏黎世公共空间个体的服务水平整体上较南京老城为佳。

表 6-8　苏黎世与南京老城街区距公共空间最小距离的总体特征统计

	最大值/m	最小值/m	均值/m	中位数/m	标准差	变异系数	偏度	峰度
苏黎世	762	0	75	45	83	1.107	2.888	12.323
南京	654	0	114	91	96	0.842	1.968	5.585

表6-9　苏黎世与南京老城街区距公共空间最小距离的区间分布

最小距离取值范围/m	街区数量/个		数量份额		街区面积/m²		面积份额		街区平均面积/m²	
	苏黎世	南京	苏黎世	南京	苏黎世	南京	苏黎世	南京	苏黎世	南京
0—30	653	111	31.84%	14.59%	6 474 309	1 743 733	15.33%	5.30%	9 915	15 709
>30—50	461	82	22.48%	10.78%	5 864 983	1 485 003	13.89%	4.51%	12 722	18 110
>50—100	457	242	22.28%	31.80%	11 398 296	7 091 500	26.99%	21.54%	24 942	29 304
>100—200	332	245	16.19%	32.19%	11 991 474	12 185 714	28.40%	37.01%	36 119	49 738
>200	148	81	7.22%	10.64%	6 499 191	10 415 829	15.39%	31.64%	43 913	128 590
合计	2 051	761	100%	100%	42 228 253	32 921 779	100%	100%	20 589	43 261

注：表中的街区总量大于实际的总街区个数，面积小于总街区面积，是因为扣除了公共空间部分，下同。

根据数据分布规律将两市公共空间的最小邻近距离划分为 5 个区间范围，分别是 0—30 m、>30—50 m、>50—100 m、>100—200 m、>200 m（表6-9、图6-8）。苏黎世超过30%的街区距公共空间的最小距离小于 30 m，主要分布在市中心老城、苏黎世湖畔、利马特河岸及厄利孔副中心，超过 50% 的街区距公共空间的最小距离小于 50 m；最小距离大于 200 m 的街区不足总量的 8%，位于城市外围边缘地带及火车站场地区。用最小距离衡量的公共空间服务水平圈层分异趋势显著：自城市中心向边缘，街区距公共空间的平均最小距离递增，表明服务水平递减。南京老城同比约 1/4 街区在公共空间的 50 m 范围内，分布零散，有向主干路集聚的趋势；六成以上街区的最小邻近距离在 50—200 m 之间；最小距离大于 200 m 的街区主要位于城市西北部和东部。从面积分布指标

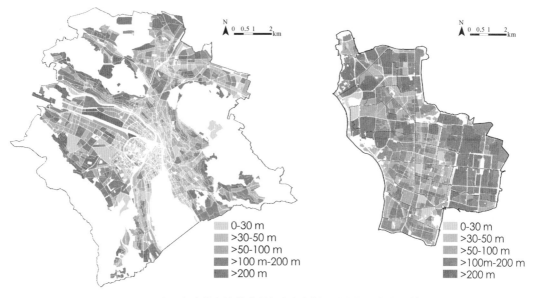

图6-8　最小距离法算出的苏黎世与南京老城公共空间服务水平差异

左:苏黎世;右:南京老城

看，苏黎世约 3 成面积的街区距公共空间的最小邻近距离小于 50 m，超过五成的街区最小距离在 100 m 以内；南京老城同比数据分别是不足一成和三成；南京老城街区距公共空间最小距离大于 200 m 的用地面积份额是苏黎世的 2 倍。两市街区均表现出距公共空间越近、街区平均用地越少的规律，这是市场土地价值属性所决定的。

综上，用最小距离衡量的苏黎世公共空间个体的服务水平整体上比南京老城好。苏黎世大部分街区距公共空间的最小距离小于 50 m；南京老城多数街区的最小邻近距离在 50—200 m 之间。空间结构上，苏黎世公共空间服务水平的圈层分异趋势显著，市中心公共空间的可达性最好，城市边缘最差；南京老城公共空间服务水平最高的街区有向主干路集聚的趋势，服务水平最低的地区主要分布在城市西北部和东部。

② 引力位法评价公共空间总体服务水平。分别计算苏黎世与南京老城区域级、城市级、片区级公共空间的引力分析指标。两市区域级公共空间的引力位系数主要分布在 0.5 以下，其中南京老城 9 成以上用地受到的来自区域级公共空间的引力不足 0.1（表 6-10）。引力位指标在苏黎世老城、苏黎世湖岸、厄利孔地区的中心地带，以及南京新街口片区达到最大；距区域级公共空间的距离越远，指标值越小，引力位系数与吸引力距离呈明确反比关系（图 6-9）。

表 6-10　苏黎世与南京老城区域级公共空间的引力位系数分布

引力位系数	街区数量/个		数量份额		街区面积/m²		面积份额	
	苏黎世	南京	苏黎世	南京	苏黎世	南京	苏黎世	南京
0—0.1	736	699	35.89%	91.85%	25 199 210	31 339 810	59.67%	95.20%
>0.1—0.5	758	44	36.96%	5.78%	10 876 762	1 053 157	25.76%	3.20%
>0.5—1.0	150	9	7.31%	1.18%	2 890 885	138 292	6.84%	0.42%
>1.0—2.5	126	4	6.14%	0.53%	1 573 800	110 130	3.73%	0.33%
>2.5	281	5	13.70%	0.66%	1 687 597	280 389	4.00%	0.85%

两市城市级公共空间的引力位系数主要分布在 0.5—5 之间（表 6-11）。苏黎世市级引力位系数区间分布在街区数量上比较均衡，引力小于 0.5 的街区最少；在街区面积分布上，公共空间吸引力较小的街区所占面积份额相对较大，这表明街区平均尺度在市场规律作用下，随城市级公共空间引力的增加而减小。南京市级引力位系数在街区数量和面积分布上较一致，大量街区的引力位系数值域在 0.5—2 之间，街区尺度没有表现出与公共空间引力相应的变化规律。从引力位指标的空间分布看，苏黎世的低值区基本在城市外缘，高值区主要位于老城、苏黎世湖岸、厄利孔副中心、城市"结构性轴线"及重要休闲文化场所等连续地带，有较强的中心集聚趋势；南京市级公共空间吸引力最大的街区主要分布在外围沿玄武湖和城墙地带、古林公园、夫子庙、明故宫轴线、北极阁地段，以及城内的长江路、湖南路片区，呈外围集中、多点分布态势（图 6-10）。

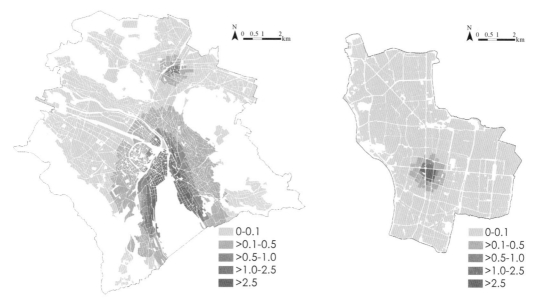

图 6-9　苏黎世与南京老城区域级公共空间的引力位系数分布

左：苏黎世；右：南京老城

表 6-11　苏黎世与南京老城城市级公共空间的引力位系数分布

引力位系数	街区数量/个		数量份额		街区面积/m²		面积份额	
	苏黎世	南京	苏黎世	南京	苏黎世	南京	苏黎世	南京
0—0.5	284	109	13.85%	14.32%	9 624 409	3 305 897	22.79%	10.04%
>0.5—2.0	515	294	25.11%	38.63%	12 881 776	12 262 884	30.51%	37.25%
>2.0—5.0	420	86	20.48%	11.30%	8 663 442	4 252 138	20.51%	12.92%
>5.0—20.0	441	110	21.50%	14.46%	6 472 947	3 648 240	15.33%	11.08%
>20.0	391	162	19.06%	21.29%	4 585 680	9 452 619	10.86%	28.71%

　　两座城市片区级公共空间的引力位系数主要分布在 5 以上（表 6-12）。与城市级类似，苏黎世片区级引力位系数区间分布均衡，街区平均尺度随片区级公共空间引力的增加而减小。南京老城街区尺度反而随片区级公共空间引力同向增大，引力位指标大于 5——片区级公共空间引力较大的街区平均尺度显著高于均值，反映出片区级公共空间向大街区集聚的趋势。空间分布上，两市均表现出与城市级引力位指标的互补态势，即市级引力位系数低的街区之区级引力位系数普遍较高，反之，市级引力位系数高的街区则区级引力位系数较低（图 6-11）。南京老城街区的片区级引力位系数均值大于苏黎世，表明南京片区级公共空间对更多比例的街区具有较大吸引力。这一方面是因为南京片区级公共空间在城市中的散布程度较高，另一方面是因为边缘到边缘的最小距离算法将更多大尺度街区纳入范围。

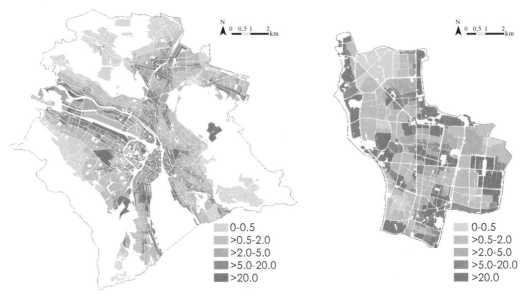

图 6-10 苏黎世与南京老城城市级公共空间的引力位系数分布

左:苏黎世;右:南京老城

表 6-12 苏黎世与南京老城片区级公共空间的引力位系数分布

引力位系数	街区数量/个		数量份额		街区面积/m²		面积份额	
	苏黎世	南京	苏黎世	南京	苏黎世	南京	苏黎世	南京
0—0.5	227	111	11.07%	14.59%	6 108 902	2 439 217	14.47%	7.41%
>0.5—2.0	381	146	18.58%	19.19%	9 769 076	4 511 213	23.13%	13.70%
>2.0—5.0	414	144	20.18%	18.92%	9 438 049	4 875 356	22.35%	14.81%
>5.0—20.0	571	209	27.84%	27.46%	11 454 782	12 257 158	27.13%	37.23%
>20.0	458	151	22.33%	19.84%	5 457 445	8 838 835	12.92%	26.85%

　　将三级引力分析指标进行叠加,求出现状城市公共空间的吸引力等级。设引力位系数大于 5 时,城市街区受到的公共空间引力较大,反之,引力位指标小于 5 时引力较小,由此得到街区在城市和片区两个层次的公共空间吸引力分级。定义市级和区级公共空间吸引力均好的街区等级为 1,区级公共空间吸引力好而市级公共空间吸引力不良的街区等级为 2,市级公共空间吸引力好而区级公共空间吸引力不良的街区等级为 3,两级公共空间吸引力均差的街区等级为 4,得到苏黎世与南京老城公共空间的综合吸引力等级如表 6-13、图 6-12。

　　从街区数量份额看,两座城市的公共空间引力等级区间分布比较接近,南京老城公共空间吸引力最差的街区较多。但从街区面积份额看,南京公共空间吸引力最好的街区显著多于苏黎世,公共空间吸引力最差的街区少于苏黎世,引力位指标反映出南京公共

图 6-11　苏黎世与南京老城片区级公共空间的引力位系数分布

左:苏黎世;右:南京老城

表 6-13　苏黎世与南京老城公共空间的综合吸引力等级

引力等级	引力条件	街区数量/个		数量份额		街区面积/m²		面积份额		街区平均面积/m²	
		苏黎世	南京	苏黎世	南京	苏黎世	南京	苏黎世	南京	苏黎世	南京
1	均好	341	122	16.63%	16.03%	5 778 551	8 192 238	13.68%	24.88%	16 946	67 149
2	区级好	689	233	33.59%	30.62%	13 862 905	12 903 754	32.83%	39.20%	20 120	55 381
3	市级好	491	147	23.94%	19.32%	6 581 730	4 908 621	15.59%	14.91%	13 405	33 392
4	均差	531	259	25.89%	34.03%	16 005 068	6 917 165	37.90%	21.01%	30 141	26 707
合计		2 052	761	100%	100%	42 228 254	32 921 778	100%	100%	20 589	43 261

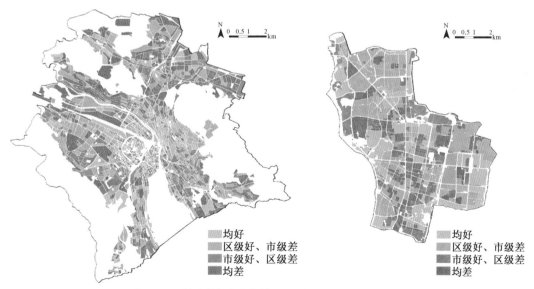

图 6-12　苏黎世与南京老城公共空间的综合吸引力等级

249

空间总体可达性高于苏黎世。这主要是因为南京老城的街区尺度较苏黎世大得多，街区边缘到公共空间边缘的最小距离算法高估了街区内部的可达程度。次要原因是苏黎世街区城市级与片区级引力位指标的互补趋势更明确，导致两级公共空间吸引力均好的用地较少。

公共空间吸引力等级的空间格局方面，苏黎世公共空间总体服务水平最低的用地主要位于城市外围，街区平均尺度最大；服务水平最高的用地基本分布在核心圈层的老城及其周边延伸地带，街区尺度最小，符合市场规律。南京老城公共空间总体服务水平最低的用地主要分布在城市内部，沿城市轴线集聚，街区平均尺度最小；服务水平最高的用地更多位于城市外围，街区尺度反而最大。

综上所述，用引力位法衡量的南京老城公共空间总体可达性高于苏黎世。两座城市街区的城市级与片区级引力位指标均表现出互补趋势。空间结构上，苏黎世公共空间服务水平最低的用地主要位于城市外围，服务水平最高的用地基本分布在核心圈层的老城及其周边延伸地带；南京老城公共空间服务水平最低的用地主要分布在城市内部，沿城市轴线集聚，服务水平最高的用地多位于外围。

(3) 居民需求与公共空间服务水平的拟合

① 居民需求与公共空间个体服务水平的拟合。苏黎世和南京老城居民需求指数的值域在 0.1—0.7 之间，定义门槛值为 0.5，需求指数大于 0.5 则判定对城市公共空间有较高需求，否则认为对公共空间的需求较低。街区距公共空间最小邻近距离的判断门槛设为 100 m，小于该值表明公共空间个体服务水平较高，大于则反映服务水平较低。通过对个体二分变量的综合判断和空间叠置分析，得到居民需求与公共空间个体服务水平矩阵：低需求、高服务水平地区（NI<0.5, $Z_i^E < 100$），高需求、高服务水平地区（NI>0.5, $Z_i^E < 100$），低需求、低服务水平地区（NI<0.5, $Z_i^E > 100$），以及高需求、低服务水平地区（NI>0.5, $Z_i^E > 100$）（表 6-14、图 6-13）。

表 6-14 苏黎世与南京老城居民需求和公共空间个体服务水平的空间模式

类型	空间模式	街区数量/个		数量份额		街区面积/m²		面积份额		街区平均面积/m²	
		苏黎世	南京	苏黎世	南京	苏黎世	南京	苏黎世	南京	苏黎世	南京
I	低需求、高服务水平	1 122	236	54.70%	31.01%	13 471 768	5 074 544	31.90%	15.41%	12 007	21 502
II	高需求、高服务水平	449	203	21.89%	26.67%	10 161 772	5 302 974	24.06%	16.11%	22 632	26 123
III	低需求、低服务水平	227	169	11.07%	22.21%	7 295 146	14 873 271	17.28%	45.18%	32 137	88 008
IV	高需求、低服务水平	253	153	12.34%	20.11%	11 299 568	7 670 989	26.76%	23.30%	44 662	50 137
	合计	2 051	761	100%	100%	42 228 254	32 921 778	100%	100%	20 589	43 261

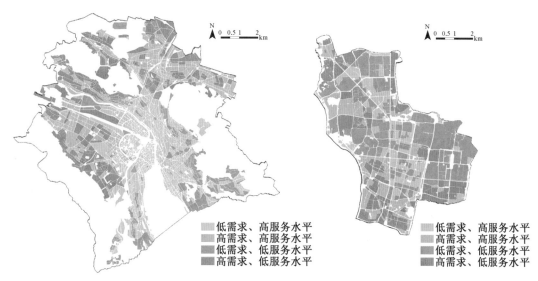

图6-13　苏黎世与南京老城公共空间格局的公平性地图

左:苏黎世;右:南京老城

　　类型Ⅰ：低需求、高服务水平地区。该类地区意味着公共空间服务水平不仅完全能够满足居民需要，而且具有一定溢出效应。在苏黎世，约5成数量、3成面积的街区属于这一范畴，占绝对多数。空间分布上呈团块状集中在核心和中心圈层，即老城、苏黎世湖和利马特河沿岸及其腹地，与苏黎世1893年前的城市建成区高度重合。作为城市较早发展起来的商业中心、商住混合区以及新兴的后工业基地，该区占据着城市黄金地带，空间物质环境优裕，人均公共空间面积大，个体公共空间的类型多样、可达性较好，居民中失业人员比重、单亲及其他家庭比重、发展中国家人口比重低，该地域体现出苏黎世的富裕和中产阶层在城市公共空间用地分配中的获得较需求有所盈余。南京老城中3成数量、15%面积的街区为该模式，呈不规则碎片状散布在城内各个圈层，包括新街口、淮海路、五老村、洪武路、建康路、湖南路等街道。这些区域的公共空间可达性较好，用户对公共空间的平均需求指数基本在0.45—0.5之间，农业人口比重小，居民没有形成显著的阶层分异。总体上，南京老城中的该类地区特征没有苏黎世鲜明，公共空间用地分配与需求之间的溢出很少，处于均衡状态。

　　类型Ⅱ：高需求、高服务水平地区。该类地区的居民需求与公共空间服务水平"双高"，高需求街道同时具有较好的公共空间可达性，符合公平原则。苏黎世约1/4面积的用地为该类型，集中在城市外围圈层北部的厄利孔、洛伊特申巴赫、Schwamendingen住区，以及西部的 Albisrieden 和 Altstetten 区。居民中发展中国家人口比重普遍在45%以上，失业人员、单亲及其他家庭、0—19岁人口比重较高，城市社会弱势群体集中，这意味着有潜在更多数量的人口竞争公共空间，对公共空间的需要程度高。现状公共空间在数量和可达性方面基本能够满足居民日常需求，但空间类型较单一，以街道为主（城市西部尤其如此），个体公共空间的综合服务水平不及 I 类地区。南京老城约 15% 面积的用地属于此类，与 I 类地区份额相当，主要位于城市外缘西北部的宁海路、车站街道，城南中山南路以西和夫子庙片区，以及鼓楼和大行宫广场段。用户对公共空间的需求指数均高于 0.5，被归类于高需求地区，实际上多数街道需求指数在 0.55 以下，同比高出 I 类地区不足 10 个百分点。公共空间可达性较好，空间类型丰富。无论是从居民需求还是从公共空间服务水平角度来衡量，与类型 I 的实际差距不大，需求与服务之间基本能够保持稳态平衡。

类型Ⅲ：低需求、低服务水平地区。该类地区的居民需求与公共空间服务水平"双低"，为低度活力区。苏黎世约 1 成数量、不到 1/5 面积的街区属于这种类型，在四种空间模式中占比最少，零星散布于城市外围的东南部、南部，及内陆的 Wipkingen、Unterstrass 等区，多与类型 I 用地直接相邻。城市东南部的居民类型与 I 类地区高度相似，是典型白人中产阶级的聚居地，其他地区居民中弱势群体比重中等，用平均需求指数衡量的居民对公共空间的需要程度总体上高于 I 类区。公共空间个体的可达性不及 I 类和 Ⅱ 类地区，空间类型以单一街道为主。苏黎世的 Ⅲ 类地区是在市场经济规律作用下区位自然选择的产物。南京老城近一半面积的街区属于该类，大量分布在城市东部、北部和中部地区。居民类型中初中以下文化、农业人口等弱势群体比重相对较小，对公共空间的需要程度在四种模式中最低。现状仅有少量点状和线状城市公共空间分布，可达性差、服务水平低。街区平均尺度显著大于其他类型，多为机关、企事业单位及其住房配套用地，相当一部分城市公共生活空间被内化到自成一体的封闭大院内部，形成城市中的"飞地"，城市空间活力受到很大削减。两座城市中公共空间的供需之间均维系着低水准的协同，但南京老城中 Ⅲ 类地区规模大、分布广，严重危及城市公共空间公共性和活力的发挥。

类型Ⅳ：高需求、低服务水平地区。这类地区中的现状公共空间难以满足居民的基本需求，从空间公平角度出发是公共空间亟须发展区。苏黎世超过 1/4 面积的街区属于此类，涵盖城市边缘北部和西部的工业混合区及居住区。居民类型与 Ⅱ 类地区近似，弱势群体比重更大，对公共空间的需要程度在四类地区中最高。但现状公共空间个体的可达性不良，类型单一，服务水平低。分析结果表明，最需要公共活动空间的群体分配到的公共空间份额最少，与 I 类地区富裕中产阶层得到超出所需的公共空间份额形成鲜明对比，公共空间格局分配严重不公，加剧了城市社会的不平等关系。南京老城也有近 1/4 面积的街区属于该类，簇状分布在城市边缘的南部、西南部和西北部地区。居民类型中初中以下文化等弱势人口比重大，对城市公共空间有较多需求。现状公共空间匮乏，可达性差，与居民需求之间存在缺口。个体公共空间服务水平在不同阶层人口间的分异及空间不公状况初步显现，公共空间格局的公平程度总体上比苏黎世高。但苏黎世高需求街道中近五成具有较好的公共空间可达性，南京老城同比仅约 4 成，仍有一定发展余地。

关系模式Ⅳ-4-1：居民需求与公共空间个体服务水平矩阵中，苏黎世Ⅰ类地区（低需求、高服务水平）占绝对多数，该地域体现出富裕和中产阶层在城市公共空间用地分配中的获得超出需求；Ⅱ类地区（高需求、高服务水平）的公共空间在数量和可达性方面能够满足居民日常所需，但综合服务水平明显低于Ⅰ类地区；Ⅲ类地区（低需求、低服务水平）占地份额最少，公共空间个体的可达性不佳，空间需求与服务之间维系着低水准的协同；Ⅳ类地区（高需求、低服务水平）弱势群体最集中且分配到的公共空间份额最少，与Ⅰ类地区对比鲜明；城市公共空间在不同阶层间分配严重不公。南京老城Ⅰ类和Ⅱ类地区在居民需求和公共空间服务水平上的差距不大，均处于均衡状态；Ⅲ类地区占地面积及街区平均尺度最大，多为机关、企事业单位及其住房配套用地，弱势群体比重小，城市公共空间可达性差，空间活力不足；Ⅳ类地区现状公共空间与居民需求之间同样存在缺口；个体公共空间服务水平在不同阶层人口间的分异及空间不公状况初步显现，公共空间格局的公平程度总体上比苏黎世高。

② 居民需求与公共空间总体服务水平的拟合。分析结果显示（表 6-15），苏黎世与南京老城的公共空间分布曲线处于绝对公平与绝对不公平两个极端之间。两市公共空间最高吸引力等级地区的居民类型均以对公共空间需求程度较低的强势群体为主，弱势群体所在街区数量和面积份额较小，苏黎世尤甚。强势群体更多地占据了城市中总体可达性最好的公共空间资源，空间不公现象得到揭示。最低吸引力等级地区中，苏黎世弱势群体集聚的街区所占面积份额较大，与最高等级地区对应数据形成反转，反映出公共空间总体可达性最差的街区内分布着更多的对公共空间有着潜在需求的弱势人口，其无法公平地享有空间资源，形成基于地域的社会剥夺。结合最高等级地区的居民类型分布判断，用总体可达性衡量的苏黎世城市公共空间在不同阶层间的分配相对不公。事实上，如果分析数据不仅直接统计人口特征，同时还纳入人均公共空间面积指标进行综合测度，空间不公的矛盾将更加突出。这种以地域为基础的不平等现象一旦产生，如果不加以缓解，会在特定空间内固化[①]。南京老城最低等级地区的弱势群体比重较小，且弱势人口相对集中的高需求街区的面积份额及数量份额均小于最高等级地区，这表明弱势阶层并未在公共空间总体可达性最差的地区形成集聚，城市人口分布与公共空间格局之间尚未形成明确的阶层分异，空间公平程度较高。

---

① 陈锋,等. 社会公平视角下的城市规划[J]. 城市规划,2007(11):40-46.

表 6-15　苏黎世与南京老城不同公共空间吸引力等级地区的居民需求构成

	苏黎世		南京老城	
最高等级地区	低需求 高需求		低需求 高需求	
	低需求	街区数量份额	77.1%	低需求	街区数量份额	58.2%
		街区面积份额	65.5%		街区面积份额	61.3%
	高需求	街区数量份额	22.9%	高需求	街区数量份额	41.8%
		街区面积份额	34.5%		街区面积份额	38.7%
最低等级地区	低需求 高需求		低需求 高需求	
	低需求	街区数量份额	54.2%	低需求	街区数量份额	57.9%
		街区面积份额	38.2%		街区面积份额	64.8%
	高需求	街区数量份额	45.8%	高需求	街区数量份额	42.1%
		街区面积份额	61.8%		街区面积份额	35.2%

　　关系模式Ⅳ-4-2：居民需求与公共空间总体服务水平的拟合揭示，苏黎世的强势群体更多地占据了城市中总体可达性最好的公共空间资源，弱势人口向可达性最差的街区集聚，形成基于地域的社会剥夺，公共空间分配相对不公；南京老城人口分布与公共空间格局之间尚未产生明显的阶层分异，空间公平程度较高。

6.4 发展对策建议

城市公共空间与人口分布密不可分。城市空间的基本状态真实影响着人的行为关系及其在空间中发生的方式，公共空间选址会改变城市空间的相对吸引力，从而引发城市人口分布的变化。但规划设计师直接作用于城市空间而非其中的社会人口，本节的发展对策主要基于城市居民分布及其需求对城市公共空间格局提出优化建议。

（1）适配人口负荷，优化城市高密度及内圈层区的公共空间用地

从公共空间格局效率与公平角度，人口高密度地区对公共空间的理论需求量较大，应布置较多的城市公共空间。但人口分布的高密度通常伴随着建筑的高强度及拥挤，导致公共空间用地备受挤压，配置余地较小，与客观需求之间产生巨大矛盾。事实上，高密度地区越是土地成本高昂，各项城市职能对用地的争夺越激烈，就越需要高效的公共空间系统统领全局。城市公共空间的设置应充分考虑人口密度分布，为城市密集人口经常性使用公共空间提供方便，其良序运行带来的综合社会、环境、经济收益将远超为此付出的前期成本。

同理，城市内圈层区要容纳更多来自城市各个地区的人口，因此需要较高的人均公共空间水平与之相适应。但资本对土地和空间区位的竞争倾向于压缩城市土地利用中的公共空间用地，从而加重了内圈层公共空间的承载压力。从人口负荷角度来衡量，城市中最需要改善和增加的便是核心及中心圈层的公共空间用地。

城市公共空间的服务人口比也直接影响对公共空间格局效率与公平的评价。无论是从公共空间的使用效益发挥还是从分配公平角度，位于公共空间近邻范围街区内的人口比例都应尽可能高，以便于空间的就近利用。从人口分布与公共空间格局的总体关系出发，新增公共空间应布置在现状服务人口比较低的地区，从而拓展城市公共空间服务合格区的领域范围，提升空间格局效率及公平。

（2）弥合阶层分异，寻求基于居民需求指数的公共空间可达公平

城市社会中有着特定背景的不同类型居民受到的可达约束不同，对公共空间的具体需求也不尽相同，人口社会阶层分布与公共空间布局之间的分化反映空间格局的公平程度。从基于需求的补偿性公平角度，城市公共空间供给应与人口需求相一致，为那些受年龄和经济状况所限出行最不自由的人提供更多的空间权利和机会。建议通过选用合适算法量化城市公共空间个体与总体的服务水平，并将结果与居民需求指数相拟合，以测度人口分布层面的空间格局公平度，找到空间分配不公的地区予以优先纠正和改进。其中，公共空间个体层面的分布不公状况较易改善，通过在现状可达公平性差的街区内增设公共活动空间就能够有效缓解；公共空间总体层面的分配不公需要不同层级、规模、吸引力距离的公共空间与社会阶层的空间分异相互配合，从总体区位上寻求基于居民需求指数的公共空间可达公平。

关于保障弱势群体空间权益的专题研究需要渗透城市公共空间格局调整进程的方方面面，以合理引导公共空间资源配置到不同类型的剥夺地域，尤其是要避免在提高空间格局效率的同时形成基于地域的新的剥夺。对于城市设计工作者而言，在不公正的情形下即便选择中立，也等同于站在了压迫者一边。

6.5 本章小结

本章主要从公共空间格局与城市总人口分布的调节/适配关系，以及与人口空间分异的均等/补偿关系层面揭示城市公共空间格局与城市人口分布表现出的差异并置机理及其特征，探讨指标群定量化的可能性；以苏黎世和南京老城为例开展量化层面的形态学实证研究，分析两市公共空间格局与城市人口分布层面诸因素表现出的关系模式及其成因；提出我国城市人口分布层面的公共空间格局发展对策建议。结论如下：

① 城市公共空间与人口分布密不可分，公共空间对居民的服务能力是衡量一个城市人地关系是否和谐的参照，也是考察公共空间格局效率与公平的最重要标准之一。基于人口的公共空间可达性 6 种算法中，半径法适于揭示城市总人口分布层面的公共空间格局效率状态，最小距离和引力位指标分别反映公共空间个体和总体可达程度的差别，可用于评价公共空间格局对不同类型居民的分配公平。针对引力位算法，本章修正了用公共空间规模数据表征吸引力的常规做法，提出根据公共空间层级体系确定其吸引力数值。

② 人口密度、人均公共空间面积指标与容积率、公共空间率之间存在明确关系，人口密度大的地区需要较高的容积率水平与之适应，人均公共空间的量决定着公共空间的承载压力。从人口负荷角度来衡量，城市中最需要优化的是城市内圈层和高人口密度地区的公共空间用地，为城市密集人口经常性使用公共空间提供方便，其良序运行带来的综合社会、环境、经济收益将远超为此付出的前期成本。

③ 城市社会中不同类型居民的出行空间等级特征是，随着与居住地距离的增加，居民出行频次减少，呈现倒金字塔形的公共空间出行结构；在此基础上，低收入阶层、老年人和儿童的出行空间结构压缩，高收入阶层和中青年出行结构拉伸。不同的出行结构特征和行为模式决定了城市居民对公共空间的具体需求，可以通过需求指数量化计算得到。居民需求指数与公共空间个体和总体服务水平的拟合能够测度人口分布层面的空间格局公平程度，是评价空间公平与否最有效的指标。发展对策建议在公共空间格局调整进程中，增加关于保障弱势群体空间权益的专题研究，避免在提高空间格局效率的同时形成基于地域的新的剥夺。

7 基于效率与公平视角的城市公共空间格局评价体系及其应用

我们所需要的是一个更好的街道类型、形态与等级的规范，从而建立一个更为牢固、一致的基础，并基于此做出"更优的"选择。

——斯蒂芬·马歇尔①

城市的形式与形状与它所提供的生活质量是所有这些经济、技术、民主、环境因素等的综合。它们如此地互相依存以致使人认为重构的努力完全徒劳无益。但是，每一这样转换不可避免地反映在我们日常生活的"物质"的模式上。无论我们将引导它们的结果使新的要求得到满足，或只是在事情发生之后简单地宣布偶然的成功或灾难，选择在于我们自己。

——莫什·萨夫迪②

大尺度城市空间形态相关要素影响模型建构及其科学评价是研究此类城市设计实施运作的关键环节③。在城市公共空间规划、建设、管理的全过程中，一套系统完整的指标体系关系规划目标定位与实施，是首先要面对的难题。本章的评价性研究旨在为客观认识城市层面公共空间资源分配现状及公众可达程度建立标准，尤其为辨明问题及需求提供方法、指标和规划支持系统的技术平台，可用于记录建设现状，认识薄弱环节并予以改进；设定短期和中长期目标；判定、监测现行政策法规及规划设计方案的影响，提供可靠的决策依据，引导符合效率和公平原则的公共空间格局模式。同一评估系统下不同城市间的比对有利于揭示差异，了解自身城市公共空间建设中的特点、优势及不足，为进一步发展拓展思路。

基于效率与公平视角的城市公共空间格局多属性综合评价，力图通过科学提取统计对象总体及多因素特征，对复杂空间格局现象开展以定量为主的描述。基本思路是：首先，依据第3—6章内容确定体现公共空间格局与城市语境相互作用关系的多指标评价系统(Multi-cri-

---

① 马歇尔.街道与形态[M].苑思楠,译.北京:中国建筑工业出版社,2011.
② 萨夫迪.后汽车时代的城市[M].吴越,译.北京:人民文学出版社,2001.
③ 王建国.基于城市设计的大尺度城市空间形态研究[J].中国科学(E辑:技术科学),2009,39(5):830-839.

teria Evaluation，简称 MCE）之各项评估因子，并在实证论证基础上立足一定的评价标准制定各因子的 5 分制等级分值评价区间；其次，根据相对重要程度的不同，将德尔斐法（Delphi）与层次权重决策分析法（Analytical Hierchy Process，简称 AHP 法）相结合，应用专家决策分析（Expert Choice）软件求取各层面及其相关指标的权重，生成效率与公平视角下城市公共空间格局之评价体系；最后，运用指标群所属 49 项评估因子对苏黎世和南京老城公共空间进行评估检验，通过原始数据的加权求和，得到公共空间格局的综合分值，从而确定两市城市公共空间格局的效率与公平效态，并对南京老城公共空间提出具体优化建议。

7.1　指标体系构建及其计算方式

评价体系研究中，具体指标体系的选择和构建是重点亦是难点，是决定评价科学与否的关键因素。现行方法主要有两种：一是据主观经验设定。研究者通常直接给出分层次的若干单项指标，不会或无法提供指标因子选定的具体原因和详细思路，缺乏有说服力的理性论证过程。事实上，大多数评价体系指标就是这样确定的，指标的科学性难以衡量，只能仰赖研究者的专业素养。二是采用"文献收集＋专家评定"法。参考国内外相关研究，尽可能全面、详尽地罗列相关指标群，进而运用专家群体（不局限于研究者）的经验智慧筛选出适宜因子。此法逻辑性较强，但研究方向的成果需要比较成熟、明确，同时也难以避免来自专家的主观性。

本书的思路与以上不同。既然未经批判地考察的理论其可靠性值得怀疑，对于新问题、新方向尤其如此。本书指标评估因子的选择基于 3—6 章翔实的实证论证和检验，通过"试做—试错—指标遴选—结构优化"过程确定效率与公平视角下城市公共空间格局评价的决定性因子，为因子等级标准的制定提供依据。这不意味着纯粹的事实判断——"是什么"能够推导出价值判断——"应当怎样"，而是以模式研究为铺垫，全面考察公共空间格局与城市语境互动关系后审慎提出的整体性量化评估架构及模块系统。公共空间格局评价体系的众多

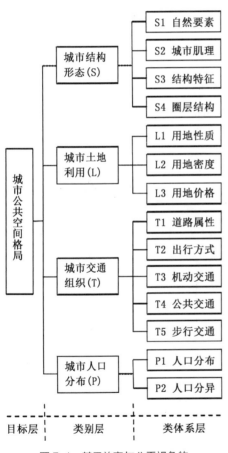

图 7-1　基于效率与公平视角的
城市公共空间格局评估架构

注：取各类别层英文名称的第一个字母作为该类别层代号，英文字母之后的数字为各项类体系层的顺序编号。编号先后不代表指标的重要程度。

相关因子由 4 大类别层、14 项类体系层(图 7-1)、49 项评估因子构成。

（1）城市结构形态层面

公共空间格局与城市结构形态的协同互构体现为四项类体系层：与自然要素的制约/依存关系(S1)，与城市肌理的关联/拓扑关系(S2)，与城市结构性特征的连接/叠合关系(S3)，以及与城市圈层结构的向心/梯度关系(S4)。

与自然要素的制约/依存关系(S1)包括 2 项具体指标：山体区位熵与公共空间区位熵的相关度(S1-1)、水域区位熵与公共空间区位熵的相关度(S1-2)，应用区位熵公式运算后可由 SPSS 软件求得相关系数。正系数值越大越利于公共空间格局效率而不利公平；反之，负系数值越小越利于公平而不利效率。根据第 3 章对苏黎世和南京老城的实证模式研究，采用 5 分制升序方式设定评估等级与分值如下：相关系数的绝对值小于等于 0.2 计 1 分，在>0.2—0.4 之间(含 0.4)计 2 分，在>0.4—0.6 之间(含 0.6)计 3 分，在>0.6—0.8 之间(含 0.8)计 4 分，大于 0.8 计 5 分。效率效态与公平效态栏同步反向增加或减少同一分值。若城市无山川河流自然要素分布，不具备评估该项指标的条件，则此项评价分值取 0，原分值份额依权重赋给其他类体系层指标。

与城市肌理的关联/拓扑关系(S2)包括 4 项具体指标。公共与居住领域内的公共空间用地比例(S2-1)通过相应公共空间用地面积除以公共或居住领域总用地面积得到，均与效率及公平效态呈正相关。公共领域 5 分制数据分布为：公共空间面积比例小于等于 6%计为 1 分，在>6%—9%之间(含 9%)计 2 分，在>9%—12%之间(含 12%)计 3 分，在>12%—15%之间(含 15%)计 4 分，超过 15%计 5 分。居住领域区间分值为：对应公共空间面积份额小于等于 3%取 1 分，在>3%—4%之间(含 4%)取 2 分，在>4%—5%之间(含 5%)取 3 分，在>5%—6%之间(含 6%)取 4 分，大于 6%取 5 分。公共与居住领域的街区尺度(S2-2)通过公共或居住领域街区平均面积的开方求得，尺度越大越不利于公共空间格局效率与公平的实现。公共领域街区尺度分值分布如下：街区边长均值大于 350 m 计 1 分，在>300—350 m 之间(含 350 m)计 2 分，在>250—300 m 之间(含 300 m)计 3 分，在>200—250 m 之间(含 250 m)计 4 分，200 m 以内计 5 分，即区间门槛值分别为 350 m、300 m、250 m、200 m。居住领域街区尺度的门槛值降一级，分别设为 300 m、250 m、200 m、150 m。公共领域的建筑肌理(S2-3)用建筑粒度和建筑密度两项因子衡量，其中建筑粒度适用于相似城市建筑布局方式间的比较，作为选择性指标列出。公共领域的建筑密度通过公共领域建筑基底面积之和除以用地面积得到，与公共空间格局效率和公平呈正相关，区间临界值为 20%、25%、30%、35%。城市界面的连续性及围合度(S2-4)包括测度界面水平方向连续性的街区完整度、建筑相关度、贴线率因子，测度围合程度与公共性的闭口率、卢埃林临街面活跃程度 5 等级因子，测度垂直方向连续性的波动指数因子，量化工作较繁，列为选择性指标备用。

与城市结构性特征的连接/叠合关系(S3)包括 2 项具体指标，均与公共空间格局效率及公平效态呈正相关。公共空间格局与城市结构要素关系的紧密度（S3-1）细化为包含、毗邻和邻近三种关系模式，分别用叠合度、相邻度、相近度表示，叠合度因子的门槛值分别设定为 10%、30%、50%、70%，相邻度因子的区间门槛值分别为 1 个/km、2 个/km、3 个/km、4 个/km，相近度因子的门槛值分别为 0.9、1.2、1.5、1.8。公共空间近邻缓冲区内的建筑集聚度（S3-2）用公共空间 100 m 缓冲区内的建筑份额与公共空间缓冲区面积份额的比值表示，区间临界值分别设为 1.0、1.05、1.1、1.15。

与城市圈层结构的向心/梯度关系（S4）也包括 2 项具体指标，均与公共空间格局效率呈正相关、与格局公平无关。公共空间的圈层分布（S4-1）通过核心与外围圈层公共空间面积百分比的比值计算得到，区间门槛值分别为 1、2、3、4。核心圈层的高等级公共空间区位熵（S4-2）通过区域级和城市级公共空间区位熵分别依门槛值打分后求均值得到，门槛值分别设为 1、3、5、7。

各评估指标群及因子、计算方式、对公共空间效率与公平效态的作用详见表 7-1。

表 7-1　基于效率与公平视角的公共空间格局之指标体系及其计算方式（1）

类别层	类体系层	具体指标层	指标计算	效率效态	公平效态	备注	序号
公共空间格局与城市结构形态（S）	S1　与自然要素的制约/依存关系	S1-1　山体区位熵与公共空间区位熵的相关度	P. Haggett 区位熵 $Q = \left[\dfrac{d_i}{\sum\limits_{i=1}^{n} d_i} \right] \Big/ \left[\dfrac{D_i}{\sum\limits_{i=1}^{n} D_i} \right]$	+	−	●	01
		S1-2　水域区位熵与公共空间区位熵的相关度		+	−	●	02
	S2　与城市肌理的关联/拓扑关系	S2-1　公共与居住领域内的公共空间用地比例	公共空间用地面积/公共领域总用地面积	+	+	●	03
			公共空间用地面积/居住领域总用地面积	+	+	●	04
		S2-2　公共与居住领域的街区尺度	公共领域街区平均面积的开方	−	−	●	05
			居住领域街区平均面积的开方	−	−	●	06
		S2-3　公共领域的建筑肌理	公共领域的建筑粒度：公共领域内每栋独立建筑的平均基底面积	−	−	○	07
			公共领域的建筑密度：公共领域内单位面积土地上的建筑基底面积之和	+	+	●	08
		S2-4　城市界面的连续性及围合度	水平方向连续性：街区完整度=街区相关线/道路边线 建筑相关度：建筑轮廓线与红线或建筑边线的相关程度 贴线率：建筑贴规定边界建设的沿街比例	+	+	○	09

类别层	类体系层	具体指标层	指标计算	效率效态	公平效态	备注	序号
			界面围合程度/公共性: 闭口率=建筑沿道路界面长度/道路总长 卢埃林临街面活跃程度5等级	+	+	○	10
			垂直方向连续性: 波动指数=建筑群体外轮廓的连续折线/道路长度	−	−	○	11
S3 与城市结构性特征的连接/叠合关系		S3-1 公共空间格局与城市结构要素关系的紧密度	叠合度=城市线性结构要素中属于公共空间的长度/线性结构要素总长度	+	+	●	12
			相邻度=与城市线性结构要素相邻的公共空间数量/线性结构要素总长度	+	+	●	13
			相近度=城市线性结构要素100 m缓冲区内的公共空间比例/总公共空间比例	+	+	●	14
		S3-2 公共空间近邻缓冲区内的建筑集聚度	建筑集聚度=公共空间100 m缓冲区内的建筑比例/公共空间缓冲区面积比例	+	+	●	15
S4 与城市圈层结构的向心/梯度关系		S4-1 公共空间的圈层分布	核心圈层公共空间面积百分比/外围圈层公共空间面积百分比	+	/	●	16
		S4-2 核心圈层的高等级公共空间区位熵	同S1-1、S1-2	+	/	●	17

注:"●"表示规定性指标,"○"表示选择性指标,"+"表示正效,"−"表示负效,"/"表示无关,下同。

(2) 城市土地利用层面

公共空间格局与城市土地利用的关联支配体现为三项类体系层:与土地利用性质的吸引/排斥关系(L1),与土地利用密度的集聚/共生关系(L2),以及与土地价格的择优/补偿关系(L3)。

与土地利用性质的吸引/排斥关系(L1)包括3项具体指标,均与公共空间格局效率及公平效态呈正相关。根据第4章对苏黎世和南京老城的实证模式研究,积极城市职能用地与公共空间格局关系的紧密度(L1-1)可通过在公共设施、居住、工业仓储三大职能用地分布上分别叠加公共空间区位熵等值线定性判断两两关系,并采用5分制李克特量表赋综合分值,1分为紧密度最低,2分为次低,依此类推,5分为紧密度最高。用地综合熵值与公共空间用地比例的相关度(L1-2)用修正后的香农信息熵函数求取各行政区单元的熵值,得到各区用地混合程度,再结合公共空间用地比例计算相关系数。相关系数的区间设定同S1-1因子,绝对值小于等于0.2计1分,在>0.2—0.4之间(含

0.4)计 2 分，在>0.4—0.6 之间(含 0.6)计 3 分，在>0.6—0.8 之间(含 0.8)计 4 分，大于 0.8 计 5 分。若相关系数为负，则效率与公平效态栏同步减少同一分值。公共空间沿线用地构成中的积极职能用地集聚度(L1-3)通过统计公共空间 50 m 缓冲区内各积极职能用地比例与全市平均水平的比值关系，再进行算术平均得到，区间临界值分别为 1.0、1.3、1.6、1.9。

与土地利用密度的集聚/共生关系(L2)也包括 3 项指标。建筑密度与公共空间用地比例的相关度(L2-1)通过计算城市建设用地内的建筑密度与公共空间用地比例的相关系数得到。容积率与公共空间用地比例的相关度(L2-2)通过容积率与公共空间用地比例的相关系数得到，区间门槛值、负值计分规定均同 L1-2 因子。其中 L2-1 数值上与公共空间格局效率与公平呈正相关，L2-2 的正相关关系在非极端低密度或高密度环境的有限范围内成立。公共空间率(L2-3)衡量的是城市公共空间的承载压力，公式为既定区域内的公共空间总量除以该区域的总建筑面积，也与公共空间格局效率与公平呈正相关，区间临界值分别为 0.03、0.06、0.1、0.15。

与土地价格的择优/补偿关系(L3)包括 2 项指标。公共领域公共空间用地比例与地价的一致性(L3-1)通过综合定性判断公共领域公共空间用地比例与地价的正相关程度得到，与公共空间格局效率呈正相关、与格局公平无关；居住领域公共空间用地比例与地价的反向关系(L3-2)通过综合定性判断居住领域公共空间用地比例与地价的负相关程度得到，与公共空间格局公平呈正相关、与格局效率无关。计分标准采用李克特量表法，同 L1-1(表 7-2)。

表 7-2　基于效率与公平视角的公共空间格局之指标体系及其计算方式(2)

类别层	类体系层	具体指标层	指标计算	效率效态	公平效态	备注	序号
公共空间格局与城市土地利用(L)	L1　与土地利用性质的吸引/排斥关系	L1-1　积极城市职能用地与公共空间格局关系的紧密度	公共设施、居住、工业仓储地与公共空间区位熵等值线叠加(综合定性判断)	+	+	●	18
		L1-2　用地综合熵值与公共空间用地比例的相关度	Shannon 土地利用熵值 $S = -\sum_{i=1}^{n} P_i \log P_i$ 修正为 $S'' = S \times \lambda + (A_{Rb} + A_{Cb})/A$	+	+	●	19
		L1-3　公共空间沿线用地构成中的积极职能用地集聚度	集聚度=(公共空间 50 m 缓冲区内的各积极职能用地比例/全市平均水平)的均值	+	+	●	20
	L2　与土地利用密度的集聚/共生关系	L2-1　建筑密度与公共空间用地比例的相关度	城市建设用地内的建筑密度与公共空间用地比例的相关系数	+	+	●	21

类别层	类体系层	具体指标层	指标计算	效率效态	公平效态	备注	序号
		L2-2 容积率与公共空间用地比例的相关度	城市建设用地内的容积率与公共空间用地比例的相关系数	(+)	(+)	●	22
		L2-3 公共空间率	公共空间率=既定区域的公共空间总量/该区域的总建筑面积	+	+	●	23
	L3 与土地价格的择优/补偿关系	L3-1 公共领域公共空间用地比例与地价的一致性	公共领域公共空间用地比例与地价的正相关程度(综合定性判断)	+	/	●	24
		L3-2 居住领域公共空间用地比例与地价的反向关系	居住领域公共空间用地比例与地价的负相关程度(综合定性判断)	/	+	●	25

注:(+)表示正相关关系在非极端低密度或高密度环境的有限范围内成立。

(3) 城市交通组织层面

公共空间格局与城市交通组织的竞争联合体现为五项类体系层:城市道路的公共空间属性(T1),与出行方式的互构/互塑关系(T2),与机动车交通的连通/到达关系(T3),与公共交通的联动/耦合关系(T4),以及与慢行交通的依托/渗透关系(T5)。除T5-2中弱势群体的步行可达性与公共空间格局公平呈正相关、与格局效率无关外,其他各项均与公共空间格局效率及公平呈正相关。

城市道路的公共空间属性(T1)包括2项具体指标。城市路网级配中的支路配比(T1-1)等于支路长度与总道路长度的比值,根据第5章的实证模式研究,区间分界值分别设定为0.4、0.5、0.6、0.7。城市道路与公共空间的叠合度(T1-2)通过主干路、次干路、支路与街道公共空间的重合程度来表达,门槛值均取5%、20%、35%、50%。

与出行方式的互构/互塑关系(T2)仅1项指标,即环境友好型交通方式的比例(T2-1),公式为步行、自行车、公共交通三项交通方式出行频次除以居民出行全方式总频次,区间临界值分别为40%、50%、60%、70%。

与机动车交通的连通/到达关系(T3)包括3项指标。与城市道路不重合的公共空间的交通可达性(T3-1)通过综合定性判断公共空间格局与城市干道、支路分布的关系模式得到,用李克特量表法整体赋值。城市路网密度(T3 2)包括总网密度与支路网密度两项因子,总路网密度的区间门槛值分别为 $5\ km/km^2$、$7\ km/km^2$、$9\ km/km^2$、$11\ km/km^2$,支路网密度的区间门槛值分别为 $2\ km/km^2$、$4\ km/km^2$、$6\ km/km^2$、$8\ km/km^2$。城市路网连接度(T3-3)通过路段数的倍数与总节点数的比值求得,反映路网的成熟程度,临界值分别设为3.2、3.4、3.6、3.8。

与公共交通的联动/耦合关系(T4)包括2项具体指标。公共交通站点分布(T4-1)用站点密度与站点200 m服务半径覆盖率两项因子衡量，站点密度的区间临界值分别为5个/km²、6个/km²、7个/km²、8个/km²，站点200 m服务半径覆盖率的临界值分别为50%、55%、60%、65%。公共空间格局与公共交通站点的耦合度(T4-2)计算的是公交站点50 m、150 m及地铁站点400 m缓冲区内公共空间的集中程度，临界值前者分别为1.0、1.3、1.6、1.9；后两者分别为1.0、1.1、1.2、1.3，地铁站点因子根据城市有无大运量快速轨道交通系统作为选择性因素考虑。

与慢行交通的依托/渗透关系(T5)也包括2项指标。自行车出行导向的公共空间可达性(T5-1)通过综合定性判断自行车到达和停留公共空间的方便程度得到，1分为最不方便，依此类推，5分为最方便。步行网络(T5-2)指标含4项因子，网络连通性和环度用于评价网络的连接程度及复杂度，取值门槛分别为0.3、0.4、0.5、0.6，0.2、0.3、0.4、0.5；步行区有效宽度与所占道路的比重以及弱势群体的步行可达性用李克特量表法分别赋值。其中弱势群体的步行可达性因子仅与公共空间格局公平相关，与效率无关(表7-3)。

表7-3　基于效率与公平视角的公共空间格局之指标体系及其计算方式(3)

类别层	类体系层	具体指标层	指标计算	效率效态	公平效态	备注	序号
公共空间格局与城市交通组织(T)	T1　城市道路的公共空间属性	T1-1　城市路网级配中的支路配比	支路配比=支路长度/总道路长度	+	+	●	26
		T1-2　城市道路与公共空间的叠合度	主干路中属于公共空间的长度/主干路长度	+	+	●	27
			次干路中属于公共空间的长度/次干路长度	+	+	●	28
			支路中属于公共空间的长度/支路长度	+	+	●	29
	T2　与出行方式的互构/互塑关系	T2-1　环境友好型交通方式的比例	步行、自行车、公共交通三项交通方式所占居民出行方式构成的比例	+	+	●	30
	T3　与机动车交通的连通/到达关系	T3-1　与城市道路不重合的公共空间的交通可达性	公共空间格局与城市干道、支路分布的关系模式(综合定性判断)	+	+	●	31
		T3-2　城市路网密度	总路网密度=城市路网总长度/城市建设用地面积	+	+	●	32
			支路网密度=城市支路网长度/城市建设用地面积	+	+	●	33
		T3-3　城市路网连接度	$J = \dfrac{\sum\limits_{i=1}^{n} m_i}{N} = \dfrac{2M}{N}$	+	+	●	34

类别层	类体系层	具体指标层	指标计算	效率效态	公平效态	备注	序号
		T4-1 公共交通站点分布	站点密度＝站点数量/城市建设用地面积	+	+	●	35
			站点200 m服务半径覆盖率＝站点200 m缓冲区面积/城市建设用地面积	+	+	●	36
	T4 与公共交通的联动/耦合关系	T4-2 公共空间格局与公共交通站点的耦合度	公交站点50 m缓冲区内的公共空间面积占总公共空间用地面积的比例/缓冲区面积比例	+	+	●	37
			公交站点150 m缓冲区内的公共空间面积占总公共空间用地面积的比例/缓冲区面积比例	+	+	●	38
			地铁站点400 m缓冲区内的公共空间面积占总公共空间用地面积的比例/缓冲区面积比例	+	+	○	39
		T5-1 自行车出行导向的公共空间可达性	自行车到达和停留公共空间的方便程度（综合定性判断）	+	+	●	40
	T5 与慢行交通的依托/渗透关系		连通性：$r = \dfrac{L}{L_{max}} = \dfrac{L}{3(V-2)}$	+	+	●	41
		T5-2 步行网络	环度：$\alpha = \dfrac{L - V + 1}{2V - 5}$	+	+	●	42
			步行区有效宽度与所占道路的比重（综合定性判断）	+	+	●	43
			弱势群体的步行可达性（综合定性判断）	/	+	●	44

（4）城市人口分布层面

公共空间格局与城市人口分布的差异并置体现为两项类体系层：与城市总人口分布的调节/适配关系（P1）以及与人口空间分异的均等/补偿关系（P2）。

与城市总人口分布的调节/适配关系（P1）包括3项具体指标。根据第6章的实证模式研究，高密度地区与公共空间格局关系的紧密度（P1-1）与公共空间格局效率与公平呈正相关，通过在人口密度分布图上叠加公共空间区位熵等值线定性判断，紧密度最低计1分，最高计5分。内圈层公共空间的承载压力（P1-2）与公共空间格局效率与公平呈负相关，通过在人均公共空间面积分布图上叠加公共空间区位熵等值线定性判断，承载压力最大计1分，最小计5分。公共空间服务人口比（P1-3）与公共空间格局效率与公平呈正相关，用服务合格及基本合格区的人口数量占城市总人口的比例来表示，区间临界值分别设为50%、60%、70%、80%。

与人口空间分异的均等/补偿关系(P2)包括 2 项指标，均与公共空间格局公平呈正相关、与效率无关。居民需求指数与公共空间个体服务水平的拟合(P2-1)之计算方法为：首先根据居民社会经济属性统计需求指数，并用最小距离法公式计算公共空间个体服务水平，然后对两者进行空间叠置分析，形成四类由不同居民需求及不同公共空间服务水平构成的地区矩阵，最后用李克特量表法赋综合分值，1 分表示空间公平度最低，5 分为最高。居民需求指数与公共空间总体服务水平的拟合(P2-2)之计算方法为：首先通过引力位法得到公共空间总体服务水平，然后对公共空间吸引力均好的最高等级和均差的最低等级地区的居民类型及其需求进行比对分析，根据弱势居民的相对比例综合判断空间公平程度(表 7-4)。

表 7-4　基于效率与公平视角的公共空间格局之指标体系及其计算方式(4)

类别层	类体系层	具体指标层	指标计算	效率效态	公平效态	备注	序号
公共空间格局与城市人口分布(P)	P1　与城市总人口分布的调节/适配关系	P1-1　高密度地区与公共空间格局关系的紧密度	按最小单元的人口密度与公共空间区位熵等值线叠加(综合定性判断)	+	+	●	45
		P1-2　内圈层公共空间的承载压力	按最小单元的人均公共空间面积与公共空间区位熵等值线叠加(综合定性判断)	−	−	●	46
		P1-3　公共空间服务人口比	服务合格及基本合格区人口数量占城市总人口的比例	+	+	●	47
	P2　与人口空间分异的均等/补偿关系	P2-1　居民需求指数与公共空间个体服务水平的拟合	最小距离法：$Z_i^E = \min \mid d_{ij} \mid$	/	+	●	48
		P2-2　居民需求指数与公共空间总体服务水平的拟合	引力位法：$Z_i^C = \sum_j \dfrac{S_j}{d_{ij}^2}$	/	+	●	49

以上各项指标所对应的 5 分制等级分值系统的评估区间参见表 7-5。评价样本城市时，首先要依据算式逐项算出各项因子的具体数值，然后对照表 7-5 的区间取值范围查阅得到因子的 5 分制赋值。

表 7-5　基于效率与公平视角的公共空间格局之指标评估区间对照表

类别层	类体系层	具体指标层	评估等级与得分
公共空间格局与城市结构形态(S)	S1　与自然要素的制约/依存关系	S1-1　山体区位熵与公共空间区位熵的相关系数	一级：≤0.2 ……………… 1 二级：>0.2—0.4 ……… 2 三级：>0.4—0.6 ……… 3
		S1-2　水域区位熵与公共空间区位熵的相关系数	四级：>0.6—0.8 ……… 4 五级：>0.8 ……………… 5

类别层	类体系层	具体指标层	评估等级与得分
	S2 与城市肌理的关联/拓扑关系	S2-1 公共领域内的公共空间用地比例	一级：≤6% ………… 1 二级：>6%—9% ………… 2 三级：>9%—12% ………… 3 四级：>12%—15% ………… 4 五级：>15% ………… 5
		S2-1 居住领域内的公共空间用地比例	一级：≤3% ………… 1 二级：>3%—4% ………… 2 三级：>4%—5% ………… 3 四级：>5%—6% ………… 4 五级：>6% ………… 5
		S2-2 公共领域街区平均面积的开方（单位：m）	一级：>350 ………… 1 二级：>300—350 ………… 2 三级：>250—300 ………… 3 四级：>200—250 ………… 4 五级：≤200 ………… 5
		S2-2 居住领域街区平均面积的开方（单位：m）	一级：>300 ………… 1 二级：>250—300 ………… 2 三级：>200—250 ………… 3 四级：>150—200 ………… 4 五级：≤150 ………… 5
		S2-3 公共领域的建筑密度	一级：≤20% ………… 1 二级：>20%—25% ………… 2 三级：>25%—30% ………… 3 四级：>30%—35% ………… 4 五级：>35% ………… 5
	S3 与城市结构性特征的连接/叠合关系	S3-1 公共空间与城市结构要素的叠合度	一级：≤10% ………… 1 二级：>10%—30% ………… 2 三级：>30%—50% ………… 3 四级：>50%—70% ………… 4 五级：>70% ………… 5
		S3-1 公共空间与城市结构要素的相邻度（单位：个/km）	一级：≤1 ………… 1 二级：>1—2 ………… 2 三级：>2—3 ………… 3 四级：>3—4 ………… 4 五级：>4 ………… 5
		S3-1 公共空间与城市结构要素的相近度	一级：≤0.9 ………… 1 二级：>0.9—1.2 ………… 2 三级：>1.2—1.5 ………… 3 四级：>1.5—1.8 ………… 4 五级：>1.8 ………… 5

类别层	类体系层	具体指标层	评估等级与得分	
		S3-2 公共空间近邻缓冲区内的建筑集聚度	一级：≤1.0 …… 1	
			二级：>1.0—1.05 …… 2	
			三级：>1.05—1.1 …… 3	
			四级：>1.1—1.15 …… 4	
			五级：>1.15 …… 5	
	S4 与城市圈层结构的向心/梯度关系	S4-1 公共空间的圈层分布	一级：≤1 …… 1	
			二级：>1—2 …… 2	
			三级：>2—3 …… 3	
			四级：>3—4 …… 4	
			五级：>4 …… 5	
		S4-2 内圈层的高等级公共空间区位熵	一级：≤1 …… 1	
			二级：>1—3 …… 2	
			三级：>3—5 …… 3	
			四级：>5—7 …… 4	
			五级：>7 …… 5	
公共空间格局与城市土地利用(L)	L1 与土地利用性质的吸引/排斥关系	L1-1 积极城市职能用地与公共空间格局关系的紧密度	一级：最低 …… 1	
			二级：次低 …… 2	
			三级：中等 …… 3	
			四级：次高 …… 4	
			五级：最高 …… 5	
		L1-2 用地综合熵值与公共空间用地比例的相关系数	一级：≤0.2 …… 1	
			二级：>0.2—0.4 …… 2	
			三级：>0.4—0.6 …… 3	
			四级：>0.6—0.8 …… 4	
			五级：>0.8 …… 5	
		L1-3 公共空间沿线用地构成中的积极职能用地集聚度	一级：≤1.0 …… 1	
			二级：>1.0—1.3 …… 2	
			三级：>1.3—1.6 …… 3	
			四级：>1.6—1.9 …… 4	
			五级：>1.9 …… 5	
	L2 与土地利用密度的集聚/共生关系	L2-1 建筑密度与公共空间用地比例的相关系数	一级：≤0.2 …… 1	
			二级：>0.2—0.4 …… 2	
		L2-2 容积率与公共空间用地比例的相关系数	三级：>0.4—0.6 …… 3	
			四级：>0.6—0.8 …… 4	
			五级：>0.8 …… 5	
		L2-3 公共空间率	一级：≤0.03 …… 1	
			二级：>0.03—0.06 …… 2	
			三级：>0.06—0.1 …… 3	
			四级：>0.1—0.15 …… 4	
			五级：>0.15 …… 5	

类别层	类体系层	具体指标层	评估等级与得分
	L3 与土地价格的择优/补偿关系	L3-1 公共领域公共空间用地比例与地价的一致性	一级：最低 …………… 1 二级：次低 …………… 2 三级：中等 …………… 3 四级：次高 …………… 4 五级：最高 …………… 5
		L3-2 居住领域公共空间用地比例与地价的反向关系	
公共空间格局与城市交通组织(T)	T1 城市道路的公共空间属性	T1-1 城市路网级配中的支路配比	一级：≤0.4 …………… 1 二级：>0.4—0.5 ……… 2 三级：>0.5—0.6 ……… 3 四级：>0.6—0.7 ……… 4 五级：>0.7 …………… 5
		T1-2 城市道路与公共空间的叠合度	一级：≤5% …………… 1 二级：>5%—20% ……… 2 三级：>20%—35% …… 3 四级：>35%—50% …… 4 五级：>50% ………… 5
	T2 与出行方式的互构/互塑关系	T2-1 环境友好型交通方式的比例	一级：≤40% …………… 1 二级：>40%—50% …… 2 三级：>50%—60% …… 3 四级：>60%—70% …… 4 五级：>70% ………… 5
	T3 与机动车交通连通/到达的关系	T3-1 与城市道路不重合的公共空间的交通可达性	一级：最低 …………… 1 二级：次低 …………… 2 三级：中等 …………… 3 四级：次高 …………… 4 五级：最高 …………… 5
		T3-2 城市总路网密度（单位：km/km²）	一级：≤5 …………… 1 二级：>5—7 ………… 2 三级：>7—9 ………… 3 四级：>9—11 ……… 4 五级：>11 ………… 5
		T3-2 城市支路网密度（单位：km/km²）	一级：≤2 …………… 1 二级：>2—4 ………… 2 三级：>4—6 ………… 3 四级：>6—8 ………… 4 五级：>8 ………… 5

类别层	类体系层	具体指标层	评估等级与得分
		T3-3　城市路网连接度	一级：≤3.2 …………… 1 二级：>3.2—3.4 ……… 2 三级：>3.4—3.6 ……… 3 四级：>3.6—3.8 ……… 4 五级：>3.8 …………… 5
	T4　与公共交通的联动/耦合关系	T4-1　公共交通站点密度（单位：个/km²）	一级：≤5 ……………… 1 二级：>5—6 ………… 2 三级：>6—7 ………… 3 四级：>7—8 ………… 4 五级：>8 ……………… 5
		T4-1　公共交通站点200 m服务半径覆盖率	一级：≤50% ………… 1 二级：>50%—55% … 2 三级：>55%—60% … 3 四级：>60%—65% … 4 五级：>65% ………… 5
		T4-2　公交站点50 m半径的公共空间集中程度	一级：≤1.0 ………… 1 二级：>1.0—1.3 …… 2 三级：>1.3—1.6 …… 3 四级：>1.6—1.9 …… 4 五级：>1.9 ………… 5
		T4-2　公交站点150 m半径的公共空间集中程度	一级：≤1.0 ………… 1 二级：>1.0—1.1 …… 2 三级：>1.1—1.2 …… 3 四级：>1.2—1.3 …… 4 五级：>1.3 ………… 5
		T4-2　地铁站点400 m半径的公共空间集中程度	
	T5　与慢行交通的依托/渗透关系	T5-1　自行车到达和停留公共空间的方便程度	一级：最低 ………… 1 二级：次低 ………… 2 三级：中等 ………… 3 四级：次高 ………… 4 五级：最高 ………… 5
		T5-2　步行网络连通性	一级：≤0.3 ………… 1 二级：>0.3—0.4 …… 2 三级：>0.4—0.5 …… 3 四级：>0.5—0.6 …… 4 五级：>0.6 ………… 5
		T5-2　步行网络环度	一级：≤0.2 ………… 1 二级：>0.2—0.3 …… 2 三级：>0.3—0.4 …… 3 四级：>0.4—0.5 …… 4 五级：>0.5 ………… 5

类别层	类体系层	具体指标层	评估等级与得分
公共空间格局与城市人口分布（P）		T5-2　步行区有效宽度与所占道路比重	一级：最低 …………… 1 二级：次低 …………… 2 三级：中等 …………… 3 四级：次高 …………… 4 五级：最高 …………… 5
		T5-2　弱势群体的步行可达性	
	P1　与城市总人口分布的调节/适配关系	P1-1　高密度地区与公共空间格局关系的紧密度	
		P1-2　内圈层公共空间的承载压力	一级：最大 …………… 1 二级：次大 …………… 2 三级：中等 …………… 3 四级：次小 …………… 4 五级：最小 …………… 5
		P1-3　公共空间服务人口比	一级：≤50% …………… 1 二级：>50%—60% …… 2 三级：>60%—70% …… 3 四级：>70%—80% …… 4 五级：>80% …………… 5
	P2　与人口空间分异的均等/补偿关系	P2-1　居民需求指数与公共空间个体服务水平的拟合	一级：最低 …………… 1 二级：次低 …………… 2 三级：中等 …………… 3 四级：次高 …………… 4 五级：最高 …………… 5
		P2-2　居民需求指数与公共空间总体服务水平的拟合	

7.2　权重确定与评价系统的建立

7.1 节已明确了基于效率与公平视角的城市公共空间格局评价指标体系的因子层级构成及其计算方式，并在实证论证基础上立足一定的评价标准制定了各项评估因子的 5 分制等级分值评价区间。本节运用 Saaty 教授提出的多属性决策分析法——AHP 法结合德尔斐法确定各层子元素对上层元素的贡献程度，建立城市语境下公共空间格局评估的方程关系式，指标权重值与因子评分值相乘、加和后依层级结构逐级往上层推算就可得到公共空间格局的效率与公平评价。

（1）指标权重的确定

多属性决策分析法（AHP 法）适用于将社会经济及科学管理等领域中复杂、模糊不清的问题转化为简明的层级系统，是一种定性与定量相结合的系统分析方法。它基于系统论中的层级性原理，通过层级结构将复杂问题由高层次向低层次降维，并可集成相关专家及决策者意见，经由加权法则计算每一层次各准则间的相对重要程度。

AHP 法的第一步是明确问题、建立递阶分层架构,如目标层、类别层、类体系层、具体指标层等。同一层级的要素必须彼此独立,每层评估因子以不超过 7—9 个为宜。图 7-1、表 7-1—表 7-4 已用框图形式阐明了城市公共空间格局评价的层次递阶结构与因子的从属关系。

第二步是用比例标度执行因素间的成对比较。Saaty 提出用九分法构造五个等级的比对矩阵,用数值 1、3、5、7、9 分别代表同等重要、稍微重要、明显重要、强烈重要和极端重要的指标相对强度(表 7-6)。本书据此设计专家问卷调查表格(详见附录 2),对城市公共空间格局评价类别层及类体系层的众指标通过咨询专家意见后应用专家决策分析软件确定标度值。

表 7-6　AHP 法的比例标度说明

比例标度	定义	说明
1	Equal important	两因素的贡献程度同等重要
3,1/3	Weak important	一个因素与另一个因素相比,稍微重要
5,1/5	Essential or strong important	一个因素与另一个因素相比,明显重要
7,1/7	Demonstrated important	一个因素与另一个因素相比,强烈重要
9,1/9	Absolute important	一个因素与另一个因素相比,极端重要

图 7-2　Expert Choice 程序界面及运算结果

第三步是进行一致性指标(Consistency Index,简称 CI)检验。若用 $\lambda_{\max}$ 表示矩阵的最大特征值,则 $CI = \dfrac{\lambda_{\max} - n}{n - 1}$。若 $CI \leqslant 0.1$,则判断矩阵有较好的一致性。专家问卷的一致性检验未能通过时,问卷无效。

调查问卷填写过程采用美国兰德公司制定的德尔斐法背靠背进行,任何专家间不发生直接联系。最后综合专家群体的经验智慧,提供效率与公平视角下公共空间格局模型的群体决策模式,科学建构评价系统各项指标的权重结构。专家类型覆盖规划部门、国内外高校科研工作者、规划设计院一线设计人员等多个领域[1],旨在使指标权重能够反映不同立场的专家意见及多准则评估特性。问卷发放及回收时间为 2011 年 5—6 月,为期 1 个月。共发放问卷 32 份,回收率 100%,其中有效问卷 29 份($CI \leqslant 0.1$)。

应用 Expert Choice 软件包对回收的有效问卷执行运算,结

---

① 32 份问卷发放的专家包括:南京市规划局 6 份,苏黎世联邦理工学院 3 份,法国拉维莱特建筑学院 2 份,意大利都灵理工大学 1 份,清华大学建筑学院 1 份,东南大学建筑学院 4 份,南京大学建筑学院 2 份,同济大学建筑与城市规划学院 2 份,法国 Paul CHEMETOV 建筑事务所 1 份,新加坡邦城规划公司 2 份,江苏省城市规划设计院 3 份,南京市规划设计院 2 份,华东建筑设计院 2 份,清华大学建筑设计院 1 份。

果得到：效率效态的类别层权重值为，城市结构形态层面（S）为 0.371，城市土地利用层面（L）为 0.232，城市交通组织层面（T）为 0.287，城市人口分布层面（P）为 0.110，参见图 7-2。这表明对于城市公共空间格局效率而言，与城市结构形态的协同互构关系最重要，权重超过 1/3；与交通组织的竞争联合关系、与土地利用的关联支配关系次之，与人口分布的差异并置关系较弱。关系表达式为：EFP（Efficiency of the Urban Public Space Pattern）= 0.371S+0.232L+0.287T+0.110P。

公共空间格局公平效态的类别层权重值为，城市结构形态层面（S）为 0.202，城市土地利用层面（L）为 0.172，城市交通组织层面（T）为 0.282，城市人口分布层面（P）为 0.344。这表明对于城市公共空间格局公平而言，与城市人口分布层面的关系优先程度最高，其次为城市交通组织层面，再次为城市结构形态层面，与土地利用的关系最弱。关系式为：EQP（Equity of the Urban Public Space Pattern）= 0.202S+0.172L+0.282T+0.344P，且有 EQP=EFP+0.234P−0.169S−0.060L−0.005T。由公式可见，城市人口分布（P）和结构形态层面（S）对公共空间格局效率与公平的作用倾向于此消彼长，位于影响因素的 II 区间，可用于调节空间效率和公平的均衡；土地利用（L）和交通组织层面（T）对空间效率与公平的影响较一致，位于 I 区间（图 7-3），意味着只要土地利用和交通组织制约因素持续改善，公共空间的格局效率与公平就能够同时得到有效提升。

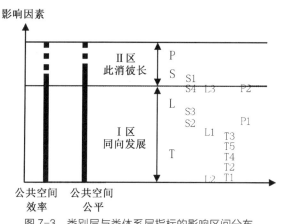

图 7-3 类别层与类体系层指标的影响区间分布

类体系层面，效率效态的各项指标总权重按重要程度排序依次为：S3 结构性特征为 0.113 9，P1 人口分布为 0.110 0，S4 圈层结构为 0.095 0，T4 公共交通为 0.086 4，S2 城市肌理为 0.086 1，L1 土地利用性质为 0.080 7，L2 土地利用密度为 0.077 0，S1 自然要素为 0.076 1，L3 土地价格为 0.074 2，T1 道路属性为 0.060 3，T5 慢行交通为 0.056 5，T3 机动车交通为 0.054 2，T2 出行方式为 0.029 6，P2 人口分异不参与权重分配。结果显示，参与本次问卷的专家群体倾向于认为，S3 结构性特征、P1 人口分布、S4 圈层结构、T4 公共交通、S2 城市肌理、L1 土地利用性质 6 项指标对城市公共空间格局效率最具关键性作用。分析可知，这 6 项指标均是公共空间与城市社会空间结构关系的重要反映，从而支配了对城市公共空间格局效率的评价。L2 土地利用密度、S1 自然要素、L3 土地价格、T1 道路属性 4 项指标的权重值介于 0.06—0.08 之间，对公共空间格局效率的影响程度属于中等。T5 慢行交通、T3 机动车交通、T2 出行方式 3 项指标的权重值均低于 0.06，对公共空间格局效率影响最弱。关系展开式为：$EFP = 0.076\ 1S1 + 0.086\ 1S2 + 0.113\ 9S3 + 0.095\ 0S4 + 0.080\ 7L1 + 0.077\ 0L2 + 0.074\ 2L3 + 0.060\ 3T1 + 0.029\ 6T2 + 0.054\ 2T3 + 0.086\ 4T4 + 0.056\ 5T5 + 0.110\ 0P1$。

类体系层面之公平效态的各项指标总权重排序为：P2 人口分异为 0.260 1，T4 公共交通为 0.090 5，P1 人口分布为 0.083 9，S3 结构性特征为 0.080 0，L2 土地利用密度为 0.077 2，T5 慢行交通为 0.069 4，S2 城市肌理为 0.064 8，L1 土地利用性质为 0.060 0，T1 道路属性为 0.057 5，S1 自然要素为 0.057 2，T3 机动车交通为 0.038 4，L3 土地价格为 0.034 7，T2 出行方式为 0.026 2，S4 圈层结构不参与权重分配。结果反映，P2 人口分异、T4 公共交通、P1 人口分布、S3 结构性特征 4 项指标对城市公共空间格局公平影响最大，其中 P2 人口分异单项指标权重贡献超过 1/4。L2 土地利用密度、T5 慢行交通、S2 城市肌理、L1 土地利用性质 4 项指标对公共空间格局公平的影响程度属于中等，T1 道路属性、S1 自然要素、T3 机动车交通、L3 土地价格、T2 出行方式 5 项指标的影响较弱。可以认为，对公共空间格局公平评价最具支配作用的是公共空间与城市人口分布层面的关系，以及公共交通与城市结构性特征方面的支撑力度。结合效率效态权重分布看，T4 公共交通、P1 人口分布和 S3 结构性特征 3 项指标对公共空间格局效率或公平的评价均具一定代表性意义。关系展开式为：$EQP = 0.057\ 2S1 + 0.064\ 8S2 + 0.080\ 0S3 + 0.060\ 0L1 + 0.077\ 2L2 + 0.034\ 7L3 + 0.057\ 5T1 + 0.026\ 2T2 + 0.038\ 4T3 + 0.090\ 5T4 + 0.069\ 4T5 + 0.083\ 9P1 + 0.260\ 1P2$，且有 $EQP = EFP + 0.260\ 1P2 - 0.095\ 0S4 - 0.039\ 5L3 - 0.033\ 9S3 - 0.026\ 1P1 - 0.021\ 2S2 - 0.020\ 7L1 - 0.018\ 9S1 - 0.015\ 9T3 + 0.012\ 8T5 + 0.004\ 1T4 - 0.003\ 3T2 - 0.002\ 7T1 + 0.000\ 2L2$ 成立。其中 S1 自然要素指标对公共空间格局效率与公平效态的作用力相反，S4 圈层结构、L3 土地价格、P2 人口分异只与空间效率或公平一方相关，其余 S2、S3、L1、L2、T1—T5、P1 分项指标对空间效率与公平的影响趋于一致（图 7-3）。

（2）评价系统的建立

根据上文确定的指标体系构成与权重分布，建立基于效率与公平视角的城市公共空间格局综合评价体系如图 7-4 所示，该评价系统适用于城市总体层面的公共空间格局评价。其中，类别层与类体系层的指标权重值已通过专家咨询问卷计算求得；具体指标层的评估因子达 49 项，简化起见，不再用 Saaty 九分法执行成对比较，其对类体系层的权重用等权重法加和确定。考虑到类体系层指标相对于最高层总目标的权重值不大（基本小于 0.1），因此等权重法不会对评价结果造成显著偏差。最后将底层因子权重与各层面因子评分之积依层级结构往上层推算，得到城市公共空间格局整体评价。

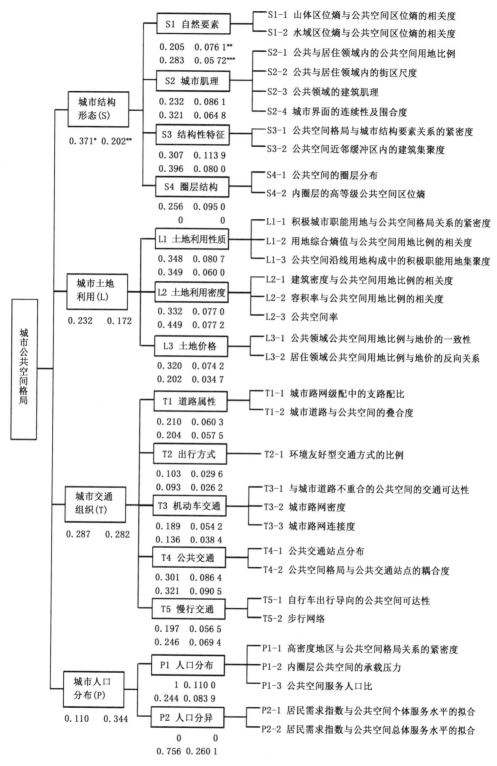

图 7-4　基于效率与公平视角的城市公共空间格局评估体系

注：*表示类别层效率效态的权重系数，**表示类别层公平效态的权重系数，***表示类体系层效率效态的分项权重(前)及总权重(后)，****表示类体系层公平效态的分项权重(前)及总权重(后)。

7.3 苏黎世与南京老城公共空间格局评价

（1）因子分值评估

基于 7.1 节建立的指标群及其 5 分制等级分值评估区间对苏黎世与南京老城四大层面的各项因子赋值如下（表 7-7—表 7-10）。其中，5 项选择性指标未计入栏目；44 项规定性指标中，效率效态栏共 37 项正效指标（系统效率随变量数值的增加而增加），3 项负效指标（系统效率随变量数值的增加而降低），4 项无关指标（系统效率与变量取值无关）；公平效态栏共 38 项正效指标，5 项负效指标，3 项无关指标。经试用，依据上文设定的分值评价区间得到的分值与经验观察数据相符，评价区间成立。

表 7-7　苏黎世与南京老城城市结构形态层面的因子分值

类体系层		S1		S2				S3				S4	
指标层		S1-1	S1-2	S2-1		S2-2		S2-3	S3-1			S3-2	S4-1	S4-2
序号		01	02	03	04	05	06	08	12	13	14	15	16	17
苏黎世	EF	-3	4	5	5	5	4	4	5	4	5	3	5	4.5
	EQ	3	-4	5	5	5	4	4	5	4	5	3	0	0
南京	EF	1	2	3	2	2	3	3	1	4	2	3	1	3
	EQ	-1	-2	3	2	2	3	3	1	4	2	3	0	0

注："EF" 为 "efficiency" 的缩写，表示效率效态；"EQ" 为 "equity" 的缩写，表示公平效态，下同。

表 7-8　苏黎世与南京老城城市土地利用层面的因子分值

类体系层		L1			L2			L3	
指标层		L1-1	L1-2	L1-3	L2-1	L2-2	L2-3	L3-1	L3-2
序号		18	19	20	21	22	23	24	25
苏黎世	EF	5	5	4	4	4	4	5	0
	EQ	5	5	4	4	4	4	0	1
南京	EF	3	1	3	-1	-1	2	2	0
	EQ	3	1	3	-1	-1	2	0	4

表 7-9　苏黎世与南京老城城市交通组织层面的因子分值

类体系层		T1			T2	T3			T4			T5			
指标层		T1-1	T1-2		T2-1	T3-1	T3-2		T3-3	T4-1		T4-2	T5-1	T5-2		
序号		26	27	28	29	30	31	32	33	34	35	36	37	38	40	41	42	43	44
苏黎世	EF	5	5	5	3	5	5	5	5	5	5	5	5	4	3	5	5	4	0
	EQ	5	5	5	3	5	5	5	5	5	5	5	5	4	2	5	5	4	5

类体系层		T1				T2	T3				T4				T5				
南京	EF	4	1	2	3	5	2	3	3	3	4	4	2	1	5	4	3	3	0
	EQ	4	1	2	3	5	2	3	3	3	4	4	2	1	5	4	3	3	2

表 7-10   苏黎世与南京老城城市人口分布层面的因子分值

类体系层		P1			P2	
指标层		P1-1	P1-2	P1-3	P2-1	P2-2
序号		45	46	47	48	49
苏黎世	EF	4	5	5	0	0
	EQ	4	5	5	1	2
南京	EF	2	2	3	0	0
	EQ	2	2	3	4	4

（2）公共空间格局评价

将苏黎世与南京老城四大层面的因子分值逐一代入城市公共空间格局综合评价体系，得到两市公共空间格局评价分值如表 7-11。

以标准分 5 分计，苏黎世公共空间格局效率综合得分为 4.265 2，相当于百分制的 85.3 分，反映该市公共空间格局与城市语境的关系模式十分高效。类别层指标评分构成表明，该类土地利用（L）、交通组织（T）、人口分布（P）三项指标群得分均在 90 分以上。南京老城公共空间格局效率综合得分为 2.248 2，相当于百分制的 45.0 分，低于警戒值 50 分，这表明南京公共空间格局与城市用地、结构、人口及交通的关系亟待优化调整，尤其公共空间格局与土地利用（L）的关系相当弱势。苏黎世公共空间格局公平综合得分为 3.318 4（66.4 分），空间公平程度属于中等，P2 人口分异和 L3 土地价格两类指标体系层显著拉低了均值，应成为公共空间格局优化的重点。南京老城公共空间格局公平评分为 2.623 4（52.5 分），其中基于人口分布与交通组织层面的空间公平程度较高，弱势局面主要是公共空间格局与城市结构及用地的关系模糊导致的，将随空间效率的提高得到改善。

总体而言，苏黎世城市公共空间格局属于高度成熟类型的高效、中等公平状态，在公共空间与城市语境的互动关系中显示出诸多合乎理性逻辑的高效布局模式，值得其他城市参考借鉴；但基于地域的社会剥夺未能避免，用弱势群体需求衡量的公共空间分配相对不公，是公共空间格局应优化的方向。南京老城公共空间格局基本脱离初级质量、进入中等质量公共空间布局阶段，属于发展中的低效、中低度公平状态，公共空间格局效率与公平亟须同步提升。

南京老城与苏黎世的公共空间格局之所以呈现出显著差异，根源就在于后者是作为与交通系统同等重要的城市基础性组织及全局性控制系统而存在，前者却只是城市的功能性构成元素和点缀。

表 7-11 苏黎世与南京老城公共空间格局评价分值

类别层	类体系层	公共空间格局效率			公共空间格局公平		
		标准分	苏黎世评分	南京老城评分	标准分	苏黎世评分	南京老城评分
S		1.855 0	1.369 1	0.784 2	1.010 0	0.609 7	0.262 9
	S1	0.380 3	0.038 0	0.114 1	0.285 8	−0.028 6	−0.085 7
	S2	0.430 4	0.395 9	0.223 8	0.324 2	0.298 3	0.168 6
	S3	0.569 5	0.484 1	0.256 3	0.400 0	0.340 0	0.180 0
	S4	0.474 9	0.451 1	0.190 0	0	0	0
L		1.160 0	1.056 1	0.310 0	0.860 0	0.623 7	0.259 1
	L1	0.403 7	0.376 8	0.161 5	0.300 1	0.280 1	0.120 1
	L2	0.385 1	0.308 1	0	0.386 1	0.308 9	0
	L3	0.371 2	0.371 2	0.148 5	0.173 7	0.034 7	0.139 0
T		1.435 0	1.326 7	0.897 3	1.410 0	1.303 2	0.865 2
	T1	0.301 4	0.271 2	0.150 7	0.287 6	0.258 9	0.143 8
	T2	0.147 8	0.147 8	0.147 8	0.131 1	0.131 1	0.131 1
	T3	0.271 2	0.271 2	0.149 2	0.191 8	0.191 8	0.105 5
	T4	0.431 9	0.410 3	0.237 6	0.452 6	0.430 0	0.248 9
	T5	0.282 7	0.226 2	0.212 0	0.346 9	0.291 4	0.235 9
P		0.550 0	0.513 3	0.256 7	1.720 0	0.781 8	1.236 2
	P1	0.550 0	0.513 3	0.256 7	0.419 7	0.391 7	0.195 9
	P2	0	0	0	1.300	0.390 1	1.040 3
合计		5.000 0	4.265 2	2.248 2	5.000 0	3.318 4	2.623 4
折合百分制		100	85.3	45.0	100	66.4	52.5

7.4 苏黎世公共空间格局的中观模式分析

苏黎世公共空间系统的高效不仅反映在它与城市结构、土地利用、交通组织和人口分布层面的宏观关系上,还体现在中观层面与城市公共中心的耦合互构格局中。以步行距离为半径,苏黎世各片区形成了覆盖全城的"服务枢纽",这些地方聚集了较高密度的人口,土地利用更为混合,城市生活更加丰富,有着便捷的公共交通,形成了具有认同和归属感的地区公共中心。地区公共中心主要由公共空间结合公共交通和必要的公共设施构成(图7-5)。集聚效应、多样的服务组合、多目的出行及便捷联系的可能使得这些公共空间更具使用上的优势,因此成为表征城市形象的代表性公共空间与供社区使用的邻里空间之间最重要的中观层面的公共空间,支撑城市的良性运转。这些结合服务枢纽布局的公共空间在城市中分散布置,具有很好的步行可达性,公平地履行服务职能。通过在不同公共中心之间建立联系路径,公共空间的连续性和可识别性得以确立。同时,分散策略不等同于均布策略,枢纽公共空间在片区内部起到集聚作用。通过"服务枢纽"地区层面的集中布置结合城市层面的分散布局,公共空间格局在效率与公平之间达至平衡。这种公共中心的意义不仅反映在物质、职能或技术层面,还是精神与社会层面的,通过有形的教堂礼拜场所将居民凝聚在一起,其战略节点意义主要在于对城市的结构性提炼和塑造,以及由此形成的层级分明的公共空间等级体系对城市宏观空间结构的有效支撑。

图 7-5　城市公共中心由步行距离内的公共空间结合公共交通和必要的公共设施构成

苏黎世作为地区公共中心的 34 个广场和为办公服务的 4 个广场如图 7-6 所示。可以发现,大部分广场周边的土地利用高度混合,电车或公交站点位于中心。这些在关键区位设置的以步行和公共交通为导向的中心确保了苏黎世城市的高效运转。广场

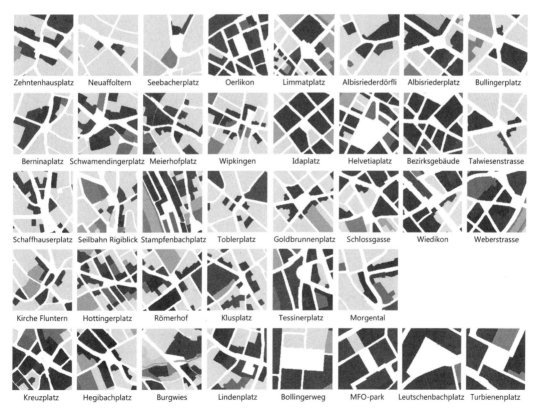

图 7-6　苏黎世作为地区公共中心的 34 个广场和为办公服务的 4 个广场

注:最后 4 个是为办公服务的 4 个广场。

规模通常在 5 000—10 000 m² 之间，各司其职，并不存在位于城市中心的、特别突出的主要广场，正统的中心性在此被层级清晰而连贯的公共空间系统所取代，实际上与苏黎世根深蒂固的民主文化一脉相承。例如位于苏黎世第 51 区、利马特街和朗街交叉口处的利马特广场（Limmatplatz），它与广场中心的电车站点和周边的公共设施如大型超市、银行、商店等，共同构成物质上、行为上和心理上的地区公共中心，与居民的日常生活密切相关，是欧洲城市紧凑布局和功能混合的典型代表。

由四块对角线方向对称的绿地构成的利马特广场形成于 1879—1885 年，在不断的适应和调整中，这个区域逐渐成长为富有吸引力的综合街区。2004—2007 年，利马特广场被改造重建，将公共空间、保留的树木、公共设施如便利店、咖啡屋以及电车站点统合在一个椭圆形空间内，成为苏黎世的新地标。该区相对较小的街区尺度为高强度的步行活动和机动车交通提供了一个高效的网络，保证了街道良好的可达性、建筑类型和功能的多样性以及随时间改变的灵活适应能力；产权地块细分对建筑类型和用途的混合、更有活力的沿街面及更高密度模式具有积极作用，增加了与公共领域积极互动的可能性。丰富的功能混合不仅满足了白天的需求，各种酒吧、俱乐部和餐馆的设置还促进了夜晚和节假日的充分利用。公共空间由周边式建筑围合而成，外部空间的完整性得以保证。街道将广场、公共绿地和滨水空间紧密衔接在一起，形成公共空间网络。界定公共空间边缘的建筑边界相对连续，公共建筑的红线通常直接与人行道边缘相邻，构成公共空间外轮廓，不存在模糊或剩余空间。利马特广场周边的建筑红线被旋转 45 度，以形成对角线方向的广场。2 条电车线路和 1 条公交线路在利马特广场设有站点，提供了很好的可达性和活动集聚的可能性。各种商业业态包括超市、药店、便利店、咖啡馆和餐馆，以及银行、学校、办公楼、剧院、教堂、社区中心等构成步行距离内的高效网络（图 7-7）。这个由公共空间系统结合公共交通和公共设施构成的"服务枢纽"，不仅满足了居民的日常公共生活所需，更重要的是构成了城市结构的关键节点要素，促进了社区归属感的形成。

作为可步行城市的一部分，该区的公共空间均位于步行距离之内。利马特广场成为区域的"服务枢纽"，最大服务半径为 600 m。其他三个广场被均布在主要街坊可达的 2 min 步行距离内，也就是 150 m 服务半径内。两块公共绿地分别在居民的 600 m 和 400 m 步行距离内（图 7-8）。作为自上而下的规划与自下而上的自发生长结合的产物，该区呈现出具有规律性的公共空间分布模式。这种公共中心的典型模式可以归纳为如图 7-9 所示：在整个地区较靠近地理中心的位置由公共空间结合公共交通和公共设施形成"服务枢纽"，服务于整个片区范围，最大服务半径为 600—1 000 m，成为片区的公共中心。服务枢纽通常围绕一个较大的中心广场布置，广场可能位于道路交叉口的中央，或是在路网结构中占据一个街区的位置；环绕服务枢纽周边间隔布置邻里级广场，最大服务半径为 150—200 m。公共绿地布置在片区靠近外围较幽静处，服务半径为 400—600 m。街区地块尺寸小而多样，以提供多种布局的可能性。主要街道和邻里间的街道联系了主次

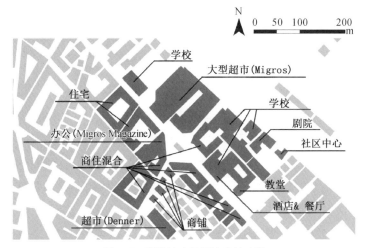

图7-7 利马特广场周边建筑功能

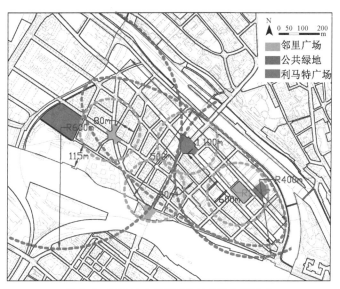

图7-8 利马特广场街区公共空间布局模式

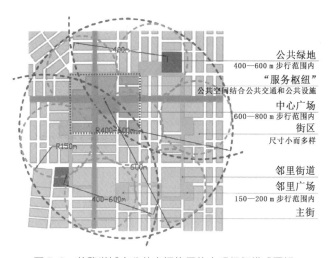

图7-9 苏黎世城市公共空间格局的中观组织模式图解

广场和绿地,建立起具有层级性和连续性的公共空间网络系统。经考证,苏黎世的多个地区公共中心均契合此布局模式。

　　苏黎世城市公共空间格局的中观组织模式实际上并不令人陌生,其中渗透着城市空间基本发展单元的思想。将其与佩里的邻里单位、杜阿尼的传统街区发展模式(TND)及考尔索普的公共交通导向发展(TOD)相比较(图7-10),四者间颇有相似之处。它们针对的均是步行可达、能够满足日常生活多样性需要、增进个人身份认同感及地区归属感的城市空间"细胞单元",场所具有内在的社会文化含义,社会经济功能结构相对独立。它们的由步行适宜距离决定的空间地理尺度相似,均围绕邻里中心布置,街区尺度小而多样,优先考虑公共空间及公共建筑的安排,提供了介于城市总体与基本街区之间中观层级的组织模式,便于规划管控。尤其是 TND 和 TOD 的中心区都围绕公共交通站点、结合公共空间及混合功能的公共建筑规划布置,强调公共空间的可达性和紧凑发展①。

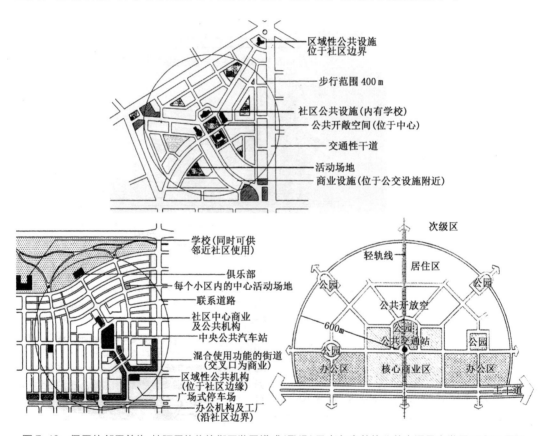

图7-10　佩里的邻里单位、杜阿尼的传统街区发展模式(TND)及考尔索普的公共交通导向发展(TOD)图解

资料来源:张京祥.西方城市规划思想史纲[M].南京:东南大学出版社,2005.

_____

① TOD 模式致力于整合公共空间布局与公交站点的关系:"在 TOD 的空间表述中……广场中心是整个地区的空间标志和社会交往的空间场所所在。""公交站点充当与周围其他区域联系的枢纽,而公共建筑则成为本区域最为重要的核心,还有一个用于人们聚集、庆典以及特殊事件的'现代版的古希腊广场'。"参见任春洋.美国公共交通导向发展模式(TOD)的理论发展脉络分析[J].国际城市规划,2010,25(4):92-99.

但苏黎世模式又是不同的。其一，苏黎世模式是对现状的抽象提炼，是一种基于真实存在的"描述性"研究，结论相对客观，但该模式对其他城市语境的适应性尚需考察；邻里单位、TND 和 TOD 模式则是由学者们基于不同初衷和目标提出的旨在指导实践的理论，带有一定主观色彩，它们与苏黎世城市空间组织方式的相对契合证实城市空间基本发展单元确实存在，理论的现实根基是其合理存在的凭据。

其二，苏黎世模式来自对城市综合发展区域的规律总结，具有很强的"城市性"及公共性含义，不能狭隘地将其理解为社区组织理论，这是与邻里单位和 TND 模式根本不同的一点。

其三，苏黎世空间组织模式的重点在城市设计而非城市规划，它强调"服务枢纽"的一体化整合作用，居民对具体公共服务设施有多样选择的自由，为地区自下而上的发展预留了弹性控制的空间，也能在一定程度上避免地区间的雷同；它将连续的公共空间系统作为组织城市、形成场所的有效手段，更突出公共空间的重要纽带作用；它注重建筑与街道的空间关系及步行城市价值，但不对建筑形式语言风格做任何限制。

总之，苏黎世城市公共空间格局的中观组织模式并非纯物质空间指向，它同等重视空间、人口与社会的整合发展，事实证明这种公共空间与城市公共中心的耦合模式运作相对高效。

7.5　南京老城公共空间格局的优化建议

据统计，南京老城与苏黎世公共空间的城市建设用地占比实际相差不大，分别为 7.7% 和 10.8%。但 7.3 节评价结果表明，南京老城公共空间的格局效率远低于苏黎世，空间综合公平程度也不及苏黎世，在真实的城市体验中同样会明显感受到南京公共空间的相对匮乏。这种悬殊是公共空间格局与城市结构形态、土地利用、交通组织及人口分布的不同关系导致的。因而，本书不会给出任何基于总量或人均指标的公共空间规模、数量、面积的配置标准，公共空间及其与城市语境的关系才是格局评价决定性要素。南京老城公共空间格局虽已基本脱离初级质量阶段，进入中等质量公共空间布局阶段，但仍处于发展中的低效、中低度公平状态，公共空间格局效率与公平亟待提升。

在提出任何优化建议之前，我们首先要直视文化的延续性，肯定现有空间的基本价值，放弃任何有选择的偏见，反对简单套用基于不同地域、文化、传统、经济条件的既定环境秩序。正如科斯托夫所坚持的："我们应该满足于尽可能地保护这些东西，知道我们曾经拥有过什么——并且怀着对我们共同遗产的情感和爱献出我们的一份尊敬。……城市形式是历史的事件，我们建造的东西的确就是我们自己。在这一点上我们更宜接受帕特里克·格迪斯提出的理想化的发展历史主义，并且和他一起牢记今天任何城市的发展都应该考虑历史条件、地理因素和新时代的要求。"① 公共空间格局是初始形态与后继发展过程的叠加结果和混合形式，它的外在形态大多由发展过程决定，较少作为被追求的目标。然而，当今以南京为代表的中国城市公共空间格局的低效及中低度公平状态滞后于城市化进程，需要我们直面问题，在城市转型的契机中关注公共空间质量，引导高效、公平的城市公共空间发展模式。

基于3—7章的深度分析，本节有针对性地提出南京老城公共空间格局优化的六大对策建议，指标因子所占权重大、现状分值低、实施难度小的给予优先考虑。这些策略不关注城市空间短期、表层改善的权宜之计，而是旨在提出能够重构城市公共空间格局的根本性措施。

（1）结合城市结构性轴线营造公共空间，强化城市核心及中心圈层城市级公共空间的建设

城市结构形态层面，公共空间格局与城市结构性特征的连接/叠合关系所占权重最大，它与空间效率及公平的判定密切相关。根据叠合度与相近度计算数据，南京老城公共空间与线性结构轴线的关联不够紧密，尤其是结构要素与公共空间的包含关系很弱，建议尽可能通过组织高水准国际竞赛将城市"结构性轴线"——明清轴线中华路和街道街、民国传统轴线中山大道，以及景观大道北京东路、北京西路、汉中路和中央路塑造成为连贯、高品质的城市公共空间系统，实现空间效率与公平的双赢。同时，为突出公共空间的形态及使用特征，鼓励建筑向公共空间集聚的紧凑布局模式。

从圈层关系看，南京老城核心、中心、外围三大圈层的公共空间用地比例较平均，城市级公共空间的离心布置态势与公共行为活动的向心规律背离，不利于公共空间的日常使用和效率发挥。应设法增加核心与中心圈层内街道广场类硬质公共空间的用地数量及面积，强化城市级公共空间建设，在重要位置形成节点空间。决定市中心公共空间区位的主要因素不是付租能力或市场机制，更多是通过社会对市民的关怀，强化它的存在。

老城公共空间格局与城市肌理的关系需要从公共空间及肌理本身入手共同改进。目前南京老城的街区尺度为明清以来最大，公共领域街区平均310 m见方，封闭性和混杂性特征突出，城市公共空间主要通过占据街区位置形成，致使公共空间的渗透性和连续性较差。若能够结合城市支路建设减小超级街区的尺度，增加街区开放性，公共空间更多地栖身于街区之间的"空隙"，将对公共空间格局效率及公平的提升大有裨益。建议结合土地管理、城市规划实施细则的修订，改变现行管理模式，构建小街区系统的法律保障。同时，鼓励公共领域建筑采用街区围合式围绕城市公共空间组织，界面尽可能完整连续。此外，南京老城居住领域内公共空间比例低、缺乏大中型集中空间主要是社区封闭造成的，短期内难以根本改变。而公共领域的软质公共空间（滨水空间+公共绿地）

---

① 科斯托夫. 城市的形成：历史进程中的城市模式和城市意义[M]. 单皓，译. 北京：中国建筑工业出版社，2005.

累计贡献率达75%，广场街道类硬质空间份额较小，这有助于增加城市绿量，缓解视觉心理上的密度及人口压力。但软质空间的作用侧重于提供休闲娱乐活动场所，对市民公共交往精神的培育贡献较小，因此在空间格局优化过程中可适量增加公共领域内硬质公共空间用地。

与自然资源的关系宜进一步整合，连通城市山水要素，开放收费公园，增强滨水近山公共空间的公共性，打造公共生活的焦点。

（2）关联积极功能用地布局公共空间，平衡高密度地区的需要

城市土地利用层面，南京老城公共设施和居住用地与公共空间格局的整体关联度较弱，现状公共空间虽表现出远离工业仓储等与公共空间活动无关或具负面影响用地的趋势，但并未充分紧密结合能够促进积极公共活动发生的城市功能用地。同时，分区公共空间与城市用地混合程度的关系不明。建议在城市更新进程中，一方面通过公共空间周边土地功能置换，另一方面通过恰当选取新建公共空间的基址，增强公共空间格局与积极城市功能用地以及功能高度混合用地的联系。不同土地用途在空间和时间上的集中是塑造良好公共领域的关键之一，应充分鼓励适宜的城市土地混合利用。

老城公共空间格局与用地密度的相关关系不成立。城市公共空间应尽可能结合高密度地区布置，越是高密度地区越需要相应的缓冲空间；低密度地区无须建设过多公共空间，不仅缺乏必要的围合感，而且不利于效益发挥和服务于最多数人。公共空间率指标分析表明，南京老城核心及中心圈层的公共空间承载压力很大，证实了强化内圈层公共空间建设的合理性。

从地价分布关系看，南京老城公共领域公共空间在地价最低的五级地内达到最高分布水平，导致公共空间在产出和使用上的总体收益较小，不利于公共空间格局效率的发挥。考虑到高地价场所的中心性对容纳活动的公共空间具有更多客观需求，应尽可能使公共领域公共空间用地与土地价格达成一致趋势。

（3）加强公共空间分布模式的主干性，通过轨道交通引导公共空间战略整合

城市交通组织层面，从包含关系看，南京老城干线系统的公共空间属性较弱，城市公共空间被局限在由干线道路分割的片区内部，公共空间系统的形成需要依托道路为骨架，影响了空间格局效率的发挥。城市公共空间自身应独立成体系，宜将以干线系统为主的街道空间塑造为公共空间整体的基本核心，建立城市充满生机的最繁忙的街道与最重要的城市场所之间的联系，加强公共空间分布模式的主干性。在老城内部，城市街道是最需要争取的公共空间，适宜步行与高效车行共存的双尺度城市成为诉求目标。

非包含模式中，南京老城沿干道布局公共空间的趋势显著，其动机旨在提升和包装城市形象，而不是真正考虑公共空间的生活需求及城市环境的内在品质。建议空间格局调整优化进程中削减橱窗展示型公共空间建设，突出公共空间格局与慢速交通方式的衔接。在道路基础设施建设方面，继续增加机动车道路里程尤其是支路里程，提高道路密度及支路配比，完善路网连接度，促进公共空间格局效率及公平的提升。

老城公共空间与公共交通站点之间的耦合关系不佳。应把公共交通的优先级放在各种通行方式首位，依据公共空间布点适当调整公交站点分布，滨水空间公交可达性不足的问题通过增加公交站点予以改善。老城结合地铁优化公共空间格局的重点是强化站点周边街道、广场及其复合空间的营建，通过轨道交通引导公共空间战略整合，促进城市高效集约发展。南京老城公共空间与公交站点的耦合度会随着现有模式下街道广场公共空间总量的增加而提高。

慢行交通方面，自行车路网全方位覆盖全市，自行车交通决定的公共空间可达性很高。步行网络连通性及环度需进一步完善，保障步行空间的有效通行宽度，保持现状以环境友好型交通为主的出行方式，加强步行系统与公共交通站点的无缝衔接，为居民全距离出行公共空间提供基于可持续交通方式的优先抉择。从空间公平角度出发，尽快出台保障弱势群体权益的专项交通政策。

（4）依据城市人口格局调整公共空间，寻求基于居民需求指数的公共空间可达公平

城市人口分布层面，南京老城人口密度的高值区与公共空间区位熵的谷值多有重叠，人口分布与公共空间格局呈负相关关系，与高密度地区对公共空间的需求量大、应布置较多公共空间的原理相悖。从使用角度看，新增公共空间需考虑人口密度布局，为城市密集人口经常性使用公共空间提供方便。用人均公共空间面积指标衡量，城市内圈层要容纳更多来自城市各个角落的人口，需要较高的人均值水平与之适配。而南京老城的人均公共空间面积恰恰在核心和中心圈层较小，在外围圈层达到最大，增大了内圈层公共空间的承载压力，这说明从人口负荷角度，核心与中心圈层的公共空间用地迫切需要增加。从人口分布与公共空间格局的总体关系出发，尽可能将公共空间布置在现状服务人口比小于40%的欠合格区，拓展服务合格区范围。

老城居民需求与公共空间个体及总体服务水平的拟合表明，城市人口分布与公共空间格局之间尚未产生明显的阶层分化，但公共空间服务水平在不同阶层人口间的分异及空间不公状况正在初步显现。建议在公共空间格局调整进程中，增加关于保障弱势群体空间权益的专题研究，寻求基于居民需求指数的公共空间可达公平，合理引导公共空间资源配置到不同类型的剥夺地域，避免在提高空间格局效率的同时形成基于地域的新的剥夺。

（5）增强公共空间层级系统的清晰度，组织高效的中观层面公共中心体系

城市发展越快，越需要一些能够为变化过程提供牢固框架的锚固点。以广场为核心的公共空间系统就应成为这样的锚固点。苏黎世的公共空间与建筑物共同塑造了城市意象，尤其是介于象征城市形象的代表性公共空间与供社区使用的邻里空间之间的中观层面公共空间网络，成为城市空间的基本发展单元，有力地支撑了城市场所感和认同感的形成，具有重要结构性意义，颇值得借鉴。

诚然，未必每个城市都适宜或需要强调类似苏黎世模式的中观层面公共空间结构，但南京老城的现状公共空间格局基本具备组织中观层面地区公共中心体系的条件，围绕大新街口地区，以大行宫广场、明故宫广场、鼓楼广场、山西路广场、夫子庙等为核心已存在一些公认的地区公共活动中心，只是没有在老城范围内形成均衡分布的系统，也未从中观角度在整体上予以强化。

建议以现有空间秩序为基础，结合轨道交通全运营后的地铁站点组织中观层面地区公共中心网络，突出公共广场的枢纽作用，完善步行系统，引导高效的公共空间发展模式。地区公共中心建设鼓励尽可能小的街区尺度和地块划分、多样的功能混合和建筑类型、完整的外部空间、活跃的沿街面以及更高密度的使用，以期形成城市公共空间、公共交通与公共设施紧密结合的"服务枢纽"，并围绕居民的兴趣、需要和生命周期的各个阶段打造并发展公共生活的基础。地区中心的组织基于技术层面，但其意义超越于物质形态空间本身，成熟模式的战略节点对城市空间及市民生活的凝聚作用将产生潜在的社会整合功能。

（6）将公共空间格局优化作为重要公共政策，鼓励以多元方式创造公共空间

任何一个有着良好公共空间格局的宜居城市的成功不会是因为建设了几处宏伟工程或是实施了立竿见影的改善项目，而是将公共空间作为城市的全局性控制要素并落实一系列长期持续推进的公共政策的结果。苏黎世近年来屡次位居世界最佳宜居城市之冠，其享誉世界的生活质量很大程度上是由于这座城市拥有优越的自然条件以及环境优雅、人们愿意驻足的公共空间系统。但苏黎世人并未止步于此，其城市经济和发展委员会促成了一项跨学科的苏黎世城市公共空间设计策略《城市空间 2010》，指出该市公共空间面临诸多劣势，主要包括机动车交通的干扰、空间高度的异质性、不连续的空间布局，以及缺乏明确的空间类型区分等，提出建立基于设施品质、功能、感官和审美四个层面的空间品质总体愿景。这个项目所制定的标准于 2008 年初被苏黎世政府部门作为新方法引进并在所有市政当局中强制执行，推动该市公共空间的持续良性发展。

相比之下，南京老城公共空间的成熟度低得多，格局分布的低效、中低度公平状况已对市民的公共生活产生一定制约，迫切需要将公共空间格局优化作为重要的公共政策，多元弹性控制、长期持续推进，以创造富有吸引力、宜居和可持续发展的城市。公共空间的形塑还是一个累积渐进的过程，当前大部分城市建设和由此形成的空间结构至少会存留数百年，关于城市公共空间格局的决策决定着未来的城市生活，任何改进策略的实施均需格外慎重。建议在承认与重视现有空间格局、制定前瞻性总体战略规划的基础上，修订长期分步执行步骤，对于近期计划中改造意义及难度大的优化策略先选择合适区段试点，待产生一定绩效后总结经验并改进推广，在不断探索中运作模式将趋于成熟[①]。

---

① 苏黎世的城市规划正是这样操作的。苏黎世西区（Zurich West）复兴计划运用了当时创新性的"概念性城市化"（Conceptual Urbanism）方法，历经 10 年发展，曾经废弃的老工业区已再生为苏黎世最具个性特征和吸引力的地区之一。苏黎世管理部门于是总结经验，以这种"概念性城市化"理念和法则指导城市建设，目前正在筹备和推进中的苏黎世北部工业区更新、大学区和中央火车站街区改造，以及会展中心和美术馆新项目等均采用这种办法。

城市公共空间的公共物品属性决定了无法单纯依赖市场机制由私人企业提供，但公共选择理论表明，政府供给公共空间未必没有内在缺陷，随之产生的巨大财政负担也使经济上不可持续支持，影响基本政策的贯彻落实。公共物品的受益具有空间层次性，南京老城公共空间格局的优化要尽可能考虑采用多元的供给主体、分配方式和融资渠道，体现不同地区人们的不同需要及愿望，打破由政府直接生产、通过公共预算分配和强制性税收收入筹资的公共空间单一供给模式，拓展思路，创造性地解决城市公共空间在不同时期和场合的有效供给问题。城市公共空间建设在国家与市民之间的平衡有助于一方面满足市民日常生活的需求，另一方面适应举办重大事件的要求[①]。

最后，城市公共空间不仅是物质层面的，而且是社会文化层面的，这就要求从文化氛围上培育公共空间，原因是文化是控制城市空间的一种有力手段。城市文化涉及为社会交往塑造空间，也涉及为城市建立视觉再现。苏黎世政府就很注重通过各种媒体、出版物及活动策划宣扬城市优点，如 2005 年的"流动文化"和 2006 年的"徒步·倾听"活动，让人们通过在公共空间中步行更好地欣赏美景，理解历史文化，加深对城市的情感[②]。

关于南京老城公共空间格局的优化建议汇总如表 7-12。

表 7-12 南京老城公共空间格局优化建议汇总

对策		具体优化建议	权重大	分值低	实施易	效率贡献	公平贡献
对策一	结合城市结构性轴线营造公共空间，强化城市核心及中心圈层城市级公共空间的建设	将城市"结构性轴线"打造为连贯、高品质的城市公共空间	✓	✓		○	○
		鼓励建筑向公共空间集聚的紧凑布局模式	✓		✓	○	○
		增加核心与中心圈层内公共空间的用地数量及面积，强化城市级公共空间建设	✓			○	
		结合城市支路建设减小超级街区的尺度，增加街区开放性，使公共空间更多栖身于街区之间的"空隙"		✓		○	○
		鼓励公共领域建筑采用街区围合式围绕城市公共空间组织，界面尽可能完整连续		✓		○	○
		适量增加公共领域内硬质公共空间用地			✓	○	○
		连通城市山水要素，开放收费公园，增强滨水近山公共空间的公共性，打造公共生活的焦点		✓	✓	○	○
对策二	关联积极职能用地布局公共空间，平衡高密度地区的需要	增强公共空间格局与积极城市职能用地的联系	✓			○	○
		增强公共空间格局与功能高度混合用地的联系		✓		○	○
		公共空间尽可能结合高密度地区布置	✓			○	○
		尽可能使公共领域公共空间用地与地价达成一致趋势		✓		○	

① 罗伊.市民社会与市民空间设计[J].世界建筑,2000(1):76-80.
② 戴德胜,姚迪.全球步行化语境下的步行交通策略研究:以苏黎世市为例[J].城市规划,2010,34(8):48-55.

	对策	具体优化建议	权重大	分值低	实施易	效率贡献	公平贡献
对策三	加强公共空间分布模式的主干性，通过轨道交通引导公共空间战略整合	将以干线系统为主的街道空间塑造为公共空间整体的基本核心，加强公共空间分布模式的主干性	✓	✓		○	○
		削减橱窗展示型公共空间建设，突出公共空间格局与慢速交通方式的衔接		✓		○	○
		增加机动车道路里程尤其是支路里程，提高道路密度及支路配比，完善路网连接度			✓	○	○
		把公共交通的优先级放在各种通行方式首位，依据公共空间布点适当调整公交站点分布	✓		✓	○	○
		强化地铁站点周边街道、广场及其复合空间的营建，通过轨道交通引导公共空间战略整合	✓			○	○
		完善步行网络连通性及环度，保障步行空间的有效通行宽度，加强步行系统与公共交通站点的无缝衔接			✓	○	○
		尽快出台保障弱势群体权益的专项交通政策		✓			○
对策四	依据城市人口格局调整公共空间，寻求基于居民需求指数的公共空间可达公平	新增公共空间需考虑人口密度布局，为城市密集人口经常性使用公共空间提供方便		✓		○	○
		增加核心与中心圈层的公共空间用地		✓		○	○
		尽可能将公共空间布置在现状服务人口比小于40%的欠合格区，拓展服务合格区范围			✓	○	○
		增加关于保障弱势群体空间权益的专题研究，寻求基于居民需求指数的公共空间可达公平，合理引导公共空间资源配置到不同类型的剥夺地域	✓				○
对策五	增强公共空间层级系统的清晰度，组织高效的中观层面公共中心体系	以现有空间秩序为基础，结合轨道交通全运营后的地铁站点组织中观层面地区公共中心网络，突出公共广场的枢纽作用，完善步行系统，引导高效的公共空间发展模式	✓		✓	○	
		地区公共中心建设鼓励尽可能小的街区尺度和地块划分、多样的功能混合和建筑类型、完整的外部空间、活跃的沿街面以及更高密度的使用，以期形成城市公共空间、公共交通与公共设施紧密结合的"服务枢纽"	✓			○	
对策六	将公共空间格局优化作为重要公共政策，鼓励以多元方式创造公共空间	将公共空间格局优化作为重要的公共政策，长期、持续推进	✓			○	○
		对于近期计划中改造意义及难度大的优化策略先选择适区段试点，待产生一定绩效后总结经验并改进推广			✓	○	○

	对策	具体优化建议	权重大	分值低	实施易	效率贡献	公平贡献
		尽可能考虑采用多元的供给主体、分配方式和融资渠道，体现不同地区人们的不同需要及愿望	✓			○	○
		从文化氛围上培育公共空间	✓			○	○

注："✓"表示本栏优化建议对应指标因子的权重大、现状分值低或实施难度小，"○"表示能够提升公共空间格局效率或公平。

7.6 本章小结

本章力图通过科学提取统计对象总体及多因素特征，运用专家群体决策模式建构指标权重结构，为城市复杂空间格局现象构建基于效率与公平视角的多属性综合量化评价系统。以 3—6 章的详尽模式研究为基础，形成由 4 大类别层、14 项类体系层、49 项评估因子构成的城市公共空间格局指标评估体系。其中 4 大类别层的建立分别基于公共空间格局与城市结构形态(S)、城市土地利用(L)、城市交通组织(T)、城市人口分布(P)的作用关系，类体系层包括公共空间与自然要素(S1)、城市肌理(S2)、结构性特征(S3)、圈层结构(S4)、土地利用性质(L1)、土地利用密度(L2)、土地价格(L3)、道路属性(T1)、出行方式(T2)、机动车交通(T3)、公共交通(T4)、慢行交通(T5)、人口分布(P1)以及人口分异(P2)共 14 项关系模式。继而明确了各项评估因子的计算方式，并在实证论证基础上立足相应评价标准制订了因子 5 分制等级分值评价区间。

指标权重的确定运用 Saaty 教授提出的多属性决策分析法——AHP 法结合德尔斐法，应用专家决策分析(Expert Choice)软件求取各层面及其相关指标的权重，建立城市语境下公共空间格局效率评估的方程关系式，可表达为 EFP(Efficiency of the Urban Public Space Pattern) = 0.371S+0.232L+0.287T+0.110P，以及公共空间格局公平评估的方程关系式 EQP(Equity of the Urban Public Space Pattern) = 0.202S+0.172L+0.282T+0.344P。最后将底层因子权重与各层面因子评分之积依层级结构往上层推算，得到城市公共空间格局效率与公平的总体评价。

应用生成的评价体系对苏黎世和南京老城公共空间进行评价，苏黎世公共空间格局效率综合得分为 85.3 分，格局公平综合得分为 66.4 分，呈高度成熟类型的高效、中等公平状态；南京老城公共空间格局效率综合得分为 45.0 分，格局公平综合得分为 52.5 分，处于基本脱离初级质量、进入中等质量公共空间布局阶段，呈现出发展中的低效、中低度公平状态，公共空间格局效率与公平亟须同步提升。继而从中观角度深入揭示了苏黎世城市公共空间格局组织模式的有效性。最后有针对性地提出南京老城公共空间格局优化的六大对策建议，旨在提出重构城市公共空间格局的根本性举措，以指导未来的城市发展。

8 结论与展望

8.1 主要研究结论

8.1.1 发展了基于效率与公平视角的城市公共空间格局的基础理论

效率与公平视角为城市公共空间格局研究提供了基本立足点，既是以科学态度理解既有空间格局的切入手段，又构成城市空间发展的价值核心与目标取向。作用价值层面，以结构化的城市公共空间系统作为社会人居环境持续性的启动和支撑因素，是城市空间组织中效率与公平的核心含义，亦是塑造城市空间关系本质的可行思路。本质属性层面，空间公平是城市公共空间的价值核心，在此前提下，公共空间的供给主体、分配方式和融资渠道鼓励多元化发展。基本原理层面，基于效率与公平视角的良好城市公共空间格局主要表现出结构适配、场所固结、层级连续和界面约束等原理。

本书基于效率与公平视角建立城市公共空间格局研究的理论架构，将城市语境分解为城市结构形态、土地利用、交通组织和人口分布四大要素，从城市公共空间格局演变的机理中找到关键性关联因子，公共空间格局的效率与公平集中体现在与它们的相互作用关系中。城市公共空间格局在城市结构形态、土地利用、交通组织和人口分布层面的效率与公平状态及其持续发展的动力分别来自相互间良好的协同互构关系、关联支配关系、竞争联合关系以及差异并置关系，这四个层面的发展动力因素综合作用而形成合力，共同推动城市公共空间的持续健康发展。

8.1.2 探索了公共空间格局与城市结构形态的协同互构规律

研究发现，公共空间格局与城市结构形态的协同互构规律体现在四个子层面：首先是与自然要素的制约/依存关系，城市公共空间系统与它所依附的自然地理条件直接相关，两者间的张力构成判定公共空间格局效率与公平的要素之一。论证了公共空间格局与自然要素分布的三种空间关系——重叠模式、分离模式和边缘结合模式，且可以应用区位熵法量化，并从以下方面予以强化：通过公共空间串联和整合自然要素；有效保障其公共性；依据不同城市特征和自然要素分布条件引导适宜模式开发。

其次是与城市肌理的关联/拓扑关系，城市公共和居住领域肌理的对比在公共空间领域中有着丰富表达，街区适宜尺度、建筑肌理及城市界面连续性均影响对公共空间格局效率及公平的评价。公共与居住领域的公共空间模式可通过公共空间的用地比例和构成来衡量。街区和建筑肌理方面，街区尺度与公共空间格局效率及公平呈负相关，周边围合式的建筑布局较利于公共空间格局，发展策略包括缩减街区尺度、增加用地开放性和城市紧凑程度等。

再次是与城市结构性特征的连接/叠合关系，公共空间通过与积极结构要素（轴线+竖向）的紧密结合能够便捷地被最多数人使用，通过重新联系被分隔的城市地区能够修补和转化不利结构因素。提出分别以叠合度、相邻度和相近度指标表征公共空间与城市结构性轴线的包含、毗邻和邻近关系。高层建筑选址、容量及形象应合理规划调控，鼓励建筑向公共空间集聚的紧凑布局模式。

最后是与城市圈层结构的向心/梯度关系，圈层模式反映了城市用地的客观规律，公共空间及其层级系统遵循城市圈层结构与否是衡量公共空间格局效率的重要标准之一。指出公共空间体系在内圈层形成更多样丰富的系统时，公共空间格局效率较高。我国城市公共空间系统的优化重点是核心与中心圈层，尤其是要保障中心区高等级公共空间的充裕，顺应公共活动的向心规律。

城市公共空间格局与上述四个子层面中的诸相关因子之间形成合成力作用，决定了其与城市总体结构形态的协同互构程度，反映了公共空间格局在城市结构形态层面内含的发展动力。

8.1.3　发现了公共空间格局与城市土地利用的关联支配规律

公共空间格局与城市土地利用的关联支配规律体现在三个层面：首先是与土地利用性质的吸引/排斥关系，不同职能用地与公共空间格局的作用关系是衡量公共空间格局效率与公平的重要指标。本书提出 8 大类、26 小类的城市用地分类新标准，从三方面进行考察：一是通过用地现状与公共空间区位熵等值线图的叠合，发现开放度高、能促使积极公共生活发生的城市功能越临近公共空间区位熵等值线的高值区，公共空间格局效率与公平越高；二是通过综合熵值法，提出用地综合熵值修正公式 $S'' = S \times \lambda + (A_{Rb} + A_{Cb})/A$，不同土地用途在空间和时间上的集中是塑造良好公共领域的关键；三是通过近邻缓冲区法，考察公共空间与沿线用地构成的相关关系。

其次是与土地利用密度的集聚/共生关系，通过密度控制可以实现城市的紧凑发展、公共空间格局与用地密度的共生，从而影响对公共空间格局效率和公平的整体评价。紧凑城市能够提高城市的可步行性，也利于空间围合感和品质的营造，增加公共空间的使用强度。建议城市公共空间周边维持一定的建设密度和强度，公共空间尽可能结合高密度地区布置，形成紧凑的空间形态。

最后是与土地价格的择优/补偿关系，公共和居住领域中公共空间与地价的不同关系是衡量公共空间格局效率或公平的重要指标之一。从格局效率角度，公共领域公共空间的用地比例应与地价分布呈一致性趋势，高地价区的公共空间需求及其建设尤其值得重视。从格局公平角度，居住领域公共空间的用地比例与地价的反向关系最符合空间格局公平原则，而空间公平的底线是各阶层使用者个体的公共空间福利均等。

8.1.4 提出了公共空间格局与城市交通组织的竞争联合规律

公共空间格局与城市交通组织的竞争联合规律体现在五个层面：第一，城市道路的公共空间属性，道路的基础性组织功能对整个城市公共空间体系的形成至关重要，是评价公共空间格局效率与公平的重要指标。功能性的交通系统应在满足运输和通达等工程要素的前提下，关注路径类型的丰富性和多元化，更好地平衡交通与场所功能，增强公共空间分布模式的主干性。

第二，与出行方式的互构/互塑关系，公共空间活动发生的基础是步行，出行方式的支持或抑制作用对公共空间格局有较大影响。公共交通+步行+自行车交通构成的绿色交通联合系统对公共空间的使用、格局效率及公平的发挥具有不可替代的重要作用。

第三，与机动车交通的连通/到达关系，干道和支路两种交通接入方式的联合是提升公共空间格局效率与公平的有效组织手段。从使用角度，应突出公共空间格局与步行及非机动车交通方式的衔接。机动车道路里程尤其是支路里程、道路密度及支路配比、路网连接度均对公共空间格局效率及公平具正向作用。

第四，与公共交通的联动/耦合关系，公共空间与大运量公共交通的联动能够实现格局效率和公平的双赢。可达法通过将公共交通所决定的公共空间可达性问题转化为对公共空间与公共交通站点耦合程度的探讨，实现两者关系模式的定量化，耦合度不佳的地区建议采取使公共交通层级系统与公共空间层级体系相适配的综合措施。

第五，与慢行交通的依托/渗透关系，慢行系统建设直接关系公共空间的可达性，弱势群体的交通可达性影响对空间公平的整体评价。城市步行系统连续度和复杂度的计算可借用生态学中的网络连通性和环度公式，健全对策包括：完善步行网络的连通性及环度，增加路权分配中的步行区域份额，加强弱势人群公共空间可达权的研究等。

8.1.5 论证了公共空间格局与城市人口分布的差异并置规律

公共空间格局与城市人口分布的差异并置规律体现在两方面：第一，与城市总人口分布的调节/适配关系。人口密度、人均公共空间面积指标与容积率、公共空间率之间存在明确关系，人口密度大的地区需要较高的容积率水平与之适应，人均公共空间的量决定着公共空间的承载压力。从人口负荷角度衡量，城市中最需优化的是内圈层和高人口密度地区的公共空间用地，旨在为城市密集人口经常性使用公共空间提供便利。

第二，与人口空间分异的均等/补偿关系，基于居民需求指数的可达公平才是真正的公共空间格局公平。研究发现城市社会中不同类型居民的出行空间等级特征是，随着与居住地距离的增加，居民出行频次减少，呈现倒金字塔形的公共空间出行结构；在此基础上，低收入阶层、老年人和儿童的出行空间结构压缩，高收入阶层和中青年出行结构拉伸。提出将不同出行结构特征和行为模式决定的居民需求指数，与公共空间个体和总体服务水平相拟合，以测度人口分布层面的空间格局公平程度。发展对策建议增加保障弱势群体空间权益的专题研究，避免在提高空间格局效率的同时形成基于地域的新的剥夺。

8.1.6　构建了基于效率与公平视角的城市公共空间格局的评价体系

本书通过科学提取统计对象总体及多因素特征，运用专家群体决策模式建构指标权重结构，为城市复杂空间格局现象构建基于效率与公平视角的多属性综合量化评价系统，形成由 4 大类别层、14 项类体系层、49 项评估因子构成的城市公共空间格局指标评估体系。4 大类别层的建立分别基于公共空间格局与城市结构形态（S）、土地利用（L）、交通组织（T）和人口分布（P）层面的作用关系。

指标权重的确定运用 AHP 法结合德尔斐法，应用专家决策分析软件求取相关指标权重，建立城市语境下公共空间格局效率评估的方程关系式，可表达为 EFP（Efficiency of the Urban Public Space Pattern）= 0.371S+0.232L+0.287T+0.110P，以及公共空间格局公平评估的方程关系式 EQP（Equity of the Urban Public Space Pattern）= 0.202S+0.172L+0.282T+0.344P。最后将底层因子权重与各层面因子评分之积依层级结构往上层推算，得到城市公共空间格局效率与公平的总体评价。

应用生成的评价体系对苏黎世和南京老城公共空间进行评价，苏黎世公共空间格局效率综合得分为 85.3 分，格局公平综合得分为 66.4 分，呈高度成熟型的高效、中等公平状态；南京老城公共空间格局效率综合得分为 45.0 分，格局公平综合得分为 52.5 分，呈发展中的低效、中低度公平状态，公共空间格局效率与公平亟须同步提升。

8.2　主要创新点

8.2.1　视角创新：开辟了城市公共空间格局研究的新视角

我国当前城市公共空间建设中面临的主要困境是空间格局效率和公平缺失的问题。本书从空间格局角度揳入，以效率与公平为基本立足点，重点突出了对公共空间格局与城市语境诸要素相互作用的机理和特征的考量，开辟了城市公共空间格局研究的新视角。通过将城市语境分解为城市结构形态、土地利用、交通组织和人口分布四大要素，从城市公共空间格局演变的机理中找到关键性关联因子，系统地探讨了公共空间格局在与它们的相互作用关系中呈现出的效率与公平状态，旨在增强公共空间格局研究的科学性。四大要素的设定涵盖影响城市公共空间格局效率和公平的主要方面，提供了城市语境下公共空间格局之效率与公平的现实分析路径。通过探索公共空间格局发展的动力特征，发现公共空间在城市语境层面的持续发展动力来自空间本体与其关联因子间的良好互动关系，即与城市结构形态的协同互构关系、与城市土地利用的关联支配关系、与城市交通组织的竞争联合关系，以及与城市人口分布的差异并置关系。

8.2.2　理论创新：深化了对城市公共空间格局作用价值与基本原理的认识

本书提出城市公共空间的根本价值在于发挥全局性控制作用，有效组织城市长期良序运行，而不仅是传统观点认为的形象美化、公共生活和社会整合价值，因此应将结构化的城市公共空间系统作为社会人居环境持续性的启动和支撑因素。这种价值认知具有操作上的可行性，有利于提高公共空间在开发控制和城市持续发展进程中的作用。通过对公共空间本质属性的把握，将"可达性"作为公共空间社会经济与物质属性之间寻求积极对话的桥梁，解决了社会经济维度的公共性及公共物品理论观点难以落实在地理空间上的固有问题。通过基础性理论研究，厘清公共空间的内涵、属性和价值，揭示良好的城市公共空间格局表现出结构适配、场所固结、层级连续和界面约束等特征，为城市公共空间的建设和优化辨明了方向。

8.2.3　方法创新：探索了在变量分析框架内的案例分析方法

本书运用"在变量分析框架内的案例分析方法"，以变量分析为框架，将难以量化的城市具体的社会和物质层面知识转化为适于定量研究的形式；进而在制定的层级框架内扎入具体空间，通过调研获取一手资料，在此基础上发现问题，探索通过城市空间量化研究呈现相关物质结构特征的可能性。变量分析框架与实证案例结合紧密，通过实证研究实现整体框架建构。基于 ArcGIS 软件空间分析技术，集成相关学科方法，结合区位熵、信息熵函数等算法，获得关于公共空间格局与城市语境诸因子空间关系的精确描述。所形成的空间分析框架和技术具有较强的创新性。

8.2.4　成果创新：构建了基于效率与公平视角的城市公共空间格局的评价体系并加以应用

研究视角、架构、理论和方法的创新带动了研究成果创新。以公共空间格局的配置效率和分配公平为目标导向,本书构建了城市语境下公共空间格局的指标量化评价体系,使公平和效率的衡量有了相对明确的分析程序和评价标准。所形成的基于空间分析的综合评价模型有利于推进城市公共空间建设和优化的科学性。在应用层面,本书计入指标因子权重占比、现状分值和实施难度因素的影响,有针对性地就具体改进措施提出南京老城公共空间格局优化的对策建议,旨在指导未来城市发展,具有比较重要的实践价值。此外,本书提出的用于衡量城市用地混合程度的综合熵值公式 $S'' = S \times \lambda + (A_{Rb} + A_{Cb})/A$,以及苏黎世公共空间格局的中观组织模式等均具创新意义。

8.3 不足与展望

8.3.1 研究的本土性问题

城市公共空间理念源于西方。尽管笔者在绪论中就已指出,将城市公共空间系统作为我国城市建设的全局性控制要素,这种思路不会导致中西方城市的趋同,反而可以为实现城市模式及理念的本土化奠定基础。但在论证过程中,尤其是南京老城与苏黎世公共空间格局的比对中倾向于一边倒的考察结果,显示了西方模式作为参照系的真实存在。

对此笔者的基本立场是:本书对城市公共空间作用价值的认识的确是以西方城市为参照,并影响了后续指标建构和评价体系确立的过程及其评价结果。但从公共空间格局角度入手组织城市的有效性十分明确,且此思路能够从根本上解决我国城市公共空间建设面临的问题,因此这种关系设定的本身足以成立。而南京老城与苏黎世的公共空间格局之所以呈现出显著差异,根源就在于后者是作为与交通系统同等重要的城市基础性组织及全局性控制系统而存在,前者却只是城市的功能性构成元素和点缀。问题主要在于,受能力、精力和学识所限,本书在价值理论认知与形态关系模式探讨之间的转译仍不够充分,导致苏黎世模式似乎成为以公共空间统领城市建设的唯一可能,未能具体揭示其他可能方式的存在,尤其是我国城市对各种关系模式的适应性问题。确定结论的得出有赖于更多横向和纵向理论及实证研究的积累,需待今后继续研究深化和拓展。

8.3.2 量化研究过程的问题

本书实现了公共空间格局与城市语境关系模式的量化探讨,建构了面向实践的城市公共空间格局多指标层级评价系统,这是本书的重要创新所在。然而,城市公共空间既是物质空间,又具有比较突出的社会价值属性,影响因素复杂,尽管笔者自始便认识到并尽可能避免,但量化过程展现确定性和清晰度的同时仍部分地消减了研究对象的复杂性特征。这种缺失内在于量化研究方法本身,几乎无可避免。

此外，本书的量化研究忽略了使用者深层次的不同需求等细节，也未考虑各个城市地区之间的具体差异，细分因子系统的建立基于可获得的数据，这些都对结果的准确性造成一定影响。构建的评价体系虽然在苏黎世和南京老城公共空间格局评价中得到应用，但是否能够适应不同历史、文化和空间文脉的城市总体关系尚有待验证。这需要更多的城市案例参与检验，并广泛征求规划部门、专家学者及公众的意见，在此过程中对评价体系进行修正和完善。

8.3.3　更多的解释性工作和操作性问题

本书尽可能清晰地呈现了城市空间格局诸现象，解决了如何以形态学方式对其进行精确描述及定量计算的问题，并建立了相关评判标准。但精力所限，对空间现象形成的缘由和深层机制揭示还不够，空间形态背后潜在的深层社会、经济、文化背景因素尚待继续挖掘。同时，本书建立的因子控制和指标评价体系如何与现有规划法定体系衔接，转化为现有控制体系下可操作的内容，尚需进一步的深入研究。

参考文献

一、中文参考文献

[1]董鉴泓.中国城市建设史[M].3版.北京:中国建筑工业出版社,2004.

[2]王建国.城市设计[M].2版.南京:东南大学出版社,2004.

[3]周波.城市公共空间的历史演变:以 20 世纪下半叶中国城市公共空间演变为研究重心[D].成都:四川大学,2005.

[4]托内拉.城市公共空间社会学[J].黄春晓,陈烨,译.国际城市规划,2009,24(4):40-45.

[5]王溥.五代会要:三十卷[M].上海:上海古籍出版社,1978.

[6]阳建强,吴明伟.现代城市更新[M].南京:东南大学出版社,1999.

[7]梁江,孙晖.模式与动因:中国城市中心区的形态演变[M].北京:中国建筑工业出版社,2007.

[8]夏铸九.公共空间[M].台北:艺术家出版社,1994.

[9]于雷.空间公共性研究[M].南京:东南大学出版社,2005.

[10]汪原.迈向过程与差异性:多维视野下的城市空间研究[D].南京:东南大学,2002.

[11]韦伯斯特.产权、公共空间和城市设计[J].张播,李晶晶,译.国际城市规划,2008,23(6):3-12.

[12]王佐.城市公共空间环境整治与经济的相关性研究[J].城市规划汇刊,2000(5):63-68.

[13]王玲,王伟强.城市公共空间的公共经济学分析[J].城市规划汇刊,2002(1):40-44.

[14]陈竹,叶珉.西方城市公共空间理论:探索全面的公共空间理念[J].城市规划,2009,33(6):59-65.

[15]周进.城市公共空间建设的规划控制与引导:塑造高品质城市公共空间的研究[M].北京:中国建筑工业出版社,2005.

[16]蔡永洁.城市广场:历史脉络·发展动力·空间品质[M].南京:东南大学出版社,2006.

[17]哈森普鲁格,蔡永洁,张伶伶,等.走向开放的中国城市空间[M].上海:同济大学出版社,2005.

[18]缪朴.谁的城市?图说新城市空间三病[J].时代建筑,2007(1):4-13.

[19]张杰,吕杰.从大尺度城市设计到"日常生活空间"[J].城市规划,2003,27(9):40-45.

［20］孙施文.城市中心与城市公共空间:上海浦东陆家嘴地区建设的规划评论[J].城市规划,2006,30(8):66-74.

［21］孙施文.公共空间的嵌入与空间模式的翻转:上海"新天地"的规划评论[J].城市规划,2007,31(8):80-87.

［22］杨震,徐苗.西方视角的中国城市公共空间研究[J].国际城市规划,2008,23(4):35-40.

［23］杨震,徐苗.创造和谐的城市公共空间:现状、问题、实践价值观[C]//中国城市规划学会.和谐城市规划:2007中国城市规划年会论文集.哈尔滨:黑龙江科学技术出版社,2007:1228-1235.

［24］徐宁,王建国.基于日常生活维度的城市公共空间研究:以南京老城三个公共空间为例[J].建筑学报,2008(8):45-48.

［25］邱书杰.作为城市公共空间的城市街道空间规划策略[J].建筑学报,2007(3):9-14.

［26］李云,杨晓春.对公共开放空间量化评价体系的实证探索:基于深圳特区公共开放空间系统的建立[J].现代城市研究,2007,22(2):15-22.

［27］李德华.城市规划原理[M].3版.北京:中国建筑工业出版社,2001.

［28］王鹏.城市公共空间的系统化建设[M].南京:东南大学出版社,2002.

［29］赵蔚.城市公共空间的分层规划控制[J].现代城市研究,2001,16(5):8-10,22.

［30］徐宁,徐小东.香港城市公共空间解读[J].现代城市研究,2012,27(2):36-39,66.

［31］戴德胜.基于绿色交通的城市空间层级系统与发展模式研究[D].南京:东南大学,2012.

［32］王建国.现代城市设计理论和方法[M].2版.南京:东南大学出版社,2001.

［33］李志红.唐长安城市景观研究[D].郑州:郑州大学,2006.

［34］李合群.北宋东京布局研究[D].郑州:郑州大学,2005.

［35］任春洋.美国公共交通导向发展模式(TOD)的理论发展脉络分析[J].国际城市规划,2010,25(4):92-99.

［36］宋伟轩,朱喜钢,吴启焰.城市滨水空间生产的效益与公平:以南京为例[J].国际城市规划,2009,24(6):66-71.

［37］张庭伟,冯晖,彭治权.城市滨水区设计与开发[M].上海:同济大学出版社,2002.

［38］崔功豪,魏清泉,陈宗兴.区域分析与规划[M].北京:高等教育出版社,1999.

［39］贺业钜.中国古代城市规划史[M].北京:中国建筑工业出版社,1996.

［40］孙晖,梁江.唐长安坊里内部形态解析[J].城市规划,2003,27(10):66-71.

［41］张驭寰.中国城池史[M].天津:百花文艺出版社,2003.

［42］梁江,孙晖.唐长安城市布局与坊里形态的新解[J].城市规划,2003,27(1):77-82.

［43］徐苗,杨震.超级街区+门禁社区:城市公共空间的死亡[J].建筑学报,2010(3):12-15.

［44］申卫军,邬建国,林永标,等.空间粒度变化对景观格局分析的影响[J].生态学报,2003,23(12):2506-2519.

［45］南京大学建筑学院,南京市规划局城市空间形态及其塑造控制研究小组.南京城市空间形态及其塑造控制研究[Z].南京:南京大学建筑学院,2007.

[46] 黄琲斐.面向未来的城市规划和设计:可持续性城市规划和设计的理论及案例分析[M].北京:中国建筑工业出版社,2004.

[47] 梁鹤年.城市土地使用规划的几个战略性选择[J].城市规划,1999,23(9):21-24,63.

[48] 华揽洪.重建中国:城市规划三十年(1949—1979)[M].李颖,译.北京:生活·读书·新知三联书店,2006.

[49] 赵晶,徐建华,梅安新,等.上海市土地利用结构和形态演变的信息熵与分维分析[J].地理研究,2004,23(2):137-146.

[50] 刘继生,陈彦光.城镇体系空间结构的分形维数及其测算方法[J].地理研究,1999,18(2):171-178.

[51] 许学强,周一星,宁越敏.城市地理学[M].北京:高等教育出版社,2004.

[52] 陈彦光,刘明华.城市土地利用结构的熵值定律[J].人文地理,2001,16(4):20-24.

[53] 林红,李军.出行空间分布与土地利用混合程度关系研究:以广州中心片区为例[J].城市规划,2008,32(9):53-56,74.

[54] 王建国.基于城市设计的大尺度城市空间形态研究[J].中国科学(E辑:技术科学),2009,39(5):830-839.

[55] 柯善咨,何鸣.市场和政府共同作用下的城市地价:中国城市的实证研究[J].当代经济科学,2008,30(2):25-32.

[56] 宁晓明,李法义.城市土地区位与城市土地价值[J].经济地理,1991,11(4):35-39.

[57] 南京市规划和自然资源局.南京市市区土地级别与基准地价[EB/OL].(2009-11-09)[2022-12-27].http://zrzy.jiangsu.gov.cn/gtapp/nrgllndex.action?type=2&messageID=2c9082655f9abe3a015f9a974580329.

[58] 王红梅.柯布西耶的昌迪加尔城规设计思想[J].家具与室内装饰,2009(2):70-71.

[59] 美国不列颠百科全书公司.不列颠百科全书:国际中文版[M].中国大百科全书出版社不列颠全书编辑部,译.北京:中国大百科全书出版社,1999.

[60] 徐建华.现代地理学中的数学方法[M].2版.北京:高等教育出版社,2002.

[61] 叶茂,过秀成,徐吉谦,等.基于机非分流的大城市自行车路网规划研究[J].城市规划,2010,34(10):56-60.

[62] 苗拴明,赵英.自行车交通适度发展的思想与模式[J].城市规划,1995,19(4):41-43.

[63] 潘昭宇,李先,陈燕凌,等.北京市步行、自行车交通系统改善对策[J].城市交通,2010,8(1):53-59,73.

[64] 尹海伟.城市开敞空间:格局·可达性·宜人性[M].南京:东南大学出版社,2008.

[65] 潘海啸,汤諹,吴锦瑜,等.中国"低碳城市"的空间规划策略[J].城市规划学刊,2008(6):57-64.

[66] 李海峰.城市形态、交通模式和居民出行方式研究[D].南京:东南大学,2006.

[67] 陆建,王炜.城市道路网规划指标体系[J].交通运输工程学报,2004,4(4):62-67.

[68] 江海燕,周春山,高军波.西方城市公共服务空间分布的公平性研究进展[J].城市规划,

2011,35(7):72-77.

[69] 方远平,闫小培.西方城市公共服务设施区位研究进展[J].城市问题,2008(9):87-91.

[70] 刘常富,李小马,韩东.城市公园可达性研究:方法与关键问题[J].生态学报,2010,30(19):5381-5390.

[71] 俞孔坚,段铁武,李迪华,等.景观可达性作为衡量城市绿地系统功能指标的评价方法与案例[J].城市规划,1999,23(8):8-11,43.

[72] 尹海伟,孔繁花.济南市城市绿地时空梯度分析[J].生态学报,2005,25(11):3010-3018.

[73] 杨震.英国街道"共享空间"实验[J].国际城市规划,2008,23(6):129.

[74] 叶彭姚,陈小鸿.雷德朋体系的道路交通规划思想评述[J].国际城市规划,2009,24(4):69-73.

[75] 陈洪兵,杨涛.跨世纪中小城市道路交通规划设计的若干问题[J].现代城市研究,1998,13(3):29-33.

[76] 文国玮.城市交通与道路系统规划设计[M].北京:清华大学出版社,1991.

[77] 李朝阳,王新军,贾俊刚.关于我国城市道路功能分类的思考[J].城市规划汇刊,1999(4):39-42.

[78] 马俊来.城市道路交通设施空间资源优化研究[D].南京:东南大学,2006.

[79] 许克福.城市绿地系统生态建设理论、方法与实践研究:以马鞍山市为例[D].合肥:安徽农业大学,2008.

[80] 徐小东,王建国.绿色城市设计:基于生物气候条件的生态策略[M].南京:东南大学出版社,2009.

[81] 马强.近年来北美关于"TOD"的研究进展[J].国际城市规划,2009,24(S1):227-232.

[82] 江海燕,周春山,肖荣波.广州公园绿地的空间差异及社会公平研究[J].城市规划,2010,34(4):43-48.

[83] 罗伊.市民社会与市民空间设计[J].世界建筑,2000(1):76-80.

[84] 戴德胜,姚迪.全球步行化语境下的步行交通策略研究:以苏黎世市为例[J].城市规划,2010,34(8):48-55.

[85] 苏则民.南京城市规划史稿:古代篇·近代篇[M].北京:中国建筑工业出版社,2008.

[86] 储金龙.城市空间形态定量分析研究[M].南京:东南大学出版社,2007.

[87] Trancik R.找寻失落的空间:都市设计理论[M].谢庆达,译.台北:创兴出版社,1991.

[88] 汤国安,杨昕.ArcGIS地理信息系统空间分析实验教程[M].北京:科学出版社,2006.

[89] 南京历史文化名城保护行动计划[Z].南京:东南大学建筑学院,2007.

[90] 南京市规划局,南京大学文化与自然遗产研究所,南京市城市规划编制研究中心.南京城市空间的历史演变及其文化内涵研究[Z].2007.

[91] 南京市规划局.南京市总体规划调整稿(1991—2010)[Z].2000.

[92] 徐小东.开放空间应优先成为城市设计的重要准则[J].新建筑,2008(2):95-99.

[93] 卢海鸣.六朝都城[M].南京:南京出版社,2002.

[94] 高中岗.瑞士的空间规划管理制度及其对我国的启示[J].国际城市规划,2009,24(2):84-92.

二、中文译著

[1] 科斯托夫.城市的形成:历史进程中的城市模式和城市意义[M].单皓,译.北京:中国建筑工业出版社,2005.

[2] 哈贝马斯.公共领域的结构转型[M].曹卫东,王晓珏,宋伟杰,译.上海:学林出版社,2004.

[3] 桑内特.再会吧!公共人[M].万毓泽,译.台北:群学出版有限公司,2008.

[4] 哈维.后现代的状况:对文化变迁之缘起的探究[M].阎嘉,译.北京:商务印书馆,2004.

[5] 罗尔斯.正义论:修订版[M].何怀宏,何包钢,廖申白,译.北京:中国社会科学出版社,2009.

[6] 萨缪尔森,诺德豪斯.经济学[M].萧琛,主译.北京:人民邮电出版社,2008.

[7] 罗西.城市建筑[M].施植明,译.台北:田园城市出版有限公司,2000.

[8] 林奇.城市形态[M].林庆怡,陈朝晖,邓华,译.北京:华夏出版社,2001.

[9] 雅各布斯.伟大的街道[M].王又佳,金秋野,译.北京:中国建筑工业出版社,2009.

[10] 詹金斯.广场尺度:100个城市广场[M].李哲,武赟,赵庆,译.天津:天津大学出版社,2009.

[11] Soja E.第三空间:去往洛杉矶和其他真实和想象地方的旅程[M].陆扬,等译.上海:上海教育出版社,2005.

[12] 萨夫迪.后汽车时代的城市[M].吴越,译.北京:人民文学出版社,2001.

[13] 瑟夫洛.公交都市[M].宇恒可持续交通研究中心,译.北京:中国建筑工业出版社,2007.

[14] 马歇尔.街道与形态[M].苑思楠,译.北京:中国建筑工业出版社,2011.

[15] 盖尔.交往与空间[M].何人可,译.北京:中国建筑工业出版社,1991.

[16] 史卓顿,奥查德.公共物品、公共企业和公共选择:对政府功能的批评与反批评的理论纷争[M].费昭辉,等译.北京:经济科学出版社,2000.

[17] 罗,科特.拼贴城市[M].童明,译.北京:中国建筑工业出版社,2003.

[18] 雅各布斯.美国大城市的死与生[M].金衡山,译.南京:译林出版社,2005.

[19] 亚历山大,伊希卡娃,西尔佛斯坦,等.建筑模式语言:城镇·建筑·构造[M].王听度,周序鸿,译.北京:知识产权出版社,2002.

[20] 格兰德,普罗佩尔,罗宾逊.社会问题经济学[M].苗正民,译.北京:商务印书馆,2006.

[21] 库德斯.城市结构与城市造型设计[M].秦洛峰,蔡永洁,魏薇,译.2版.北京:中国建筑工业出版社,2007.

[22] 缪朴.亚太城市的公共空间:当前的问题与对策[M].司玲,司然,译.北京:中国建筑工业出版社,2007.

[23] Carmona M, Heath T, Taner O, et al.城市设计的维度:公共场所:城市空间[M].冯江,等

译.南京:江苏科学技术出版社,2005.

［24］培根.城市设计:修订版［M］.黄富厢,朱琪,译.北京:中国建筑工业出版社,2003.

［25］布朗,杰克逊.公共部门经济学［M］.张馨,主译.4版.北京:中国人民大学出版社,2000.

［26］巴尔特.符号帝国［M］.孙乃修,译.北京:商务印书馆,1994.

［27］芒福汀.街道与广场［M］.张永刚,陆卫东,译.2版.北京:中国建筑工业出版社,2004.

［28］芒福汀.绿色尺度［M］.陈贞,高文艳,译.北京:中国建筑工业出版社,2004.

［29］戴维斯.水晶之城:窥探洛杉矶的未来［M］.林鹤,译.上海:上海人民出版社,2010.

三、外文参考文献

［1］Wirth L. Urbanism as a way of life［J］. American Journal of Sociology, 1938, 44(1): 1-24.

［2］Soja E W. Seeking spatial justice［M］. Minneapolis: University of Minnesota Press, 2010.

［3］Whyte W H. The social life of small urban spaces［M］. Washington, D. C.: Conservation Foundation, 1980.

［4］Talen E. Visualizing fairness: equity maps for planners［J］. Journal of the American Planning Association, 1998, 64(1): 22-38.

［5］Harvey D. Justice, nature, and the geography of difference［M］. Oxford: Blackwell Publishers, 1996.

［6］Nicholls S. Measuring the accessibility and equity of public parks: a case study using GIS［J］. Managing Leisure, 2001, 6(4): 201-219.

［7］Nadal L. Discourses of urban public space, USA 1960—1995 a historical critique［D］. New York: Columbia University, 2000.

［8］Rowe P G. Civic realism［M］. Cambridge, Mass: MIT Press, 1997.

［9］Benhabib S. Models of public space: Hannah Arendt, the liberal traditon, and Jürgen Habermas［M］//Calhoun C. Habermas and the public sphere. Cambridge, Mass: MIT Press, 1992.

［10］Milgram S. The experience of living in cities［J］. Science, 1970, 167(3924): 1461-1468.

［11］Harvey D. Social justice and the city［M］. London: Edward Arnold, 1973.

［12］Sorkin M. Variations on a theme park: the new American city and the end of public space［M］. New York: Hill and Wang, 1992.

［13］Lewinson A S. Viewing postcolonial Dar es Salaam, Tanzania through civic spaces spaces: a question of class［J］. African Identities, 2007, 5(2): 199-215.

［14］Don M. The right to the city: social justice and the fight for public space［M］. New York: The Guilford Press, 2003.

［15］Zukin S. The cultures of cities［M］. Oxford: Blackwell Publishers, 1995.

［16］Young I M. Justice and the politics of difference［M］. Princeton: Princeton University Press, 1990.

［17］Lofland L H. The public realm: exploring the city's quintessential social territory［M］. New

York: Aldine De Gruyter, 1998.

[18] Hajer M A, Reijndorp A. Analysis and strategy[M]. Rotterdam: NAi Publishers, 2001.

[19] Buchanan J M. The demand and supply of public goods[M]. Chicago: Rand McNally, 1968.

[20] Hardin G. The tragedy of the commons[J]. Science, 1968, 162(3859): 1243-1248.

[21] Coase R H. The lighthouse in economics[J]. The Journal of Law and Economics, 1974, 17(2): 357-376.

[22] Magalhães C. Public space and the contracting-out of publicness: a framework for analysis [J]. Journal of Urban Design, 2010, 15(4): 559-574.

[23] Teitz M B. Toward a theory of urban public facility location[J]. Papers of the Regional Science Assoliation, 1968, 21(1): 35-51.

[24] DeVerteuil G. Reconsidering the legacy of urban public facility location theory in human geography[J]. Progress in Human Geography, 2000, 24(1): 47-69.

[25] McAllister D M. Equity and efficiency in public facility location [J]. Geographical Analysis, 1976, 8(1): 47-63.

[26] Bigman D, ReVelle C. An operational approach to welfare considerations in applied public-facility-location models [J]. Environment and Planning A: Economy and space, 1979, 11(1): 83-95.

[27] Swanwick C, Dunnett N, Woolley H. Nature, role and value of green space in towns and cities: an overview[J]. Built Environment, 2003, 29(2): 94-106.

[28] Carr S, Franci S M, Rivlin L G, et al. Public space[M]. New York: Cambridge University Press, 1992.

[29] Lee C, Moudon A V. The 3Ds+R: quantifying land use and urban form correlates of walking [J]. Transportation Research Part D: Transport and Environment, 2006, 11(3): 204-215.

[30] Clift R. Spatial analysis in public health administration: a demonstration from WIC [C]. GIS/LIS Annual Conference and Exposition, 1994: 164-173.

[31] Krier R. Urban space[M]. London: Academy Editions, 1979.

[32] Porphyrios D. Leon Krier: houses, palaces and cities[J]. Architectural Design, 1984, 54(7/8): 1-129.

[33] Cullen G. Townscape[M]. London: Architectural Press, 1961.

[34] Hillier B, Hanson J. The social logic of space[M]. Cambridge: Cambridge University Press, 1984.

[35] Boone C G, Buckley G L, Grove J M, et al. Parks and people: an environmental justice inquiry in Baltimore, Maryland[J]. Annals of the Association of American Geographers, 2009, 99(4): 767-787.

[36] Moudon A V, Lee C, Cheadle A D, et al. Operational definitions of walkable neighborhood: theoretical and empirical insights [J]. Journal of Physical Activity and Health, 2006, 3(S1):

99-117.

[37] Talen E. Measuring urbanism: issues in smart growth research[J]. Journal of Urban Design, 2003, 8(3): 195-215.

[38] Ståhle A. Compact sprawl: exploring public open space and contradictions in urban density [D]. Stockholm: Royal Institute of Technology, 2008.

[39] Moynihan D P. Civic architecture[J]. Architecture Record, 1967, 142 (July-December): 107.

[40] Planning advice note: PAN 65 planning and open space [EB/OL]. (2008-05-30)[2021-12-01]. http://www. scotland. gov. uk/Publications/2008/05/30100623/18.

[41] Planning policy guidance 17: planning for open space, sport and recreation [EB/OL]. (2006-12-30)[2021-10-08]. http://www. communities. gov. uk/publications/planningandbuilding/planningpolicyguidance17.

[42] Dunnett N, Swanwick C, Woolley H. Improving urban parks, play areas and open spaces [EB/OL]. (2002-12-21)[2021-09-30]. http://www. ocs. polito. it/biblioteca/verde/improving_full. pdf.

[43] Talen E, Anselin L. Assessing spatial equity: an evaluation of measures of accessibility to public playgrounds[J]. Environment and Planning A: Economy and spale, 1998, 30(4): 595-613.

[44] Schumacher T. Buildings and streets: notes on configuration and use[M]//Anderson S. On Streets. Cambridge, Mass. : MIT Press, 1978.

[45] Hay A M. Concepts of equity, fairness and justice in geographical studies[J]. Transactions of the Institute of British Geographers, 1995, 20(4): 500.

[46] Samuelson P A. The pure theory of public expenditure[J]. The Review of Economics and Statistics, 1954, 36(4): 387.

[47] Zürich S. Stadträume 2010: strategie für die Gestaltung von Zürichs öffentlichem Raum[Z]. Druckerei Kyburz, Dielsdorf, 2006.

[48] Wu J, Plantinga A. The influence of public open space on urban spatial structure[J]. Journal of Environmental Economics and Management, 2003, 46(2): 288-309.

[49] Mueser P, Graves P. Examining the role of economic opportunity and amenities in explaining population redistribution[J]. Journal of Urban Economics, 1995, 37(2): 176-200.

[50] Acharya G, Bennett L L. Valuing open space and land-use patterns in urban watersheds[J]. Journal of Real Estate Finance and Economics, 2001, 22(2-3): 221-237.

[51] Palmquist R. Valuing localized externalities[J]. Joural of Urban Economics, 1992, 31(1): 59-68.

[52] Bernadette F. Stadtraum und Kunst[C]//Christoph S. Kunst und Öffentlichkeit Zürich, 2007.

[53] Barton H, Grant M, Guise R. Shaping neighbourhoods: for local health and global sustain-

ability [M]. London: Spon Press, 2003.

[54] Bowers B S, Manzi T. Private security and public space: new approaches to the theory and practice of gated communities[J]. European Journal of Spatial Development, 2006, 22(11): 1-17.

[55] Eisinger A, Reuther I, Eberhard F, et al. Building Zurich[M]. Basel: Birkhäuser, 2007.

[56] Zürich S, Präsidialdepartement, Zürich S S. Essential Zurich[Z]. Zürich: Statistik Stadt Zürich, 2009.

[57] Pont M B, Haupt P. Spacemate: the Spacial Logic of Urban Density[M]. Delft: Delft University Press, 2006.

[58] Yang C H, Fujita M. Urban spatial structure with open space[J]. Environment and Planning A: Economy and Space, 1983, 15(1): 67-84.

[59] Irwin E, Bockstael N. Land use externalities, open space preservation, and urban sprawl [J]. Regional Science and Urban Economics, 2004, 34(6): 705-725.

[60] Brueckner J K, Thisse J F, Zenou Y. Why is central Paris rich and downtown detroit poor? An amenity-based theory[J]. European Economic Review, 1999, 43(1):91-107.

[61] Yeh A G O, Chow M H. An integrated GIS and location-allocation approach to public facilities planning: an example of open space planning[J]. Computers, Environment and Urban Systems, 1996, 20(415): 339-350.

[62] Shuffield J. The subway as intermediary public space [EB/OL]. (2020-10-04) [2021-11-17]. http://www. urbanresidue. com/theory/subway. html#1.

[63] Waser M. Everyday Walking Culture in Zurich [EB/OL]. (2005-10-02)[2021-09-07]. http://www. walk21. com.

[64] Mackett R L, Achuthan K, Titheridge H. AMELIA: making streets more accessible for people with mobility difficulties[J]. Urban Design International, 2008, 13(2): 81-89.

[65] Forsyth A, Oakes J M, Schmitz K H, et al. Does residential density increase walking and other physical activity? [J]. Urban Studies, 2007, 44(4): 679-697.

[66] Dixon L B. Bicycle and pedestrian level-of-service performance measures and standards for congestion management systems[J]. Journal of the Transportation Research Board, 1996, 1538(1): 1-9.

[67] 1000 Friends of Oregon. Making the land use, transportation, air quality connection[M]. Portland: 1000 Friends of Oregon, 1991.

[68] Sister C, Wolch J, Wilson J. Got green? addressing environmental justice in park provision [J]. GeoJournal, 2010, 75(3): 229-248.

[69] Hoenig A. Baudichte und Weiträumigkeit[J]. Die Baugilde, 1928(10): 713-715.

[70] Geoghegan J, Lynch L, Bucholtz S. Capitalization of open spaces into housing values and the residential property tax revenue impacts of agricultural easement programs[J]. Agricultural

and Resource Economics Review, 2003, 32(1): 33-45.

[71] Weigher J C, Zerbst R H. The externalities of neighborhood parks: an empirical investigation [J]. Land Economics, 1973, 49(1): 99-105.

[72] Smith V K, Poulos C, Kim H. Treating open space as an urban amenity[J]. Resource and Energy Economics, 2002, 24(1/2): 107-129.

[73] Dehring C, Dunse N. Housing density and the effect of proximity to public open space in Aberdeen, Scotland[J]. Real Estate Economics, 2006, 34(4): 553-566.

[74] Henderson K K, Song Y. Can nearby open spaces substitute for the size of a property owner's private yard? [J]. International Journal of Housing Markets and Analysis, 2008, 1(2): 147-165.

[75] Joly D, Brossard T, Cavailhès J, et al. A quantitative approach to the visual evaluation of landscape[J]. Annals of the Association of American Geographers, 2009, 99(2): 292-308.

[76] Jong-Ho K, Jong-Jae K, Nam-Soo S. The analysis of elements for land value formation in a local city[J]. Journal of KIA, 1992, 8(8): 105-114.

[77] National bicycling and walking study. Case study no. 19: traffic calming, auto-restricted zones and other traffic management techniques—their effects on bicycling and pedestrians [EB/OL]. (1994-03-20)[2021-09-09]. http://ntl. bts. gov/lib/6000/6300/6341/CASE19. pdf.

[78] Epstein L G. Living with risk[J]. The Review of Economic Studies, 2008, 75 (4): 1121-1141.

[79] Handy S, Clifton K. Evaluating neighborhood accessibility: possibilities and practicalities[J]. Journal of Transportation and Statistics, 2001, 4(3): 67-78.

[80] Technical Guidance on Accessibility Planning in Local Transport Plans [EB/OL]. (2005-06-08)[2021-10-22]. http://www. accessibilityplanning. gov. uk.

[81] Cohen D, Sehgal A, Williamson S, et al. Contribution of public parks to physical activity[J]. American Journal of Public Health, 2005, 97(3): 509-514.

[82] Highway Capacity Manual 2000[R]. Washington, D. C.: Transportation Research Board, National Research Council, 2000.

[83] Ellin N. Postmodern urbanism[M]. Oxford: Blackwell, 1996.

[84] Comber A, Brunsdon C, Green E. Using a GIS-based network analysis to determine urban greenspace accessibility for different ethnic and religious groups [J]. Landsoape and Urban Planning, 2008, 86(5): 103-114.

[85] Sister C, Wilson J, Wolch J, et al. Green visions plan for 21st century Southern California: a auide for habitat conservation, watershed health, and recreational open space. 15. park congestion and strategies to increase park equity [R]. Los Angeles: University of Southern California Center for Sustainable Cities and GIS Research Laboratory, 2007.

[86] Wolch J, Wilson J P, Fehrenbach J. Parks and park funding in Los Angeles: an equity-mapping analysis [J]. Urban Geography, 2005, 26(1): 4-35.

[87] Lindsey G, Maraj M, Kuan S. Access, equity, and urban greenways: an exploratory investigation [J]. Professional Geographer, 2011, 53(3): 332-346.

[88] Luay W. Equity and planning for local services [J]. Journal of the American Planning Association, 1981, 47(4): 447-457.

附录1 苏黎世与南京老城的公共空间格局

1 苏黎世与南京老城的可比性

1.1 城市历史

　　苏黎世和南京都有着深厚的城市历史。苏黎世的历史最早可追溯到公元前15年；公元90年始，苏黎世作为罗马帝国比利时高卢行省与上日耳曼尼亚行省边境上的水路税收点而存在。853年建成的圣母修道院曾作为城市的统治力量。1218年苏黎世成立自由城邦，1230年第一道城墙的落成正式宣告了城市的建立。1351年起苏黎世加入瑞士联邦，16世纪这里成为宗教改革的中心。从1793年的Müller地图中可见，城墙、堡垒和护城河限定出清晰的边界，城市西南部的富有街区与东部的贫困窄巷形成鲜明对比，表现出前工业城市中严格的社会等级特征。1839年后，城市规模扩张，17世纪的围墙被拆毁，城市人口迅速增长，1847年铁路建成通车，苏黎世步入工业化大发展进程[①]。而今，苏黎世的面积扩大为18世纪的57倍[②]；老城的职能不断转化，但始终是城市的核心区域；城市社会日常生活不再由行会决定，曾经是地方性的市场被统一为较大的经济区域(图1)。历经20世纪80年代的崛起、20世纪90年代的衰落以及2000年以来的复兴，苏黎世在瑞士和欧洲区域体系乃至世界城市体系中的地位越发重要。

　　南京的历史可回溯到公元前495年吴王夫差筑冶城，公元前333年楚国所筑"金陵邑"为最早的行政设置[③]。公元211年三国东吴孙权定都于此，称为"建业"，开始了南京的都城史。东晋时以"建康宫"为核心，形成以京师城垣、外郭城三重(或四重)城垣相嵌套的圈层式格局；南朝时期城市园林建设取得重要成就[④]。隋唐时期城市建设

---

① en. wikipedia. org/wiki/Zurich.

② 目前苏黎世面积91.9 km²，约为1.6 km²老城的57倍。数据来自苏黎世市地理信息系统中心提供的基础资料。

③ 南京历史文化名城保护行动计划[Z].南京：东南大学建筑学院，2007.

④ 南京城市空间的历史演变及其文化内涵研究[Z].南京：南京市规划局，南京大学文化与自然遗产研究所，南京市城市规划编制研究中心，2007.

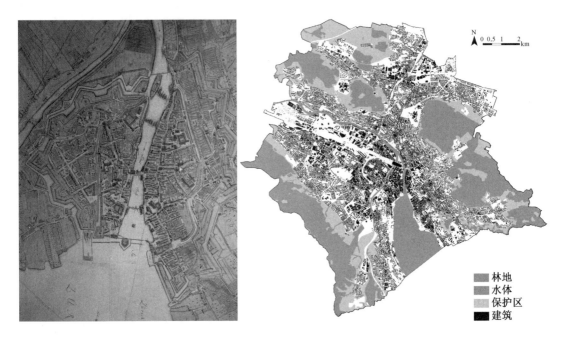

图 1　苏黎世城市演变

左:1793 年苏黎世 Müller 地图;右:苏黎世城市现状

资料来源:en. wikipedia. org/wiki/File:M%C3%BCllerplan_1793. jpg.

右侧图例：
- 林地
- 水体
- 保护区
- 建筑

步入低潮，南唐建都使南京得到复兴，宋元时期则进入平缓发展期。明朝南京得到大发展，出现了规模宏大的四重城郭和东、西并列的两条南北轴线。民国的城市建设以修路为核心，也兼顾城市公园和绿化建设，现代城市功能分区雏形渐成，建筑也不再局限于鼓楼岗以南地区，奠定了今日城市发展的初步架构。新中国成立后，尤其是改革开放以来，城市用地大幅扩张，都市发展区面积已达 2 947 km²[①]，老城内新的城市职能不断加入，在社会变革的影响下空间重组持续发生(图 2)。

　　总体而言，南京在中国历史上是南方政权的政治中枢、繁荣兴盛的经济都会、多元思想的交会之地、承前启后的文化中心和对外开放的主要窗口，其辉煌历史可追溯到1800 年[②]。而直到 150 多年前，瑞士还只是欧洲的一处山高地寒、民不聊生的贫穷小国。但遗憾的是，虽然南京建城史较苏黎世市早 1 000 余年，前朝的大多城市建设成果却未得到妥善保存:如隋灭陈后，300 年的六朝豪华尽毁;太平天国时期明故宫被拆，城区内各种建筑和文物古迹在战火中也被破坏无余，南京现存古建筑大多为清末同治和光绪年间重建[③];所遗存的仅剩下不完整的城墙、河道水系和街巷格局，以及碎片化分

① 数据来自南京市规划局. 南京市总体规划调整稿(1991—2010)[Z]. 2000.
② 卢海鸣. 六朝都城[M]. 南京:南京出版社,2002.
③ 南京历史文化名城保护行动计划[Z]. 南京:东南大学建筑学院,2007.

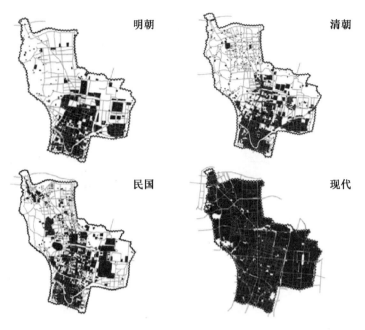

图 2 南京老城用地扩展墨迹图

资料来源:南京城市空间的历史演变及其文化内涵研究[Z]. 南京:南京市规划局,南京大学文化与自然遗产研究所,南京市城市规划编制研究中心,2007.

布的历史遗迹。而苏黎世尽管也经历过战争的浩劫,城市的肌理、尺度、风貌仍保存较完好:中世纪的几座教堂(包括苏黎世大教堂 Grossmünster、圣母大教堂 Fraumünster 和圣彼得教堂 St. Peter)至今在城市生活中仍发挥重要作用,建于 1694—1698 年的文艺复兴风格的市政厅(Rathaus)仍然是政治中心,19 世纪建成的大量公共建筑多数仍在以原功能使用,少数经置换改造后满足了城市新的需要;城市街巷格局和空间结构自建城始即有着良好的延续。这种差异既受东西方固有的文化观念影响,又受建筑材料所决定的耐久性和高度影响,从而造成欧洲老城能够在日常生活中适应不断变化的新需求、持续良好运转,历史融入生活;而中国传统建筑群通常很难继续发挥原有职能,只能作为主题公园类的城市旅游景点,不得已与日常生活分离。这种历史空间利用的差异对城市公共空间整体格局的影响很大。

1.2　城市格局

苏黎世目前的城市格局是在自然地理条件的基础上、社会变迁的复杂进程影响下,内部置换和城市职能不断外迁而逐渐形成的。由于腹地所限,苏黎世主要沿三条发展轴向外扩张:北部通往温特图尔(Winterthur)、西部通向巴登(Baden)、南部通往楚格(Zug),这些市镇与苏黎世之间有着便捷的公路和铁路运输交通联系。与苏黎世类似,南京都市区也规划建成"一城三区"模式，即以主城为核心，形成通往东山、仙西和浦口三大新市区的城市发展轴，带动城市的南延、东进与北扩（图3）。两座城市的发展思路都是通过建立核心城市与卫星城之间的紧密联系，更充分地发挥主城的廊道辐射带动作用；而疆域上则通过自然山水屏障及干道等的隔离，避免城市无序蔓延，形成多中心、开敞式的大都市空间结构。

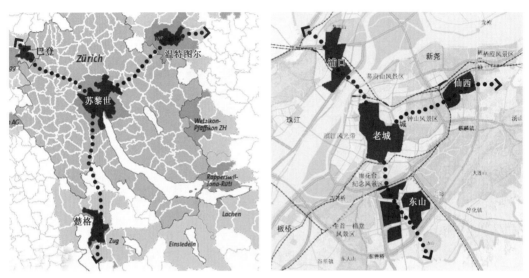

图3　苏黎世和南京相似的城市发展格局

图4　苏黎世地形地貌图

资料来源：fr. wikipedia. org/wiki/Fichier；Zurich_area_topographic_map-fr. svg.

苏黎世和南京均拥有优越的山水自然资源。苏黎世的主要腹地是夹于 Uetliberg 和 Zürichberg 两座森林间的河谷地：以发源地林登霍夫（Lindenhof）为中心，利马特河（Limmat）、希利河（Sihl）穿越腹地，与苏黎世湖（Zürichsee）及周边几座山峰（Uetliberg、Hönggerberg、Käferberg 和 Zürichberg 等）共同构成城市的独特格局。整个城市地势起伏较大[1]（图4）。南京的山水是城市的选址立都之本，"其地有高山、有深水、有平原，此三种天工，钟毓一处""钟山龙蟠，石头虎踞"[2]，地形山环水抱，既有长江天险，又有群山拱卫。随着城市化进程的加速和城市规模的扩大，南京从六朝时期鼓楼

---

[1] 苏黎世市区地形高差达 479 m，从最低海拔 392 m 的奥伯伦施特灵恩（Oberengstringen）到最高海拔 871 m 的于特利贝格（Uetliberg）。参见 http://en. wikipedia. org/wiki/Z%C3%BCrich#Topography，以及 http://www. swissinfo. ch/chi/detail/content. html？cid＝697650.

[2] 语出孙中山《建国方略·实业计划》和诸葛亮。

以南的小型山水，经明清、民国时的拓展，至今已发展为以幕府山、牛首山、青龙山等为代表的大山水格局（图5）。苏黎世与南京都是"因天材、就地利"，以自然山水为依托形成城市轮廓、山水环境与城市建设有机融合的城市原型。

苏黎世和南京都是高等学府聚集的当代科教文化基地。苏黎世学校众多，目前约有6万人在20所大专院校和高等教育机构学习①，其中苏黎世联邦理工学院和苏黎世大学是两所世界级的高等教育学府，这也是苏黎世能够持续吸引大量商业机构和银行寡头云集的一项重要因素。20世纪60年代起兴建的苏黎世联邦理工学院的"科学城"（Science City）新校区有力地加强了苏黎世大学城的形象建设。南京自南宋

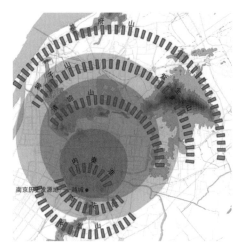

图5　南京的山水格局

资料来源：南京城市空间的历史演变及其文化内涵研究［Z］. 南京：南京市规划局，南京大学文化与自然遗产研究所，南京市城市规划编制研究中心，2007.

时建江南贡院始，经明、清两代扩建，与国子监共同构成当时全国的学院文化基地，带动了"十里秦淮"文化-商业空间的繁荣。民国期间南京建成一批著名学府，如国立中央大学、金陵女子大学和国民革命军遗族学校。如今，众多国内外知名高校科研院所汇聚南京，不仅营造了浓郁的学院文化氛围，更有利于发挥科技凝聚力和辐射带动能力，促进经济增长模式的积极转型。

1.3　城市规划和建设实施办法

瑞士实行联邦—州—市镇三级行政管理体制，市镇规划主管部门负责具体制定市镇土地利用规划，以及日常规划管理和建设审批工作；州一级负责制定全州的指引规划，并审批和监督市镇和地区相关规划；联邦规划主管部门负责制定规划法规、联邦空间规划总构思和重大项目的专题规划，以及审批和协调州的规划②。苏黎世曾设有一个专门的城市规划办公室（the City Planning Office）集中管理空间规划相关事务，但1996年的全民公投通过了重组市政机构的决议，城市规划事务改由结构工程部（the Structural Engineering Department）、土木工程部（the Department of Civil Engineering）、公园和开放空间办公室（the Office of Parks and Open Spaces）、城市发展办公室（the Office for Urban Development）和城市化办公室（the Office for Urbanism）几大职能部门共同负责③。

① en. wikipedia. org/wiki/Zurich.

② 高中岗. 瑞士的空间规划管理制度及其对我国的启示［J］. 国际城市规划，2009，24（2）：84-92.

③ Eisinger A，Reuther I，Eberhard F，et al. Building Zurich［M］. Basel：Birkhäuser，2007.

20 世纪 60 年代以来，尤其是经历 20 世纪 90 年代的规划危机后，西方国家认识到终极的规划模型不再适用，规划产生于公共部门与私人开发商及公众共同协商的过程，也即希利（Patsy Healey）教授所称"协作式规划"（Collaborative Planning）。同样，苏黎世的城市规划也相应从基于土地利用区划的政府体制，转向将城市规划作为城市化工作的实践。图纸、模型和建筑法规不再只是规划成果，同时也作为协商过程的媒介；城市规划生成的是灵活而有针对性的具体方案，不同利益之间的协作和整合要求每个规划方案都独具创造性，苏黎世管理部门称之为"概念性城市化"（Conceptual Urbanism）方法[①]。该方法既反对视城市为白板一块，又拒绝终极方案，而是以对现有城市空间、经济和社会因素的全盘把握为起点，把各方利益反复协调为集成的规划政策原则，以此为框架控制和引导开放空间和建筑物建设，逐步地发展出地区的独有特性。2001 年始陆续实施的苏黎世西区（Zurich West）复兴计划坚定不移地运用该方法，克服重重困难协调了 100 多个私人开发商的多样需求和利益，制定了统一的建筑和分区管制法规，历经 10 年发展，当年废弃的老工业区已再生为苏黎世最具个性特征和吸引力的地区之一。同样，正在筹备和推进中的苏黎世北部工业区更新、大学区和中央火车站街区改造，以及会展中心和美术馆新项目等都以这种"概念性城市化"理念和法则为基础。

相比之下，我国城市通常设有独立的规划管理部门，以适应大规模城市建设的需要。2008 年起施行的《中华人民共和国城乡规划法》建立起我国城乡规划的新制度，对政府职责和公众参与制度明文规约，使我国城乡规划开始步入法治化轨道。但城市建设中依据政策而非图纸来规范和引导发展过程的制度尚不完善，对规划如何实施的关注偏少，导致实践中城市规划制定的目标准则、行动框架和布局方案无法得到全面落实，规划的规范引导作用减弱，城市发展的不确定性增加。

1.4 差异和解释

1.4.1 经济发展条件

中国和瑞士之间国情差异大，政治经济体制也有很大不同。作为经济后发国家，我国所经历的现代化时期较短，人均地区生产总值不到瑞士的 1/10，这些都直接影响到公共空间建设。在苏黎世，2001—2005 年间第二产业的工作岗位数量下降 11.6%，目前约 90% 的工作岗位集中在第三产业，服务业对城市经济的贡献持续上升，苏黎世因此被称为"服务供应之城"[②]。而同年南京的三次产业结构比例为 3.1 : 45.6 : 51.3[③]，虽然服务业比重达到最大，第一、二产业比例持续下降，但国民经济产值基本由二、三产业并举推动，较苏黎世的三产主导型结构区别很大。因此本书选取服务业聚集和城市化

① Eisinger A, Reuther I, Eberhard F, et al. Building Zurich [M]. Basel：Birkhäuser, 2007.

② Zürich S, Präsidialdepartement, Zürich S S. Essential Zurich[Z]. Zürich：Statistik Stadt Zürich, 2009.

③ www.tjcn.org/tjgb/201003/7507.html.

质量较高的南京老城而非整座城市与苏黎世相对照，在城市职能构成方面增加了可比性。

1.4.2 城市物质环境

在瑞士城市中，苏黎世可谓一枝独秀：地区生产总值占瑞士国民生产总值的 20%；提供 33 万个工作岗位，全瑞士每 9 个工作岗位中就有 1 个位于苏黎世；云集了瑞士 286 家银行中的 80 所总部和其他大量金融机构[①]，按照 GaWC 官方名册属"第 1 级世界都市 α－"之列[②]。江苏省省会南京则是我国长江下游重要的中心城市，GaWC2008 年排名中勉居世界城市之末，但在 GaWC2020 年排名中显著上升至第 2 级第 6 段，进步显著。

从城市规模看，苏黎世面积约 92 km²，人口约 37.6 万；苏黎世州面积约 1 729 km²，人口约 127.3 万[③]。南京老城面积约 43 km²，人口约 137.6 万；主城面积约 243 km²，都市发展区面积约 2 947 km²，市域面积约 6 587 km²。南京都市发展区的面积比苏黎世州还大，且仅南京老城的人口已超过整个苏黎世州，城市集中程度和密度分布有很大差异。截止到 2008 年，苏黎世超过 20 层的建筑物仅有 13 栋，而南京老城同期数据为 108 栋[④]。

从城市肌理看，苏黎世是路网形态有机分布的不规则城市（在紧连中世纪城市核心区的西部平原腹地也有部分正交网格），而南京的路网基本呈正交网格状规则排列。苏黎世的道路走向既受到多山地形的影响，道路往往按照等高线布置以顺应地势；又受中世纪城市形成时期整个欧洲城市规划风格和思想的影响。南京平原地区较苏黎世广袤，且受儒家《周礼》礼制约束，城市布局规则；但相对于中国北方都城而言，南京已经是"因天材，就地利"、"城郭不必中规矩"、根据具体地形对理想范式进行调整的范例。不过从空间拓扑关系角度出发，城市规则与否对公共空间格局影响不大，因为公共空间与城市物质环境的相互关系并不因城市的几何形态而改变。

此外，苏黎世涵盖了从市中心到郊区的完整范围，而南京老城只是南京市的中心片区，这似乎使两者不具可比性。但当我们将视野扩大到都市区范围，那么，苏黎世是从巴登到温特图尔展开的苏黎世都市区的中心，正如南京老城是南京都市发展区的中心，相应的公共空间系统则成为对应都市区中心地带内的系统构成。基于类似的理由，苏黎世联邦理工学院的沃格特教授在最近的"走上街头"（Taking to the Streets）系列研究中

---

① Zürich S, Präsidialdepartement, Zürich S S. Essential Zurich ［Z］. Zürich：Statistik Stadt Zürich, 2009.
② GaWC 是"全球化和世界级城市研究小组"（Globalization and World Cities Study Group and Network）的简称。它将全球 242 个世界城市分成 5 级 12 段，苏黎世位于第 1 级第 4 段"α－"级，南京 2008 年位于第 5 级第 12 段"Sufficiency"级，2020 年上升至第 2 级第 6 段"β"级。参见 www. lboro. ac. uk/microsites/geography/gawc.
③ http://en. wikipedia. org/wiki/Zurich, http://zh. wikipedia. org/wiki/%E8%8B%8F%E9%BB%8E%E4%B8%96%E5%B7%9E.
④ 苏黎世数据参见 Zürich S, Präsidialdepartement, Zürich S S. Essential Zurich［Z］. Zürich：Statistik Stadt Zürich,2009. 南京数据根据南京市规划局提供的相关矢量地图整理得到。

将苏黎世与柏林、上海和东京四个案例城市进行平行比较。

1.4.3　空间认知文化

表象之下，两座城市间空间认知文化的差异同样巨大。苏黎世自 13 世纪成为自由城邦，拥有军事防卫和精神领袖，市民性较强。落实在空间层面，正是西方的市民传统奠定和确立了城市公共空间在城市社会中的作用和地位。而我国城市公民性相对欠缺，在意识形态和政治制度的双重挤压下，市民社会的基本形态最终没有形成，公共空间的作用也未得到凸显。这种文化差异、个性表现及与其相适应的生活方式特点是固有的，自由主义权利理论试图抹除差异的平等概念在此行不通（表 1）。

表 1　苏黎世与南京老城的可比性

		苏黎世	南京老城
自然环境特征	中心坐标	北纬 47°22′，东经 8°32′	北纬 32°03′，东经 118°46′
	气候特征	亚热带季风气候；冬冷夏热、四季分明	地中海气候；春夏气候宜人、秋冬降水多
	地理位置	瑞士北部、苏黎世湖湖畔	中国东部沿海、长江下游
	地貌特征	山峦起伏、河湖纵横，地势起伏大	低山、丘陵、岗地与平原、洲地交错分布
	山水资源	利马特河、希利河穿越老城，与苏黎世湖及周边几座山峰共同构成城市的独特格局	钟山在东、清凉山在西，"龙蟠虎踞"；以玄武湖、秦淮河、狮子山等自然山水为依托形成城市轮廓
城市人文特征	研究范围（同比例）	苏黎世　苏黎世州　苏黎世都市区	南京老城　南京主城　南京都市发展区
	城市地位	苏黎世州首府、苏黎世都市区的中心	江苏省省会、南京都市发展区的中心
	发展格局	三条发展轴：通往温特图尔、巴登和楚格	三条发展轴：通往东山、仙西和浦口
	总面积	91.9 km² （包括水体）　53.2 km²（除去林地、郊野绿地和外围水体的城市建设用地）	52.2 km²（包括水体）　43.0 km²（除去外围水体）
	人口	372 047	1 376 125
	历史遗存	保存完好，能在日常生活中适应不断变化的需求	通常只能作为主题公园类的城市旅游景点
	生活品质*	世界最佳宜居城市	中国最佳宜居城市之一

		苏黎世	南京老城
	产业结构	"服务供应之城":90%的工作岗位集中在第三产业	服务业集聚程度较高
	科教基础	拥有两所世界级高等教育学府的重要科研基地	中国四大高教基地之一
	规划实施	"概念性城市化"方法	规划的规范引导作用较弱,城市发展具不确定性
	精神内核	深厚的市民传统	市民性相对欠缺
	公共空间	富有吸引力和设计良好的城市公共空间对备受称誉的生活品质贡献良多	绿地率、绿化覆盖率和人均公共空间面积位居中国城市前茅

*注:苏黎世生活品质评价来自 Mercer 2010 Quality of Living Survey,www.mercer.com;南京生活品质评价来自中国城市发展网,www.chinacity.org.cn。

本书的实证研究主要以苏黎世和南京老城为对象,在不同的空间尺度层面上,采用同一参照系进行比较。尽管苏黎世与南京在城市功能级别、规模、历史、地理位置、街道网脉乃至"现代性"上存有诸多差异,但对于城市公共空间系统而言,虽然理想模式固然永不存在,但却总有一些共同标准和内在价值观超越文化与地域的差异及限制而存在,这正是下文所致力于寻求的。

2 苏黎世与南京公共空间概况

2.1 苏黎世

过去 150 年间,苏黎世的公共空间历经三个阶段的演进历程①。此前主要有:形成于中世纪的林登霍夫和 Platzspitz 公园,以及巴洛克时期的 Rechberg 综合体和 Pelikanplatz 广场。

第一个阶段自 19 世纪后半叶始,此时城市公共空间表现出清晰的秩序和严格的等级。沿苏黎世湖的散步道和公园、公共建筑前的广场、宽阔的林荫大道构成公共领域的主要部分,服务于新兴的资产阶级。班霍夫大街(Bahnhofstrasse)、湖滨码头区、Rieterpark 和 Belvoire Park 是这一时期的代表。

居住职能与工作场所的分离决定了第二阶段的公共空间设计。代表技术进步的机动车交通受到重视,出现了新的公共空间类型如交通性广场,另一些老广场也被设定为仅供机动车通行。比如 1920 年新建的贝勒维(Bellevue)湖边广场,它服务于机动车交通和有轨电车,速度和活力通过曲线建筑形式语言清晰地表达出来。

---

① Bernadette F. Stadtraum und Kunst [C]//Eisinger A, Reuther I, Eberhard F, et al. Building Zurich [M]. Basel: Birkhäuser, 2007.

第三个阶段始于 20 世纪 80 年代，伴随着苏黎世从被动形成的金融中心走向开放且充满生机的区域性中心城市，城市公共空间也得到复兴。这个阶段主要是对原有公共空间的改造设计和拓展，形成以文化和经济为主导的空间利用。公共空间的设计以需求、使用方式和风格的多样性为特征。公共场所的绿地不再禁止入内，而成为市民的休闲胜地和儿童的嬉戏场所。各类大型集会、嘉年华等庆祝活动此起彼伏；餐馆许可证政策的取消促进了街边咖啡馆和餐饮店的繁荣，使人们越来越多地逗留在户外，城市公共场所的意义不断得到提升。2003 年末，苏黎世城市经济和发展委员会促成了一项跨学科的苏黎世公共空间设计策略《城市空间 2010》（*Stadträume 2010*）。到 2008 年初，这个项目所制定的标准被苏黎世政府部门作为新方法引进并在所有市政当局中强制执行，推动了该市公共空间的持续良性发展。

解读《城市空间 2010》

《城市空间 2010》致力于推动苏黎世公共空间的可持续发展、促进具有当代风格的高品质设计，尤其是要改善供步行使用区域的设施品质。作为制定策略的基础，苏黎世公共空间首先经历了审慎的 SWOT 分析[1]。苏黎世的专业人员与扬·盖尔建筑师事务所分别独立地考察和评价了苏黎世公共场所的质量。经过综合，苏黎世城市公共空间的优势被概括为，开放的湖泊河流和细密的公共交通网络提供的基础支撑，城市公共空间的选址、实体品质和功能性；不足之处包括机动车交通的干扰、空间高度的异质性和不连续的空间布局，以及缺乏明确的类型区分。在此分析的基础上提出了一个关于城市空间品质的总体愿景。这一愿景包括：设施品质、功能、感官和审美四个层面巧妙结合，尽可能满足市民的多样化需求。《城市空间 2010》规划制定的三个战略目标为：明确的层级、连贯的设计以及加强城市公共空间的设施品质[2]。

苏黎世公共空间"重要性地图"（图 6）是该规划呈现的最重要的成果之一，它按照区域级、城市级、片区级清晰地区分了苏黎世公共空间的重要性，并把它贯彻到后续制定的设计标准中。公共空间的遴选至少要满足以下 3 大层面、10 项标准中的 5 项，即"意象"层面的 a) 高知名度，b) 有意义的主要轴线或片区轴线，历史街道；"功能"层面的 c) 高的使用密度，d) 高的步行或自行车交通密度，e) 重要的穿越联系，f) 重要的休闲或停留地区，g) 重要文化场所；"空间品质"层面的 h) 观景点、公园、水面、历史中心，i) 城市设计观景点或桥，j) 有提升吸引力的潜力。具有区域重要性的公共空间建议组织高水准的设计竞赛，其他级别公共空间可以直接应用该设计标准。

---

[1] SWOT 分析即强弱机危综合分析法，其中 S 代表优势(strength)，W 代表劣势(weakness)，O 代表机会(opportunity)，T 代表威胁(threat)，是制定城市发展战略前深入全面分析现状并定位竞争优势时常用的分析方法。苏黎世公共空间的 SWOT 分析完成于 2004 年，是一份既涵盖城市整体又涉及邻里层面的详尽报告。

[2] Zürich S. Stadträume 2010：strategie für die Gestaltung von Zürichs öffentlichem Raum[Z]. Druckerei Kyburz, Dielsdorf, 2006.

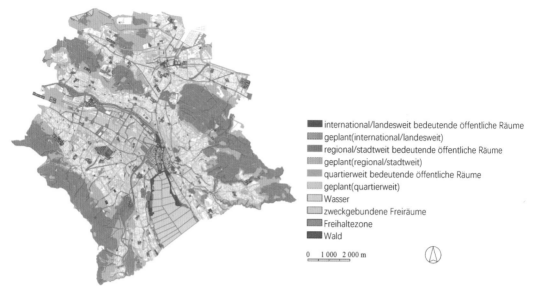

international/landesweit bedeutende öffentliche Räume
geplant(international/landesweit)
regional/stadtweit bedeutende öffentliche Räume
geplant(regional/stadtweit)
quartierweit bedeutende öffentliche Räume
geplant(quartierweit)
Wasser
zweckgebundene Freiräume
Freihaltezone
Wald

0   1 000   2 000 m

图6　苏黎世公共空间"重要性地图"

资料来源:Zürich S. Stadträume 2010: strategie für die Gestaltung von Zürichs öffentlichem Raum[Z]. Druckerei Kyburz, Dielsdorf, 2006.

来自政府管理部门的50位专家共同为苏黎世编制了设计标准的选择集，城市空间类型被归为9大类，依次是开放空间和建成结构、绿色空间、广场、交通节点、道路、路径、桥梁、停靠站和停车场所，设计标准根据其子类型逐一详细制定，具有较强的可操作性(表2)。标准对公共空间范围的界定较广，不仅涵盖步行交通，交通节点、高速公路、主要道路、隧道、噪声墙、停车场所这些与机动车交通相关的类型也被囊括在内。

表2　《城市空间2010》中设定的城市公共空间类型

城市空间类型	子类型	城市空间类型	子类型	城市空间类型	子类型
C1 开放空间和建成结构	建设中	**C4 交通节点**	**动态节点** **十字交叉路口** **汇聚路口**	C7 桥梁	桥梁 **隧道** 墙及绿色堤坝 **噪声墙**
C2 绿色空间	划分城市空间的绿地 街区里的绿地 道路绿地	C5 道路	**高速公路** **主要道路** 街区道路 休闲道路	C8 停靠站	总站 节点上的车站 线性车站
C3 广场	休闲广场 交通广场 入口广场	C6 路径	开放通道 公园道 林荫道	**C9 停车场所**	**路边停车** **停车场** **自行车停车场**

注：粗体字标出的是通常不被认为真正属于公共空间的部分。

如果将《城市空间2010》中规划的公共空间系统与苏黎世现有的机动车道路系统叠加，可以发现两者之间高度重合(图7)。这一方面反映了苏黎世公共空间的一个重要特色，即通过机动车限速、步行空间的精心设计等措施使得主要供步行者使用的公共空间能够与机动车交通高效地共存于同一条街道上；另一方面，从可步行性和人的需要来

图7　公共空间系统与机动车道路系统高度重合

看，把主要道路、动态交通节点和停车场所等都纳入公共空间范畴未免过于宽泛，这些主要与机动车交通相关联的空间对于真正的公共空间的使用而言，作用往往是反向的。城市公共空间系统与机动车交通系统不应是重合关系，而应互为补充，构成两套相互依存的城市组织结构，共同决定城市的发展框架。

《城市空间 2010》将公共空间作为城市的全局性控制要素，通过将不同特征、内容、形态的具体公共空间统合在清晰的控制层级之下，成功地将苏黎世的公共空间系统纳入跨地区、国家和欧洲的文脉，并在实践中据以实施，收效显著。但与此同时，这项计划侧重于对景观和街景要素的具体控制，忽视了公共空间所依附的宏观城市背景，改造力度未免略显不足。

此外，《苏黎世市绿皮书》针对该市绿色开放空间的可持续发展制定了整体战略和实施纲领，其中也涉及公园、广场和公地、街头绿地、住宅和工作场所的环境等公共空间的现状分析、十年目标和行动计划的概略筹措。

2.2　南京

传统南京城尽管不乏庙宇前庭、墟场集市、街头巷尾、茶楼酒肆或是同乡会馆等公共场所供人们公共交往，不过这些空间十分有限，还受到统治阶层规训关系的约束。官方修建的街道主要用于车马交通和礼仪展示，皇家宫苑和私家园林也与普通市民无关。与此适配的是，市民交往由礼俗而非契约关系维系，个体的独立意志被压抑，君臣父子之纲、"家国同构"观念下产生的是哈贝马斯所谓"代表型"公共空间。

民国时期，南京新建和拓宽了城市干道系统，实现了快、慢车道与人行道分流；重要道路交会处设环形广场，如新街口广场、鼓楼广场和山西路广场，并辟建玄武湖公园、莫愁湖公园、白鹭洲公园、鼓楼公园等一批新型公园，公共空间得到扩展。及至1949 年，南京园林绿地面积为 1 972.7 ha，公共绿地面积为 65.6 ha，人均公共绿地面积为 1.3 m²[①]，公共空间逐渐从传统内敛型向开放型转变。

计划经济时代，生产力水平低下，南京城市发展方针以生产性建设为主，市民日常

---

① 苏则民.南京城市规划史稿：古代篇·近代篇[M].北京：中国建筑工业出版社,2008.

生活中的公共空间依附于以单位制为特征的政治社会。单位大院成为自给自足的生产和生活共同体，致使原本应发生在城市公共空间中的活动转移到大院内部，城市空间失去活力，单位内部的半公共空间也由于个体私人空间的缺乏而无法产生真正的公共领域。城市中的公共场所通过纪念性表现出展示和规训机制，公共交往退居其次，接受教育成为公共生活的主体。

改革开放以来，伴随着深刻的社会转型进程，一方面，市场力量增强，老城内工业企业"退二进三"速度加快，公共空间在类型、形态和产权等各方面得到极大丰富，但同时原有公共空间体系也在高密度建设中不时受到蚕食；另一方面，规划水平的提高和调控能力的加强，以及市民公共空间意识的觉醒，使南京城市建设开始兼顾社会效益和环境效益、强调城市环境改善和品质提升。自2002年初开始，"老城做减法""显山、露水、展城、现江"已成为相关部门的基本思路和总体目标，一批新的广场、公共绿地、步行街和滨水空间得到兴建，老城环境显著改善。

但与此同时，南京老城公共空间系统在数量、分布、级配上仍然问题重重，这是即便是普通市民也能直观感知的。究其原因，既有源自城市历史布局因素的影响，又有规划设计和管理的问题，以及文化传统所形成的观念制约。迄今为止，像大多数中国城市一样，南京仍然没有制定专门的公共空间规划，公共空间系统对城市的统领作用还没有得到充分认识。

相关规划解读

(1)《南京市总体规划调整稿(1991—2010)》，2000

该规划提出：主城要严格控制人口过快增长、提高城市化质量；优化用地结构、增加绿化和道路广场用地，道路广场用地占城市建设总用地的比例由11%提高到14%，主城绿地由14%提高到30%，其中公共绿地由11%提高到23%，实现80%以上的居民步行10 min距离内能够达到一块公共绿地；人均公共绿地指标达到15 m² 以上，城市绿化覆盖率达到55%以上；强调解决主城绿地分布不均的问题(图8)。老城以发展第三产业为主，注重环境品质的提升和历史文化特色的体现；实施以优化功能和提升品质为主、控制人口和控制建设强度的"双控"策略，严禁见缝插建、鼓励见缝插绿；可转换用地优先用于增加绿地、改善环境、增加公共设施、完善交通和市政配套。2011年重新修订的总体规划延续了"双控双提升"的老城保护战略，提出针

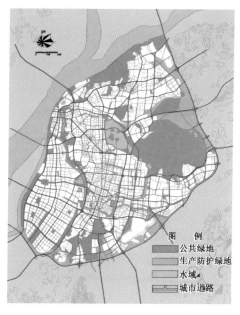

图8 南京市城市总体规划调整
——主城绿地系统规划

资料来源：南京市规划局. 南京市总体规划调整稿(1991—2010)[Z]. 2000.

对城市山水环境、都城格局、建筑高度控制、街巷格局保护、交通减量等的对策建议，近期建设规划制定"注重便民型公共绿地建设，在老城内建设 100 个以上的小游园，保证居民出行 300—500 m 就可以进入绿色开敞空间"的目标。总规调整稿和新总规强化了正确的老城疏散思路，为老城公共空间的建设与优化明确方向的同时也提供了基本依据。

（2）《南京老城绿地优化布局近期规划》，2005

图 9 《南京老城绿地优化布局近期规划》中的规划绿地及其可达性分析

资料来源：http://www.njghj.gov.cn.

此"绿地"范畴涵盖广场、公共绿地、滨水空间、林地和其他开放空间用地。该规划认为老城绿地存在分布不均、基层绿地缺乏和单位绿地开放不足三大问题；提出优先考虑强化历史文化资源的展示，增强基层绿地建设，近期规划实施绿地 210 块，面积约 60 万 m²，目标在 5 年内实现老城"出行 300 m、步行 5 min 的绿地可达性达到 95% 以上"（图 9）。

6 年来，近期规划绿地多已落成使用，老城公共空间系统有所加强，人居环境得到一定改善。不过现状公共绿地的 300 m 覆盖范围远达不到 95%，因为可达性计算中把一些单位绿地也计入在内，而这些绿地基本不向公众开放。该规划表明的仅仅是，市民出行的 300 m 范围内存在绿地的可能性在 95% 以上；至于这块绿地究竟是可进入还是不可进入，甚至可见或不可见都存有疑问。此外，规划中统计出的现状人均绿地面积（6.7 m²）偏于乐观，因为规划范围将外秦淮河、护城河与玄武湖囊括在内，这将显著提高老城绿地人均值。

（3）《南京老城控制性详细规划》，2006

规划思路中提出控制高层、控制住宅、提升历史文化内涵、提升服务功能的"双控双提升"原则；用地规划调整提出增加绿地总量、改善环境策略，并设"优化绿地布局，提升环境品质"章节专门探讨城市绿地建设。提出"增加老城绿量、改善目前人均绿地面积水平较低的状况；改善绿地分布，重点在中心区、居住区增加绿地；形成绿地网络，加强带状绿地组织，使分散的绿地形成系统。"基本实现居民步行 5 min（350 m）能到达一块便民性基层绿地，步行 10 min（700 m）能到达一处社区绿地的规划目标。逐步形成以明城墙风光带为骨架，滨河绿地、道路绿化为网络，山林绿地、公园绿地、社区绿地为主体，专用绿地为补充的"点、线、面"相结合、多层次、网络化的老城绿地系统。

以《南京老城绿地优化布局近期规划》为基础，规划公共绿地面积 507.72 ha，占规划用地面积的比例为 11.80%，人均公共绿地面积为 4.79 m²。其中明城墙内公共绿地面积为 385.93 ha，占明城墙内用地面积的比例为 9.38%，明城墙内人均公共绿地面积为

3.64 m²，较当时现状增加 1.15 m²。规划基层绿地和社区绿地 470 块（图 10）。绿地选址遵循了结合历史文化资源、结合待改造地块的开发布置、结合拆违建设绿地和重点在绿地可达性盲区内布置的原则，突出了布局的均好原则和可操作性。截至目前，这些规划绿地部分得到实施。显而易见的是，即便规划方案全部落实，绿地的连续性和系统性仍有较大程度的缺失。

其他一些近年所做规划，如南京主城绿地系统规划（2000）、南京老城空间形态优化和形象特色塑造（2002）、南京城市特定意图区规划（2005）、南京绿地系统规划（2006）、南京城市特色构成及表达策略研究（2006）、南京城市历史空间格局复原与推演研究（2007）、南京历史

图 10　南京老城控制性规划中的绿地系统规划

资料来源：南京市规划局. 南京老城控制性详细规划［Z］. 2006.

文化名城保护规划（2007、2008）、南京总体城市设计（2009）等，为指导南京城市空间有序发展做出突出贡献，也均在不同层面不同程度涉及老城公共空间建设。但在这些成果中，"公共空间"被简单地等同于"绿地"，没有将街道这一重要类型纳入的结果为使系统性的缺失成为必然。

图 11　"一心、一环、多点、网络"的南京
老城空间特色系统

资料来源：东南大学城市规划设计研究院. 南京主城空间特色系统综合规划［Z］. 2007.

（4）《南京主城空间特色系统综合规划》，2007

在既有城市整体性规划成果中，该规划是唯一将公共空间体系作为城市发展的统领要素展开思路的。规划尤其围绕老城开展，提出通过公共空间系统对历史文化保护和城市发展建设进行整合，形成"一心、一环、多点、网络"的老城空间特色综合框架，为老城特色系统建设提供了比较具体可行的近期行动策略和长期控制引导（图 11）。此规划将公共空间系统置于城市语境下，突出了中观层面公共空间的近期可实施性，但针对城市整体层面的公共空间系统的考虑仍显不足。

（5）《南京城市空间形态及其塑造控制研究》，2007

从城市肌理形态以及街区和界面两大层

面入手对南京老城空间形态展开分析，运用与城市体验同尺度同比例的研究方法，致力于解决感知形态层面的问题，并对城市建设管理法规提出可行的控制策略和修改建议。研究中将南京城市肌理形态的模糊不清归结于过多的"孔洞"，即由于物态组织规律和肌理组织规律不同而产生的与城市基本肌理不一致的区域，并对其特征和边缘形态进行分类归纳。在感知层面，通过大量细致深入的量化研究，提出将街区整合度作为衡量肌理形态清晰与否的指标；建筑几何边线引起的街区相关线及其建筑的相关度越高，街区的整合度也就越高；建筑相关度是保证街区整合度的重要因素，而建设项目所处地块的几何形状不一定是街区整合度差的必然原因(图12)。

序号	单体建筑地形图	周边建筑边线建筑边线(多层、高层)	多层建筑相关边线	多层建筑边线长度/m	多层相关边线长度/m	多层相关度	高层建筑相关边线	高层建筑边线长度/m	高层相关边线长度/m	高层相关度
01				185	125	0.68		135	100	0.74
02				135	53.4	0.4		114	70.2	0.62
03				221	60	0.27		163	27	0.17
04				468	154	0.33		272	0	0
05	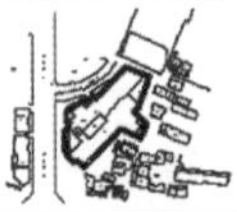			427	110	0.26		0	0	0
06	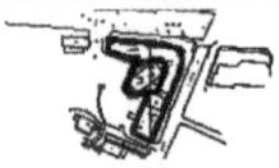			453	219	0.48		163	37	0.23

图12 南京老城新街口地区的建筑相关度计算

资料来源：南京大学建筑学院，南京市规划局城市空间形态及其塑造控制研究小组. 南京城市空间形态及其塑造控制研究[Z]. 2007.

研究从可感知角度自下而上地对中微观层面的公共空间界面、退让，建筑单体体量、间距等进行了创新性地深入探讨，重点关注建筑在围合和形塑公共空间边缘中的作用，从方法到内容都对具体城市公共空间的建设和研究具有较好的指导、借鉴意义。但是否控制良好、有序的公共空间局部一定能够拼合成系统而有吸引力的整体，这却是令人无法预知的。

3 苏黎世与南京老城的公共空间格局比较

3.1 总体格局比较

3.1.1 公共空间总体格局

根据2.1.1节对城市公共空间概念与空间范围的界定，分别绘制苏黎世和南京老城的现状公共空间格局如图 13、图 14。公共空间是复杂、多维和动态的，对其范围的准确界定尤为重要，是下文统计和计算的基础，关系结论的信度，并使不同城市之间的比较分析具有实际意义。

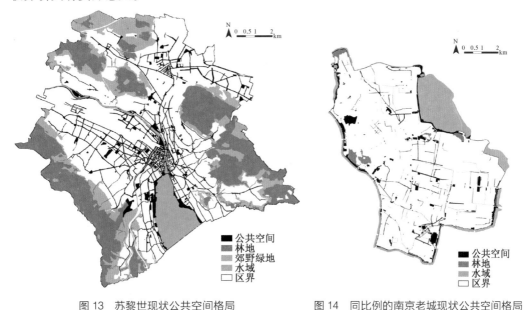

<table>
</table>

图 13　苏黎世现状公共空间格局　　　图 14　同比例的南京老城现状公共空间格局

注：下文如无特别说明，对苏黎世与南京老城的所有比较均采用同一比例。

　　苏黎世的公共空间范围界定，是依据《城市空间 2010》"重要性地图"中确定的公共空间现状，去除交通节点、高速公路、主要道路、隧道、噪声墙、停车场所等与步行交通关系不大的空间，经反复现场调研论证，矢量化加工得到的。

　　南京老城公共空间的界限相对模糊，这与长期以来对公共空间的纲领性作用认识不足、缺乏相关规划有很大关系。本书附录 1 依据下列七项内容对其加以综合确定：
a)《南京老城绿地优化布局近期规划》中的现状绿地（保留）和规划绿地（调研核实）。
b)《南京老城控制性详细规划》"土地利用现状图"中的"游憩广场""公园""街头"
"公共绿地"图层内容保留，按本书分类标准归类；"绿地系统规划图"中的公共绿地经调研核实后计入；"历史文化资源保护规划图"中的"传统街巷"图层经核实后计入。c)南京市规划局提供的 cad 文件"南京市总平面图（2005）""line –公园"图层经核实后计入。d)核实《南京市总体规划调整稿（1991—2010）》《南京主城绿地系统规划》《南京绿地系统规划》相关图纸内容。e)其他专题规划和局部地段规划的相关成果。f)2008—2010 三年间，东南大学建筑学院三届大二本科生在"建筑认知实习"课程中对南京老城公共空间的调研成果汇总。g)大量现场踏勘、调研[①]。

---

① 特色街道长江路文化街和珠江路科技街计入街道公共空间范畴；中央路、太平南路和莫愁路商业街更偏重于道路交通功能，未计入街道。参照苏黎世标准，清凉山、狮子山、绣球公园人工化程度较低，计入林地用地；古林公园、白鹭洲人工化程度高，计入公共绿地。

经 ArcMap9.3 属性统计得到，苏黎世研究区面积为 91.94 km²，城市建设用地面积为 53.24 km²，公共空间总面积为 5.77 km²，占城市建设用地的 10.84%；南京老城研究区面积为 52.20 km²，城市建设用地面积为 43.04 km²，公共空间总面积为 3.31 km²，占城市建设用地的 7.69%[①]。苏黎世公共空间共计 645 处，平均面积为 8 947 m²，平均周长为 865 m；南京公共空间共 337 处，平均面积为 9 825 m²，平均周长为 782 m。

对比苏黎世与南京老城，两者的城市建设用地面积差距不大；苏黎世的公共空间用地份额是南京同比的 1.4 倍，总数量是南京的 1.9 倍。南京老城个体公共空间的平均面积较苏黎世大，平均周长较小。运用 Batty 提出的城市形态紧凑度公式 $K = 2\sqrt{\pi A}/P$[②] 计算可知，苏黎世公共空间 K 值为 0.388，南京老城公共空间 K 值为 0.448，反映南京老城个体公共空间形态的平均紧凑程度较高，延伸度较低。

从公共空间布局看，苏黎世公共空间在老城核心区、苏黎世湖滨水区和厄利孔副中心有比较明显的集聚趋势；南京老城公共空间分布则相对分散，古林公园和白鹭洲公园是两处突出的大型集中绿地。直观比较公共空间分布的整体性和连续性，苏黎世明显较好。

3.1.2 公共空间格局的量化

本小节运用区位熵法(详见 3.1.2 节)描述公共空间格局特征。具体计算步骤如下：a)按照最小行政区单元的划分(苏黎世 216 个，南京 185 个，见图 15)，分别计算苏黎世与南京老城各行政小区的公共空间用地区位熵值；b)将区位熵值赋予行政小区单元的形心点，使用反距离加权差值法进行空间插值，得到以公共空间为灰度值的栅格图；c)对栅格图进行等值线提取，得到公共空间区位熵等值线图；d)在 ArcScene 中调节图形的三维高度，生成三维图形。空间统计单位之所以被设定为最小行政区单元，是为充分反映其间的非均质特征，在公共空间结构的组织分析上，总量密度所能提供的信息和意义非常有限。

由苏黎世和南京老城的公共空间区位熵等值线图和三维图(图 16、图 17)可知：苏黎世公共空间集中程度最高的是老城区的火车站片区和老城紧邻苏黎世湖的湖滨区，其次是苏黎世湖沿岸、厄利孔副中心和以旧货市场 Helvetiaplatz 为中心的地区，Buchegg-platz、werdinsel 岛和 Lindenplatz 地区形成次一级的区位熵高峰。南京老城公共空间在白鹭洲公园处集中度最高，其次是古林公园、夫子庙、清凉门、玄武门片区，新街口、神策门、月牙湖公园处形成小高峰。两座城市的区别非常明显：苏黎世公共空间主要集中在城市内部，从市中心向外围呈递减趋势，且城市中心地带内高值区连片分布；南京老

---

① 苏黎世城市建设用地范围为区界扣除包括外围水域、林地和郊野绿地在内的城市非建设用地面积；南京城市建设用地为研究区范围扣除外围水体和外围公共绿地面积。之所以要将比较限定在城市建设用地范围内，是因为苏黎世的城市非建设用地面积高达城市总面积的 44.50%。此外，如果严格地区分，任何步行街以外的城市街道都同时作为公共交往空间和机动车交通空间，车行道占用的路幅宽度比例相当大，似乎只有人行道应计入公共空间。但这将导致公共空间与整个城市的割裂，也违背了街道公共生活的真正内涵，因此本书将整体街道纳入公共空间范畴。

② 式中 K 为空间紧凑度，A 为空间面积，p 为周长。参见储金龙.城市空间形态定量分析研究[M].南京：东南大学出版社,2007.

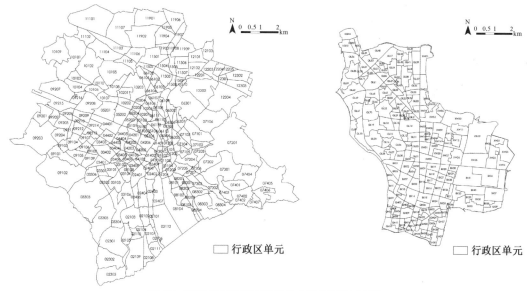

图 15　苏黎世和南京老城的最小行政区单元划分

左:苏黎世;右:南京老城

资料来源:苏黎世根据片区数据 http://www.stadt-zuerich.ch/prd/de/index/statistik/publikationsdatenbank/
Quartierspiegel.html 矢量化得到;南京老城根据《南京老城控制性详细规划》中的"现状社区划分图"矢量化得到。

城公共空间主要在城市外围集中,公共空间从城市内部向外围递增,高值区分布比较分
散,形成多个孤立山峰。

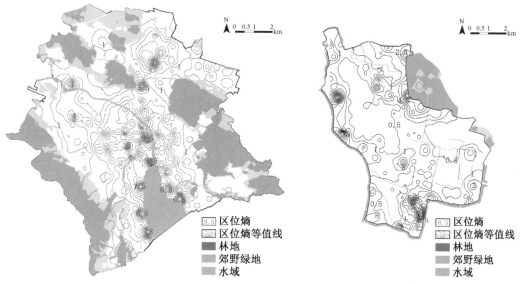

图 16　苏黎世和南京老城的公共空间区位熵等值线图

左:苏黎世;右:南京老城

进一步比较两座城市中公共空间的地位水平,苏黎世公共空间区位熵值大于 1 的区域
覆盖了城市主要建设用地,表明这些地区中公共空间的作用超过城市平均水平;南京老城
中公共空间区位熵大于 1 的用地比例较小,散布在城市外围与新街口、总统府、明故宫、
湖南路、北极阁等局部地段,大部分城市地区的公共空间作用水平低于均值(图 18)。

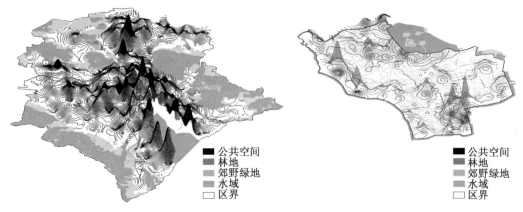

图 17 苏黎世和南京老城的公共空间区位熵三维图

左:苏黎世;右:南京老城

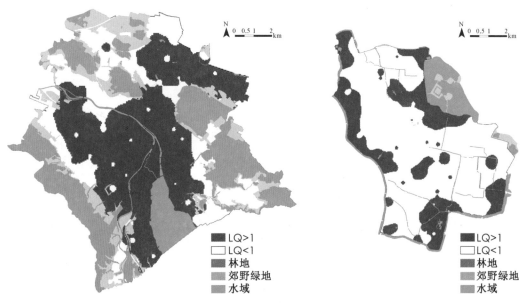

图 18 苏黎世和南京老城公共空间的地位水平

左:苏黎世;右:南京老城

3.2 类型格局比较

依据 2.1.1 节制定的公共空间分类标准，统计得到苏黎世和南京老城公共空间的类型构成如图 19。苏黎世的公共空间以街道为主体，其次为公共绿地和广场；南京老城的公共空间中，占地面积最大的是滨水空间，数量最多的是公共绿地。南京老城内的"软质"公共空间(公共绿地和滨水空间)占据主体，绝对面积超过苏黎世。但"硬质"公共空间(包括街道、广场和复合街区)份额仅约占 1/3，较苏黎世同比 2/3(面积比)和 3/4(数量比)少得多，差异主要源于两座城市中街道空间面积和数量的悬殊[①]。街道线

---

① 特兰西克(Roger Trancik)将公共空间区分为硬质空间(hard space)和软质空间(soft space)。硬质空间主要由建筑壁面界定，通常作为社会活动集聚的主要场所；软质空间以自然环境为主，供休憩使用。参见:Trancik R. 找寻失落的空间:都市设计理论[M].谢庆达,译.台北:创兴出版社,1991.

性空间作为典型模式，曾在中国传统城镇中发挥重要的凝聚作用。但分析表明，以南京为代表的中国当代城市中，缺失的恰恰正是线性公共空间。

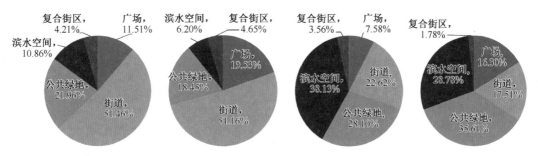

图 19　苏黎世和南京老城公共空间的类型构成比较

注：左1，苏黎世公共空间面积构成；左2，苏黎世公共空间数量构成；左3，南京老城公共空间面积构成；左4，南京老城公共空间数量构成。

进一步分别统计苏黎世和南京老城五种类型公共空间的面积、周长等指标如表3。

表3　苏黎世和南京老城按类型的公共空间面积和周长特征统计

类型	指标	城市	最大值	最小值	总和	均值	中位数	标准差	变异系数	偏度	峰度
广场	面积	苏黎世	29 435	275	664 487	5 274	3 880	4 631	0.878	2.116	6.582
		南京	56 477	114	251 083	4 565	1 489	9 593	2.101	4.194	18.955
	周长	苏黎世	1 230	67	46 966	373	327	215	0.576	1.301	2.067
		南京	1 351	43	16 303	296	205	274	0.926	2.094	5.197
街道	面积	苏黎世	63 334	237	2 969 633	8 999	5 565	9 530	1.059	2.567	8.733
		南京	61 967	621	749 046	12 696	6 585	8 384	0.660	2.409	7.454
	周长	苏黎世	5 790	86	379 077	1 149	857	957	0.833	1.875	4.466
		南京	3 777	284	94 431	1 601	943	905	0.565	1.796	4.442
公共绿地	面积	苏黎世	150 084	284	1 267 257	10 649	4 641	18 240	1.713	4.808	30.269
		南京	198 190	56	930 534	7 754	1 545	23 503	3.031	6.312	44.504
	周长	苏黎世	2 721	72	59 386	499	380	400	0.802	2.264	8.127
		南京	3 190	38	49 568	413	191	571	1.383	3.155	10.641
滨水空间	面积	苏黎世	137 504	348	626 591	15 665	4 509	29 874	1.907	3.105	9.567
		南京	213 557	121	1 262 402	13 014	3 114	29 614	2.276	4.310	22.826
	周长	苏黎世	12 230	106	55 756	1 394	750	2 054	1.473	4.076	19.404
		南京	8 573	45	78 744	812	412	1 224	1.507	3.711	17.843
复合街区	面积	苏黎世	44 471	1 177	243 117	8 104	4 665	9 085	1.121	2.537	7.703
		南京	40 772	3 449	118 007	18 693	11 772	15 085	0.807	0.603	-2.401
	周长	苏黎世	2 266	79	30 085	813	616	564	0.694	0.782	-0.141
		南京	6 689	517	12 640	2 528	1 794	2 272	0.899	1.440	1.908

注：面积单位为 m^2，周长单位为 m。一般来说，街道应以长度而非周长作为比较指标，鉴于周长值容易获得，而街道的宽度与长度相比可以忽略不计，因此这里用周长值近似衡量街道长度。复合街区周长值为街区外围周长。

（1）广场。苏黎世的广场面积在275—29 435 m² 之间，差异较大；广场总面积为 664 487 m²，总数量为 126 个，占城市建设用地面积的比例为 1.25%。均值为 5 274 m²，中位数为 3 880 m²，数据呈比较明显的正偏态分布且为尖顶峰，反映数据分布趋势为在低值区集中、高值区离散，面积较小的广场数量相对较多。南京老城单个广场的面积波动幅度更大，广场总面积为 251 083 m²，总数量为 55 个，占城市建设用地面积的比例为 0.58%，仅相当于苏黎世广场用地面积份额的 46.40%。平均面积较苏黎世略小，中位数小得多，说明数据分布低值区更加集中，正偏态趋势与肥尾和高尖顶特征更加明显：南京小于 3 000 m² 的小型广场共有 35 个，占总量的 63.64%；苏黎世小型广场共有 43 个，占总量的 34.13%。从周长指标看，苏黎世广场的周长均值和中位值均大于南京，与面积指标相符；两者的数据波动程度较小，离散趋势也较不明显。结合广场分布图看（图 20），苏黎世广场在城市建设用地内分布相对均匀，南京的广场则集中在鼓楼、湖南路和城市中部地带，城市外围的中山北路以西、新模范马路以北、龙蟠中路以东和城南居民区的广场明显较少。

（2）街道。苏黎世单个街道的面积和周长值变动幅度高于南京；街道总面积、总周长远大于南京，街道总长度 150 518 m，为南京（37 452 m）的

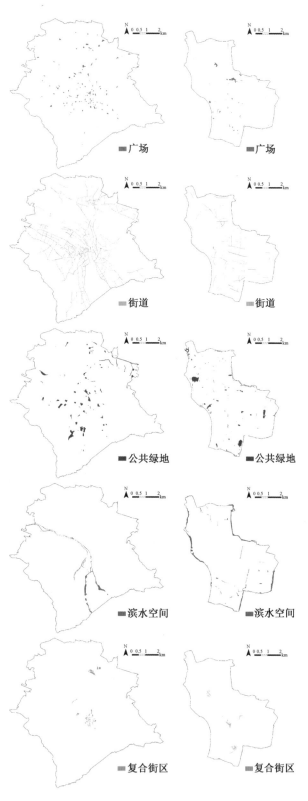

图 20　苏黎世和南京老城公共空间类型格局比较

左：苏黎世；右：南京老城

4.0 倍；街道占城市建设用地的比例为 5.58%，是南京同比（1.74%）的 3.2 倍；街道数量 330 条，为南京（59 条）的 5.6 倍。数据分布上两座城市呈相似的正偏态和尖顶趋势。从街道分布图看，苏黎世街道明显连贯性和系统性较强。

（3）公共绿地。苏黎世的公共绿地面积在 284—150 084 m² 之间，总面积为 1 267 257 m²，共 119 处，占城市建设用地的比例为 2.38%。南京老城公共绿地面积变化幅度更大，在 56—198 190 m² 之间，总面积为 930 534 m²，共 120 处，占城市建设用地的比例为 2.16%，公共绿地数量和份额与苏黎世基本相当。面积和周长数据分布均呈正偏态，其中面积数据的尖顶特征尤其突出，反映高值区数据离散程度高。从公共绿地分布图看，苏黎世比较均布，南京老城公共绿地呈在城市外围集中的趋势。

（4）滨水空间。南京滨水空间总面积为苏黎世的 2.0 倍，总数量（97 处）为苏黎世（40 处）的 2.4 倍；占城市建设用地的比例为 2.93%，是苏黎世同比（1.18%）的 2.5 倍。南京单个滨水空间的面积和周长值变动范围较苏黎世大，两者数据分布均呈正偏态和尖顶趋势。滨水空间沿水滨分布，苏黎世分布在穿越城市中心的利马特河、希利河和苏黎世湖沿岸，而南京老城集中在外围边界紧贴外秦淮河、护城河和玄武湖沿岸。

（5）复合街区。复合街区的比较中，苏黎世复合街区总面积较大，为南京的 2.1 倍；总数量（30 处）为南京老城（6 处）的 5 倍；占城市建设用地的比例均较小（苏黎世 0.46%，南京老城 0.27%）。与其他类型的公共空间相比，面积和周长数据分布的正偏态和尖顶趋势减弱，分布形态趋于平缓。复合街区的分布位置相对明确，苏黎世集中分布在老城和厄利孔副中心，南京主要分布在新街口、颐和路、夫子庙和 1912 街区。

综上所述，南京老城公共空间的类型格局与苏黎世相比：a）南京老城滨水空间所占城市建设用地份额比苏黎世大，公共绿地比例相当，广场、街道和复合街区份额较小，街道和广场较少是南京老城公共空间比例低于苏黎世的根源；b）两座城市的复合街区数据分布形态相对平缓，其他四种公共空间类型的数据均呈明显的正偏态与尖顶峰分布，即数据分布在低值区集中、高值区离散，且南京老城此趋势更明显；c）南京老城广场、绿地布局的均布性不及苏黎世，街道连续性较弱（图 21、图 22）。

需要强调的是，本书对南京老城与苏黎世公共空间的描述和比较中，尽可能摒弃任何先入为主的预设和主观判断，采取中立态度用客观数据展开实证陈述。例如，我们已经知悉南京老城的公共空间比例较苏黎世低、街道和广场较少、广场和绿地分布较不均匀（这通常被认为是较不利的情形），但我们并没有同时做出公共空间越多越好、越均布越好的假设，因此这些描述本身并不构成任何价值判断。本书坚持认为，公共空间格局评价必须突破聚焦于公共空间本身的局限，放在城市参照系下进行研判。逻辑上，在得出最终的指标评估系统之前，南京或苏黎世公共空间系统的优劣无法判断，因为我们还并不知道公共空间评判的标准。此外，比较本身并非目的，而是作为建立评价体系的手段。

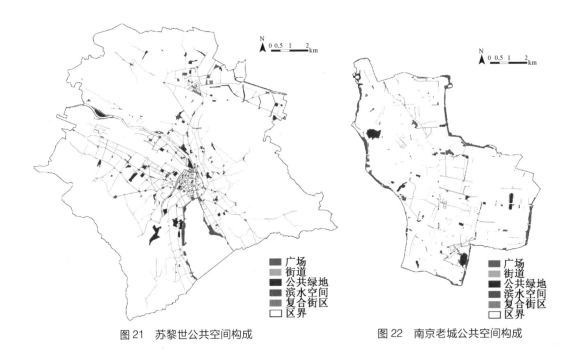

图 21　苏黎世公共空间构成　　　　　　图 22　南京老城公共空间构成

3.3　规模格局比较

3.3.1　规模格局

从图 23、表 4 中可见，苏黎世和南京老城公共空间的用地面积构成均以大型公共空间为主体，小型公共空间所占面积比例很小；其余三种规模的公共空间相比，苏黎世大中型、中型公共空间面积所占比例大，特大型占比小，南京与之相反。用地数量构成上，苏黎世中型、大中型公共空间的数量居多，两者合计约占总量的 2/3，大型公共空间的数量次多，小型和超大型规模的数量较少。南京老城小型公共空间的数量最多，中型、大中型、大型和超大型公共空间的数量依次降序排列（图 24）。综合来看，苏黎世公共空间小型和特大规模的数量少，中型、大中型和大型的数量多，规模梯度呈两头小、中间大的纺锤形中间分布形态；南京老城小型公共空间的数量多、特大型公共空间

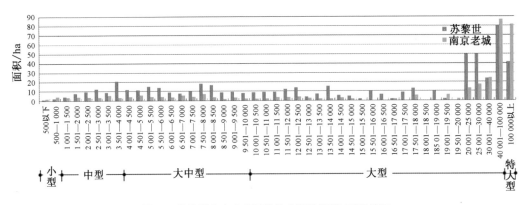

图 23　苏黎世和南京老城公共空间的规模-面积关系

的面积比例大，规模梯度为两头大、中间小的杠铃状两极分布形态。

表 4　苏黎世和南京老城公共空间的规模格局比较

规模	划分标准/m²	城市	总面积/ha	所占比例	总数量/个	所占比例
小型	≤1 000	苏黎世	2.41	0.42%	41	6.36%
		南京	5.30	1.60%	104	30.95%
中型	>1 000—4 000	苏黎世	59.34	10.28%	231	35.81%
		南京	20.66	6.24%	89	26.49%
大中型	>4 000—10 000	苏黎世	134.63	23.33%	208	32.25%
		南京	47.66	14.39%	75	22.32%
大型	>10 000—100 000	苏黎世	339.82	58.88%	162	25.12%
		南京	185.29	55.96%	64	19.05%
特大型	>100 000	苏黎世	40.92	7.09%	3	0.47%
		南京	72.20	21.81%	4	1.19%

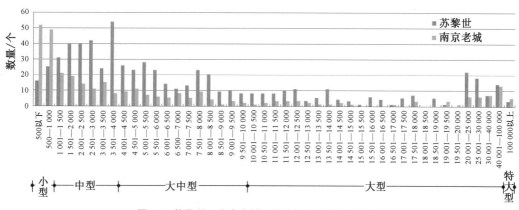

图 24　苏黎世和南京老城公共空间的规模-数量关系

3.3.2　公共空间首位度比较

依据规模最大的公共空间在城市中发挥的作用，公共空间系统形成两种格局模式：一种如锡耶纳、纽约曼哈顿、阿姆斯特丹或布鲁塞尔，存在一个统率性的公共空间，这个空间通常位于城市最重要的核心区域，规模首位度很高，在整个空间组织系统中作用重大；另一种如佛罗伦萨、巴塞罗那或苏黎世，没有特别突出的一处公共空间（有时是因为比较突出的公共空间过多以至于没有任何一个能够脱颖而出），而是以层级清晰而连贯的公共空间系统形成整体印象。从促进效率和公平的角度出发，其他条件等同时，前者的大型集中空间更有益于效率的发挥，后者系统性的分散格局更有利于公平原则。两种模式之间不存在孰优孰劣的判断，正如案例城市所示，只要布局得当，两种组织方式同样能够形成富有吸引力的公共空间体系。

借用城市首位度的计算方法分别统计苏黎世和南京老城广场、公共绿地的两空间指数和四空间指数如表5①。街道、滨水空间和复合街区公共空间不予统计，这是因为街道长度、宽度、面积指标均不足以表征首位度；滨水空间和复合街区受自然条件和划分方式影响大、指标意义不强，且此三类空间对城市的集聚作用相对较弱。两空间指数计算公式为：$S = A1/A2$，即最大公共空间的面积与第二大公共空间的面积比。四空间指数公式为：$S = A1/(A2 + A3 + A4)$，即最大公共空间的面积与第二、三、四大公共空间面积之和的比。

表5　苏黎世和南京老城广场、公共绿地的规模首位度比较

公共空间 类型	广场		公共绿地	
	苏黎世	南京	苏黎世	南京
两空间指数	1.377	1.333	1.844	1.380
四空间指数	0.501	0.707	0.739	0.779

苏黎世最大的广场 Bucheggplatz 面积为 29 435 m²，位于连接市中心与副中心的主要通道上，Käferberg 山脚下。广场休闲设施齐备，建有标志性的红色立体步行系统，周围超市、社区中心、小型办公、公共活动绿地、宗教设施和住宅等环立，形成比较重要的城市公共中心(图25)。但归根结底，交通换乘是该广场的主导功能，社会交往和文化整合的凝聚力很弱，远远起不到统领城市的作用。第二大广场 Leutschenpark②2008 年新近建成，面积 21 382 m²，位于北部洛伊特申巴赫 (Leutschenbach) 前工业区的中心，为大片的

图25　苏黎世最大的广场 Bucheggplatz

资料来源：http://commons.wikimedia.org/wiki/File:Z%C3%BCrich_-_Bucheggplatz_IMG_2172.JPG.

办公和居住混合区域提供了设计精良的休闲场所，赋予该区全新的景观形象和个性特征。但目前为止，该广场并没有得到充分使用，空旷的广场显得缺乏生活气息，究竟吸引力如何还有待时间的检验。第三大广场 Oerliker Park③2001 年落成，面积为 21 352 m²，位处北部厄利孔新区，以 4 m×4 m 的树阵为基底打造了一处苏黎世新景观的代表形象。

---

① 城市首位度是对国家城市规模分布规律的概括,核心内容是研究首位城市的相对重要性,某种程度上表明城镇体系中的城市发展要素在最大城市的集中程度。参见 http://baike.baidu.com/view/1363421.htm.

② 虽然被称为 park,但该空间的主要部分为砾石铺地广场,一小块草坪和由一圈围墙围合的乔木(被命名为 tree pot)只占据空间的一角,远低于 50%的绿化率,故本书将之归类于广场。

③ 与 Leutschenpark 一样,这里也以砾石铺地广场为主,因此被归类于广场。

第四大广场 Triemliplatz 面积为 15 996 m²，位于城市西部靠近 Uetliberg 余脉的干道交叉口处，也是一处交通功能主导的公共空间。这些广场均坐落在城市外围，难以发挥凝聚整个城市公共生活的核心作用。

真正对城市生活卓有贡献的广场中，规模最大的是 2004 年竣工的 Turbinenplatz，位于苏黎世西区的核心、地标性建筑综合体 PULS 5 的南侧，由涡轮机广场（Turbine Square）改建而成，面积为 13 681 m²。Turbinenplatz 对于整个西区个性特征和吸引力的形成意义重大，成为新的城市公共生活中心（图 26）。而老城中，历史上和今天最具魅力的广场规模普遍不大：城市中最古老的广场是建于 17 世纪的 Weinplatz，这里曾经是苏黎世老市区的中心，因一座建于 1909 年的喷泉及其雕像而得名（图 27），面积仅 1 034 m²；老城中其他大名鼎鼎的广场如 Bahnhofplatz、Paradeplatz、Werdmühleplatz 等面积基本在 5 000 m² 以下。可见，苏黎世的广场系统中，规模首位度和重要性首位度相互分离，各个广场各司其职，不存在某个最突出的广场。

图 26　Turbinenplatz 广场上的公共生活

资料来源：http://www.publicspace.org/en/works/d209-turbinenplatz.

图 27　Weinplatz 及其对面的市政厅

资料来源：http://www.ursulahess.ch/kontakt.php.

图 28　南京鼓楼广场

资料来源：http://www.yangtse.com/zt/ggkf30/xwdt/200812/t20081218_555219.htm.

南京老城中，最大的广场是 2003 年建成的北极阁广场，面积为 56 477 m²；一路之隔是第三大广场鼓楼广场，面积为 19 687 m²。它们地处南京老城最重要的几何轴线交会区域，整合了五条交会的车行道、南北向隧道机动车的通行，以及地铁 1 号线和 4 号线的繁忙交通，打通了紫金山—九华山—北极阁—鼓楼的自然生态体系和景观视觉通廊，并将鼓楼和大钟亭两处古迹联系在一起，有南京的"会客室"之美誉（图 28）。两者相比，鼓楼广场是城市发展中长期形成的历史地段（始建于 20 世纪 30 年代、鼓楼转盘为 1959 年辟建北京东路和北京西路时同时修建），地理位置更靠近中心，城市核心节点的作用更加突出，广场西侧新建的 450 m 高的紫峰大厦尤其加强了这一印象。历史上的鼓楼是明代迎王迎妃、接诏报时之地，新中国成立后鼓楼广场曾作为南京市大型集会和活动的场所，而 1982 年拆除检阅台、建设市民广场的决策又使之成为改革开放后落成的第一个大型市民广场①。鼓楼广场的变迁与一系列重要的社会历史进程紧密相连，这使鼓楼广场具备了成为城市空间统领力量的基础条件。但遗憾的是，一方面，随着越来越多的广场在南京和全国各大城市涌现，南京鼓楼广场虽几经改建和扩容，特色仍不够鲜明，鼓楼地区机关和高校林立的文教区性质也使其幽静有余、人气和活力不足；另一方面，由于公共生活传统的长期缺乏，公众对公共空间可能发挥的作用认识不足，致使该广场没能产生足以统领城市的核心凝聚力。南京老城的第二大广场是位于中山北路与湖南路交叉口的山西路广场，面积为 42 367 m²，主要服务于湖南路商业副中心。第四大广场为汉中门广场，面积为 17 823 m²，位于汉中路与虎踞路十字路口的东南角，结合城门遗址和城垣的布局突出了历史文化的主题特征，服务于城市西部地区。南京规模最大的几大广场均为 20 世纪 90 年代后新建和扩建的广场，广场的规模首位度与重要性首位度相一致，为市民提供了公共生活的良好平台。但从城市体系看，还未能形成高度统率城市的凝聚力。与苏黎世相比，南京大型广场的个体面积较大。计入城市规模的差距，这种广场用地面积的差异基本在合理区间范围，不至于因过于空荡荡而造成"广场恐怖"。

苏黎世面积最大的四处公共绿地分别是：Allmendstrasse 西侧绿地（150 084 m²）、Werdinsel（81 373 m²）、Rieterpark（62 155 m²）和 Sihlfeld（59 565 m²）。前三处绿地均位于城市外围：Allmendstrasse 西侧绿地在城市西南部 Uetliberg 山脚下；Werdinsel 为希利河环绕形成的小岛，在城市西部；Rieterpark 在城市南部距 Allmendstrasse 不远处。Sihlfeld 绿地位于城市中部，是早期公墓区内部形成的公共活动轴线。四处绿地均以静谧的休闲氛围制胜。南京最大的四处公共绿地分别是：古林公园（198 190 m²）、白鹭洲公园（143 608 m²）、绣球公园（56 211 m²）和明故宫遗址公园（54 537 m²）。四处绿地均位于城市周边地区。虽然计算得到的公共绿地首位度数值较高，但区位和用地特性使苏黎世和南京的公共绿地都不可能在城市中发挥太多的集聚作用。

综上，目前苏黎世和南京老城内都不存在某处重大的、能够统领城市的公共空间。苏黎世显然属于分类中第二种公共空间格局模式的城市，即以系统性的公共空间累积形成"整体大于部分之和"的城市意象；南京则介于两种模式之间，虽然暂时并没有形成明显的统率性公共空间，但鼓楼广场有潜力成为地标性城市公共空间。

---

① 参见"国内首个市民广场诞生在南京鼓楼"，http://www.yangtse.com/zt/ggkf30/xwdt/200812/t20081218_555219.htm.

尽管至少在第一种公共空间格局模式中，一个高首位度的核心空间是十分有益的，但这绝不意味着对公共空间绝对规模的鼓励。事实上，公共空间的规模本身并不能保证其聚集效应的发挥，这在政府能够决定公共空间尺度和形象的社会主义国家中尤其需要谨慎对待。我国和苏联的一些城市中，中心区留出巨大的仪式性公共空间，与之相对应的是纪念性的行政与政府核心，这些空间拉高了公共空间的人均比例，却往往缺乏应有的活力。正如美国著名参议员 Daniel Patrick Moynihan 所说，"建筑不应使市民认为自己多不重要"，而应创造"亲切的公共建筑，它能将人们聚集在一起，体验自信和信赖感"[1]，城市公共空间尤其如此。对比锡耶纳坎波广场、布鲁塞尔大广场或曼哈顿的中央公园，一个具有高首位度的中心公共空间对于整个城市系统的作用可能是决定性的，也可能是无足轻重甚至是消极的，关键在于这个空间是如何被使用、周边的用地类型是促进还是压抑了城市生活，以及最重要的，是否激发了市民的自豪感和归属感并具有社会凝聚力。锡耶纳的坎波广场就是一个杰出的案例：约 140 m×100 m 的近似半圆广场在13 世纪时足以容纳锡耶纳的全部城市人口，它在当时的各种用途包括用作政治论坛场地、供牧师布道的户外大厅和教堂、定期集市、各行各业市民的会面场所、旅游者的休

图29　锡耶纳坎波广场
资料来源:作者拍摄。

息和野餐地，以及赛马运动等的节日和公共庆典的地点[2]。直到今天，这里仍然是一处不断上演着日常生活、偶发事件和非凡庆典的魅力场所。坎波广场印证了整个城市的历史荣辱变迁，其蕴涵的丰富精神内核、对市民的内在凝聚作用早已远远超越了物质空间本身，正是这种与城市命运交织在一起的不可复制性而非规模首位度使之成为城市公共空间史上的最经典之一(图29)。

3.4　步行可达范围比较

公共空间在城市中的步行可达覆盖范围可用于概略地表征公共空间的可达性，经由ArcGIS 平台的缓冲区(Buffer)分析能够便捷地加以实现。缓冲区法围绕给定空间对象，按照设定的距离条件获得邻域，数学表达式为：

① Moynihan D P. Civic architecture [J]. Architecture Record, 1967, 142(July-December): 107.
② 著名的赛马运动被认为是锡耶纳城市复兴的仪式和市民传统的印证。此外，坎波广场还充当过饥荒和受围攻时期的地下粮食贮藏库、中世纪时的"军事演习"场所以及斗牛和赛牛场。见 Rowe P. Civic realism [M]. Cambridge, Mass.: MIT Press, 1977.

$$P = \{x \mid d(x, A) \leqslant r\}$$

式中，d 一般取欧式距离，A 为缓冲区的源，r 为设定的邻域半径条件[①]。

当源已确定时（此处为面状要素公共空间），需要确定的是 r，即公共空间步行缓冲区的半径。国内外许多城市已制定相关标准：美国西雅图（Seattle）、凤凰城（Phoenix）、波特兰（Portland）和克利夫兰（Cleveland）规定公园布局要使所有居民步行 800 m 距离之内可达一处公园；美国国家休闲及公园协会（National Recreation and Park Association，简称 NRPA）、公共土地信托组织（Trust for Public Land，简称 TPL）和新城市主义会议（Congress for New Urbanism，简称 CNU）主张公园应布置在所有市民 400 m 步行距离内；[②] 芦原义信提出使人愉悦的步行距离一般不大于 300 m，《南京老城绿地优化布局近期规划》中设定的绿地服务半径为 300 m；《景观设计师便携手册》认为大多数人不愿意步行超过 220 m。300—400 m，也即 5 min 步行路程，通常被认为是人们愿意步行前往公共空间的门槛值。

设 $r = 300$ m，结果显示苏黎世的公共空间步行可达范围覆盖率为 93.78%，南京老城为 91.57%，两者均基本实现满覆盖。这是否意味着两座城市公共空间系统的可达性都非常好？并非如此。事实上，缓冲区法会明显高估公共空间的服务范围。首先，缓冲区运算应用的欧式直线距离几乎总是短于现实中居民可能的行进路线距离。Clift 在一项关于食品杂货店的可达性研究中发现，有些住在距店铺直线距离仅 4 500 ft（约 1 372 m）的居民，实际行进路程却高达该距离的 4.1 倍（18 480 ft）[③]。容易想象，在城市道路连接度差或支路网密度较低的地区这一现象将趋于严重。其次，该方法假设公共空间沿边界的各点均开放，而实际上至少某些公共空间只能从固定的出入口进入，当公共空间规模较大时产生的误差值也将较大。此外，既有文献通常基于单一的点状或团块状公共空间类型，如绿地或广场，而本书设定的研究对象为包括广场、街道、公共绿地、滨水空间和复合街区在内的综合性公共空间，这是统计出的公共空间可达范围覆盖率超高的重要原因。为避免夸大公共空间系统的实际服务水平，并使分析具有意义，本书将公共空间步行缓冲区半径设为 100 m 的近邻范围，此时苏黎世的公共空间步行可达范围覆盖率为 64.54%，南京为 51.04%（图 30）。此分析半径小于传统经验值，不过只要我们承认这一事实，即距离公共空间较近的地区与较远地段相比，总是有着相对更好的可达性，将 100 m 半径作为分析和比较的门槛值就是能够接受的。下文中，除非特别说明的部分，所有缓冲区半径的取值都是 100 m。

① 汤国安,杨昕. ArcGIS 地理信息系统空间分析实验教程[M].北京:科学出版社,2006.

② Boone C G, Buckley G L, Grove J M, et al. Parks and people：an environmental justice inquiry in Baltimore, Maryland [J]. Annals of the Association of American Geographers, 2009, 99(4)：767-787.

③ Clift R. Spatial analysis in public health administration：a demonstration from WIC [J]. Proceedings of GIS/LIS, 1994：164-173.

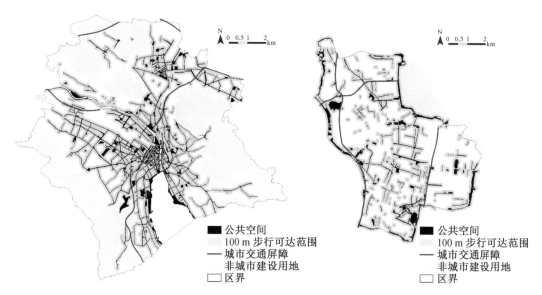

图 30　苏黎世与南京老城公共空间 100 m 可达范围分布

左:苏黎世;右:南京老城

注:城市交通屏障是指对步行交通产生障碍的线性基础设施,如铁路、水路、快速道路和城市对外交通用地等。市中心区域的桥梁和人行横道足够密集,故只考虑铁路的交通屏障作用。

从图 30 可见,在城市建设用地范围内,苏黎世公共空间的 100 m 可达区域基本完全覆盖了城市中心和副中心,其他大部分地区也同样有着较好的可达性,可达区域呈网状和面状分布,具有很强的连续性;可达程度相对较低的是火车站站场附近的工业区,以及外围邻近山体和郊野绿地等非城市建设用地的地区。南京老城公共空间的 100 m 可达区域呈点状和线状分布,较为分散,没有大片集中的高可达地区。仅以公共空间的近邻可达区域分布判断,苏黎世公共空间的可达性好于南京老城。

附录 2　专家问卷调查表格

基于效率与公平视角的城市公共空间格局评价体系建构

尊敬的专家：

　　您好！

　　感谢您对本问卷的大力支持！这是一份从效率与公平视角切入，探讨城市语境下公共空间格局评价系统的问卷。

　　城市的发展不仅体现在经济上，更表现为环境宜居和社会和谐的高级需求。城市公共空间格局研究是实现更具竞争力和更可持续城市的战略领域之一。作为公共空间使用的先决条件，合理的布局能够在有限的土地资源条件下，以较少的量达成空间上更好的分配，增加公共空间的可达性和吸引力，提高城市生活品质。有鉴于此前对公共空间服务水平的评价多采用人均面积、绿地率等指标，无法反映公共空间的空间分布；对公共空间的研究多聚焦于其自身的形态、格局、可达性和品质评价，忽略了公共空间所处的城市参照系。本研究从效率与公平视角出发，探讨与城市实体及社会环境互构视野下的公共空间格局之议题。在这里，效率意味着有限的公共空间资源最大限度地服务于最多数人，即使用者到访距离和供应者的成本最小化，同时公共空间使用和用户的可达性最大化。公平意味着按需分配，罗尔斯主义的公平观认为最公平的配置是使境况最糟的人的效用最大化。

　　本研究基于社会公正和环境正义理论、城市公共设施区位理论，以及城市结构形态学理论，通过对苏黎世和南京老城公共空间格局与城市背景条件互动关系的深入剖析和比较，将公共空间格局评价系统的众多相关因子归纳为 4 大层面、14 项指标、49 项评估因子。此专家问卷旨在运用专家群体的经验智慧，提供效率与公平视角下公共空间格局模型的群体决策模式，科学建构评价系统各项指标的权重结构。问卷回收后将运用层次分析法（AHP 法）求取各层面及其相关指标的相对权重值，生成城市语境下公共空间格局之评价体系，以期作为认识和评价公共空间现存问题、确立指导原则的参考。本研究亟须您的协助与指导，敬请拨冗惠赐指正。非常感谢！

　　此致
敬礼

东南大学建筑学院

2011 年 5 月

1　评估指标层级架构

　　本研究拟定的城市语境下公共空间格局评价系统的层级架构如下表。研究中城市公共空间指的是城市建设用地内以人工要素为主导、空间属性具有公共性的开放空间体，尤其侧重基于步行和非机动车交通、构成城市结构性要素、具有相对恒定性的那一部分空间，包括广场、街道、公共绿地、滨水空间和复合街区五类。水域和园地、林地、牧草地、弃置地等非城市建设用地不属于公共空间范畴。请比较各层面及其评估指标之间的重要程度，参照第 2 节问卷填写说明，在第 3 节表格内勾选两两指标之间的相对重要性。

表 1　基于效率与公平视角的公共空间格局之指标体系及其计算方式

类别层	类体系层	具体指标层	指标计算	效率效态	公平效态	备注	序号
公共空间格局与城市结构形态（S）	S1　与自然要素的制约/依存关系	S1-1　山体区位熵与公共空间区位熵的相关度	P. Haggett 区位熵 $$Q = \left[\dfrac{d_i}{\sum\limits_{i=1}^{n} d_i}\right] \Big/ \left[\dfrac{D_i}{\sum\limits_{i=1}^{n} D_i}\right]$$	+	−	●	01
		S1-2　水域区位熵与公共空间区位熵的相关度		+	−	●	02
	S2　与城市肌理的关联/拓扑关系	S2-1　公共与居住领域内的公共空间用地比例	公共空间用地面积/公共领域总用地面积	+	+	●	03
			公共空间用地面积/居住领域总用地面积	+	+	●	04
		S2-2　公共与居住领域的街区尺度	公共领域街区平均面积的开方	−	−	●	05
			居住领域街区平均面积的开方	−	−	●	06

类别层	类体系层	具体指标层	指标计算	效率效态	公平效态	备注	序号
		S2-3 公共领域的建筑肌理	公共领域的建筑粒度：公共领域内每栋独立建筑的平均基底面积	−	−	○	07
			公共领域的建筑密度：公共领域内单位面积土地上的建筑基底面积之和	+	+	●	08
		S2-4 城市界面的连续性及围合度	水平方向连续性： 街区完整度＝街区相关线/道路边线 建筑相关度：建筑轮廓线与红线或建筑边线的相关程度 贴线率：建筑紧贴规定边界建设的沿街比例	+	+	○	09
			界面围合程度/公共性： 闭口率＝建筑沿道路界面长度/道路总长 卢埃林临街面活跃程度5等级	+	+	○	10
			垂直方向连续性： 波动指数＝建筑群体外轮廓的连续折线/道路长度	−	−	○	11
	S3 与城市结构性特征的连接/叠合关系	S3-1 公共空间格局与城市结构要素关系的紧密度	叠合度＝城市线性结构要素中属于公共空间的长度/线性结构要素总长度	+	+	●	12
			相邻度＝与城市线性结构要素相邻的公共空间数量/线性结构要素总长度	+	+	●	13
			相近度＝城市线性结构要素100 m缓冲区内的公共空间比例/总公共空间比例	+	+	●	14
		S3-2 公共空间近邻缓冲区内的建筑集聚度	建筑集聚度＝公共空间100 m缓冲区内的建筑比例/公共空间缓冲区面积比例	+	+	●	15
	S4 与城市圈层结构的向心/梯度关系	S4-1 公共空间的圈层分布	核心圈层公共空间面积百分比/外围圈层公共空间面积百分比	+	/	●	16
		S4-2 内圈层的高等级公共空间区位熵	同S1-1、S1-2	+	/	●	17

类别层	类体系层	具体指标层	指标计算	效率效态	公平效态	备注	序号
公共空间格局与城市土地利用（L）	L1 与土地利用性质的吸引/排斥关系	L1-1 积极城市职能用地与公共空间格局关系的紧密度	公共设施、居住、工业仓储用地与公共空间区位熵等值线叠加（综合定性判断）	+	+	●	18
		L1-2 用地综合熵值与公共空间用地比例的相关度	Shannon 土地利用熵值 $S = -\sum_{i=1}^{n} P_i \log P_i$ 修正为 $S'' = S \times \lambda + (A_{Rb} + A_{Cb})/A$	+	+	●	19
	L2 与土地利用密度的集聚/共生关系	L1-3 公共空间沿线用地构成中的积极职能用地集聚度	集聚度=（公共空间 50 m 缓冲区内的各积极职能用地比例/全市平均水平）的均值	+	+	●	20
		L2-1 建筑密度与公共空间用地比例的相关度	城市建设用地内的建筑密度与公共空间用地比例的相关系数	+	+	●	21
		L2-2 容积率与公共空间用地比例的相关度	城市建设用地内的容积率与公共空间用地比例的相关系数	(+)	(+)	●	22
	L3 与土地价格的择优/补偿关系	L2-3 公共空间率	公共空间率=既定区域的公共空间总量/该区域的总建筑面积	+	+	●	23
		L3-1 公共领域公共空间用地比例与地价的一致性	公共领域公共空间用地比例与地价的正相关程度（综合定性判断）	+	/	●	24
		L3-2 居住领域公共空间用地比例与地价的反向关系	居住领域公共空间用地比例与地价的负相关程度（综合定性判断）	/	+	●	25
公共空间格局与城市交通组织（T）	T1 城市道路的公共空间属性	T1-1 城市路网级配中的支路配比	支路配比=支路长度/总道路长度	+	+	●	26
		T1-2 城市道路与公共空间的叠合度	主干路中属于公共空间的长度/主干路长度	+	+	●	27
			次干路中属于公共空间的长度/次干路长度	+	+	●	28
			支路中属于公共空间的长度/支路长度	+	+	●	29
	T2 与出行方式的互构/互塑关系	T2-1 环境友好型交通方式的比例	步行、自行车、公共交通三项交通方式所占居民出行方式构成的比例	+	+	●	30

类别层	类体系层	具体指标层	指标计算	效率效态	公平效态	备注	序号
	T3 与机动车交通的连通/到达关系	T3-1 与城市道路不重合的公共空间的交通可达性	公共空间格局与城市干道、支路分布的关系模式（综合定性判断）	+	+	●	31
		T3-2 城市路网密度	总路网密度＝城市路网总长度/城市建设用地面积	+	+	●	32
			支路网密度＝城市支路网长度/城市建设用地面积	+	+	●	33
		T3-3 城市路网连接度	$J = \dfrac{\sum\limits_{i=1}^{n} m_i}{N} = \dfrac{2M}{N}$	+	+	●	34
	T4 与公共交通的联动/耦合关系	T4-1 公共交通站点分布	站点密度＝站点数量/城市建设用地面积	+	+	●	35
			站点200 m服务半径覆盖率＝站点200 m缓冲区面积/城市建设用地面积	+	+	●	36
		T4-2 公共空间格局与公共交通站点的耦合度	公交站点50 m缓冲区内的公共空间面积占总公共空间用地面积的比例/缓冲区面积比例	+	+	●	37
			公交站点150 m缓冲区内的公共空间面积占总公共空间用地面积的比例/缓冲区面积比例	+	+	●	38
			地铁站点400 m缓冲区内的公共空间面积占总公共空间用地面积的比例/缓冲区面积比例	+	+	○	39
	T5 与慢行交通的依托/渗透关系	T5-1 自行车出行导向的公共空间可达性	自行车到达和停留公共空间的方便程度（综合定性判断）	+	+	●	40
		T5-2 步行网络	连通性：$r = \dfrac{L}{L_{\max}} = \dfrac{L}{3(V-2)}$	+	+	●	41
			环度：$\alpha = \dfrac{L-V+1}{2V-5}$	+	+	●	42
			步行区有效宽度与所占道路的比重（综合定性判断）	+	+	●	43
			弱势群体的步行可达性（综合定性判断）	/	+	●	44

类别层	类体系层	具体指标层	指标计算	效率效态	公平效态	备注	序号
公共空间格局与城市人口分布(P)	P1 与城市总人口分布的调节/适配关系	P1-1 高密度地区与公共空间格局关系的紧密度	按最小单元的人口密度与公共空间区位熵等值线叠加(综合定性判断)	+	+	●	45
		P1-2 内圈层公共空间的承载压力	按最小单元的人均公共空间面积与公共空间区位熵等值线叠加(综合定性判断)	−	−	●	46
		P1-3 公共空间服务人口比	服务合格及基本合格区人口数量占城市总人口的比例	+	+	●	47
	P2 与人口空间分异的均等/补偿关系	P2-1 居民需求指数与公共空间个体服务水平的拟合	最小距离法：$Z_i^E = \min\mid d_{ij}\mid$	/	+	●	48
		P2-2 居民需求指数与公共空间总体服务水平的拟合	引力位法：$Z_i^G = \sum_j \dfrac{S_j}{d_{ij}^2}$	/	+	●	49

注："●"表示规定性指标，"○"表示选择性指标，"+"表示正效，"−"表示负效，"/"表示无关。

2 问卷填写说明

1）层次分析法是评估指标相对权重的方法之一，借由同一层次内不同因素两两之间的成对比较，建立各指标项的权重结构。这里采用 Saaty 的九分法，以 5 个等级比较指标间的相对强度。

2）填写问卷时，同一组指标间的逻辑一致性为其必要条件，如若有指标项 X、Y、Z，X>Y，X<Z，则 Y<Z 必成立，否则将导致问卷无效。

3）示例如下。

假设有关和谐社会的选项，评估指标有"①经济发展""②社会发展""③社会秩序"，若填写顺序为：(①)≥(③)≥(②)，则表示其重要性为"经济发展"≥"社会秩序"≥"社会发展"。在相对重要性的部分，越偏向左边，表示左边重要程度越大，反之亦然；越靠近中间，表示两者重要程度越接近。

例如，按评估的重要程度依序填写：

(①)≥(③)≥(②)，并在此基础上勾选相对重要性：

左边重要					右边重要				
评估因子	极端重要	强烈重要	明显重要	稍微重要	同等重要	稍微重要	明显重要	强烈重要	极端重要	评估因子
	9 : 1	7 : 1	5 : 1	3 : 1	1 : 1	1 : 3	1 : 5	1 : 7	1 : 9	
① 经济发展		✓								② 社会发展
				✓						③ 社会秩序
③ 社会发展							✓			③ 社会秩序

3 指标权重评估

填表正式开始(灰色区域为需要填写和勾选的内容)

填表人基本资料

姓名:

单位:

专业领域:

1) 四大基本层面交叉比较重要程度

① 公共空间格局与城市结构形态的协同互构关系

② 公共空间格局与城市土地利用的关联支配关系

③ 公共空间格局与城市交通组织的竞争联合关系

④ 公共空间格局与城市人口分布的差异并置关系

关于四大层面及其所包含的内容具体请参见"1 评估指标层级架构"。

【效率视角】

请按评估的重要程度依序填写:

(　　　)≥(　　　)≥(　　　)≥(　　　),并在此基础上勾选相对重要性:

左边重要					右边重要				
评估因子	极端重要	强烈重要	明显重要	稍微重要	同等重要	稍微重要	明显重要	强烈重要	极端重要	评估因子
	9 : 1	7 : 1	5 : 1	3 : 1	1 : 1	1 : 3	1 : 5	1 : 7	1 : 9	
① 与结构形态的关系										② 与土地利用的关系
										③ 与交通组织的关系
										④ 与人口分布的关系
② 与土地利用的关系										③ 与交通组织的关系
										④ 与人口分布的关系
③ 与交通组织的关系										④ 与人口分布的关系

【公平视角】

请按评估的重要程度依序填写：

（　　）≥（　　）≥（　　）≥（　　），并在此基础上勾选相对重要性：

评估因子	左边重要				同等重要	右边重要				评估因子
	极端重要	强烈重要	明显重要	稍微重要		稍微重要	明显重要	强烈重要	极端重要	
	9：1	7：1	5：1	3：1	1：1	1：3	1：5	1：7	1：9	
① 与结构形态的关系										② 与土地利用的关系
										③ 与交通组织的关系
										④ 与人口分布的关系
② 与土地利用的关系										③ 与交通组织的关系
										④ 与人口分布的关系
③ 与交通组织的关系										④ 与人口分布的关系

2）指标群交叉比较重要程度

A　公共空间格局与城市结构形态之指标群

① 与自然要素的制约/依存关系

② 与城市肌理的关联/拓扑关系

③ 与城市结构性特征的连接/叠合关系

④ 与城市圈层结构的向心/梯度关系

关于指标群及其所包含的内容具体请参见"1 评估指标层级架构"。

【效率视角】

请按评估的重要程度依序填写：

（　　）≥（　　）≥（　　）≥（　　），并在此基础上勾选相对重要性：

评估因子	左边重要				同等重要	右边重要				评估因子
	极端重要	强烈重要	明显重要	稍微重要		稍微重要	明显重要	强烈重要	极端重要	
	9：1	7：1	5：1	3：1	1：1	1：3	1：5	1：7	1：9	
① 与自然要素的关系										② 与城市肌理的关系
										③ 与城市结构性特征的关系
										④ 与城市圈层结构的关系
② 与城市肌理的关系										③ 与城市结构性特征的关系
										④ 与城市圈层结构的关系
③ 与城市结构性特征的关系										④ 与城市圈层结构的关系

【公平视角】

请按评估的重要程度依序填写：

（　　　　）≥（　　　　）≥（　　　　），并在此基础上勾选相对重要性：

评估因子	左边重要				同等重要	右边重要				评估因子
	极端重要	强烈重要	明显重要	稍微重要		稍微重要	明显重要	强烈重要	极端重要	
	9：1	7：1	5：1	3：1	1：1	1：3	1：5	1：7	1：9	
① 与自然要素的关系										② 与城市肌理的关系
										③ 与城市结构性特征的关系
② 与城市肌理的关系										③ 与城市结构性特征的关系

B　公共空间格局与城市土地利用之指标群

① 与土地利用性质的吸引/排斥关系　　② 与土地利用密度的集聚/共生关系

③ 与土地价格的择优/补偿关系

关于指标群及其所包含的内容具体请参见"1 评估指标层级架构"。

【效率视角】

请按评估的重要程度依序填写：

（　　　　）≥（　　　　）≥（　　　　），并在此基础上勾选相对重要性：

评估因子	左边重要				同等重要	右边重要				评估因子
	极端重要	强烈重要	明显重要	稍微重要		稍微重要	明显重要	强烈重要	极端重要	
	9：1	7：1	5：1	3：1	1：1	1：3	1：5	1：7	1：9	
① 与土地利用性质的关系										② 与土地利用密度的关系
										③ 与土地价格的关系
② 与土地利用密度的关系										③ 与土地价格的关系

【公平视角】

请按评估的重要程度依序填写：

（　　　　）≥（　　　　）≥（　　　　），并在此基础上勾选相对重要性：

评估因子	左边重要				同等重要	右边重要				评估因子
	极端重要	强烈重要	明显重要	稍微重要		稍微重要	明显重要	强烈重要	极端重要	
	9：1	7：1	5：1	3：1	1：1	1：3	1：5	1：7	1：9	
① 与土地利用性质的关系										② 与土地利用密度的关系
										③ 与土地价格的关系
② 与土地利用密度的关系										③ 与土地价格的关系

C 公共空间格局与城市交通组织之指标群

① 城市道路的公共空间属性　　② 与出行方式的互构/互塑关系

③ 与机动车交通的连通/到达关系　　④ 与公共交通的联动/耦合关系

⑤ 与慢行交通的依托/渗透关系

关于指标群及其所包含的内容具体请参见"1 评估指标层级架构"。

【效率视角】

请按评估的重要程度依序填写：

（　　　）≥（　　　）≥（　　　）≥（　　　）≥（　　　），并在此基础上勾选相对重要性：

评估因子	左边重要				同等重要	右边重要				评估因子
	极端重要	强烈重要	明显重要	稍微重要		稍微重要	明显重要	强烈重要	极端重要	
	9：1	7：1	5：1	3：1	1：1	1：3	1：5	1：7	1：9	
① 城市道路的公共空间属性										② 与出行方式的关系
										③ 与机动车交通的关系
										④ 与公共交通的关系
										⑤ 与慢行交通的关系
② 与出行方式的关系										③ 与机动车交通的关系
										④ 与公共交通的关系
										⑤ 与慢行交通的关系
③ 与机动车交通的关系										④ 与公共交通的关系
										⑤ 与慢行交通的关系
④ 与公共交通的关系										⑤ 与慢行交通的关系

【公平视角】

请按评估的重要程度依序填写：

（　　　）≥（　　　）≥（　　　）≥（　　　）≥（　　　），并在此基础上勾选相对重要性：

评估因子	左边重要				同等重要	右边重要				评估因子
	极端重要	强烈重要	明显重要	稍微重要		稍微重要	明显重要	强烈重要	极端重要	
	9：1	7：1	5：1	3：1	1：1	1：3	1：5	1：7	1：9	
① 城市道路的公共空间属性										② 与出行方式的关系
										③ 与机动车交通的关系
										④ 与公共交通的关系
										⑤ 与慢行交通的关系
② 与出行方式的关系										③ 与机动车交通的关系
										④ 与公共交通的关系
										⑤ 与慢行交通的关系
③ 与机动车交通的关系										④ 与公共交通的关系
										⑤ 与慢行交通的关系
④ 与公共交通的关系										⑤ 与慢行交通的关系

D　公共空间格局与城市人口分布之指标群

① 与城市总人口分布的调节/适配关系

② 与人口空间分异的均等/补偿关系

关于指标群及其所包含的内容具体请参见"1 评估指标层级架构"。

【公平视角】

请按评估的重要程度依序填写：

（　　　　）≥（　　　　），并在此基础上勾选相对重要性：

评估因子	左边重要				同等重要	右边重要				评估因子
	极端重要	强烈重要	明显重要	稍微重要		稍微重要	明显重要	强烈重要	极端重要	
	9∶1	7∶1	5∶1	3∶1	1∶1	1∶3	1∶5	1∶7	1∶9	
① 与城市总人口分布的关系										② 与人口空间分异的关系

4　建议与指导

感谢您惠赐宝贵意见，若对本研究有任何意见或建议，请于下方或空白处填写。

本问卷到此结束，再次感谢您在百忙之中拨冗填写。